Quaschning

Erneuerbare Energien und Klimaschutz

 BLEIBEN SIE AUF DEM LAUFENDEN!

Hanser Newsletter informieren Sie regelmäßig über neue Bücher und Termine aus den verschiedenen Bereichen der Technik. Profitieren Sie auch von Gewinnspielen und exklusiven Leseproben. Gleich anmelden unter

www.hanser-fachbuch.de/newsletter

Volker Quaschning

Erneuerbare Energien und Klimaschutz

Hintergründe – Techniken und Planung –
Ökonomie und Ökologie – Energiewende

5., aktualisierte Auflage

Der Autor:
Prof. Dr.-Ing. habil. Volker Quaschning, Hochschule für Technik und Wirtschaft (HTW) Berlin

Alle in diesem Buch enthaltenen Informationen wurden nach bestem Wissen zusammengestellt und mit Sorgfalt geprüft und getestet. Dennoch sind Fehler nicht ganz auszuschließen. Aus diesem Grund sind die im vorliegenden Buch enthaltenen Informationen mit keiner Verpflichtung oder Garantie irgendeiner Art verbunden. Autor und Verlag übernehmen infolgedessen keine Verantwortung und werden keine daraus folgende oder sonstige Haftung übernehmen, die auf irgendeine Art aus der Benutzung dieser Informationen – oder Teilen davon – entsteht.
Ebenso wenig übernehmen Autor und Verlag die Gewähr dafür, dass beschriebene Verfahren usw. frei von Schutzrechten Dritter sind. Die Wiedergabe von Gebrauchsnamen, Handelsnamen, Warenbezeichnungen usw. in diesem Werk berechtigt auch ohne besondere Kennzeichnung nicht zu der Annahme, dass solche Namen im Sinne der Warenzeichen- und Markenschutz-Gesetzgebung als frei zu betrachten wären und daher von jedermann benutzt werden dürften.

Bibliografische Information der Deutschen Nationalbibliothek:
Die Deutsche Nationalbibliothek verzeichnet diese Publikation in der Deutschen Nationalbibliografie; detaillierte bibliografische Daten sind im Internet über http://dnb.d-nb.de abrufbar.

Dieses Werk ist urheberrechtlich geschützt.
Alle Rechte, auch die der Übersetzung, des Nachdruckes und der Vervielfältigung des Buches, oder Teilen daraus, vorbehalten. Kein Teil des Werkes darf ohne schriftliche Genehmigung des Verlages in irgendeiner Form (Fotokopie, Mikrofilm oder ein anderes Verfahren) – auch nicht für Zwecke der Unterrichtsgestaltung – reproduziert oder unter Verwendung elektronischer Systeme verarbeitet, vervielfältigt oder verbreitet werden.

© 2020 Carl Hanser Verlag München
www.hanser-fachbuch.de
Lektorat: Julia Stepp
Herstellung: Björn Gallinge
Coverrealisation: Max Kostopoulos
Satz: Volker Quaschning
Druck und Bindung: NEOGRAFIA, a.s., Martin-Priekopa (Slowakei)
Printed in Slovakia

Print-ISBN: 978-3-446-46293-9
E-Book-ISBN: 978-3-446-46415-5

Vorwort zur 1. Auflage

Die Energie- und Klimaproblematik ist endlich dort angekommen, wo sie hingehört: in der breiten Öffentlichkeit. Dabei sind die Zusammenhänge von Energieverbrauch und Klimaerwärmung bereits seit vielen Jahrzehnten bekannt. Schon Ende der 1980er-Jahre erklärte die damalige deutsche Bundesregierung Klimaschutz zum Regierungsziel. Zahlreiche Experten forderten bereits damals den schnellen Umbau unserer Energieversorgung. Die dafür nötigen Schritte erfolgten allerdings bestenfalls halbherzig. Dabei lässt sich das Klimaproblem nicht aussitzen. Von Jahr zu Jahr wird immer deutlicher erkennbar, dass der Klimawandel bereits eingesetzt hat. Die Prognosen der Klimaforscher sind verheerend. Gelingt es uns nicht, die Notbremse zu ziehen, werden die katastrophalen Folgen des Klimawandels unsere heutigen Vorstellungsgrenzen weit überschreiten. Die Verleihung des Friedensnobelpreises im Jahr 2007 an den Klimapolitiker Al Gore und den Weltklimarat, die seit Jahren eindringlich vor den Klimafolgen warnen, sind eher ein Zeichen der Hilflosigkeit als einer nahenden Lösung des Problems.

Neben den Klimafolgen zeigen immer neue Rekorde bei den Preisen für Erdöl oder Erdgas, dass diese unseren Bedarf nicht mehr lange decken können und schnellstmöglich andere Alternativen erschlossen werden müssen.

Die Lösung ist dabei recht simpel. Sie lautet: regenerative Energien. Diese wären in der Lage, in nur wenigen Jahrzehnten unsere gesamte Energieversorgung vollständig zu übernehmen. Nur so können wir unsere Abhängigkeit von immer teurer werdenden und Krisen verursachenden Energieträgern wie Erdöl oder Uran beenden und unseren Energiehunger nachhaltig klimaverträglich stillen.

Der Weg dahin ist aber für viele noch ziemlich unklar. Oft traut man den regenerativen Energien nicht zu, eine wirkliche Alternative zu bieten. Dabei unterschätzt man völlig deren Möglichkeiten und prophezeit ein Zurück zur Steinzeit, wenn einmal das Erdöl und die Kohle erschöpft sein werden.

Dieses Buch soll solche Vorurteile zerstreuen. Es beschreibt klar und verständlich, welche verschiedenen Techniken und Potenziale zur Nutzung regenerativer Energien existieren, wie diese funktionieren und wie sie eingesetzt werden können. Das Zusammenspiel der verschiedenen Technologien ist dabei stets im Fokus. Am Beispiel Deutschlands wird aufgezeigt, wie eine nachhaltige Energieversorgung aussehen kann und wie diese umzusetzen ist. Dabei dient dieses Buch weniger als Handlungskatalog für eine zögerliche Politik, sondern soll vielmehr allen Leserinnen und Lesern Wege aufzeigen, selbst Beiträge für eine klimaverträgliche Energiewirtschaft zu leisten. Neben der Erläuterung von Energiesparmaßen liefert das Buch dazu konkrete Planungshilfen für die Realisierung eigener regenerativer Energieanlagen.

Das Buch ist bewusst so geschrieben, dass es einem breiten Leserkreis die nötigen Informationen bietet. Es soll sowohl den Einstieg in die verschiedenen Technologien ermöglichen als auch für Personen mit einigen Vorkenntnissen interessante Hintergrundinformationen liefern.

Damit ist dieses Buch eine wichtige Ergänzung zu dem von mir verfassten und bereits beim Hanser Verlag erschienenen Fachbuch „Regenerative Energiesysteme". Das große Interesse an dem mittlerweile in der sechsten Auflage erschienenen und ins Englische und ins Arabische übersetzten Fachbuch hat gezeigt, dass ein Bedarf an entsprechender Literatur besteht. Als Rückmeldung zu diesem Fachbuch und zu zahlreichen meiner Vorträge wurde stets das Interesse an einem allgemeinverständlichen, aber dennoch umfassenden Buch geäußert. Das neue Buch soll nun diese Lücke schließen und damit auch eine Unterstützung bei der Gestaltung einer nachhaltigen Energieversorgung liefern.

An dieser Stelle danke ich meiner Frau Cornelia, meinem Vater Günter, meinem Onkel Manfred sowie Friedrich Sick, die mit ihren Anregungen zum Entstehen dieses Buches beigetragen haben. Ein ganz besonderer Dank gilt auch dem Carl Hanser Verlag und im Speziellen Erika Hotho, Franziska Kaufmann und Mirja Werner für die Unterstützung und Realisierung dieses Buches.

Berlin, im Sommer 2008 *Prof. Dr. Volker Quaschning*

Vorwort zur 5. Auflage

Die sehr guten Verkaufszahlen und die positive Resonanz zu diesem Fachbuch haben gezeigt, dass die Thematik und die Art der Darstellung auf ein breites Interesse stoßen. Trotz sorgfältigster Prüfung lassen sich kleinere Fehler und Unstimmigkeiten nicht vermeiden. Ein besonderer Dank gilt daher allen Leserinnen und Lesern, die mit Hinweisen zur Beseitigung von Fehlern beigetragen haben. Die fünfte Auflage wurde umfassend aktualisiert. Sie enthält alle aktuellen Daten zu den erneuerbaren Energien und wurde um neueste Trends erweitert. Ein eigener Abschnitt erläutert, welche Schritte nötig wären, um das Pariser Klimaschutzabkommen einzuhalten und so die Lebensgrundlagen der künftigen Generationen zu bewahren. Es bleibt zu hoffen, dass dieses Buch damit einen Beitrag leisten kann, die Energiewende auf das nötige Tempo zu steigern.

Berlin, im Herbst 2019 *Prof. Dr. Volker Quaschning*
Hochschule für Technik und Wirtschaft HTW Berlin
www.volker-quaschning.de

Inhalt

1	**Unser Hunger nach Energie**	**13**
1.1	Energieversorgung – gestern und heute	14
	1.1.1 Von der französischen Revolution bis ins 20. Jahrhundert	14
	1.1.2 Die Epoche des schwarzen Goldes	17
	1.1.3 Erdgas – der jüngste fossile Energieträger	20
	1.1.4 Atomkraft – gespaltene Energie	22
	1.1.5 Das Jahrhundert der fossilen Energieträger	26
	1.1.6 Das erneuerbare Jahrhundert	27
1.2	Energiebedarf – wer was wo wie viel verbraucht	28
1.3	Die SoDa-Energie	32
1.4	Energievorräte – Reichtum auf Zeit	35
	1.4.1 Nicht-konventionelle Vorräte – Verlängerung des Ölzeitalters	36
	1.4.2 Ende in Sicht	38
	1.4.3 Das Ende der Spaltung	39
1.5	Hohe Energiepreise – Schlüssel für den Klimaschutz	40
2	**Klima vor dem Kollaps**	**43**
2.1	Es ist warm geworden – Klimaveränderungen heute	43
	2.1.1 Immer schneller schmilzt das Eis	43
	2.1.2 Naturkatastrophen kommen häufiger	47
2.2	Schuldiger gesucht – Gründe für den Klimawandel	50
	2.2.1 Der Treibhauseffekt	50
	2.2.2 Hauptverdächtiger Kohlendioxid	51
	2.2.3 Andere Übeltäter	56
2.3	Aussichten und Empfehlungen – was kommt morgen?	58
	2.3.1 Wird es in Europa bitterkalt?	61
	2.3.2 Empfehlungen für einen wirksamen Klimaschutz	63
2.4	Schwere Geburt – Politik und Klimawandel	66
	2.4.1 Deutsche Klimapolitik	66
	2.4.2 Klimapolitik international	67
2.5	Selbsthilfe zum Klimaschutz	69

Inhalt

3	**Vom Energieverschwenden zum Energie- und Kohlendioxidsparen**	**71**
3.1	Wenig effizient – Energiever(sch)wendung heute	71
3.2	Privater Energiebedarf – zu Hause leicht gespart	75
	3.2.1 Private Elektrizität – viel Geld verschleudert	75
	3.2.2 Wärme – fast ohne heizen durch den Winter	78
	3.2.3 Transport – mit weniger Energie weiterkommen	83
3.3	Industrie und Co – schuld sind doch nur die anderen	86
3.4	Die eigene Kohlendioxidbilanz	87
	3.4.1 Direkt selbst verursachte Emissionen	87
	3.4.2 Indirekt verursachte Emissionen	89
	3.4.3 Gesamtemissionen	91
3.5	Ökologischer Ablasshandel	92
4	**Die Energiewende – der Weg in eine bessere Zukunft?**	**96**
4.1	Kohle- und Kernkraftwerke – Krücke statt Brücke	97
	4.1.1 Energie- und Automobilkonzerne – aufs falsche Pferd gesetzt	97
	4.1.2 Braunkohle – Klimakiller made in Germany	100
	4.1.3 Kohlendioxidsequestrierung – aus dem Auge aus dem Sinn	102
	4.1.4 Atomkraft – Comeback strahlend gescheitert	104
4.2	Effizienz und KWK – ein gutes Doppel für den Anfang	106
	4.2.1 Kraft-Wärme-Kopplung – Brennstoff doppelt genutzt	106
	4.2.2 Energiesparen – mit weniger mehr erreichen	107
4.3	Regenerative Energiequellen – Angebot ohne Ende	109
4.4	Deutschland wird erneuerbar	110
	4.4.1 Auf alle Sektoren kommt es an	111
	4.4.2 Energiewende im Wärmesektor	112
	4.4.3 Energiewende im Verkehrssektor	115
	4.4.4 Energiewende im Elektrizitätssektor	118
	4.4.5 Sichere Versorgung mit regenerativen Energien	120
	4.4.6 Dezentral statt zentral – weniger Leitungen für das Land	123
4.5	Gar nicht so teuer – die Mär der unbezahlbaren Kosten	125
4.6	Energierevolution statt laue Energiewende	127
	4.6.1 Deutsche Energiepolitik – im Schatten der Konzerne	127
	4.6.2 Energiewende in Bürgerhand – eine Revolution steht ins Haus	128
5	**Photovoltaik – Strom aus Sand**	**130**
5.1	Aufbau und Funktionsweise	131
	5.1.1 Elektronen, Löcher und Raumladungszonen	131
	5.1.2 Wirkungsgrad, Kennlinien und der MPP	133
5.2	Herstellung von Solarzellen – vom Sand zur Zelle	136
	5.2.1 Siliziumsolarzellen – Strom aus Sand	136
	5.2.2 Von der Zelle zum Modul	138
	5.2.3 Dünnschichtsolarzellen	139
5.3	Photovoltaikanlagen – Netze und Inseln	140
	5.3.1 Sonneninseln	140
	5.3.2 Sonne am Netz	143

	5.3.3	Mehr solare Unabhängigkeit	147
5.4		Planung und Auslegung	150
	5.4.1	Geplante Inseln	150
	5.4.2	Geplant am Netz	152
	5.4.3	Geplante Autonomie	156
5.5		Ökonomie	158
	5.5.1	Was kostet sie denn?	159
	5.5.2	Förderprogramme	160
	5.5.3	Es geht auch ohne Mehrwertsteuer	162
5.6		Ökologie	163
5.7		Photovoltaikmärkte	164
5.8		Ausblick und Entwicklungspotenziale	166
6		**Solarthermieanlagen – mollig warm mit Sonnenlicht**	**168**
6.1		Aufbau und Funktionsweise	170
6.2		Solarkollektoren – Sonnensammler	172
	6.2.1	Schwimmbadabsorber	172
	6.2.2	Flachkollektoren	173
	6.2.3	Luftkollektoren	174
	6.2.4	Vakuum-Röhrenkollektor	175
6.3		Solarthermische Anlagen	177
	6.3.1	Warmes Wasser von der Sonne	177
	6.3.1.1	Schwerkraftsysteme	178
	6.3.1.2	Systeme mit Zwangsumlauf	179
	6.3.2	Heizen mit der Sonne	181
	6.3.3	Solare Siedlungen	183
	6.3.4	Kühlen mit der Sonne	184
	6.3.5	Schwimmen mit der Sonne	185
	6.3.6	Kochen mit der Sonne	186
6.4		Planung und Auslegung	187
	6.4.1	Solarthermische Trinkwassererwärmung	188
	6.4.1.1	Grobauslegung	188
	6.4.1.2	Detaillierte Auslegung	189
	6.4.2	Solarthermische Heizungsunterstützung	190
6.5		Ökonomie	193
	6.5.1	Wann rechnet sie sich denn?	193
	6.5.2	Förderprogramme	194
6.6		Ökologie	194
6.7		Solarthermiemärkte	195
6.8		Ausblick und Entwicklungspotenziale	197
7		**Solarkraftwerke – noch mehr Kraft aus der Sonne**	**199**
7.1		Konzentration auf die Sonne	200
7.2		Solare Kraftwerke	202
	7.2.1	Parabolrinnenkraftwerke	202
	7.2.2	Solarturmkraftwerke	206

		7.2.3	Dish-Stirling-Kraftwerke	208
		7.2.4	Aufwindkraftwerke	209
		7.2.5	Konzentrierende Photovoltaikkraftwerke	210
		7.2.6	Solare Chemie	211
	7.3	Planung und Auslegung		212
		7.3.1	Konzentrierende solarthermische Kraftwerke	213
		7.3.2	Aufwindkraftwerke	214
		7.3.3	Konzentrierende Photovoltaikkraftwerke	214
	7.4	Ökonomie		215
	7.5	Ökologie		216
	7.6	Solarkraftwerksmärkte		217
	7.7	Ausblick und Entwicklungspotenziale		218

8 Windkraftwerke – luftiger Strom ... 221

8.1	Vom Winde verweht – woher der Wind kommt			222
8.2	Nutzung des Windes			225
8.3	Anlagen und Parks			229
	8.3.1	Windlader		229
	8.3.2	Große netzgekoppelte Windkraftanlagen		231
	8.3.3	Kleinwindkraftanlagen		234
	8.3.4	Windparks		236
	8.3.5	Offshore-Windparks		237
8.4	Planung und Auslegung			241
8.5	Ökonomie			243
8.6	Ökologie			246
8.7	Windkraftmärkte			247
8.8	Ausblick und Entwicklungspotenziale			249

9 Wasserkraftwerke – nasser Strom ... 251

9.1	Anzapfen des Wasserkreislaufs		252
9.2	Wasserturbinen		254
9.3	Wasserkraftwerke		257
	9.3.1	Laufwasserkraftwerke	257
	9.3.2	Speicherwasserkraftwerke	259
	9.3.3	Pumpspeicherkraftwerke	260
	9.3.4	Gezeitenkraftwerke	262
	9.3.5	Wellenkraftwerke	262
	9.3.6	Meeresströmungskraftwerke	263
9.4	Planung und Auslegung		264
9.5	Ökonomie		266
9.6	Ökologie		267
9.7	Wasserkraftmärkte		268
9.8	Ausblick und Entwicklungspotenziale		270

10 Geothermie – tiefgründige Energie ... 271

10.1	Anzapfen der Erdwärme	272
10.2	Geothermieheizwerke und Geothermiekraftwerke	276

	10.2.1	Geothermische Heizwerke	276
	10.2.2	Geothermische Kraftwerke	277
	10.2.3	Geothermische HDR-Kraftwerke	279
10.3	Planung und Auslegung		280
10.4	Ökonomie		281
10.5	Ökologie		282
10.6	Geothermiemärkte		283
10.7	Ausblick und Entwicklungspotenziale		284

11 Wärmepumpen – aus kalt wird heiß **285**

11.1	Wärmequellen für Niedertemperaturwärme	285
11.2	Funktionsprinzip von Wärmepumpen	288
	11.2.1 Kompressionswärmepumpen	288
	11.2.2 Absorptionswärmepumpen und Adsorptionswärmepumpen	290
11.3	Planung und Auslegung	291
11.4	Ökonomie	294
11.5	Ökologie	296
11.6	Wärmepumpenmärkte	298
11.7	Ausblick und Entwicklungspotenziale	299

12 Biomasse – Energie aus der Natur **300**

12.1	Entstehung und Nutzung von Biomasse	301
12.2	Biomasseheizungen	304
	12.2.1 Brennstoff Holz	304
	12.2.2 Kamine und Kaminöfen	308
	12.2.3 Scheitholzkessel	309
	12.2.4 Holzpelletsheizungen	310
12.3	Biomasseheizwerke und Biomassekraftwerke	312
12.4	Biotreibstoffe	314
	12.4.1 Bioöl	315
	12.4.2 Biodiesel	315
	12.4.3 Bioethanol	316
	12.4.4 BtL-Kraftstoffe	318
	12.4.5 Biogas	319
12.5	Planung und Auslegung	320
	12.5.1 Scheitholzkessel	320
	12.5.2 Holzpelletsheizung	321
12.6	Ökonomie	323
12.7	Ökologie	325
	12.7.1 Feste Brennstoffe	325
	12.7.2 Biotreibstoffe	327
12.8	Biomassemärkte	328
12.9	Ausblick und Entwicklungspotenziale	330

13 Erneuerbare Gase und Brennstoffzellen **331**

13.1	Energieträger Wasserstoff	333
13.2	Methanisierung	336

13.3		Transport und Speicherung von EE-Gasen	337
	13.3.1	Transport und Speicherung von Wasserstoff	337
	13.3.2	Transport und Speicherung von erneuerbarem Methan	338
13.4		Hoffnungsträger Brennstoffzelle	341
13.5		Ökonomie	344
13.6		Ökologie	345
13.7		Märkte, Ausblick und Entwicklungspotenziale	346
14		**Sonnige Aussichten – Beispiele für eine nachhaltige Energieversorgung**	**348**
14.1		Klimaverträglich wohnen	348
	14.1.1	Kohlendioxidneutrales Standardfertighaus	349
	14.1.2	Plusenergie-Solarhaus	350
	14.1.3	Plusenergiehaus-Siedlung	351
	14.1.4	Heizen nur mit der Sonne	352
	14.1.5	Null Heizkosten nach Sanierung	353
14.2		Klimaverträglich arbeiten und produzieren	354
	14.2.1	Büros und Läden im Sonnenschiff	354
	14.2.2	Nullemissionsfabrik	355
	14.2.3	Kohlendioxidfreie Schwermaschinenfabrik	356
	14.2.4	Plusenergie-Firmenzentrale	357
14.3		Klimaverträglich Auto fahren	358
	14.3.1	Weltumrundung im Solarmobil	358
	14.3.2	In dreiunddreißig Stunden quer durch Australien	359
	14.3.3	Abgasfrei ausgeliefert	360
	14.3.4	Elektroautos für Alle	361
14.4		Klimaverträglich Schiff fahren und fliegen	363
	14.4.1	Moderne Segelschifffahrt	363
	14.4.2	Solarfähre am Bodensee	364
	14.4.3	Höhenweltrekord mit Solarflugzeug	365
	14.4.4	Mit dem Solarflugzeug um die Erde	366
	14.4.5	Fliegen für Solarküchen	367
14.5		Alles wird erneuerbar	368
	14.5.1	Ein Dorf wird unabhängig	368
	14.5.2	Hybridkraftwerk für die sichere regenerative Versorgung	370
14.6		Happy End	371
Anhang			**379**
A.1		Energieeinheiten und Vorsatzzeichen	379
A.2		Geografische Koordinaten von Energieanlagen	380
A.3		Weiterführende Informationen im Internet	383
Literatur			**384**
Register			**388**

1 Unser Hunger nach Energie

Wer kennt sie nicht, die TV-Kultserie Raumschiff Enterprise. Dank ihr wissen wir bereits heute, dass man sich in nicht allzu ferner Zukunft aufmachen wird, die unendlichen Weiten des Weltraums zu erforschen. Die Energiefrage ist dann längst gelöst. Der im Jahr 2063 erfundene Warpantrieb liefert unbegrenzt Energie, mit der Captain Kirk sein Raumschiff Enterprise mit Überlichtgeschwindigkeit zu neuen Abenteuern steuern kann. Energie ist im Überfluss vorhanden, auf der Erde herrschen Friede und Wohlstand und Umweltprobleme gibt es nicht mehr. Doch vollkommen gefahrlos ist auch diese Art der Energieversorgung nicht. Einen Warpkernbruch schaut man sich am besten aus sicherer Entfernung an, wie seinerzeit den Super-GAU eines antiken Kernkraftwerks. Und auch das Warpplasma ist eine nicht ganz ungefährliche Materie, wie der regelmäßige Fernsehserienzuschauer zu berichten weiß.

Leider – oder manchmal auch zum Glück – sind die Fiktionen der Traumfabriken weit vom wirklichen Leben entfernt. Die Erfindung des Warpantriebs erscheint aus heutiger Sicht recht unwahrscheinlich, auch wenn dies eingefleischte Star-Trek-Fans anders sehen mögen. Derzeit ist man noch nicht einmal ansatzweise in der Lage, die vergleichsweise simple Kernfusion zu beherrschen. Somit müssen wir zur Lösung unseres Energieproblems auf heute bekannte und auch funktionierende Techniken mitsamt ihren Problemen zurückgreifen.

In der Realität hatte die Energienutzung schon immer spürbare Einflüsse auf die Umwelt. Die aus heutiger Sicht mangelhafte Verbrennung von Holz und die damit verbundenen gesundheitsschädlichen Abgase rund um die Feuerstätten haben beispielsweise die Lebenserwartung unserer Ahnen deutlich reduziert. Eine schnell steigende Weltbevölkerung, zunehmender Wohlstand und der damit verbundene Energiehunger haben den Bedarf an Energie sprunghaft ansteigen lassen. Waren die durch den Energiebedarf ausgelösten Umweltprobleme bislang stets regional begrenzt, haben die Auswirkungen unseres Energiehungers mittlerweile eine globale Dimension erreicht. Das globale Klima droht chaotische Verhältnisse anzunehmen. Unser Energieverbrauch ist dabei Hauptauslöser der weltweiten Klimaerwärmung. Resignation oder Furcht sind aber die falschen Antworten auf die immer größer werdenden Probleme. Es gibt Alternativen zur heutigen Energieversorgung. Es ist möglich, eine langfristig sichere und bezahlbare Energieversorgung aufzubauen, die nur minimale und beherrschbare Umweltauswirkungen haben wird. Dieses Buch beschreibt, wie diese Energieversorgung aussehen muss und welchen Beitrag jeder Einzelne leisten kann, damit wir doch noch gemeinsam das Klima retten können. Zuerst ist es aber erforderlich, die Ursachen der heutigen Probleme näher zu betrachten.

1.1 Energieversorgung – gestern und heute

1.1.1 Von der französischen Revolution bis ins 20. Jahrhundert

Zu Zeiten der französischen Revolution, also gegen Ende des 18. Jahrhunderts war in Europa die tierische Muskelkraft die wichtigste Energiequelle. Damals standen 14 Millionen Pferde und 24 Millionen Rinder mit einer Gesamtleistung von rund 7,5 Milliarden Watt als Arbeitstiere zur Verfügung [Köni99]. Dies entspricht immerhin der Leistung von mehr als 100 000 Mittelklasseautos.

> **Leistung und Energie oder andersherum**
>
> Die Begriffe Leistung und Energie hängen untrennbar zusammen. Obwohl alle die Unterschiede schon mal im Physikunterricht gehört haben sollten, werden beide Begriffe gerne verwechselt und fehlerhaft verwendet.
>
> Die *Energie* ist die gespeicherte Arbeit, also die Möglichkeit Arbeit zu verrichten. Energie heißt auf Englisch „energy" und trägt das Formelzeichen E. Die Arbeit heißt auf Englisch „work" und wird mit dem Formelzeichen W abgekürzt.
>
> Die *Leistung* (engl.: „power", Formelzeichen: P) gibt an, in welcher Zeit die Arbeit verrichtet oder die Energie verbraucht wird.
>
> $$P = \frac{W}{t} \qquad \left(\text{Leistung} = \frac{\text{Arbeit}}{\text{Zeit}}\right)$$
>
> Wenn zum Beispiel eine Person einen Eimer Wasser hochhebt, ist dies eine Arbeit. Durch die verrichtete Arbeit wird die Lageenergie des Wassereimers vergrößert. Wird der Eimer doppelt so schnell hochgehoben, ist die benötigte Zeit geringer, die Leistung ist doppelt so groß, auch wenn die Arbeit die gleiche ist.
>
> Die Einheit der Leistung ist Watt (Abkürzung: W). Für die Abkürzung der Einheit Watt wird der gleiche Buchstabe wie für das Formelzeichen der Arbeit verwendet, was die Unterscheidung nicht gerade erleichtert.
>
> Die Einheit der Energie ist Wattsekunde (Ws) oder Joule (J). Daneben werden noch andere Einheiten verwendet. *Anhang A.1* beschreibt eine Umrechnung zwischen verschiedenen Energieeinheiten.
>
> Da die benötigten Leistungen und Energien oft sehr groß sind, werden häufig Vorsatzzeichen wie Mega (M), Giga (G), Tera (T), Peta (P) oder Exa (E) verwendet *(vgl. Anhang A.1).*

1.1 Energieversorgung – gestern und heute

Das zweite Standbein der damaligen Energieversorgung war Brennholz, und zwar mit strategischer Bedeutung. Heute geht man davon aus, dass die Verlagerung des Machtzentrums aus dem Mittelmeerraum in die Gebiete nördlich der Alpen unter anderem auf den dortigen Waldreichtum und die damit verbundenen Energiepotenziale zurückzuführen ist. Nachdem die islamische Welt noch bis ins 15. Jahrhundert auf der iberischen Halbinsel eine Vormachtstellung bewahren konnte, schwand ihr Einfluss unter anderem durch Holzmangel. Es fehlte zunehmend an Brennholz zum Einschmelzen von Metall für Schiffskanonen und andere Waffen. Energiekrisen sind also nicht erst eine Erfindung des späten 20. Jahrhunderts.

Abbildung 1.1 Brennholz, Arbeitstiere, Wind- und Wasserkraft deckten noch im 18. Jahrhundert weitgehend die weltweite Energieversorgung.

Neben Muskelkraft und Brennholz wurden bis in die Anfänge des 20. Jahrhunderts auch andere erneuerbare Energien intensiv genutzt. Ende des 18. Jahrhunderts waren in Europa zwischen 500 000 und 600 000 Wassermühlen im Einsatz. Die Windkraftnutzung fand vor allem in flachen Gegenden mit hohem Windangebot Verbreitung. In den vereinigten Niederlanden waren zum Beispiel Ende des 17. Jahrhunderts rund 8 000 Windmühlen in Betrieb.

Fossile Energieträger waren lange Zeit nur von untergeordneter Bedeutung. Steinkohle aus Lagerstätten unter der Erdoberfläche war als Energieträger zwar durchaus bekannt, wurde jedoch weitgehend gemieden. Erst als der Mangel an Holz in einigen Gebieten Europas zu Energieengpässen führte, begann man, die Kohlevorkommen zu erschließen. Die höhere Energiedichte der Steinkohle erwies sich außerdem als vorteilhaft bei der Stahlherstellung. Ihr Vormarsch ließ sich nicht mehr bremsen: Während um das Jahr 1800 noch 60 Prozent der Steinkohle in Haushalten für Heizzwecke diente, überwog bereits 40 Jahre später der Einsatz in Eisenhütten und in der Produktion.

> **Fossile Energieträger – gespeicherte Sonnenenergie**
>
> Fossile Energieträger sind konzentrierte Energieträger, die in sehr langen Zeiträumen aus tierischen oder pflanzlichen Überresten entstanden sind. Zu den fossilen Energieträgern zählen Erdöl, Erdgas, Steinkohle, Braunkohle und Torf. Die Ausgangsstoffe fossiler Energieträger konnten nur durch Umwandlung von Sonnenstrahlung über Jahrmillionen entstehen. Somit sind fossile Energieträger eine Form von gespeicherter Sonnenenergie.
>
> Chemisch gesehen basieren fossile Energieträger auf organischen Kohlenstoff-Verbindungen. Bei der Verbrennung mit Sauerstoff entsteht daher nicht nur Energie in Form von Wärme, sondern immer auch das Treibhausgas Kohlendioxid sowie weitere Verbrennungsprodukte.

Um 1530 förderten Kohlebergwerke in Großbritannien ungefähr 200 000 Tonnen, um 1750 etwa 5 Millionen Tonnen und im Jahr 1854 bereits 64 Millionen Tonnen. Hauptkohleförderländer waren neben Großbritannien die USA und Deutschland, die um das Jahr 1900 gemeinsam einen Anteil von 80 Prozent an der Weltproduktion besaßen [Köni99].

> **Erneuerbare Energien – gar nicht so neu**
>
> Die Vorkommen an fossilen Energieträgern wie Erdöl, Erdgas oder Kohle sind begrenzt. Sie werden in einigen Jahrzehnten verbraucht und damit einfach weg sein. Erneuerbare Energieträger „erneuern" sich hingegen von selbst. Entzieht ein Wasserkraftwerk beispielsweise einem Fluss die Kraft des Wassers, hört dadurch der Fluss nicht auf zu fließen. Der Energiegehalt des Flusses erneuert sich von selbst, indem die Sonne Wasser verdunstet und der Regen den Fluss wieder speist.
>
> Erneuerbare Energien werden auch als regenerative Energien oder alternative Energien bezeichnet. Andere erneuerbare Energieformen sind beispielsweise Windenergie, Biomasse, Erdwärme oder Sonnenenergie. Auch die Sonne wird in rund 4 Milliarden Jahren einmal erloschen sein. Verglichen mit den wenigen Jahrzehnten, die uns fossile Energieträger noch zur Verfügung stehen, ist dieser Zeitraum aber nahezu unendlich groß.
>
> Übrigens werden erneuerbare Energien bereits wesentlich länger genutzt als fossile Energieträger, obwohl zwischen traditionellen und heutigen Anlagen zur Nutzung erneuerbarer Energien technologische Quantensprünge liegen. Neu sind erneuerbare Energien deshalb dennoch nicht – nur die Erkenntnis, dass erneuerbare Energien langfristig die einzige Option für eine sichere und umweltverträgliche Energieversorgung sind.

Ende des 20. Jahrhunderts stieg die weltweite Kohleförderung schließlich auf annähernd 4 Milliarden Tonnen an. Die Kohleförderung in Deutschland und in Großbritannien hat mit einem Anteil von unter drei Prozent am Weltmarkt ihre einstige Vormachtstellung verloren. Kraftwerke zur Stromerzeugung nutzen heute einen Großteil der Kohle. Hauptförderländer sind derzeit mit deutlichem Abstand China und die USA.

1.1.2 Die Epoche des schwarzen Goldes

Wie Kohle besteht Erdöl aus Umwandlungsprodukten von tierischen und pflanzlichen Stoffen, der Biomasse der Urzeit. Über einen Zeitraum von Millionen von Jahren lagerten sich Plankton und andere Einzeller in wenig durchlüfteten Meeresbecken ab und wurden eingeschlossen. Aufgrund von Sauerstoffmangel konnten sie sich nicht zersetzen. Chemische Umwandlungsprozesse machten aus ihnen schließlich Erdöl und Erdgas. Die ursprünglich eingelagerte Biomasse hat wiederum ihren Ursprung in der Sonne, sodass die fossilen Energieträger wie Kohle, Erdöl oder Erdgas nichts anderes als Langzeitkonserven der Sonnenenergie sind. Die ältesten Öllagerstätten sind etwa 350 Millionen Jahre alt. Das Gebiet um den Persischen Golf, wo heute das meiste Öl gefördert wird, lag noch vor 10 bis 15 Millionen Jahren vollständig unter dem Meeresspiegel.

Die Erschließung von Erdölvorkommen erfolgte wesentlich später als die der Steinkohlevorkommen. Heute kaum mehr vorstellbar, doch lange Zeit mangelte es an sinnvollen Anwendungen für den flüssigen Energieträger. Anfangs schmierte man Erdöl auf die Haut, um Hauterkrankungen zu heilen. Seine leichte Entzündlichkeit im Vergleich zu Stein- und Holzkohle gaben Erdöl den Ruf eines äußerst gefährlichen Brennstoffs. In kleinen Mengen wurde Erdöl bereits vor Jahrtausenden als Heil- und Beleuchtungsmittel verwendet. Die Petroleumlampe und später die Erfindung von Verbrennungsmotoren brachten Ende des 19. Jahrhunderts schließlich den Durchbruch.

Der eigentliche Beginn der industriellen Mineralölförderung war im August 1859. In diesem Jahr stieß der Amerikaner Edwin L. Drake in der Nähe von Titusville im amerikanischen Bundesstaat Pennsylvania bei einer Bohrung in etwa 20 Metern Tiefe auf Erdöl. Besonders ein Name verbindet sich mit der weiteren Erdölförderung in Amerika: John Davison Rockefeller. Er gründete 1862 im Alter von 23 Jahren eine Erdölfirma, aus der die Standard Oil und später die Exxon Corporation hervorgingen, und vereinigte große Bereiche der amerikanischen Ölwirtschaft.

Es dauerte dennoch bis ins 20. Jahrhundert hinein, bis fossile Energieträger und speziell das Erdöl den Energiemarkt beherrschten. Im Jahr 1860 wurden weltweit gerade einmal 100 000 Tonnen Öl gefördert. 1895 waren es bereits 14 Millionen Tonnen. Nach einer Gewerbestatistik des Deutschen Reichs aus dem Jahr 1895 waren 18 362 Windmotoren, 54 529 Wassermotoren, 58 530 Dampfmaschinen und 21 350 Verbrennungskraftmaschinen im Einsatz [Gas05]. Die Hälfte der Antriebsaggregate wurde selbst damals noch mit regenerativen Energieträgern betrieben.

1 Unser Hunger nach Energie

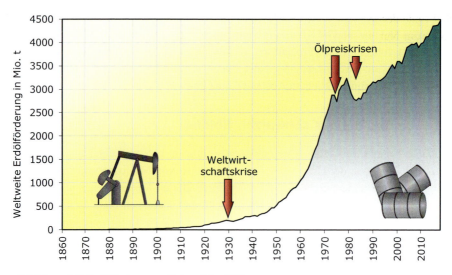

Abbildung 1.2 Erdölförderung seit dem Jahr 1860

Im 20. Jahrhundert stieg die Erdölförderung sehr stark an. Im Jahr 1929 kletterte sie bereits auf über 200 Millionen Tonnen, um dann in den 1970er-Jahren auf über 3000 Millionen Tonnen emporzuschnellen *(Abbildung 1.2)*. Heute ist Erdöl der wichtigste Energieträger der meisten Industrieländer. Etwa 1700 Liter Erdöl pro Jahr verbraucht ein durchschnittlicher Bundesbürger, Kleinkinder und Rentner eingeschlossen. Das entspricht 10 gut gefüllten Badewannen.

Die große Abhängigkeit von einem Energieträger kann für eine Gesellschaft durchaus problematisch sein, wie uns die Vergangenheit vor Augen geführt hat. 1960 wurde die Organisation der Erdölexportländer OPEC (Organization of the Petroleum Exporting Countries) gegründet. Das Ziel der OPEC, deren Sitz sich in Wien befindet, ist die Koordinierung und Vereinheitlichung der Erdölpolitik der Mitgliedsländer. Hierzu zählen Algerien, Ecuador, Gabun, Indonesien, Irak, Iran, Katar, Kuwait, Libyen, Nigeria, Saudi-Arabien, Venezuela und die Vereinigten Arabischen Emirate. Zusammen kontrollierten sie Ende des 20. Jahrhunderts etwa 40 Prozent der weltweiten Erdölförderung. Als Folge des Jom-Kippur-Kriegs zwischen Israel, Syrien und Ägypten setzten die OPEC-Staaten im Jahr 1973 eine Verknappung der Fördermengen durch. Die Folge war die erste Ölkrise mit drastisch gestiegenen Ölpreisen. Ausgelöst durch Förderausfälle und Verunsicherung nach der Revolution im Iran und dem folgenden ersten Golfkrieg kam es im Jahr 1979 zur zweiten Ölkrise mit Ölpreisen von bis zu 38 US-Dollar pro Barrel.

Drastisch gestiegene Erdölpreise warfen das Trendwachstum der Weltwirtschaft und des Energieverbrauchs um etwa vier Jahre zurück. Die Industrienationen, die stets niedrige Ölpreise gewohnt waren, reagierten geschockt. Autofreie Sonntage und Förderprogramme zur Nutzung erneuerbarer Energien waren die Folge. Differenzen zwischen den einzelnen OPEC-Staaten führten wieder zu steigenden Förderquoten und zu einem starken Preisverfall Ende der 1980er-Jahre. Damit verringerte sich auch das Engagement der Industrienationen zur Nutzung regenerativer Energien wieder stark.

> **Vom elsässer Heringsfass zum Erdölbarrel**
>
> Die kommerzielle Erdölförderung im europäischen Kulturkreis hat ihren Ursprung in Pechelbronn im Elsass und geht auf das Jahr 1735 zurück. Dort begann man auch, Erdölprodukte in Fässer abzufüllen. Hierzu wählte man gereinigte Heringstonnen. Gesalzener Hering wurde damals in großen Mengen in Fässern verkauft, sodass diese Fässer vergleichsweise billig waren. Mit zunehmender Ölproduktion wurden später eigens Fässer der eingeführten Größe gefertigt. Den Fassboden strich man blau, um einer Verwechslung mit Fässern für Nahrungsmittel vorzubeugen. Als in den USA die kommerzielle Erölförderung begann, übernahmen die Unternehmen die Techniken aus dem Elsass. Dazu gehörten auch die Heringsnormfässer, die nun die englische Bezeichnung Barrel für Fass trugen. Seitdem hat sich das Heringsfassvolumen als internationale Maßeinheit für Erdöl gehalten. Die Abkürzung für Barrel lautet bbl, was für „blue barrel" steht, und bedeutet ein Fass mit blauem Boden.
>
> 1 petroleum barrel (US) = 1 bbl (US) = 158,987 l (Liter)

Der dramatische Preisverfall für Rohöl von fast 40 US-Dollar pro Barrel auf 10 Dollar führte zu wirtschaftlichen Problemen einiger Förderländer und machte es auch unattraktiv, neue Ölquellen zu erschließen. Im Jahr 1998 konnte die Einigkeit der OPEC-Staaten weitgehend wieder hergestellt werden. Man verständigte sich auf geringere Förderquoten, um einen weiteren Preisverfall zu stoppen. Der Preis stieg, und zwar stärker als anfänglich beabsichtigt. Nun rächten sich die fehlenden Investitionen in Energiesparmaßnahmen. Der Wirtschaftsboom in China und anderen Ländern kurbelte die Nachfrage nach Erdöl weiter an, die nun kaum noch zu decken war. In der Folge kletterten die Ölpreise auf immer neue Rekordhochs. Auch wenn der Ölpreis durch die Finanzkrise zwischenzeitlich stark fiel, sind wegen der begrenzten Vorkommen immer wieder neue Rekordpreise zu erwarten.

Dennoch hat sich seit Anfang der 1980er-Jahre einiges grundlegend geändert. Der Energieverbrauch stagnierte in vielen Industrieländern trotz anhaltendem Wirtschaftswachstum auf hohem Niveau und es setzte sich die Erkenntnis durch, dass Energieverbrauch und Bruttosozialprodukt nicht zwangsläufig aneinander gekoppelt sind. Steigender Wohlstand ist auch bei stagnierendem oder sinkendem Energieverbrauch möglich. Nichtsdestotrotz wurde wegen der lange Zeit anhaltenden niedrigen Ölpreise versäumt, wirkliche Alternativen aufzubauen und Einsparmöglichkeiten zu nutzen.

Dies zeigt sich vor allem im Automobilsektor. Die Autos wurden schneller, komfortabler, schwerer und PS-stärker, aber nur geringfügig sparsamer. Heute steht der glückliche Jahreswagenbesitzer mit 50 PS mehr als vor 20 Jahren im Stau, was jedoch durch die Klimaanlage und eine Hightech-Stereoanlage erheblich angenehmer ist. Dafür ist auch der Tank größer, damit das schwerere Auto bei fast gleichem Verbrauch noch den Weg bis zu nächstbilligeren Tankstelle schafft. Als Folge der Klimadiskussion und der hohen Ölpreise müssen nun die Automobilkonzerne im Zeitraffertempo dem Auto Eigenschaften hinzufügen, die in den letzten Jahrzehnten kaum gefragt waren: Sparsamkeit und geringer Ausstoß von Treibhausgasen. Da viele Automobilunternehmen sich mit den neuen Anforderungen schwertun, setzen sie weiterhin auf altbewährte Konzepte: Sie verhindern oder verwässern durch ihren Einfluss auf die Politik die für den Klimaschutz dringend erforderlichen strengen Einsparvorgaben. Oder sie versuchen wie der VW-Konzern mit illegalen Methoden bestehende Vorschriften zu umgehen. Hätte Volkswagen die in den USA gezahlten Strafen in die Entwicklung emissionsfreier Elektroautos gesteckt, wäre das Unternehmen in diesem Bereich sicher weltweit führend und hätte ganz nebenbei einen enormen Beitrag zum Klimaschutz geleistet. Möglicherweise wird sich der VW-Skandal im Nachhinein für Deutschland noch als großer Glücksfall herausstellen. Er hat die technischen Einspargrenzen herkömmlicher Verbrennungsmotoren aufgezeigt und den Umstieg auf Elektroautos erheblich beschleunigt. Am Ende hat er vielleicht sogar verhindert, dass deutsche Autohersteller durch ein kompromissloses Festhalten an alten Technologien international komplett den Anschluss verlieren.

Eigentlich ist Erdöl aber viel zu schade, um es nur zu verbrennen. Neben dem Einsatz als Energieträger, vor allem als Heizöl und Motorkraftstoff, ist Erdöl auch ein wichtiger Rohstoff in der chemischen Industrie. Es dient beispielsweise als Ausgangsstoff zur Herstellung von Kunststoffstühlen, Plastiktüten, Nylonstrümpfen, Polyesterhemden, Duschgels, Duftwässern oder Vitamintabletten.

1.1.3 Erdgas – der jüngste fossile Energieträger

Erdgas gilt als der sauberste fossile Energieträger. Bei der Verbrennung von Erdgas entstehen weniger Schadstoffe und weniger klimaschädliches Kohlendioxid als bei der Verbrennung von Erdöl oder Kohle. Das ändert aber nichts an der Tatsache, dass bei der Verbrennung von Erdgas für einen wirksamen Klimaschutz ebenfalls deutlich zu viele Treibhausgase entstehen.

Das Ausgangsmaterial zur Entstehung von Erdgas bildeten meist Landpflanzen in den flachen Küstengewässern der Tropen, zu denen vor 300 Millionen Jahren auch die norddeutsche Tiefebene zählte. Aufgrund fehlenden Sauerstoffs in den Küstensümpfen konnte das organische Material nicht verwesen und es entstand Torf. Mit der Zeit lagerten sich neue Schichten aus Sand und Ton auf dem Torf ab, der sich im Lauf der Jahrmillionen in Braun- und Steinkohle umwandelte. Durch hohe Drücke in Tiefen von einigen Kilometern und die dort herrschenden Temperaturen von 120 bis 180 Grad entstand daraus dann das Erdgas.

Erdgas ist jedoch nicht gleich Erdgas, sondern ein Gemisch verschiedener Gase, je nach Vorkommen mit ganz unterschiedlicher Zusammensetzung. Der Hauptbestandteil ist Methan. Oft enthält das Gas größere Mengen an Schwefelwasserstoff. Dieser ist giftig und riecht bereits in geringen Konzentrationen extrem nach faulen Eiern. Darum muss Erdgas häufig erst in Erdgasaufbereitungsanlagen mit chemisch-physikalischen Prozessen gereinigt werden. Da in einer Erdgaslagerstätte meist auch Wasser enthalten ist, muss das Gas getrocknet werden, um unnötig hohe Korrosionen in den Erdgasleitungen zu vermeiden.

1.1 Energieversorgung – gestern und heute

Abbildung 1.3 Links: Bau einer Erdgaspipeline in Ostdeutschland, rechts: Erdgasspeicher Rehden 60 Kilometer südlich von Bremen für 4,2 Milliarden Kubikmeter Erdgas (Fotos: WINGAS GmbH)

Noch in den 1950er-Jahren war Erdgas als Energieträger praktisch bedeutungslos. Erst Anfang der 1960er-Jahre wurde es im größeren Maßstab gefördert und gehandelt. Gründe für die im Vergleich zu Kohle und Erdöl späte Nutzung sind die hohen Bohrtiefen von mehreren Tausend Metern und der aufwändigere Transport. Während Erdöl anfangs noch in Holzfässern transportiert wurde, sind für den Transport von Gasen Druckspeicher oder Pipelines notwendig. Heute gibt es Pipelines mit einer Länge von Tausenden von Kilometern, von den weit abgelegenen Fördergebieten direkt zur Gasheizung im Einfamilienhaus. Auch Deutschland fördert Erdgas, doch werden mittlerweile über 80 Prozent des Bedarfs aus Importen vor allem aus den Niederlanden, Norwegen und Russland gedeckt.

Die Nachfrage nach Erdgas ist jedoch nicht über das Jahr konstant. In Deutschland ist sie im Winter doppelt so groß wie im Sommer. Da es nicht wirtschaftlich ist, die Förderung im Sommer auf die Hälfte zu drosseln, gibt es riesige Speicher, welche die ungleiche Nachfrage zwischen Sommer und Winter ausgleichen. Hierzu dienen sogenannte Kavernenspeicher und Porenspeicher. Kavernen sind künstlich ausgespülte Hohlräume in Salzstöcken, aus denen das gespeicherte Gas schnell wieder entnommen werden kann, zum Beispiel zur Deckung kurzzeitiger Engpässe. Große Gasmengen lassen sich in Porenspeichern lagern. Hier wird das Gestein wieder mit dem gefüllt, was es über 300 Millionen Jahre gespeichert und in wenigen Jahrzehnten hergegeben hat. Insgesamt sind in Deutschland Speicher mit einem Volumen von über 30 Milliarden Kubikmetern in Betrieb, in Planung oder im Bau. Dies entspricht einem Quader mit einer Grundfläche von 20 mal 20 Kilometern und einer Höhe von 75 Metern. In absehbarer Zeit wird Methan oder Wasserstoff aus erneuerbaren Energien das fossile Erdgas ersetzen. Bereits die heute existierenden Erdgasspeicher sind ausreichend, um saisonale Schwankungen einer vollständig erneuerbaren Energieversorgung auszugleichen. Erdgasspeicher und -netze werden daher schon sehr bald eine zentrale Rolle bei der Sicherstellung einer künftigen nachhaltigen Energieversorgung spielen.

1.1.4 Atomkraft – gespaltene Energie

Im Dezember 1938 spalteten Otto Hahn und Fritz Straßmann in Berlin-Dahlem, im Kaiser-Wilhelm-Institut für Chemie, auf einem einfachen Experimentiertisch einen Urankern und legten damit den Grundstein für die weitere Erforschung und künftige Nutzung der Kernenergie. Der Experimentiertisch kann übrigens heute im Deutschen Museum in München bewundert werden.

Bei dem Experiment wurde ein Uran-235-Kern durch langsame Neutronen beschossen. Hierbei spaltete sich der Kern und es entstanden zwei atomare Trümmer Krypton und Barium sowie zwei bis drei weitere Neutronen. Wenn noch mehr Uran-235 vorhanden ist, können diese neuen Neutronen ebenfalls Urankerne spalten, die wiederum Neutronen freisetzen und somit entsteht eine Kettenreaktion. Ist die Uranmenge ausreichend groß, entsteht durch eine unkontrollierte Kettenreaktion eine Atombombe. Gelingt es, die Geschwindigkeit der Kettenreaktion zu kontrollieren, lässt sich Uran-235 auch als Brennstoff für Kraftwerke nutzen.

> **Kernenergienutzung in Deutschland**
>
> Die Pariser Verträge vom 5. Mai 1955 gestatteten Deutschland die zivile Nutzung der Kernenergie. Die Erwartungen waren hoch. Es wurde eigens ein Atomministerium geschaffen. Der erste Atomminister hieß Franz Josef Strauß. Am 31. Oktober 1957 nahm Deutschland an der TU München den ersten Forschungsreaktor, das sogenannte Atomei in Betrieb. Im Juni 1961 speiste das Kernkraftwerk Kahl erstmals Strom in das öffentliche Stromnetz ein. Im Jahr 1972 begannen die kommerziellen Kernkraftwerke Stade und Würgassen mit der Stromlieferung, und im Jahr 1974 wurde mit Biblis der weltweit erste Block mit 1200 Megawatt in Betrieb genommen. Im Jahr 1989 ging das letzte neu errichtete Kraftwerk Neckarwestheim ans Netz. Der Bund hatte bis dahin über 19 Milliarden Euro in die Forschung und Entwicklung der Kernenergie investiert. Die Sorgen der Bevölkerung wegen der Risiken der Kernenergie nahmen jedoch stetig zu und verhinderten den Bau weiterer Kraftwerke. Im Jahr 2000 beschloss Deutschland schließlich den Atomausstieg. Nachdem eine andere Bundesregierung im Jahr 2011 erst einmal die Laufzeiten wieder deutlich verlängerte, wurde bereits im gleichen Jahr nach den Unfällen im Atomkraftwerk Fukushima erneut der Ausstieg beschlossen. Nach heutigem Stand wird danach das letzte Atomkraftwerk in Deutschland im Jahr 2022 vom Netz gehen. Trotz einer über 50-jährigen Geschichte der Kernenergienutzung in Deutschland ist die Problematik der Endlagerung hochradioaktiver Stoffe bis heute nicht endgültig geklärt.

Bei der Kernspaltung gibt es einen sogenannten Massendefekt. Die Masse aller Teilchen nach der Spaltung ist geringer als die des ursprünglichen Urankerns. Bei der vollständigen Spaltung von einem Kilogramm Uran-235 kommt es zu einem Masseverlust von einem einzigen Gramm. Diese verlorene Masse wird dabei vollständig in Energie umgewandelt. Dabei wird eine Energiemenge von 24 Millionen Kilowattstunden frei. Um die gleiche Energiemenge freizusetzen, müsste man rund 3000 Tonnen Kohle verbrennen.

Nach Hahns Entdeckung wurde die Nutzung der Kernenergie vor allem durch die Militärs vorangetrieben. Albert Einstein, der im Jahr 1933 vor der nationalsozialistischen Verfolgung in die USA emigriert war, verfasste am 2. August 1939 einen Brief an den damaligen US-Präsidenten Roosevelt, in dem er darauf hinwies, dass Hitler-Deutschland große Anstrengungen unternahm, reines Uran-235 herzustellen, das für den Bau einer Atombombe verwendet werden kann. Nachdem am 1. September 1939 der zweite Weltkrieg ausbrach, wurde von der amerikanischen Regierung das Manhattan-Projekt ins Leben gerufen. Ziel war die Entwicklung und der Bau einer einsatzfähigen Atombombe.

Als größtes Problem erwies sich hierbei die Gewinnung von signifikanten Mengen an Uran-235, das zum Aufrechterhalten der Kettenreaktion unbedingt notwendig ist. Wird nämlich metallisches Uran aus Uranerz raffiniert, besteht dies zu 99,3 Prozent aus dem schwereren Uran-238, das für die Herstellung der Bombe praktisch nutzlos ist. Es hat sogar die Eigenschaft, Neutronen abzubremsen und zu absorbieren und somit die Kettenreaktion zum Erliegen zu bringen. Nur 0,7 Prozent des Urans bestehen aus Uran-235, das für eine Kettenreaktion auf höhere Anteile angereichert werden muss. Mit Hilfe der Chemie ließ sich keine Trennung von Uran-235 und Uran-238 erreichen, denn chemisch sind beide Isotope völlig identisch. Somit musste nach anderen Wegen gesucht werden. Letztendlich gelang die Trennung durch eine Zentrifuge, da die beiden Isotope unterschiedliche Massen haben.

Im Laufe der Jahre 1939 bis 1945 verschlang das Manhattan-Projekt mehr als zwei Milliarden US-Dollar. Unter der Leitung des Physikers Oppenheimer wurde schließlich das gewünschte Ziel erreicht: Am 16. Juli 1945, gut zwei Monate nach der Kapitulation Deutschlands, erfolgte im US-amerikanischen New Mexico der erste Atombombentest. Nachdem ein Einsatz in Deutschland nicht mehr zur Diskussion stand, wurden die Atombomben kurz vor Ende des zweiten Weltkriegs mit den bekannten Folgen im japanischen Hiroshima und Nagasaki eingesetzt.

Die zivile Nutzung der Kernenergie erfolgte erst einige Jahre später. Zwar wurden seit 1941 von Wissenschaftlern wie Eisenberg oder Fermi Versuche in Reaktoren betrieben, doch gelang es erst am 20. Dezember 1951 im US-Bundesstaat Idaho, mit dem Versuchsreaktor EBR 1 elektrischen Strom durch Kernenergie zu erzeugen.

- www.kernenergie.de — Informationen des Informationskreises Kernenergie
- www.bund.net/atomkraft — Informationen des BUND zur Kernenergie
- www.atomindustrie.de — Professionelle Satireseite zur Kernenergienutzung

Im Gegensatz zur unkontrollierten Kettenreaktion bei der Explosion einer Atombombe sollte die Kernspaltung in einem Atomkraftwerk kontrolliert erfolgen. Ist die Kettenreaktion erst einmal in Gang gesetzt, muss die Zahl der bei der Kernspaltung neu entstehenden Neutronen begrenzt werden. Jede Spaltung eines Urankerns setzt zwei bis drei Neutronen frei, von denen aber nur ein einziges Neutron einen weiteren Kern spalten darf. Regelstäbe, die Neutronen einfangen, reduzieren die Zahl der freiwerdenden Neutronen. Wird diese Zahl nämlich zu groß, gerät der Prozess außer Kontrolle. Dann verhält sich ein Atomkraftwerk ähnlich wie eine Atombombe und es kommt zu einer unkontrollierten Kettenreaktion. Technisch, so war die führende Auffassung der damaligen Zeit, lässt sich die Kernspaltung kontrollieren und eine unerwünschte Reaktion vollständig ausschließen.

Die anfängliche Euphorie bei der Nutzung der Kernenergie legte sich, als es am 28. März 1979 in Harrisburg, der Hauptstadt des US-Bundesstaats Pennsylvania, zu einem Reaktorunfall kam. Hierbei entwichen große Mengen an Radioaktivität. Viele Tiere und Pflanzen wurden geschädigt und die Zahl der menschlichen Totgeburten in der Umgebung nahm nach dem Unglück stark zu.

Am 26. April 1986 kam es in der 30 000 Einwohner zählenden Stadt Tschernobyl in der Ukraine zu einem weiteren schweren Kernreaktorunfall. Das offiziell Unwahrscheinliche geschah: Die Kettenreaktion geriet außer Kontrolle und es kam zu einer Kernschmelze. Die dabei freigesetzte Radioaktivität führte auch in Deutschland zu hohen Strahlenbelastungen. Eine Vielzahl von Helfern, die den Schaden vor Ort einzudämmen versuchten, bezahlten diesen Einsatz mit dem Leben und Tausende von Menschen starben in der Folgezeit an Krebserkrankungen.

Am 11. März 2011 wurde das japanische Atomkraftwerk Fukushima Daiichi von einem starken Erdbeben und einem schweren Tsunami getroffen. Die Anlage war für ein derartiges Ereignis nicht ausgelegt und die Reaktorkühlung versagte. Als Folge kam es zu Kernschmelzen und mehreren Explosionen, die vier der sechs Reaktoren zerstörten und erhebliche Mengen an Radioaktivität freisetzten. Rund 150 000 Einwohner der Umgebung wurden evakuiert und hunderttausende zurückgelassene Tiere verhungerten.

Ein weiteres Problem der zivilen Nutzung von Kernenergie stellen die radioaktiven Reststoffe dar. Beim Einsatz von Uran-Brennelementen in Kernkraftwerken entstehen große Mengen an radioaktiven Abfällen, die noch über Jahrtausende eine tödliche Bedrohung sein werden. Die gefahrlose Lagerung dieser Reststoffe ist weltweit bisher nicht gelöst.

Technisch ist die Nutzung der Kernenergie faszinierend, die Elektrizitätserzeugung mit relativ geringen Brennstoffmengen sehr verlockend. Doch dem Nutzen stehen große Risiken gegenüber. Daher wurde in Deutschland vereinbart, die Kernenergienutzung auslaufen zu lassen. Nach dem Abschalten des letzten Kernkraftwerks in Deutschlands wird das Abenteuer Kernenergie die Bundesregierung allein insgesamt weit mehr als 40 Milliarden für Forschung und Entwicklung gekostet haben. Ein bizarres Paradeprojekt für die enormen Fehlinvestitionen ist Deutschlands teuerster Freizeitpark. Im nordrhein-westfälischen Kalkar wurde für rund 4 Milliarden Euro der Prototyp eines sogenannten schnellen Brutreaktors errichtet. Aufgrund von Sicherheitsbedenken, unter anderem wegen des stark reaktiven Kühlmittels Natrium, ging das Kraftwerk niemals in Betrieb. Heute befindet sich in der Industrieruine des Kraftwerks der Freizeitpark Kernwasser Wunderland Kalkar.

Abbildung 1.4 Auf dem Gelände des niemals in Betrieb gegangenen schnellen Brutreaktors in Kalkar befindet sich heute der Freizeitpark Kernwasser Wunderland (Fotos: www.wunderlandkalkar.eu).

Von der konservativen Politik und einigen Unternehmen wurde die Kernenergie immer wieder als vermeintliche Zukunftstechnologie ins Feld geführt. Von der Vielzahl angekündigter Projekte der letzten Jahre wurde allerdings nur ein geringer Teil realisiert. Vor allem die enormen Kosten neuer Kernkraftwerke beenden meist recht schnell die nuklearen Träume. Um neue Kernkraftwerke in Europa überhaupt noch wirtschaftlich betreiben zu können, sind hohe Subventionen erforderlich. Für das umstrittene Neubauprojekt Hinkley Point C in Großbritannien sind für den Atomstrom Vergütungen vorgesehen, die deutlich über denen von Solar- und Windkraftanlagen liegen. Wenn die Kernenergie als höchst umstrittene Technologie aber nicht einmal mehr wirtschaftliche Vorteile aufweisen kann, sind die Tage der Kernenergie ganz sicher gezählt.

Weltweit waren Ende des Jahres 2018 insgesamt noch 449 Kernkraftwerke in Betrieb. Für die Weltenergieversorgung ist die Kernenergie jedoch relativ unwichtig. Ihr Anteil ist kleiner als der der Wasserkraft und deutlich geringer als der von Brennholz. Wollte man durch die Kernenergie einen Großteil der fossilen Kraftwerke ersetzen, wären Uranvorräte in wenigen Jahren erschöpft. Somit sind Kernkraftwerke keine wirkliche Alternative für den Klimaschutz, obwohl einige Politiker und vor allem die profitierenden Unternehmen dies in der Öffentlichkeit oft gerne so darstellen.

Langfristig werden in eine ganz neue Variante der Atomkraftnutzung große Hoffnungen gesetzt und Geldsummen investiert: in die Kernfusion. Als Vorbild hierfür dient die Sonne, die ihre Energie durch Verschmelzung von Wasserstoffkernen freisetzt. Dieser Vorgang soll auf der Erde nachvollzogen werden, ganz ohne Risiko einer unerwünschten Kettenreaktion à la Tschernobyl oder Fukushima. Doch die Sache hat einen Haken: Damit die Kernfusion in Gang kommt, müssen die Teilchen auf Temperaturen von mehreren Millionen Grad Celsius erhitzt werden. Kein bekanntes Material kann diesen Temperaturen dauerhaft standhalten. Darum werden andere Technologien, wie zum Beispiel der Einschluss der Reaktionsmaterialien durch starke Magnetfelder, erprobt. Auch wenn dies bereits gelungen ist, zeigen bisherige Versuchsreaktoren das Verhalten von nassem Holz. Trotz enormer Energiemengen zum Anfeuern gingen sie stets von selbst wieder aus.

Ob diese Technologie überhaupt jemals funktionieren wird, kann derzeit keiner ernsthaft voraussagen. Spötter meinen, das Einzige, was sich seit Jahren bei der Kernfusion mit Sicherheit voraussagen lässt, ist die stets gleich bleibende Zeitspanne von 50 Jahren, in der ein funktionierender Reaktor einmal ans Netz gehen soll.

Doch selbst wenn diese Technologie einmal ausgereift sein sollte, gibt es verschiedene Gründe, die gegen den Ausbau der Kernfusion sprechen. Diese Technologie ist deutlich aufwändiger und damit auch teurer als die heutige Kernspaltung. Wie bereits erwähnt, ist heute die Finanzierung von herkömmlichen Kernkraftwerken schwierig. Schon aus wirtschaftlichen Gesichtspunkten werden Alternativen wie regenerative Energien zu bevorzugen sein. Werden trotzdem enorme Geldsummen in Fusionsversuche gesetzt, fehlen diese beim Aufbau von Energiealternativen. Heute wäre man froh, wenn man einen Fusionsreaktor überhaupt zum Laufen bekäme. Ein Einsatz dieser Technologie für Regelzwecke ist daher aus heutiger Sicht wenig vorstellbar. Genau diese Eigenschaften wären aber nötig, wenn Fusionskraftwerke einmal gemeinsam mit regenerativen Kraftwerken wie Solar- und Windkraftanlagen einen Beitrag zur Energieversorgung leisten sollen. Für das regenerative Zeitalter ist die Fusionstechnologie also ungeeignet. Außerdem entstehen auch beim Betrieb einer Kernfusionsanlage radioaktive Stoffe und Abfälle, von denen eine Gefährdung ausgeht. Es gibt also sehr wenige Gründe, die für die weitere Verwendung staatlicher Gelder in diese Technologie sprechen.

1.1.5 Das Jahrhundert der fossilen Energieträger

Während bis Ende des 19. Jahrhunderts klassische erneuerbare Energien einen Großteil des Energiehungers der Menschheit deckten, kann das 20. Jahrhundert als Jahrhundert der fossilen Energieträger gelten. Bis zur ersten Hälfte des 20. Jahrhunderts lösten fossile Energieträger in Verbrennungskraftmaschinen klassische Anlagen zur Nutzung erneuerbarer Energien wie Windmühlen, Wasserräder oder durch Muskelkraft angetriebene Fahrzeuge und Maschinen fast vollständig ab. Unter den regenerativen Energien konnten sich nur die moderne Wasserkraft zur Stromerzeugung und die Biomasse hauptsächlich als Brennmaterial behaupten.

Nach dem zweiten Weltkrieg stieg die Energienachfrage nahezu explosionsartig an. Die fossilen Energieträger konnten ihren Anteil weiter deutlich ausbauen. Im Jahr 2018 deckten fossile Energieträger noch rund 77 Prozent des weltweiten Primärenergiebedarfs *(vgl. Kasten S. 30 und Abbildung 1.5)*. Wasserkraft und Atomkraft hatten einen Anteil von rund 6 und 4 Prozent und die Biomasse von etwa 9 Prozent. Alle anderen erneuerbaren Energien kamen auf fast 4 Prozent. Inzwischen zeichnen sich zaghafte Umbrüche ab. Solar- und Windkraft haben kontinuierlich hohe Steigerungsraten beim Zubau, sodass sich deren Anteil am Weltenergiebedarf in den nächsten Jahren signifikant erhöhen wird. Die Nutzung von Kohle stagniert seit 2015 auf sehr hohem Niveau, während der Bedarf an Erdöl und Erdgas derzeit noch weiter steigt. Sollte sich diese Entwicklung verstetigen, könnten erneuerbare Energien schon in wenigen Jahren das Wachstum bei der Nutzung fossiler Energieträger stoppen und damit wirksame Klimaschutzmaßnahmen einleiten.

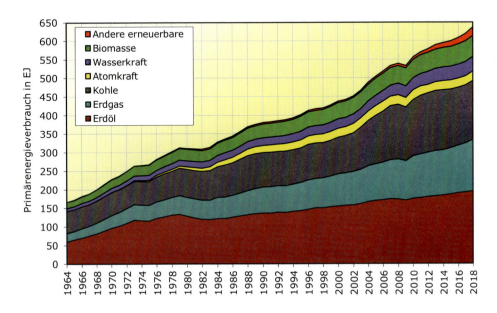

Abbildung 1.5 Entwicklung des weltweiten Primärenergiebedarfs (Daten: [BP19])

1.1.6 Das erneuerbare Jahrhundert

Obwohl derzeit der Anteil erneuerbarer Energien noch vergleichsweise gering ist und der Verbrauch fossiler Energieträger trotz aller Klimaschutzbekenntnisse weiter steigt, ist das 21. Jahrhundert bereits auf dem Weg, das Jahrhundert der erneuerbaren Energien zu werden. Viele können sich einen schnellen Wandel noch nicht vorstellen. Dieses Schicksal haben erneuerbare Energien mit der Einführung einer Vielzahl neuer Technologien gemeinsam. So soll beispielsweise Kaiser Friedrich Wilhelm der II. anfangs den Wandel im Verkehrsbereich bezweifelt haben: „Ich glaube an das Pferd. Das Automobil ist eine vorübergehende Erscheinung."

Internet und Handy haben uns vorgemacht, wie schnell sich neue Technologien durchsetzen können. Vor allem der Ausbau der Windkraft und der Photovoltaik erfolgen derzeit rasant, mit Wachstumsraten, die an die Einführung des Internets und des Mobilfunks erinnern. Deutschland war lange Zeit Vorreiter bei der Nutzung erneuerbarer Energien. Bereits 2011 wurde hier die millionste Solaranlage eröffnet *(Abbildung 1.6)*. Andere Länder wie China haben aber inzwischen Deutschland die Führungsrolle beim Ausbau erneuerbarer Energien abgenommen, nachdem die deutsche Regierung den Zubau ab dem Jahr 2013 signifikant eingeschränkt hat. Dennoch besteht kein Zweifel: Das Zeitalter der erneuerbaren Energien hat bereits weltweit begonnen. Schon bald werden sie die Dominanz der fossilen Energien brechen. Es bleibt nur die Frage, ob die Ablösung schnell genug gelingt, um den ebenfalls immer schneller voranschreitenden Klimawandel noch rechtzeitig stoppen zu können. Die Chancen dafür stehen aber möglicherweise besser als viele derzeit zu hoffen wagen.

Abbildung 1.6 Links: Trotz der intensiven Nutzung fossiler Energieträger boomt der Windenergieausbau in den USA, rechts: die millionste Solarstromanlage in Deutschland
Fotos: Dennis Schwartz/REpower Systems SE und BSW-Solar

1.2 Energiebedarf – wer was wo wie viel verbraucht

Der Energiebedarf auf der Erde ist höchst unterschiedlich verteilt. Sechs Staaten der Erde, nämlich China, USA, Russland, Indien, Japan und Deutschland verbrauchen mehr als die Hälfte der Energie.

Die USA benötigen alleine etwa ein Sechstel der Energie weltweit, obwohl in den USA weniger als ein Zwanzigstel der Erdbevölkerung lebt. Würde jeder Inder genauso viel Energie beanspruchen wie ein US-Amerikaner, fiele der Weltenergiebedarf bereits um 60 Prozent höher aus. Wenn alle Menschen auf der Erde den gleichen Energiehunger wie ein US-Amerikaner entwickeln, dann klettert der Bedarf sogar auf über das Dreifache.

1.2 Energiebedarf – wer was wo wie viel verbraucht

> **Energie kann gar nicht verbraucht werden**
>
> Wer gegenüber seinem Physiklehrer schon einmal geäußert hat, dass der Energieverbrauch viel zu hoch sei, wird mit Sicherheit auf Unverständnis gestoßen sein – nicht, weil der Physiklehrer ein mangelndes Verständnis für die Energieproblematik der Erde hat, sondern weil Naturwissenschaftler den Energieerhaltungssatz verinnerlicht haben. Danach kann Energie weder verbraucht noch erzeugt, sondern nur von einer Form in eine andere umgewandelt werden.
>
> Betrachten wir einmal das Beispiel Auto. Dass das Auto viel verbraucht, spüren wir bei jedem Volltanken. Das vom Auto benötigte und von uns teuer bezahlte Benzin ist eine Art von gespeicherter chemischer Energie. Durch Verbrennung entsteht thermische Energie. Diese wird vom Motor in Bewegungsenergie umgewandelt und an das Auto weitergegeben. Ist das Benzin verbraucht, steht das Auto wieder. Die Energie ist dann jedoch nicht verschwunden, sondern durch Abwärme des Motors sowie über die Reibung an den Reifen und mit der Luft als Wärme an die Umgebung abgegeben. Diese Umgebungswärme kann aber in der Regel von uns Menschen nicht weiter genutzt werden. Aus Umgebungswärme werden wir nie wieder Benzin herstellen können. Durch die Autofahrt wird der nutzbare Energiegehalts des Benzins in nicht mehr nutzbare Umgebungswärme überführt. Für uns ist diese Energie also verloren und damit verbraucht, auch wenn dies im physikalischen Sinne nicht korrekt ist.
>
> Anders sieht es beispielsweise bei einer Photovoltaikanlage aus. Sie wandelt die Sonnenbestrahlung direkt in elektrische Energie um. Es wird gerne davon gesprochen, dass eine Solaranlage Energie erzeugt. Physikalisch ist auch dies nicht korrekt. Die Solaranlage wandelt lediglich schlecht nutzbare Solarstrahlung in hochwertige Elektrizität um.

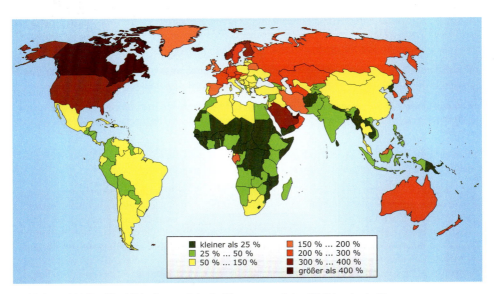

Abbildung 1.7 Pro-Kopf-Primärenergiebedarf bezogen auf den Weltdurchschnitt

Möchte man eine Aussage treffen, welche Länder der Erde besonders viel Energie verbrauchen, darf natürlich nicht nur auf den Gesamtverbrauch geschaut werden. Die Bevölkerungszahl spielt dabei beim Vergleich auch eine entscheidende Rolle. Zwar verbraucht Indien mehr Energie als Deutschland. Bei über einer Milliarde Einwohnern ist dies aber auch zu erwarten. Der Pro-Kopf-Verbrauch in Indien beträgt rund als ein Sechstel des Verbrauchs in Deutschland. Obwohl Indien also das Land mit dem vierthöchsten Primärenergieverbrauch der Erde ist, liegt der Pro-Kopf-Verbrauch unter der Hälfte des Weltdurchschnitts.

Abbildung 1.7 zeigt, in welchen Ländern der Pro-Kopf-Primärenergiebedarf im Vergleich zum Weltdurchschnitt besonders hoch beziehungsweise besonders niedrig ist. Dabei fällt auf, dass die westlichen Industriestaaten und Länder mit großem Erdölvorkommen einen besonders hohen Verbrauch haben. Wohlstand und günstige Energiepreise kurbeln demnach den Verbrauch an. Trennt man die Erde in Nord- und Südhalbkugel, zeigt sich, dass die Länder mit sehr hohem Verbrauch – mit Ausnahme von Australien, Neuseeland und Süd-Afrika – sich alle auf der Nordhalbkugel befinden. Deutschland, Frankreich, Großbritannien und Italien zusammen verbrauchen mehr als der gesamte afrikanische Kontinent mit seinen über eine Milliarde Einwohnern.

> **Primärenergie, Apfelenergie und Birnenenergie**
>
> Beim Vergleich des eigenen Stromverbrauchs mit dem Gasverbrauch wird von der Energiemenge her fast immer der Gasverbrauch höher ausfallen, wenn wir unsere Wohnung mit Gas beheizen. Beim Vergleich der Gas- und Stromrechnung sind die Unterschiede schon nicht mehr so groß. Elektrizität und Erdgas sind zwei Arten von Energie oder Energieträgern, die wie Äpfel und Birnen nicht direkt vergleichbar sind. Um eine Kilowattstunde Elektrizität aus Gas herzustellen, müssen in einem Kraftwerk zwei bis drei Kilowattstunden Gas verfeuert werden. Der Rest verpufft meist ungenutzt als Abwärme in die Umgebung. Um verschiedene Energieformen vergleichbar zu machen, unterscheidet man deshalb zwischen Primärenergie, Endenergie und Nutzenergie.
>
> **Primärenergie** ist Energie in ursprünglicher, technisch noch nicht aufbereiteter Form wie zum Beispiel Kohle, Rohöl, Naturgas, Uran, Solarstrahlung, Wind, Holz oder Kuhmist (Biomasse).
>
> **Endenergie** oder Sekundärenergie ist Energie in der Form wie sie der Verbraucherin oder dem Verbraucher zugeführt wird, wie zum Beispiel Erdgas, Benzin, Heizöl, Elektrizität oder Fernwärme.
>
> **Nutzenergie** ist Energie in letztendlich genutzter Form, wie zum Beispiel Licht zur Beleuchtung, Wärme zur Heizung oder Antriebsenergie für Maschinen und Fahrzeuge.
>
> Am häufigsten werden verschiedene Energieformen auf der Primärenergiebasis verglichen. Nicht selten gehen bei der Umwandlung von Primärenergie zu Nutzenergie mehr als 90 Prozent des ursprünglichen Energiegehalts verloren. Die Zuordnung erneuerbarer Energien ist dabei nicht immer ganz einheitlich. Strom aus Solar- oder Windkraftwerken wäre nach der Definition eigentlich eine Endenergie. Viele Statistiken bezeichnen diesen aber als Primärelektrizität und werten ihn als Primärenergie. Über die Ursachen lässt sich nur spekulieren. Einerseits ist die statistische Erfassung der zu erneuerbarem Strom zugehörigen „echten" Primärenergie schwierig, andererseits ist das regenerative Angebot so groß, dass Wirkungsgrade bei der Umwandlung von Primär- zu Endenergie an Bedeutung verlieren. Analog zu Strom aus regenerativen Kraftwerken wird auch regenerativ erzeugter Wasserstoff in vielen Statistiken als Primärenergie gewertet, obwohl dieser im engeren Sinn ebenfalls eine Art von Endenergie ist.

1.2 Energiebedarf – wer was wo wie viel verbraucht

Länder mit besonders hohem Energieverbrauch decken ihren Energiebedarf meist zu großen Teilen aus fossilen Energieträgern. Dabei gibt es durchaus Ausnahmen wie Island, wo Geothermie und Wasserkraft dominieren. Länder mit besonders niedrigem Energiebedarf greifen hingegen oft in hohem Maße auf sogenannte traditionelle Biomasse zurück. Hierunter versteht man Feuerholz oder andere herkömmliche tierische oder pflanzliche Produkte wie getrockneter Tierdung. Über 2 Milliarden Menschen weltweit nutzen Brennholz und Holzkohle zum Kochen und Heizen. In Afrika südlich der Sahara sind sogar rund 90 Prozent der Bevölkerung vollkommen auf Brennstoffe aus traditioneller Biomasse angewiesen.

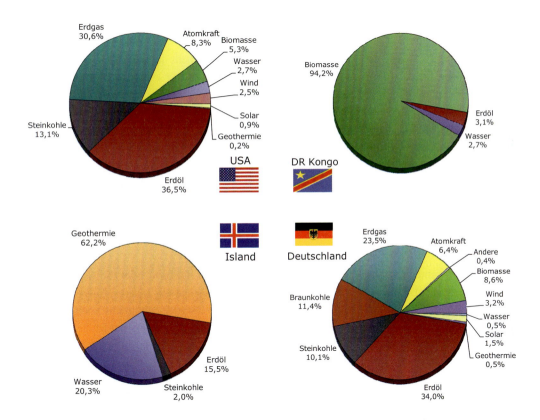

Abbildung 1.8 Anteile verschiedener Energieträger an der Deckung des Primärenergiebedarfs in der DR Kongo (im Jahr 2015), Deutschland (2018), Island (2016) und den USA (2018)

Bei den Industrieländern hingegen gibt es ebenfalls große Unterschiede. Während viele Industrieländer wie Deutschland oder die USA noch bis zu mehr als 80 Prozent ihres Primärenergiebedarfs aus fossilen Energieträgern oder der Atomkraft decken, ist der Anteil erneuerbarer Energien in einzelnen Industrieländern bereits heute wesentlich höher. Die Alpenländer sowie Norwegen und Schweden haben einen deutlich höheren Anteil an

Wasserkraft. Auch die Biomasse spielt in einigen Ländern wie Schweden oder Finnland eine größere Rolle. In Island ist die Erdwärme die Energieform mit dem größten Anteil. Wasserkraft und Geothermie decken in Island zusammen weit über 80 Prozent des Energiebedarfs.

Die Demokratische Republik Kongo ist hingegen ein typisches Beispiel für die Energieversorgung der ärmsten Länder der Erde. Sie basiert noch zu mehr als 90 Prozent auf traditioneller Biomasse. *Abbildung 1.8* zeigt die unterschiedliche Nutzung einzelner Energieformen bei der Deckung des Energiebedarfs in verschiedenen Ländern.

1.3 Die SoDa-Energie

Nur rund 1,4 Prozent des deutschen Primärenergieverbrauchs im Jahr 2016 wurden laut Statistik durch Solarenergie gedeckt. Auch der Anteil anderer erneuerbarer Energien ist noch sehr gering. Für viele ist deshalb kaum vorstellbar, dass regenerative Energien in wenigen Jahren das Klima retten sollen. In Wahrheit haben aber regenerative Energien heute bereits einen Anteil von über 99 Prozent am deutschen Energieaufkommen, wenn man in den offiziellen Statistiken nur einmal richtig rechnen würde.

„Traue keiner Statistik, die du nicht selbst gefälscht hast", soll bereits Winston Churchill gesagt haben, wobei dieser Ausspruch in keiner offiziellen Quelle belegt ist. Ebenso verbreitet wie die Zuordnung des gängigen Zitats an Churchill ist die Aussage, dass ein wesentlicher Teil unseres Energiebedarfs derzeit durch fossile Energieträger gedeckt wird. Dies besagen zumindest alle üblichen Energiestatistiken. Hier stellt sich die Frage, wie wir Energiebedarf definieren.

Heizwärme eines Heizkörpers, Licht einer gewöhnlichen Glühbirne oder die Antriebsenergie eines Schiffsdiesels sind allgemein anerkannter Bestandteil unseres Energiebedarfs. Erwärmt durch Fenster einfallende Sonnenstrahlung die Räume, ermöglicht Sonnenlicht in taghell beleuchten Häusern und auf Straßen das Ausschalten der künstlichen Beleuchtung oder treibt Wind unser Segelboot quer über den Atlantik, so erfasst dies keine Energiestatistik. Das beheizte Gewächshaus, bei dem unter künstlichem Licht Nutzpflanzen heranwachsen, schafft es ebenfalls in die Energiestatistiken – das überdachte Frühbeet, in dem Pflanzen alleine durch Sonnenlicht gedeihen, hingegen nicht. Die Flutlichtbeleuchtung eines Stadions während eines abendlichen Fußballspiels ist Teil unseres Energiebedarfs. Findet das Fußballspiel bei strahlendem Sonnenschein statt, wird laut Energiestatistik in der durch die Sonne hell ausgeleuchteten Fußballarena eigentlich kein Licht benötigt. Werfen wir Kunstschneemaschinen an, um das immer spärlicher werdende Schneeaufkommen in den Skigebieten zu kompensieren, ist dies ein Fall für die Energiestatistik – der natürliche Schnee hingegen nicht. Füllen wir unsere Trinkwasserspeicher durch elektrische Pumpen, zählen wir die Energie. Füllt Regen die Speicher, ist dies nicht weiter zu beachten. Auch der hohe Strombedarf von elektrischen Wäschetrocknern erhöht den Energiebedarf. Trocknen hingegen Wind und Sonne die Wäsche auf einer herkömmlichen Wäscheleine, decken sie im Sinne der Statistik keinerlei Bedarf.

1.3 Die SoDa-Energie

Alle natürlichen, nicht technisch umgewandelten Energieformen sind nicht Bestandteil des Energiebedarfs im herkömmlichen Sinne, obwohl es eigentlich egal sein müsste, woher die Energie kommt, die unser Badewasser erwärmt, die Pflanzen zum Wachsen bringt oder für Beleuchtung sorgt. Die Verfügbarkeit von natürlichen Energieformen wie Sonnenenergie ist für uns aber so selbstverständlich, weil sie sowieso da ist und deshalb so wertlos erscheint, dass sie es nicht einmal in die Statistiken schafft. Dies verzerrt aber unseren Eindruck über den Energiebedarf und setzt die Möglichkeiten der erneuerbaren Energien in ein falsches Licht.

Deutschland hat eine Fläche von 357 093 Quadratkilometern. Die jährliche solare Bestrahlung beträgt im Mittel 1064 Kilowattstunden pro Quadratmeter. Somit erreicht Deutschland in jedem Jahr eine solare Energiemenge von 380 Billionen Kilowattstunden. Dies ist knapp hundertmal so viel wie der in der Statistik ausgewiesene Primärenergieverbrauch von Deutschland und sogar mehr als der gesamte Primärenergiebedarf der Erde. Ein Teil dieser Strahlung erwärmt unsere Erde und Luft, ein anderer Teil wird in Pflanzenwachstum, also Biomasseproduktion umgewandelt.

Rund 800 Millimeter oder 0,8 Kubikmeter Niederschlag gehen in Deutschland pro Quadratmeter nieder. Über ganz Deutschland summiert sich der jährliche Niederschlag auf 286 Milliarden Kubikmeter. Die Sonne verdunstet dieses Wasser, bevor es als Regen zur Erde gelangt. Für die Verdunstung von einem Kubikmeter Wasser werden 627 Kilowattstunden benötigt. Somit steckt im jährlichen Niederschlag eine Energiemenge von rund 179 Billionen Kilowattstunden.

Etwa 2 Prozent der Sonnenenergie werden in Bewegung des Windes umgewandelt. Hier kommen für Deutschland rund 8 Billionen Kilowattstunden zusammen. Sonne, Wind und Wasser zusammen haben in Deutschland alleine ein Energieaufkommen von rund 567 Billionen Kilowattstunden pro Jahr. Die Geothermie oder Meeresenergie ist in dieser Summe noch nicht einmal enthalten. Würde diese Energiemenge nur wenige Prozentpunkte sinken, wären Dürren oder arktische Winter die Folge.

Der Primärenergiebedarf von Deutschland wird in der Statistik im Jahr 2016 hingegen mit 13 451 Petajoule ausgewiesen. Das sind umgerechnet nicht einmal 4 Billionen Kilowattstunden. Natürlich kommen in dieser Statistik auch Solar-, Wasser- und Windkraft vor. Rund 0,5 Billionen Kilowattstunden pro Jahr soll der Anteil aller regenerativen Energien zusammen am Primärenergiebedarf in Deutschland betragen. Das ist der Anteil, den technische Anlagen zur regenerativen Energienutzung umsetzen. Die natürlichen Formen der regenerativen Energien, die sowieso da sind, fehlen in dieser Statistik völlig. So kommt es zu der kleinen offensichtlichen statistischen Diskrepanz zum zuvor berechneten regenerativen Energieaufkommen von 567 Billionen Kilowattstunden. Um den Unterschied zu herkömmlichen Statistiken zu verdeutlichen, werden im Folgenden bislang statistisch nicht erfasste natürliche regenerative Energieformen als SoDa-Energie bezeichnet, weil sie einfach „so da" sind.

Wer nun meint, dass all diese Überlegungen statistische Haarspalterei sind, irrt. Da der Klimaschock in der Öffentlichkeit angekommen ist, besteht das allgemeine Interesse, fossile Energieträger möglichst schnell durch regenerative Energien zu ersetzen. Doch viele

1 Unser Hunger nach Energie

haben den Eindruck, das ist schwer und in überschaubaren Zeiträumen fast unmöglich. Gebetsmühlenartig wird wiederholt, dass die Solarenergie in Deutschland einen verschwindend geringen Anteil des Energieaufkommens deckt. Wäre das wahr, wäre diese Skepsis sicher auch berechtigt. Tatsächlich sind es aber die fossilen und nuklearen Energieträger, die gerade einmal 0,6 Prozent am Energieaufkommen in Deutschland haben. Dass 0,6 Prozent in absehbarer Zeit zu ersetzen sind, dürfte eigentlich niemand ernsthaft bezweifeln.

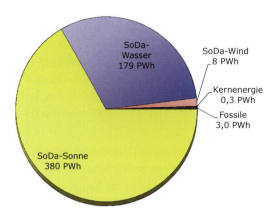

Abbildung 1.9
Gesamtenergieaufkommen in Deutschland unter Berücksichtigung der SoDa-Energie, also natürlicher regenerativer Energieformen

Die Explosion des indonesischen Vulkans Tambora im Jahr 1815 führt uns vor Augen, was der Ausfall auch nur eines Bruchteils der SoDa-Energie an Folgen hat. Gigantische Mengen an vulkanischen Gasen und Staub in der Atmosphäre reduzierten in den folgenden Jahren die Solarstrahlung. In den Jahren 1816 und 1817 kam es zu massiven Ernteausfällen in Europa. Zehntausende von Menschen verhungerten. Würde ein solches Ereignis heute passieren, wären ähnliche Folgen zu erwarten. Ein Großteil der Energie zur Sicherstellung unserer Nahrungsversorgung ist nämlich SoDa-Energie, direkt von der Sonne. Das verschwindend geringe Aufkommen an fossilen und nuklearen Energieträgern wäre aber nicht einmal ansatzweise in der Lage, auch nur relativ kleine Schwankungen der SoDa-Energie zu kompensieren.

Bleibt die Frage, was die SoDa-Energie wert ist. Erdöl frei Grenze kostete im Jahr 2017 rund 3 Cent pro Kilowattstunde, Erdgas etwa 1,7 Cent pro Kilowattstunde, Tendenz steigend. Da solare Strahlungsenergie und Windenergie nicht so einfach speicherbar sind wie Erdöl oder Erdgas, soll im Folgenden ihr Wert unter der von Erdgas, also mit 1 Cent pro Kilowattstunde angesetzt werden, der Wert der SoDa-Wasserkraft wegen der besseren Speicherbarkeit mit 1,5 Cent pro Kilowattstunde. Damit berechnet sich ein Gesamtwert der SoDa-Energie von rund 6,5 Billionen Euro pro Jahr. Alleine die SoDa-Sonnenenergie ist nach dieser Berechnung rund 3,8 Billionen Euro wert.

Natürliche regenerative Energieformen in der Größenordnung von 567 Billionen Kilowattstunden werden also alleine in Deutschland statistisch nicht erfasst. Dadurch verzerrt sich die öffentliche Wahrnehmung über die heutige Energieversorgung. Wir unterliegen dem falschen Eindruck, dass fossile und nukleare Energieträger den wesentlichen Anteil am Energieaufkommen haben. In Wahrheit ist ihr Anteil kleiner als ein Prozent und regenerative Energien sollten sie für einen wirksamen Klimaschutz möglichst schnell ersetzen. Hierfür stehen uns natürliche regenerative Energieformen im Wert von rund 6,5 Billionen Euro jährlich kostenlos zur Verfügung. Eigentlich können wir es uns nicht leisten, darauf zu verzichten.

1.4 Energievorräte – Reichtum auf Zeit

Nutzen wir heute fossile Energieträger, greifen wir auf vor Millionen von Jahren eingelagerte Sonnenenergie zurück, ohne dass diese Energieträger sich in für uns absehbarer Zeit erneuern könnten. Dabei ist unser heutiger Energiehunger derart emporgeschnellt, dass ein Großteil der Vorkommen an fossilen Lagerstätten noch im Laufe unseres 21. Jahrhunderts ausgebeutet sein wird. Auch die Lagerstätten, an denen sich kostengünstig der Brennstoff Uran für herkömmliche Atomkraftwerke gewinnen lässt, werden weniger.

> **Konventionell oder nicht-konventionell, das ist hier die Frage**
>
> Kein Erdölvorkommen auf der Erde gleicht dem anderen. Einige Quellen lagern in flüssiger Form nur hundert Meter unter dem Erdboden. Andere liegen in 10 000 Metern Tiefe oder sind mit Sand vermengt und lassen sich, wenn überhaupt nur mit sehr hohen Kosten fördern. Um einen besseren Überblick über mögliche Reichweiten zu erhalten, unterscheidet man bei der Angabe von noch vorhandenen Vorräten an Erdöl, Erdgas, Kohle und Uran daher zwischen Reserven und Ressourcen sowie konventionellen und nicht-konventionellen Vorkommen.
>
> **Reserven** sind nachgewiesene und zu heutigen Preisen mit heutiger Technik wirtschaftlich gewinnbare Energierohstoffe.
>
> **Ressourcen** sind nachgewiesene, aber derzeit technisch und/oder wirtschaftlich nicht gewinnbare sowie nicht nachgewiesene aber vermutete, also rein spekulative Energierohstoffmengen. Nur ein Teil der Ressourcen wird sich daher erschließen lassen. Entwickelt sich die Technik weiter oder steigen die Rohstoffpreise, werden einige Ressourcen nach und nach den Reserven zugeschlagen. Die Reserven steigen dann an und die Ressourcen nehmen ab.
>
> **Gesamtpotenzial** bezeichnet man die Summe aus Reserven und Ressourcen. Dieses Potenzial wird sich nach heutigem Stand nicht in vollem Umfang erschließen lassen. Möglich ist aber, dass auch noch neue, unvermutete Vorkommen gefunden werden und damit die Reserven oder Ressourcen und das Potenzial wieder vergrößern.
>
> **Konventionelle Vorkommen** sind Reserven oder Ressourcen, die mit herkömmlichen Förderverfahren erschlossen werden können. Dies ist Erdöl oder Erdgas in unterirdischen Hohlräumen, die sich über eine einfache Bohrung fördern lassen.
>
> **Nicht-konventionelle Vorkommen** sind Reserven oder Ressourcen, die mit aufwändigen und neuartigen Förderverfahren erschließbar sind. Dies sind zum Beispiel Ölsande, Ölschiefer, Bitumen oder Erdöl und Erdgas in kleineren Hohlräumen in undurchlässigen Schichten, die erst mit einem sogenannten Frackingverfahren aufgebrochen werden müssen. Oft ist die Förderung von nicht-konventionellen Vorkommen deutlich teuer als von konventionellen.

Schon seit Jahrzehnten haben Pessimisten das nahe Ende der fossilen Energiereserven beschworen. Da man bereits vor 30 Jahren in der Schule gelernt hat, dass in 30 Jahren das Erdöl alle sein wird, ernteten Mahner in den vergangenen Jahren oft nur ein gleichgültiges Schulterzucken. Erst der starke Anstieg der Ölpreise seit dem Jahr 2000 hat erneut eine Sensibilität für die Endlichkeit des schwarzen Goldes geschaffen.

Speziell beim Erdöl hat die Zahl der neuen Funde in den letzten Jahren stark abgenommen. Der Energiehunger steigt schneller als neue Vorkommen erschlossen werden können. Die Ölpreise werden deshalb langfristig gesehen weiterhin ansteigen, auch wenn kurze Preisrückgänge immer wieder trügerische Entspannung signalisieren. Denn einerseits steigt die Nachfrage, während das Angebot eher rückläufig ist, andererseits steigen der Aufwand für das Erschließen neuer Vorkommen und damit die Kosten stetig an.

Während bei den ersten kommerziellen Bohrungen in Amerika im Jahr 1859 noch Erdöl in einer Tiefe von 20 Metern gefunden wurde, sind heutzutage Bohrtiefen von bis zu 10 000 Metern durchaus üblich. Auch hat man große technische Fortschritte beim Aufspüren von Vorkommen gemacht, sodass man heute erheblich besser über mögliche Funde Bescheid weiß, als noch vor einigen Jahrzehnten. Dies macht es aber auch unwahrscheinlicher, dass zahlreiche neue große, völlig unvermutete Vorkommen noch entdeckt werden.

1.4.1 Nicht-konventionelle Vorräte – Verlängerung des Ölzeitalters

Durch die seit den 1990er-Jahren extrem gestiegenen Öl- und Gaspreise ist die Erschließung ganz neuer Vorkommen interessant geworden, die mit nicht-konventionellen Methoden gefördert werden. In Nordamerika ist ein regelrechtes neues Öl- und Gasfieber ausgebrochen. Bereits in wenigen Jahren könnte der Kontinent jenseits des Atlantiks kurzzeitig sogar den Nahen Osten bei der Förderung von Erdöl und Erdgas überholen.

In der kanadischen Provinz Alberta und Venezuela schlummern enorme Mengen an Ölsanden. Diese werden im Tagebau gefördert. Das kanadische Abbaugebiet erstreckt sich dabei auf eine gigantische Fläche von 149 000 Quadratkilometern. Das entspricht in etwa der Fläche Englands. Bereits durch die Rodung der Wälder werden enorme Volumina an Kohlendioxid freigesetzt. Mit großen Mengen an Wasser und Energie wird dann das Öl vom Sand getrennt. Zurück bleiben stark belaste Abwässer und eine verwüstete Landschaft. Durch den hohen Energieverbrauch bei der Ölsandförderung nimmt der Kohlendioxidausstoß weiter zu. Berücksichtigt man die Freisetzung von Treibhausgasen durch die Waldrodung, sind zwischen 1990 und 2010 die Treibhausgasemissionen von Kanada um stolze 46 Prozent gestiegen. Das Ende des Ölzeitalters beginnt bereits jetzt, seine dreckigsten Spuren zu hinterlassen.

In den USA war das Zeitalter der Erdölförderung eigentlich schon weitgehend beendet. Die meisten erschließbaren konventionellen Vorkommen sind ausgebeutet. Neue Vorkommen in Alaska oder der Tiefsee konnten wegen der enormen Risiken für die lokale Umwelt nur sehr eingeschränkt erschlossen werden. Nicht unwesentliche Ursachen für das starke militärische Engagement der USA im Nahen Osten in den letzten Jahren war die Sicherung des Zugangs zu den dortigen Energierohstoffen.

1.4 Energievorräte – Reichtum auf Zeit

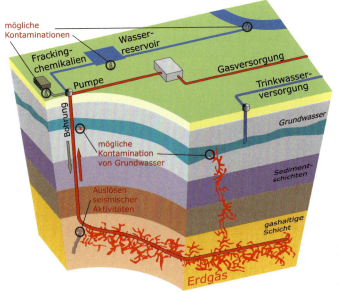

Abbildung 1.10
Funktionsweise und Risiken beim Fracking von Erdgas

Doch nun hat in den USA eine neue Technik den Abbau von Erdöl- und Erdgas revolutioniert: Das sogenannte Fracking. Hierbei erschließt zuerst eine tiefe Bohrung den Untergrund. Dann wird eine Flüssigkeit mit hohem Druck in die Bohrung gepresst, die in der Tiefe Risse ins Gestein sprengt. Durch diese Risse soll im Gestein eingeschlossenes Gas oder Öl entweichen und über die Bohrung an die Oberfläche gelangen. Würde man für das Verfahren reines Wasser verwenden, würden sich die Risse beim Rückpumpen des Wassers sofort wieder schließen. Darum wird das Wasser mit Sand und zahlreichen zum Teil sehr giftigen Chemikalien versetzt. Das soll die Risse offenhalten, das Abfließen des Öls oder Gases erleichtern und das Bakterienwachstum unterbinden.

Umweltschützer kritisieren beim Fracking zahlreiche unkalkulierbare Risiken *(Abbildung 1.10)*. Das Sprengen der Risse im Untergrund kann kleine Erdbeben auslösen. Frackingchemikalien können bei unsachgemäßem Umgang in die Umwelt gelangen. Die Entsorgung der großen Mengen von wieder zurückgepumptem belastetem Abwasser ist problematisch und über Risse und Spalten können Chemikalien oder Erdgas das Grundwasser und damit letztendlich das Trinkwasser kontaminieren. In den USA wurde bereits an verschiedenen Orten das Trinkwasser so verunreinigt, dass sich nicht brennbares Wasser durch das darin gelöste Methan entzünden ließ. Entweicht Erdgas ungenutzt in die Atmosphäre verstärkt es dort zudem den Treibhauseffekt. Bleibt die Frage, ob eine recht kurze Verlängerung des Öl- und Gaszeitalters derartige Umweltfolgen rechtfertigen.

1.4.2 Ende in Sicht

Stetige technologische Fortschritte bei der Erschließung von Vorkommen an Erdöl und Erdgas haben in der Vergangenheit die Vorhersagen immer wieder revidiert. Vor allem wegen der noch sehr großen weltweiten Kohlevorräte könnten wir unseren Energiehunger durchaus noch über Jahrzehnte oder im Extremfall sogar noch über ein Jahrhundert mit fossilen Energieträgern befriedigen.

Die bekannten konventionellen Vorräte in den USA, Europa und Asien werden recht schnell zur Neige gehen. Dies erhöht wiederum die Abhängigkeit vor allem der Industrienationen von einigen wenigen Förderländern. Die USA versuchen, diese Abhängigkeit durch die Erschließung von nicht-konventionellen Vorkommen zu reduzieren. China sichert sich mehr und mehr Zugriff auf Vorkommen in anderen Regionen wie in Afrika. Über 60 Prozent der konventionellen Erdölreserven befinden sich im Nahen Osten *(Abbildung 1.11),* den wir plakativ mit Ölscheichs verbinden. Die erdölreichsten Länder der Region sind Irak, Iran, Kuwait, Saudi-Arabien und die Vereinigten Arabischen Emirate.

Gerade diese Region war in jüngster Vergangenheit immer wieder Schauplatz militärischer Auseinandersetzungen. Die großen Erdölvorkommen und der steigende Einfluss auf die künftige Energieversorgung der Welt werden die Spannungen in Zukunft noch weiter erhöhen. Auch die Abhängigkeit der Industrienationen von den OPEC-Ländern wird steigen, denn diese verfügen über fast drei Viertel der sicher gewinnbaren Reserven.

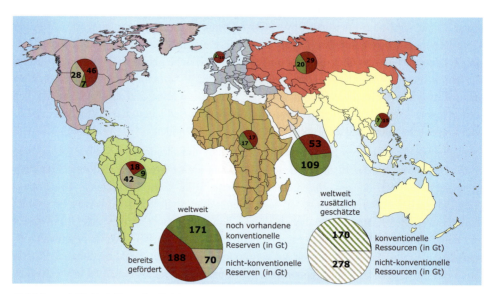

Abbildung 1.11 Verteilung der Erdölreserven der Erde nach Region (2016, Daten: BGR [BGR17])

Teilt man die bekannten, also sicher gewinnbaren Reserven durch die gegenwärtige Förderung, ergibt sich die momentane Reichweite. Diese beträgt bei Erdöl gerade einmal 39 Jahre *(vgl. Abbildung 1.12).* Die nicht-konventionellen Reserven können die Reichweite gerade einmal um 16 Jahre erweitern. Durch ein Ansteigen der jährlichen Förderung wird diese Reichweite höchstwahrscheinlich sogar noch sinken. Zusätzlich zu den bekannten Reserven werden auch neue Lagerstätten erschlossen, die momentan noch als Ressource geführt sind. Man schätzt, dass durch diese zusätzlichen Vorkommen die Reserven auf das Eineinhalb- bis Zweifache ansteigen werden. Bleiben die Fördermengen in den nächsten Jahrzehnten konstant, würden die Erdölreserven dann noch bis zu 100 Jahren reichen. Allein in den letzten 50 Jahren hat sich der Erdölbedarf allerdings weltweit nahezu verdreifacht. Ende unseres Jahrhunderts wird man daher ziemlich sicher Erdöl nicht mehr als Energieträger verwenden.

Etwas entspannter ist die Lage bei Erdgas- oder Kohlevorkommen. Die bekannten Gasreserven werden bei gegenwärtiger Förderung in 52 Jahren erschöpft sein. Im Gegensatz zum Erdöl sind die geschätzten zusätzlichen Ressourcen deutlich größer als die bisher bekannten Reserven. Das liegt unter anderem an der größeren Tiefe der Lagerstätten, aber auch daran, dass die industrielle Förderung und damit die Suche nach entsprechenden Vorkommen erheblich später als beim Erdöl begonnen haben. In den letzten 50 Jahren hat sich der Bedarf an Erdgas allerdings mehr als verfünffacht. Bei anhaltend starken Verbrauchssteigerungen wird auch das Erdgas dieses Jahrhundert zur Neige gehen. Nur Kohle könnte noch bis ins nächste Jahrhundert verfügbar sein.

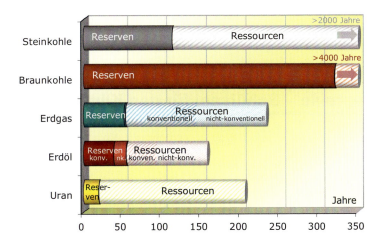

Abbildung 1.12 Reichweite der bekannten Energiereserven und -ressourcen bei gegenwärtiger Förderung. Daten: BGR [BGR17]

1.4.3 Das Ende der Spaltung

Was in der Öffentlichkeit wenig bekannt ist: Auch die Vorkommen an Uran sind stark begrenzt. Zwar ist der Anteil von Uran in der Erdkruste höher als der von Gold oder Silber, doch lässt sich auch von reinstem Natururan nur ein Anteil von unter einem Prozent ener-

1 Unser Hunger nach Energie

getisch nutzen. Durch eine Anreicherung des nutzbaren Anteils an Uran U-238 wird Natururan überhaupt erst für den Einsatz in Kraftwerken verwendbar.

Um Natururan wirtschaftlich gewinnen zu können, muss der Erzanteil überdurchschnittlich hoch sein. Lediglich in Kanada existieren Vorkommen mit einem Uranerzgehalt von über einem Prozent. Sinkt der Uranerzgehalt, müssen erheblich größere Massen für den Abbau bewegt werden, wodurch der Energiebedarf für die Erzgewinnung und die Kosten deutlich ansteigen.

Der Anteil der Kernenergie an der weltweiten Primärenergieversorgung ist mit etwa 4 Prozent trotz intensiver Ausbaubemühungen einzelner Länder heute immer noch relativ gering. Wenige Länder wie Frankreich decken zwar bis zu 80 Prozent ihres Strombedarfs durch Kernkraftwerke. Doch Autos fahren auch in Frankreich mit wenigen Ausnahmen nicht mit Atomkraft und Häuser werden auch dort nur teilweise mit Kernenergie beheizt. Am gesamten Primärenergieaufkommen liegt deswegen der Anteil der Kernenergie selbst in Frankreich nur bei etwa 40 Prozent.

Wollte man alle fossilen Energieträger durch die Kernenergie ersetzen, wären die Uranvorkommen in wenigen Jahren aufgebraucht. Durch andere Kraftwerkstechniken, wie die des riskanten Schnellen Brüters, lässt sich die Energieausbeute zwar etwas erhöhen, dennoch ändert dies nichts an der Begrenztheit der Vorkommen. Auch die wirtschaftlich gewinnbaren Uranvorkommen werden spätestens in wenigen Jahrzehnten zur Neige gehen – nicht gerade ein überzeugendes Argument, neue Atomkraftwerke mit Lebensdauern von 30 oder 40 Jahren zu bauen. Eine Alternative zu fossilen Energieträgern ist die Kernenergie allein aus diesen Gründen nicht.

1.5 Hohe Energiepreise – Schlüssel für den Klimaschutz

Bis in die 1970er-Jahre waren niedrige Energiepreise Grundlage nicht nur für das deutsche Wirtschaftswunder. Mit steigendem Wohlstand kletterte auch der Energieverbrauch in immer neue Höhen. Erst mit der Gründung der OPEC und der politisch motivierten Verknappung der Fördermengen im Jahr 1973 stiegen die Erdölpreise in wenigen Monaten dramatisch an. Die geschockten Industrieländer reagierten relativ hilflos. Im Jahr 1973 gründeten sie die Internationale Energieagentur IEA, um die Energiepolitik zu koordinieren und eine sichere und bezahlbare Energieversorgung zu gewährleisten.

Strategische Ölreserven sollen bei Stocken des Erdölnachschubs die Versorgung sichern und die Preise stabil halten. Deutschland bevorratet zum Beispiel 25 Millionen Tonnen an Rohöl oder Rohölprodukten, die rund 90 Tage den kompletten Erdölbedarf des Landes decken könnten.

In den 1970er-Jahren begann auch ein verstärktes staatliches Engagement für die Weiterentwicklung der Nutzung erneuerbarer Energien. Viele fehlgeschlagene Mammutprojekte zeigten aber, dass sich eine kostengünstige und nachhaltige Energieversorgung nicht erzwingen lässt, sondern nur das Ende einer lang anhaltenden Entwicklung sein kann. Den-

1.5 Hohe Energiepreise – Schlüssel für den Klimaschutz

noch wurde der Grundstein für den heutigen Boom der erneuerbaren Energien mit den Ölkrisen in den 1970er-Jahren gelegt.

Die 1990er-Jahre zeichneten sich durch extrem niedrige Erdölpreise aus. Als Folge stagnierten die Energiesparbemühungen und der Ausbau der erneuerbaren Energien. Durch die boomende Weltkonjunktur und die extreme Nachfrage vor allem aus China erreichten die Erdölpreise ab dem Jahr 2000 erneut neue Rekordwerte. Nun rächte sich das fehlende Engagement, den Erdölverbrauch zu reduzieren. Nominal gesehen waren die Erdölpreise im Jahr 2012 rund dreimal so hoch wie zu Zeiten der Ölpreiskrisen Ende der 1970er-Jahre (vgl. Abbildung 1.13). Bislang hat dies die Weltwirtschaft jedoch nur begrenzt getroffen. Dies lässt sich erklären, wenn die inflationsbereinigten Erdölpreise betrachtet werden. Mit einem Dollar konnte man 1980 etwa das Dreifache kaufen wie im Jahr 2018. Insofern war auch der inflationsbereinigte Ölpreis seinerzeit rund dreimal so hoch. Ein weiterer Grund ist, dass die Wirtschaft heute deutlich weniger von Energiepreisen abhängig ist als zu Zeiten der Ölkrisen. Ein weiter steigender Ölpreis wird dennoch auch seine Spuren in der Weltwirtschaft hinterlassen.

Mit den zur Neige gehenden Vorräten an fossilen Energieträgern werden die Erdöl-, Erdgas- und Kohlepreise weiter nach oben klettern. Die 2015 infolge eines internationalen Preiskampfs gesunkenen Preise bieten bestenfalls eine kleine Verschnaufpause. Bereits 2018 zogen die Preise wieder spürbar an. Eine weitere Preisrunde nach oben wird mit Sicherheit kommen. Politische Risiken und die zunehmende Abhängigkeit von einzelnen rohstoffreichen Ländern bergen auch erhebliche Gefahren für einen weiteren plötzlichen Preisanstieg. Allein schon aus wirtschaftlichen Gründen ist es dringend erforderlich, möglichst schnell eine alternative Energieversorgung jenseits von fossilen oder nuklearen Energieträgern aufzubauen.

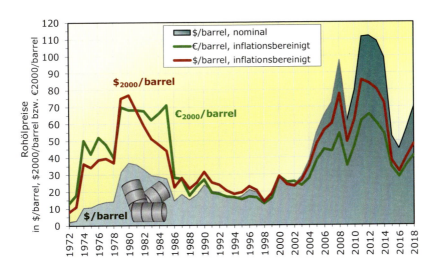

Abbildung 1.13 Entwicklung der Erdölpreise in aktuellen Preisen und inflationsbereinigt

Angebot und Nachfrage werden in der Übergangszeit aber auch die Preise für erneuerbare Energien schwanken lassen, wie der Preisanstieg für Holzbrennstoffe im Jahr 2006 gezeigt hat. Langfristig gesehen werden aber die Preise für erneuerbare Energien durch stetige technische Weiterentwicklungen und rationellere Fertigungsprozesse kontinuierlich sinken, während die Preise für fossile Energieträger und die Kernenergie weiter ansteigen.

Schon heute sind erneuerbare Energien in vielen Bereichen zu den fossilen Alternativen voll konkurrenzfähig. Im Jahr 2017 konnten Solaranlagen bei Ausschreibungen in den sonnigen Regionen der Erde bereits Preise von 2 Cent pro Kilowattstunde unterbieten und liegen damit deutlich unter denen neuer fossiler Kraftwerke. Auch im sonnenärmeren Deutschland ist praktisch kaum mehr ein Preisunterschied von Strom aus neuen Solar- und Windkraftanlagen zum aktuellen Börsenstrompreis vorhanden. Neue fossile Kraftwerke können sie inzwischen auch in Deutschland unterbieten. Im Jahr 2019 wurde erstmals ein Stromliefervertrag für Solarstrom einer großen Freiflächen-Photovoltaikanlage ganz ohne Förderung abgeschlossen.

Das fossile Zeitalter wird aber massiv durch Subventionen gestützt. Weltweit floss noch im Jahr 2015 die unvorstellbare Summe von 5,3 Billionen US-Dollar an Subventionen für Öl, Gas und Kohle. Ohne diese Stützung wäre das fossile Zeitalter allein aus ökonomischen Gründen schon bald beendet. Weiter steigende Energiepreise werden diesen Subventionsirrsinn früher oder später aber unbezahlbar machen und damit einen schnellen Wandel hin zu einer nachhaltigen Energieversorgung einleiten. Die Länder, die frühzeitig mit dem Transformationsprozess begonnen haben, werden am einfachsten die Herausforderungen des Wandels meistern.

2 Klima vor dem Kollaps

Dass sich das Klima ändert, wissen wir eigentlich schon lange. Unzählige Eis- und Warmzeiten haben gezeigt, dass die Klimabedingungen auf der Erde ständigen Wechseln unterworfen sind. Für menschliche Zeithorizonte dauert ein Wechsel jedoch relativ lange. Etwa alle 100 000 Jahre kam es in der jüngeren Erdgeschichte zu Eiszeiten, die jeweils durch deutlich kürzere Warmzeiten unterbrochen waren. Unsere jetzige Warmzeit, das sogenannte Holozän, begann vor etwa 11 700 Jahren. Da die letzten Warmzeiten im Schnitt nur rund 15 000 Jahren andauerten, müssten wir eigentlich unweigerlich auf die nächste Eiszeit zusteuern.

Die genauen Ursachen für den Wechsel zwischen Warm- und Eiszeiten lassen sich nur bedingt rekonstruieren. Natürliche Effekte wie Veränderungen der Sonnenaktivität, Änderungen der Erdbahngeometrie, Vulkanismus, Änderungen von Meeresströmungen sowie Verschiebung der Kontinentalplatten gelten als Hauptursachen von Klimaänderungen. Kommen mehrere Ursachen zusammen, sind auch recht abrupte Änderungen möglich. Das belegt die Klimageschichte der Erde. Insofern ist die in jüngster Zeit beobachtete Erderwärmung nichts Ungewöhnliches. Außergewöhnlich ist nur, dass vermutlich erstmals Lebewesen der Erde einen abrupten Klimawandel verursachen – nämlich wir Menschen.

2.1 Es ist warm geworden – Klimaveränderungen heute

2.1.1 Immer schneller schmilzt das Eis

Nach der letzten Eiszeit haben sich die weltweiten Temperaturen um rund 3,5 Grad Celsius erhöht. Durch die Erwärmung und die abtauenden Eismassen sind die Meeresspiegel um über 120 Meter angestiegen. Heute dicht besiedelte Gebiete waren während der letzten Eiszeit durch meterhohe Eispanzer bedeckt und ehemals fruchtbare Landschaften sind seitdem im Meer versunken. Über die letzten 7000 Jahre waren die Klimabedingungen auf der Erde allerdings außerordentlich konstant. Die Meeresspiegel haben sich so gut wie gar nicht und die Temperaturen nur um wenige Zehntel Grad Celsius verändert. Diese Klimastabilität war eine der wesentlichen Voraussetzungen dafür, dass sich die Menschheit weiterentwickeln konnte. Unsere Zivilisation mit ihren Siedlungsgebieten und landwirtschaftlichen Flächen hat sich auf die stabilen Bedingungen eingestellt. Zerstören wir diese Stabilität, wird das enorme Auswirkungen auf das Leben haben, wie wir es heute kennen.

Ein Blick auf die Entwicklung seit der letzten Eiszeit ist auch hilfreich, wenn es um die Einschätzung künftiger Temperaturveränderungen geht. *Abbildung 2.1* zeigt, dass bereits relativ kleine Temperaturänderungen große Auswirkungen haben können. Eine Erwärmung von 1 Grad Celsius klingt für Viele erst einmal nicht sehr dramatisch. Setzt man das in Relation zu dem Temperaturanstieg seit der letzten Eiszeit, ist bereits dieser Wert mehr als bedenklich.

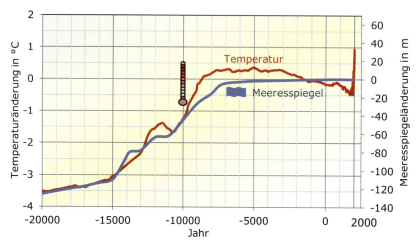

Abbildung 2.1 Temperatur- und Meeresspiegeländerung seit 20 000 v. Chr. bis 2018
Daten: [NASA19, Mar13, Sha12, Fle98], Zeitraum 1951 bis 1980 entspricht null

Durch den Einfluss der Menschen ist die Temperatur in den letzten 100 Jahren bereits um rund 1 Grad Celsius angestiegen und der Anstieg beschleunigt sich immer mehr. Man braucht kein Klimaexperte zu sein, um zu erkennen, dass der jüngste Anstieg keine normale Entwicklung sein kann. Vor allem das vergleichsweise hohe Tempo des Temperaturanstiegs bereitet Klimaexperten Sorgen. Eine natürliche Erklärung gibt es für diesen extremen Anstieg nicht.

Kommt es zu weiteren starken Änderungen der Klimabedingungen, werden sie zweifellos das Gesicht der Erde und unsere heutigen Lebensbedingungen stärker verändern als dies selbst das dramatischste geschichtliche Ereignis der letzten Jahrtausende vermocht hat. Experten halten darum eine Erwärmung oberhalb von 1,5 bis 2 Grad Celsius für nicht vertretbar. Die Bekämpfung des vom Menschen gemachten Treibhauseffekts und der damit verbundenen Erwärmung ist damit vermutlich heute die mit Abstand wichtigste Aufgabe zum Erhalt der Lebensgrundlagen künftiger Generationen.

2.1 Es ist warm geworden – Klimaveränderungen heute

Beobachtete Klimaveränderungen [IPC07, EEA10, NOAA13]

- Die globale Oberflächentemperatur lag im Jahr 2016 bereits 0,98 Grad Celsius über dem Mittel von 1951 bis 1980.
- Die 2000er-Jahre waren die wärmste Dekade seit Beginn der Temperaturmessungen.
- Die Temperaturzunahme der letzten 50 Jahre ist doppelt so hoch wie die der letzten 100 Jahre. Die Erwärmung der Arktis erfolgte mehr als doppelt so schnell.
- Die Temperaturen der letzten 50 Jahre waren höher als jemals zuvor in den vergangenen 1300 Jahren.
- Weltweit schrumpfen die Gletscher sowie die Eisschilde auf Grönland und der Antarktis. Die Alpengletscher haben zwischen 1850 und 2010 bereits zwei Drittel ihres Volumens verloren.
- Die sommerliche arktische Meereisbedeckung ist von 7,5 Millionen Quadratkilometern im Jahr 1982 auf 3,5 Millionen Quadratkilometer im Jahr 2012 zurückgegangen.
- Der Meeresspiegel ist seit 1993 durchschnittlich um 3,1 Millimeter pro Jahr gestiegen, im 20. Jahrhundert insgesamt um 17 Zentimeter. Mehr als die Hälfte geht auf die thermische Ausdehnung der Meere zurück, etwa 25 Prozent auf Abschmelzen der Gebirgsgletscher und etwa 15 Prozent auf das Abschmelzen der arktischen Eisschilde.
- Die Häufigkeit von heftigen Niederschlägen hat zugenommen.
- Häufigkeit und Intensität von Dürren sind seit den 1970er-Jahren gestiegen.
- Die Häufigkeit von Temperaturextremen hat zugenommen.
- Die Intensität tropischer Wirbelstürme ist seit den 1970er-Jahren stärker geworden.

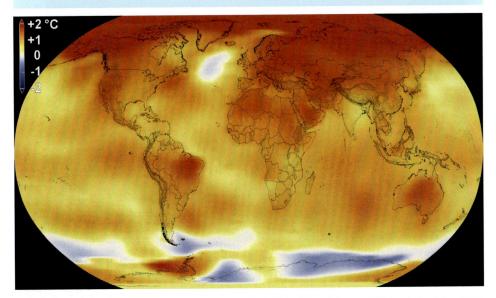

Abbildung 2.2 Temperaturänderung der Periode 2012-16 im Vergleich zum Mittelwert der Jahre 1951 bis 1980 (Quelle: NASA/Goddard Space Flight Center Scientific Visualization Studio, http://svs.gsfc.nasa.gov)

Die globale Erwärmung erfolgt nicht auf allen Teilen der Erde gleichmäßig. Vor allem im Bereich der Arktis hat die Temperaturänderung stellenweise schon 2 Grad Celsius überschritten *(Abbildung 2.2)*. Generell erwärmt auch das Land schneller als die Ozeane. Bei einer durchschnittlichen Erwärmung von mehr als 4 Grad Celsius könnten sich einige Gebiete auf dem Festland zu regelrechten Todeszonen entwickeln, in denen der Mensch wegen der enormen Hitze ohne technische Hilfsmittel nicht mehr lange überleben könnte.

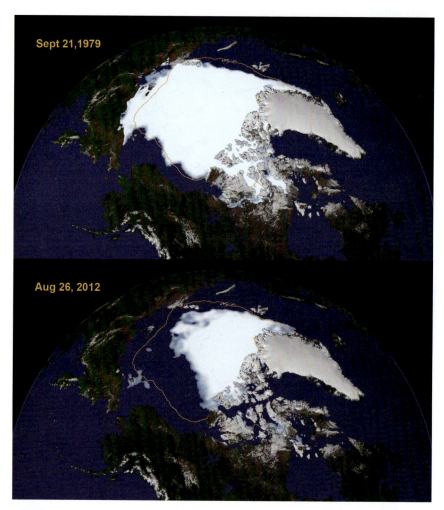

Abbildung 2.3 Sommerliche arktische Eisbedeckung für das Jahr 1979 (oben) und das Jahr 2012 (unten), Quelle: NASA, http://svs.gsfc.nasa.gov

Als Folge der Erwärmung dehnt sich das Wasser der Meere aus. Durch die Zunahme der Temperaturen schmelzen auch mehr und mehr arktisches Eis und das ewige Eis der Gletscher ab. Die Eisbedeckung des Meers in der Arktis ist innerhalb von 30 Jahren um über 50 Prozent zurückgegangen *(Abbildung 2.3)*. Neben den Eismassen der Arktis schmelzen auch viele Gletscher rasend schnell ab. Der größte Gletscher der Welt, der Bering-Gletscher in der Arktis Kanadas, ist während des letzten Jahrhunderts um mehr als 10 Kilometer geschrumpft. Von den Gebirgsgletschern in den Ostalpen ist bereits heute nur noch weniger als die Hälfte der Masse aus dem Jahr 1850 übrig.

Bislang sind die Meeresspiegel in den letzten 100 Jahren lediglich um rund 20 Zentimeter angestiegen. Sollte künftig das Festlandeis auf Grönland oder der Antarktis spürbar abschmelzen dürfte sich der Anstieg der Meeresspiegel aber spürbar beschleunigen.

2.1.2 Naturkatastrophen kommen häufiger

Mit den globalen Temperaturen nehmen auch die Wetterextreme zu. Größere Temperaturunterschiede verursachen heftigere Stürme, stärkere Regenfälle sowie häufigere Hochwasser und Überschwemmungen.

Bereits heute sind klima- und wetterbedingte Ereignisse die Hauptursache für Vertreibungen (*Abbildung 2.4*). Im Jahr 2017 mussten 16,1 Millionen Menschen weltweit vor Stürmen, Überschwemmungen, Dürren, Extremtemperaturen und Waldbränden fliehen. Zwischen 2008 und 2017 waren es sogar insgesamt 212 Millionen [iDMC19]. Ein Großteil der Menschen wird derzeit in Asien, Lateinamerika und der Karibik vertrieben. Darum werden diese Fluchtbewegungen in Europa momentan bestenfalls über die Nachrichten registriert. Bei steigenden Klimawandelfolgen dürfte aber auch Europa kaum vor diesen Bewegungen verschont bleiben. Steigen die Meeresspiegel durch die globale Erwärmung mittelfristig lediglich um einen Meter an, verlieren bereits rund 100 Millionen Menschen dauerhaft ihre Heimat.

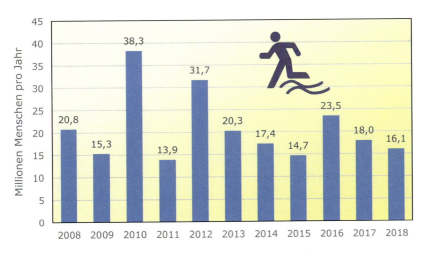

Abbildung 2.4 Anzahl der weltweit Vertriebenen durch klima- und wetterbedingte Naturkatastrophen wie Stürme und Überschwemmungen (Daten: iDMC [iDMC19])

2 Klima vor dem Kollaps

Beispiele großer Naturkatastrophen

- Winter 1990: Die Orkane Daria, Herta, Vivian und Wiebke töten 272 Menschen in Europa und richten Schäden von 12,8 Milliarden Euro an.
- 29.04.1991: Eine Sturmflut als Folge des tropischen Zyklons Gorky erfasst Bangladesch. 138 000 Menschen sterben. Die materiellen Schäden sind mit 3 Milliarden Euro in dem armen Land vergleichsweise gering.
- 26.12.1999: Orkan Lothar verwüstet große Gebiete in Europa. 110 Menschen sterben. Die Schäden betragen 11,5 Milliarden Euro.
- August 2002: Ungewöhnlich starke Regenfälle mit bis zu 400 Litern pro Quadratmeter sorgen für heftige Überschwemmungen in Deutschland und einigen Nachbarländern. In Europa verlieren 230 Menschen ihr Leben und es gibt Schäden von 18,5 Milliarden Euro.
- August 2003: Die größte Hitzewelle in Europa seit Beginn der Klimaaufzeichnungen fordert 70 000 Menschenleben und verursacht Schäden in der Höhe von 13 Milliarden Euro.
- August 2005: Hurrikan Katrina wütet in den USA und zerstört die Stadt New Orleans. 1322 Menschen sterben. Der bislang teuerste Sturm aller Zeiten verursacht Schäden von 125 Milliarden US-Dollar (rund 95 Milliarden Euro).
- 18. Januar 2007: Der Orkan Kyrill fegt über Europa hinweg. Die Deutsche Bahn stellte erstmals in der Geschichte den kompletten Zugverkehr in Deutschland ein.
- Oktober 2010: Eine ungewöhnliche Dürre in Ostafrika versuracht dramatische Ernteausfälle. Rund 260 000 Menschen verhungern.
- Oktober 2012: Hurrikan Sandy verwüstet Teile der Karibik sowie der US-Ostküste und trifft auch ungewöhnlich weit nördlich New York hart. Insgesamt sterben 253 Menschen. Die Schäden betragen 66 Milliarden US-Dollar (rund 50 Milliarden Euro).
- Juni 2013: Elf Jahre nach der Jahrhundertflut von 2002 sorgen schon wieder extreme Niederschläge für massive Überschwemmungen und Rekordwasserstände in Deutschland, Österreich und Tschechien. Es gibt erneut Todesopfer und Milliardenschäden.
- Juli 2016: Extreme Niederschläge und Überschwemmungen verursachen in China Schäden in der Höhe von 20 Milliarden US-Dollar. 60 Millionen Menschen waren insgesamt betroffen, 237 sterben.
- September 2017: Die Hurrikans Harvey, Irma und Maria zerstören Teile der Karibik und die US-Metropole Houston. Die Schäden werden mit 215 Milliarden US-Dollar beziffert. 324 Menschen starben.
- Sommer 2018: Eine Hitzewelle und eine Rekorddürre treffen Deutschland. Über 1200 Menschen sterben durch die Hitze. Die Schäden in der Land- und Forstwirtschaft betragen viele Milliarden Euro.

Auch die Zahl der Sachschäden nehmen nach Beobachtungen der Münchener Rückversicherungs-Gesellschaft kontinuierlich zu. In Rekordjahren überstieg die weltweite Schadenssumme bereits 200 Milliarden Euro.

Alleine der Hurrikan Katrina, der im Jahr 2005 die US-amerikanische Stadt New Orleans verwüstete, richtete Schäden in einer Höhe von rund 125 Milliarden US-Dollar an und kostete 1300 Menschen das Leben *(s. auch Abbildung 2.5)*. Im Jahr 2017 zerstörte der Hurrikan Harvey weiter Teile von Huston. Innerhalb weniger Tage fielen dort stellenweise mehr als 1500 Liter Regen pro Quadratmeter. 200 000 Häuser wurden dabei beschädigt oder zerstört. Insgesamt wird mit Kosten von 85 Milliarden US-Dollar gerechnet.

Abbildung 2.5 Schäden durch Hurrikans in den USA (Fotos: US Department of Defense | Pixabay)

Auch in Deutschland haben die Extremereignisse zugenommen. Beispiele in den letzten Jahren waren Starkregen und Überschwemmungen (*Abbildung 2.6*). Bei Vielen ist der Rekordhitzesommer im Jahr 2003 in Erinnerung geblieben. Durch große Hitzewellen sinken die Ernteerträge. Wegen der enormen Belastungen für den Körper und den Kreislauf steigt auch die Sterberate an. Im Sommer 2003 sind in Europa infolge der großen Hitze rund 70 000 Menschen mehr gestorben als in einem normalen Jahr. Schätzungsweise 7000 Hitzetote waren es allein in Deutschland.

Abbildung 2.6 Schäden durch Hochwasser und Unwetter in Deutschland
Fotos: Wikimedia Commons - Stefan Penninger | Pixabay

Während momentan die finanziellen Schäden durch Naturkatastrophen zumindest in Deutschland noch überschaubar sind, rechnet man mit einem deutlichen Anstieg bis zum

Ende des Jahrhunderts. Bei einer ungebremsten globalen Erwärmung um 4,5 Grad Celsius errechnete das Deutsche Institut für Wirtschaftsforschung DIW Gesamtkosten des Klimawandels nur für Deutschland von rund 3000 Milliarden Euro bis zum Jahr 2100 [Kem07].

2.2 Schuldiger gesucht – Gründe für den Klimawandel

2.2.1 Der Treibhauseffekt

Ohne den schützenden Einfluss der Atmosphäre würden auf der Erde Temperaturen von etwa −18 Grad Celsius herrschen. Wir säßen dann auf einem Eisplaneten.

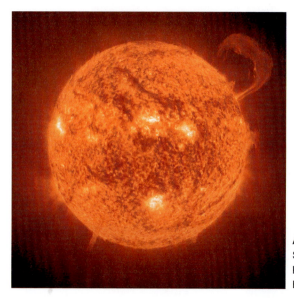

Abbildung 2.7 Veränderungen der Sonnenaktivität sind nur für einen kleinen Bruchteil der globalen Erwärmung verantwortlich (Bild: NASA).

Verschiedene natürliche Spurengase in der Atmosphäre, wie Wasserdampf, Kohlendioxid oder Ozon verhindern, dass die Erde sämtliche eintreffende Sonnenenergie wieder ins Weltall abgibt. Einen Teil strahlen diese Gase wie in einem Treibhaus zur Erde zurück. Dieser natürliche Treibhauseffekt ist die Grundlage für das Leben auf unserer Erde. Dadurch hat sich heute eine mittlere Temperatur von etwa +15 Grad Celsius eingestellt.

Bei den Spurengasen in der Atmosphäre hat sich in den letzten Jahrtausenden ein Gleichgewicht gebildet, welches das Leben in der Form, wie wir es heute kennen, erst ermöglichte. Gründe für den beobachteten Klimawandel wurden bereits viele diskutiert. Lange Zeit haben Skeptiker den Klimawandel an sich in Frage gestellt. Nachdem heute niemand mehr wirklich ernsthaft behaupten kann, dass es nicht wärmer geworden ist, versuchen einige nun die Schuld auf natürliche Effekte zu schieben: Beispielsweise auf die Sonnenaktivität. Sie war in den vergangenen Jahrzehnten vermutlich größer als in allen 8000 Jahren zuvor.

Nachweislich hat sich tatsächlich die Strahlungsmenge, die die Erde erreicht, leicht erhöht. Wissenschaftler schließen aber aus, dass dies eine so starke Erwärmung verursachen kann. Bestenfalls ein Zehntel der beobachteten Temperaturzunahme geht auf die gestiegene Sonnenaktivität zurück.

Die plausibelste Ursache für die Erwärmung ist, dass sich durch menschliche Einflüsse die Anteile von Spurengasen signifikant verändert haben. Die Konzentration an Gasen, die nachweislich eine globale Erwärmung bewirken, hat in den letzten Jahrzehnten stark zugenommen. Der Mensch verursacht also eine Verstärkung des natürlichen Treibhauseffekts. Dieser vom Menschen hervorgerufene Treibhauseffekt heißt auch anthropogener Treibhauseffekt *(Abbildung 2.10)*. Sehr neu ist diese Theorie allerdings nicht.

> **Atmen wir das Klima kaputt?**
>
> Beim Ausatmen enthält die Atemluft rund 4 Prozent an Kohlendioxid – etwa hundertmal mehr als beim Einatmen. Pro Jahr pustet jeder damit rund 350 Kilogramm an Kohlendioxid in die Atmosphäre. Wenn wir ein Lagerfeuer entzünden und dabei Holz verbrennen, setzen wir damit ebenfalls Kohlendioxid frei. Pflanzen, Tiere und Menschen sind jedoch in einem biogeochemischen Kreislauf eingebunden. Der Mensch nimmt Kohlenhydrate zu sich und atmet Sauerstoff ein. Beide Stoffe setzt er in Kohlendioxid um, das er wieder ausatmet.
>
> Pflanzen binden wiederum dieses Kohlendioxid und liefern unsere Kohlenhydrate. Kohlenhydrate sind organische Verbindungen aus Kohlenstoff, Wasserstoff und Sauerstoff und werden in Pflanzen durch Photosynthese aufgebaut. Getreide und Nudeln bestehen zum Beispiel zu 75 Prozent aus Kohlenhydraten. Der Weizen in der italienischen Spaghettinudel hat vielleicht sogar das Kohlendioxid in Kohlenhydrate umgewandelt, das wir im letzten Urlaub ausgeatmet haben.
>
> Wenn eine Pflanze verbrennt, verrottet oder eben als Kohlenhydratlieferant endet, entsteht dabei genauso viel Kohlendioxid wie diese zuvor aus der Luft entnommen hat. Die natürlichen Kreisläufe sind also CO_2-neutral und verursachen keinen Anstieg der Konzentration. Das gilt aber nicht für die Urlaubsfahrt nach Italien und den Transport der Spaghettinudel nach Deutschland.

2.2.2 Hauptverdächtiger Kohlendioxid

Bereits im Jahr 1896 rechnete der schwedische Wissenschaftler und Nobelpreisträger Svante Arrhenius erstmals vor, dass eine Verdoppelung des Kohlendioxidgehalts (CO_2) der Atmosphäre zu einer Temperaturerhöhung um 4 bis 6 Grad Celsius führen würde [Arr96]. Ein Zusammenhang der beobachteten Klimaerwärmung mit dem Kohlendioxidanstieg in Folge der Industrialisierung wurde in den 1930er-Jahren bereits diskutiert. Er war aber seinerzeit noch nicht eindeutig zu belegen.

Erst gegen Ende der 1950er-Jahre gelang der Nachweis, dass die Kohlendioxidkonzentration in der Atmosphäre ansteigt [Rah04]. Heute gilt als bewiesen, dass die Zunahme der Kohlendioxidkonzentration die Hauptursache für die beobachtete Erwärmung ist.

Der Anstieg der Kohlendioxidkonzentration resultiert hauptsächlich aus der Nutzung fossiler Energien. Verbrennen wir fossile Energieträger, ist dies chemisch gesehen eine Oxidation. Bei dieser Reaktion wird Wärme frei. Wir nutzen also den Effekt, dass bei der Verbindung des Kohlenstoffs von Erdöl, Erdgas oder Kohle mit dem Sauerstoff aus der Luft Wärme entsteht. Als Abfallprodukt erhalten wir dabei Kohlendioxid, und das in enorm großen Mengen: derzeit jährlich weit über 30 Milliarden Tonnen. Jeder einzelne Einwohner der Erde erzeugt pro Jahr im Durchschnitt rund 4500 Kilogramm. Das entsprechende Kohlendioxid füllt einen Würfel mit einer Seitenlänge von 13 Metern oder rund 2,3 Millionen Einliterflaschen.

Die Emissionen in den einzelnen Ländern sind dabei genau wie der Energieverbrauch höchst unterschiedlich *(Tabelle 2.1)*. Während beispielsweise ein Einwohner der Demokratischen Republik Kongo gerade einmal 30 Kilogramm, also 0,03 Tonnen CO_2 pro Jahr auf die Waage bringt, fallen in China bereits fast 7 Tonnen pro Kopf an. In Deutschland sind es rund 9 Tonnen, in den USA etwa 15 Tonnen. Würde man das Kohlendioxid, das die Deutschen pro Jahr erzeugen, über den Boden der gesamten Landesfläche verteilen, würde jeder Deutsche einen Meter tief im CO_2 versinken. Das Kohlendioxid der Demokratischen Republik Kongo über die Landesfläche verteilt würde den Boden hingegen nicht einmal einen Millimeter hoch bedecken.

Tabelle 2.1 Die zehn Länder der Erde mit den höchsten energiebedingten Kohlendioxidemissionen, Stand: Jahr 2016, Daten: IEA [IEA18]

Land	Mio. t CO_2	Mio. Einw.	t CO_2/ Einw.	Land	Mio. t CO_2	Mio. Einw.	t CO_2/ Einw.
1. China	9 057	1 379	6,57	6. Deutschland	732	82	8,88
2. USA	4 833	323	14,95	7. Südkorea	589	51	11,50
3. Indien	2 077	1 324	1,57	8. Iran	563	80	7,02
4. Russland	1 439	144	9,97	9. Kanada	541	36	14,91
5. Japan	1 147	127	9,04	10. Saudi Arabien	527	32	16,34
Welt	**32 316**	**7 429**	**4,35**	133. DR Kongo	2	79	0,03

Dabei können wir noch gar nicht so lange mit absoluter Sicherheit sagen, dass sich der Anteil von Kohlendioxid in der Atmosphäre jährlich vergrößert. Erst seit dem Jahr 1958 misst das Observatorium Mauna Loa auf der Pazifikinsel Hawaii kontinuierlich die Kohlendioxidkonzentrationen. Damals betrug die Konzentration 315,2 ppm, im Jahr darauf 315,8 ppm. Die Einheit ppm bedeutet dabei „parts per million". Auf eine Million Teile Luft kamen also gerade einmal 315 Teile Kohlendioxid. Der kleine Anstieg im ersten Jahr hätte auch durch Messfehler oder natürliche Schwankungen verursacht werden können. Erst als in den Folgejahren die Werte stetig stiegen, war klar, dass der Anteil an Kohlendioxid zunimmt – und das mit wachsender Geschwindigkeit. Im Jahr 2019 stieg die CO_2-Konzentration bereits auf 409 ppm.

Doch selbst die enormen Kohlendioxidemissionen bei der Verbrennung fossiler Energieträger sind im Vergleich zur riesigen Atmosphäre verschwindend gering. Außerdem wird ein Teil des Kohlendioxids von den Meeren und Pflanzen wieder absorbiert. Es stellt sich also die Frage, inwieweit unsere Emissionen überhaupt die Zusammensetzung der Atmosphäre verändern können.

Wenn wir bei der Nutzung fossiler Energieträger Stickstoff anstelle von Kohlendioxid erzeugen würden, wäre dies mit Sicherheit kein großes Problem. Denn unsere Luft besteht zu rund 78 Prozent aus Stickstoff, 21 Prozent aus Sauerstoff, aber nur zu einem Prozent aus anderen Gasen, von denen Kohlendioxid wiederum nur einen kleinen Teil ausmacht. Die Zusammensetzung der Luft war im Verlauf der Erdgeschichte keineswegs konstant. Aber über die letzten Jahrtausende hatte sich ein Gleichgewicht von weniger als 300 ppm eingestellt. Der Anteil von Kohlendioxid an der Atmosphäre war also geringer als 0,03 Prozent. Das ist aber auch der Grund, warum wir überhaupt relevante Veränderungen verursachen können. Kleine Mengen lassen sich nämlich vergleichsweise einfach erhöhen.

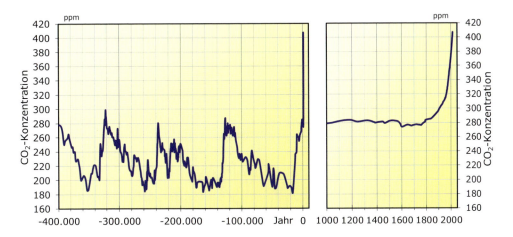

Abbildung 2.8 Entwicklung der Kohlendioxidkonzentration in der Atmosphäre über die letzten 400 000 Jahre und in jüngerer Vergangenheit (Daten: CDIAC und NOAA, http://cdiac.ornl.gov)

Um die Klimageschichte der letzten Jahrtausende untersuchen zu können, musste man sich einer anderen Idee bedienen. Die polaren und alpinen Eisschilde der Erde haben die Klimageschichte der Erde gespeichert. In den Regionen mit ewigem Eis gibt es jedes Jahr Neuschnee auf die Eisflächen. Zwischen den Schneekristallen befindet sich dabei auch jede Menge Luft. Die jährlich hinzukommenden Schneemassen erhöhen den Druck auf den Altschnee und pressen ihn schließlich zu reinem Eis. Die Luft entweicht dabei jedoch nicht völlig, sondern bleibt in kleinen Bläschen im Eis eingeschlossen. Diese lassen sich heute mit moderner Analysetechnik untersuchen. Die Ablagerung von Schnee und das Entstehen von Eis wiederholen sich jährlich mit einer für die Wissenschaft erfreulichen Regelmäßigkeit. Man muss also nur ein Loch in das Eis bohren und Eis aus der Tiefe holen. Somit hat man einen Zeitzeugen der Vergangenheit. Je tiefer man kommt, desto länger kann man in die Geschichte zurückblicken.

Verschiedene Bohrkernuntersuchungen zeigten übereinstimmend, dass die Kohlendioxidkonzentration vor der Industrialisierung gerade einmal bei etwa 280 ppm gelegen hatte *(Abbildung 2.8)*. Auch die These, dass hohe Kohlendioxidkonzentrationen ein wiederkehrendes Phänomen seien, ließ sich widerlegen. Denn die Untersuchungen zeigten, dass der Kohlendioxidanteil in der Atmosphäre heute höher ist als zu irgendeinem Zeitpunkt der vergangenen 650 000 Jahre [IPC07].

Nachdem der Anstieg der Kohlendioxidemissionen endgültig bewiesen war, entwickelte man Klimamodelle, die den Zusammenhang zwischen Verbrennung fossiler Energieträger und der CO_2-Zunahme ermöglichten. Andere Quellen als die vom Menschen verursachten Emissionen kamen für einen derartigen Anstieg nicht in Frage. Die Modelle zeigen, dass sich die CO_2-Konzentration je nach Entwicklung des zukünftigen Verbrauchs an Kohle, Erdöl und Erdgas sogar mehr als verdoppeln kann.

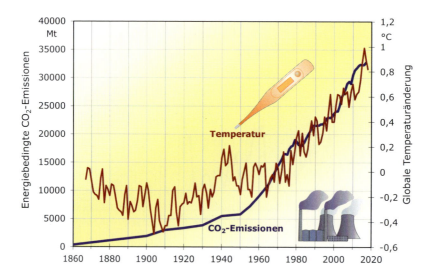

Abbildung 2.9 Verlauf der energiebedingten CO_2-Emissionen und der globalen Temperaturänderung seit dem Jahr 1860 im Vergleich zum Mittelwert von 1951 bis 1980 (Daten: NASA, IEA)

Diese Erkenntnis warf eine weitere Frage auf, nämlich welche Folgen diese drastischen Veränderungen nach sich ziehen. In hohen Konzentrationen ist Kohlendioxid für den Menschen gesundheitsschädlich, sogar lebensbedrohlich. Um jedoch Gesundheitsschäden auf der Erde zu verursachen, müsste sich die Konzentration verhundertfachen und für eine Erstickungsgefahr sogar um den Faktor 300 ansteigen. Diese Konzentration werden wir auf keinen Fall erreichen, selbst wenn wir sämtliches Erdöl, Erdgas und alle Kohle verfeuern. Zumindest eine direkte Gefährdung der Menschen ist also ausgeschlossen.

Direkte Messungen der Temperatur existieren seit weit über 100 Jahren. Stellt man die globale Temperaturänderung den energiebedingten CO_2-Emissionen gegenüber, zeigt sich ein signifikanter Zusammenhang *(Abbildung 2.9)*. Skeptiker bemängeln aber, dass zwischen den 1940er und den 1980er-Jahren die Temperatur sogar leicht abnahm. Heute lässt sich auch das erklären. Aerosole durch hohe Staub- und Rußemissionen bei der Verbrennung fossiler Energieträger reduzieren die Sonnenstrahlung auf die Erde. Sie wirken sozusagen wie eine Sonnenbrille und verursachen damit eine Abkühlung. Moderne Filtertechnik hat heute einen größeren Teil dieser Emissionen beseitigt. Dadurch nimmt der Sonnenbrilleneffekt wieder ab. Das CO_2 und der damit immer deutlicher werdende Temperaturanstieg sind hingegen geblieben.

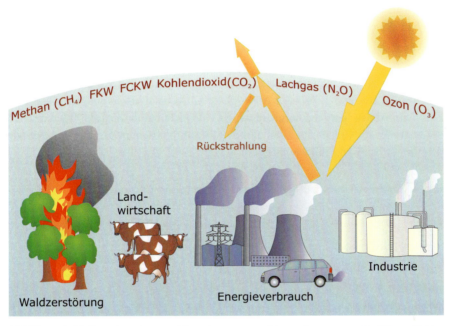

Abbildung 2.10 Ursachen des vom Menschen verursachten anthropogenen Treibhauseffekts

Da Holz bei seinem Wachstum Kohlendioxid bindet, ist seine Verbrennung kohlendioxidneutral. Dies gilt jedoch nur, wenn genauso viele Pflanzen genutzt und verbrannt werden, wie wieder nachwachsen können. Die tropischen Regenwälder werden derzeit jedoch erheblich schneller abgeholzt und verbrannt als sie sich regenerieren. Alle zwei Jahre verschwindet weltweit eine Waldfläche, die der Größe Deutschlands entspricht. Die brennenden Waldflächen sind zum Teil so groß, dass sie problemlos aus dem Weltall erkennbar sind. Ändert sich dies in den nächsten Jahren nicht, gehen in etwa 100 Jahren nahezu die gesamten Waldflächen der Erde verloren. Solange werden große Mengen an Kohlendioxid freigesetzt, die gut 10 Prozent des Treibhauseffekts verursachen. Das restliche CO_2 entsteht jedoch weitgehend aus der Verbrennung fossiler Energieträger.

2.2.3 Andere Übeltäter

Neben der Nutzung fossiler Energien sind auch die Landwirtschaft, die Brandrodung der Regenwälder und die Industrie am vom Menschen verursachten zusätzlichen Treibhauseffekt beteiligt *(Abbildung 2.10)*.

Außer dem Kohlendioxid gibt es noch andere vom Menschen freigesetzte Übeltäter, die den Treibhauseffekt mit verursachen. Vor allem Methan, fluorierte Kohlenwasserstoffe (FKW und FCKW), Ozon und Distickstoffoxid haben dabei eine große Bedeutung. Zwar ist deren Konzentration in der Atmosphäre erheblich geringer als die von Kohlendioxid, aber sie haben ein deutlich höheres spezifisches Treibhauspotenzial.

Das Treibhauspotenzial von Methan ist 21-mal so groß wie das von Kohlendioxid. Das heißt, ein Kilogramm Methan verursacht genauso viel Schaden wie 21 Kilogramm Kohlendioxid. Methan ist das zweitwichtigste Treibhausgas. Durch den Einfluss des Menschen hat sich dessen Konzentration in der Atmosphäre schon mehr als verdoppelt. Auch Methan entsteht beim Abbau fossiler Energieträger. Es entweicht bei der Erdgasförderung, bei der Kohleförderung als Grubengas oder aus defekten Erdgasleitungen. Weitere Emissionsquellen für Methan sind Mülldeponien.

Tabelle 2.2 Eigenschaften der wichtigsten Treibhausgase, Daten: IPCC, NOAA, CDIAC

	Kohlendioxid	Methan	FKW / FCKW	Lachgas
Chemische Bezeichnung	CO_2	CH_4	diverse	N_2O
Konzentration in der Atmosphäre in ppm [3]	409	1,87	<0,01	0,33
Konzentration im Jahr 1750	280	0,75	0	0,270
Jährlicher Konzentrationsanstieg [3]	+ 0,7 %	+0,5 %	versch.	+0,3 %
Treibhauspotenzial im Vergleich zu CO_2 [1]	1	21	>>1000	310
Lebensdauer in der Atmosphäre in Jahren	5…200	12	versch.	114
Rückstrahlung in W/m² [2]	1,68	0,97	0,18	0,17
Anteil am anthropogenen Treibhauseffekt [2]	74 %	16 %	2 %	6 %

[1] Zeithorizont 100 Jahre, [2] Stand 2011, [3] Stand 2018

Die Landwirtschaft setzt jedoch den Hauptteil des Methans frei. Vor allem die Zucht von Rindern, Ziegen oder Schafen, die Verrottung von Biomasse sowie Reisanbau erzeugen Methan. Dieses ist, anders als das Kohlendioxid, nicht in einen biologischen Kreislauf eingebunden. Bei der Verdauung von Grünfutter durch Wiederkäuer entsteht Methan, das sie in die Atmosphäre rülpsen. Eine einzelne Kuh oder eine Herde wäre dabei noch kein Problem für das Klima, denn diese könnten gar nicht so viel rülpsen, dass dabei relevante Mengen entstehen. Wieder einmal ist es die Menge, die Probleme schafft. Der Fleischkonsum pro Kopf hat sich in den letzten Jahrzehnten drastisch erhöht, genauso wie die Zahl der Menschen. Heute gibt es deshalb bereits rund 1,5 Milliarden Rinder auf der Erde.

2.2 Schuldiger gesucht – Gründe für den Klimawandel

Weitere Treibhausgase wie Lachgas entstehen in der Landwirtschaft durch übermäßige Verwendung stickstoffhaltiger Dünger. Insgesamt liegt der Anteil der Landwirtschaft am von Menschen verursachten Treibhauseffekt bei rund 15 Prozent.

Weitere bedeutende Treibhausgase sind Ozon, fluorierte Kohlenwasserstoffe (FCKW, FKW und Halone), Wasserdampf sowie Schwefelhexafluorid (SF_6). Die Bildung des bodennahen Ozons wird durch Luftschadstoffe begünstigt. Diese stammen zum Beispiel aus dem motorisierten Straßenverkehr und damit wiederum aus der Verbrennung fossiler Energieträger. Als Sommersmog mit Gesundheitsrisiko ist das Ozonproblem bekannt geworden. Ziemlich unbekannt ist jedoch der Einfluss des Ozons auf den Treibhauseffekt. SF_6 wird in der Elektrizitätswirtschaft verwendet, der Anteil am Treibhauseffekt ist aber relativ gering.

Wird es durch das Ozonloch auf der Erde immer wärmer?

Ozonloch und Treibhauseffekt sind beide globale Umweltbedrohungen. Miteinander zu tun haben sie aber nur wenig.

Beim Ozon muss man zwischen der Ozonschicht in großen Höhen und bodennahem Ozon unterscheiden. Die natürliche Ozonschicht mit dem „guten Ozon" befindet sich in höheren Regionen der Erdatmosphäre, genauer gesagt in der Stratosphäre in einer Höhe von 15 bis 50 Kilometern. Das UV-Licht der Sonne wandelt dort seit jeher Luftsauerstoff (O_2) in Ozon (O_3) um. Die Ozonschicht absorbiert einen Großteil der gefährlichen UV-Strahlung. Bestimmte Gase wie Fluorchlorkohlenwasserstoffe (FCKW), beispielsweise aus alten Kühlschränken, Klimaanlagen oder Spraydosen, zersetzen das Ozon in der Stratosphäre. Hierdurch nahm der Ozongehalt in der Ozonschicht in den letzten Jahrzehnten rapide ab. Es entstand das sogenannte Ozonloch, vor allem im Bereich der Antarktis. Mehr UV-Licht gelangte auf die Erde und sorgte unter anderem für eine Zunahme von Hautkrebserkrankungen. Internationale Vereinbarungen haben die Verwendung von FCKW eingeschränkt. Seit 1995 sind FCKW in Deutschland in Neuanlagen verboten. Mittlerweile beobachtet man ein langsames Erholen der Ozonschicht.

Das Ozon in der Ozonschicht ist aber auch Mitverursacher des natürlichen Treibhauseffekts. Die Ozonzerstörung hatte darum sogar einen leicht abkühlenden Effekt zur Folge.

„Böses Ozon" in Erdnähe entsteht hingegen aus einer Reaktion von Stickoxiden, Sauerstoff und Sonnenlicht und verursacht den berüchtigten Sommersmog. Ozon wirkt reizend und in großen Konzentrationen sogar sehr giftig. In der natürlichen Ozonschicht oberhalb von 15 Kilometer Höhe ist das kein Problem – in Erdnähe in der Troposphäre schon. Außerdem trägt auch das erdnahe troposphärische Ozon zum Treibhauseffekt bei. Anders als in der Ozonschicht nimmt nämlich die Ozonkonzentration in Erdnähe zu. Insofern sorgt das bodennahe Ozon dafür, dass es auf der Erde immer wärmer wird.

FCKW fanden als Kühlmittel in Klimaanlagen oder Kühlschränken Anwendung. Da sie nicht nur den Treibhauseffekt begünstigen, sondern auch noch die Ozonschicht schädigen, wurde in internationalen Vereinbarungen mit entsprechend langen Übergangsfristen das weltweite Ende der FCKW-Produktion beschlossen. Als FCKW-Ersatzstoffe werden heute häufig FKW verwendet. In diesen Stoffen ist Chlor nicht mehr Bestandteil. Darum können

2 Klima vor dem Kollaps

sie zwar die Ozonschicht nicht mehr schädigen, für den Treibhauseffekt sind aber auch FKW ein Problem. Das FKW-Kältemittel R404A hat beispielsweise ein spezifisches Treibhauspotenzial von 3260. Ein Kilogramm R404A ist also genau so schädlich wie 3,26 Tonnen Kohlendioxid. Es gibt aber auch Ersatzstoffe, die nicht für das Klima schädlich sind. Leider haben diese sich bislang nur in einigen Bereichen durchgesetzt.

Mittlerweile hat man in der Wissenschaft die verschiedenen Einflüsse der einzelnen Treibhausgase und anderer Effekte auf die Erderwärmung einigermaßen gut verstanden. Die verschiedenen vom Menschen verursachten Treibhausgase erhöhen die Rückstrahlung in der Atmosphäre und sorgen damit für eine zunehmende Erwärmung. *Abbildung 2.11* zeigt, welchen Anteil die einzelnen Gase haben. Die gestiegene Sonnenaktivität sorgt ebenfalls für eine leichte Strahlungserhöhung. Wie bereits beschrieben, haben vom Menschen verursachte Aerosole (z.B. Staub und Qualm) und die damit verbundene Wolkenbildung einen abkühlenden Effekt. Auch das Ozonloch und die Änderung der Landnutzung verursachen eine leichte Abkühlung. Stellt man die abkühlenden und erwärmenden Effekte gegenüber, überwiegt die Erwärmung. Eine Zunahme von Treibhausgasen und eine Abnahme von Aerosolen durch weiter verbesserte Luftreinhaltung kann die Erwärmung in den nächsten Jahren sogar noch deutlich steigern.

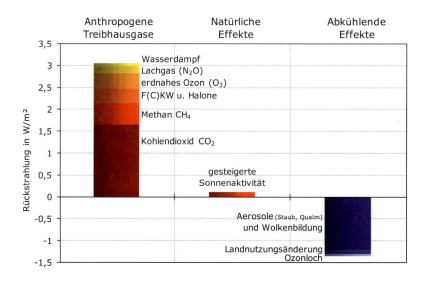

Abbildung 2.11 Ursachen der globalen Erwärmung (Daten: IPCC [IPC07], www.ipcc.ch)

2.3 Aussichten und Empfehlungen – was kommt morgen?

Wie viele Treibhausgase künftig emittiert werden, kann niemand vorhersagen. Klimamodelle können aber die Auswirkungen unterschiedlicher Emissionsentwicklungen aufzeigen.

2.3 Aussichten und Empfehlungen – was kommt morgen?

Hierzu entwarfen Klimaforscher verschiedene Modelle, die Einflüsse von Änderungen der Treibhausgaskonzentrationen beschreiben. Anhand der Modelle entwickelten sie komplexe Computerprogramme. Um ein Computermodell zu überprüfen, versucht man in einem ersten Schritt die Veränderungen der Vergangenheit nachzuvollziehen. Dies ist mittlerweile recht gut gelungen, sodass auch aktuelle Prognosen eine hohe Qualität erreicht haben.

Tabelle 2.3 Folgen des Klimawandels – noch lässt sich das Klima retten

So könnte sich das Klima bei weltweitem Klimaschutz entwickeln:	Das droht uns im schlimmsten Fall:
Die weltweiten Treibhausgasemissionen werden bis zum Jahr 2040 auf null reduziert.	Alle fossilen Energieträger werden nahezu aufgebraucht, und die weltweiten Treibhausgasemissionen steigen weiter deutlich an.
Der mittlere globale Temperaturanstieg erreicht gut +1,5 Grad Celsius.	Der mittlere globale Temperaturanstieg beträgt mehr als +8 Grad Celsius.
Die Meeresspiegel steigen deutlich weniger als 1 Meter bis zum Jahr 2100.	Die Meeresspiegel steigen um mehr als 2 Meter bis zum Jahr 2100.
Das Grönlandeis bleibt größtenteils erhalten.	Das komplette Grönlandeis taut ab. Langfristig steigen alleine dadurch die Meeresspiegel um 7 Meter.
Auch langfristig bleibt der Meeresspiegelanstieg im Bereich von wenigen Metern.	Auch das Eis der Antarktis taut komplett ab. Langfristig steigt der Meeresspiegel dadurch um mehr als 60 Meter.
Küstenregionen und Küstenstädte lassen sich durch erhöhe Küstenschutzmaßnahmen retten.	Ganze Küstenregionen und Städte wie Hamburg oder New York versinken im Meer. Selbst höher gelegene Städte könnten in einigen Jahrhunderten bedroht sein.
Der Golfstrom schwächt sich nur leicht ab.	Der Golfstrom kann komplett zusammenbrechen. Die Klimaverhältnisse in Europa ändern sich extrem.
Hitzewellen, Dürreperioden und extreme Niederschläge nehmen zu.	Hitzewellen, Dürreperioden und extreme Niederschläge nehmen sehr stark zu und zerstören in vielen Regionen der Erde die Lebensgrundlagen.
Bevölkerungswanderungen wegen des Klimawandels bleiben lokal begrenzt.	Die Folgen des Klimawandels lösen beispiellose Bevölkerungswanderungen aus, Menschen fliehen weltweit vor den Klimafolgen. Die globalen Spannungen bedrohen die menschliche Zivilisation.

Das Intergovernmental Panel on Climate Change (IPCC) verfasst regelmäßig Berichte zum Klimawandel und untersucht Klimafolgen. Das Umweltprogramm der Vereinten Nationen UNEP und die Weltorganisation für Meteorologie WMO haben das IPCC im Jahr 1988 ins

Leben gerufen. Da an der Ausarbeitung der Berichte die kompetentesten Klimaforscher weltweit beteiligt sind, genießen sie international ein hohes Ansehen.

- www.pik-potsdam.de — Potsdam-Institut für Klimafolgenforschung PIK
- www.ipcc.ch — Intergovernmental Panel on Climate Change
- www.unfccc.de — United Nations Framework Convention on Climate Change (Internationale Fachinformationen zum Klimawandel)

Klimaskeptiker versuchen regelmäßig, Zweifel an den Ergebnissen der Klimaforscher zu streuen. Meist handelt es sich hierbei um selbsternannte Klimaexperten ohne einschlägigen wissenschaftlichen Background. Sie argumentieren, dass die Klimaforscher zweifelhafte Theorien erstellen und aufrechterhalten, um weiterhin an Forschungsgelder zu gelangen. Oftmals stehen die Klimaskeptiker in enger Verbindung zu großen Energiekonzernen, die mit Kohle, Erdöl und Erdgas ihre Geschäfte machen. Diese Konzerne hätten bei wirksamen Klimaschutzmaßnahmen empfindliche wirtschaftliche Nachteile zu erwarten. Die überwältigende Mehrheit der seriösen Klimaforscher steht hinter den Szenarien des IPCC.

Es ist praktisch nicht möglich, Parameter wie Bevölkerungswachstum oder den Zeitpunkt des Umsetzens von Klimaschutzmaßnahmen vorherzusagen. Daher beschränken sich die Modellrechnungen auf verschiedene Szenarien. Diese geben an, was im besten und im schlechtesten Fall zu erwarten ist. Die Ergebnisse der Klimaforscher zeigen, dass wir heute die künftige Entwicklung noch maßgeblich beeinflussen können.

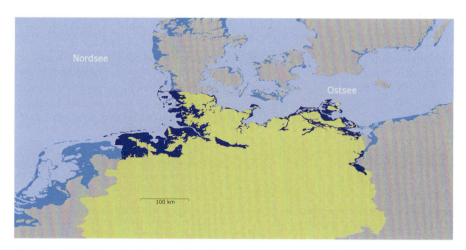

Abbildung 2.12 Bedrohte Gebiete in Norddeutschland, wenn der Meeresspiegel längerfristig um sieben Meter ansteigen würde (Grafik: Geuder, DLR)

Ganz aufhalten lässt sich der Klimawandel nicht mehr. Ein entschlossenes Gegensteuern könnte jedoch die Klimafolgen in überschaubaren Grenzen halten und das Klima weitgehend retten. Unterbleibt ein Kurswechsel in den nächsten Jahren, wird der Klimawandel sehr schnell einen „Point of no return" erreichen und wäre faktisch nicht mehr aufzuhalten.

Tabelle 2.3 zeigt, in welche Richtung sich heute noch die Weichen stellen lassen. Im schlimmsten Fall taut das komplette arktische Eis ab. Alleine das Abschmelzen des Grönlandeises könnte in den nächsten Jahrhunderten einen Meeresspiegelanstieg um 7 Meter verursachen. Dabei wird der Anstieg der Meeresspiegel weltweit nicht gleichartig verlaufen. In Deutschland könnte der Anstieg erst mit Verzögerungen auftreten. Langfristig werden aber auch wir nicht verschont bleiben. *Abbildung 2.12* zeigt, welche Auswirkungen ein Meeresspiegelanstieg von 7 Metern auf Deutschland hätte.

2.3.1 Wird es in Europa bitterkalt?

Bereits im Jahr 1987 warnte der amerikanische Klimaforscher Walace Broecker in einem aufsehenerregenden Artikel mit dem Titel „Unpleasant Surprises in the Greenhouse" (Unangenehme Überraschungen im Treibhaus) vor möglichen Überraschungen des Treibhauseffekts, die auch uns besonders hart treffen können: Durch die globale Erwärmung könnte es nämlich in Europa paradoxerweise bitterkalt werden.

Bei der Untersuchung der Klimageschichte aus Eis-Bohrkernen im Grönlandeis stellten Klimaforscher fest, dass unser heutiges Weltklima ziemlich stabil ist – allerdings erst seit etwa 10 000 Jahren. Die durchschnittliche jährliche Temperatur der Erde wich in dieser Zeit nie mehr als ein Grad vom langjährigen Mittelwert ab. Blickte man jedoch noch 2000 Jahre weiter zurück, konnte man sehr große Temperatursprünge auch in kurzen Zeiträumen von nur wenigen Jahren feststellen. Bisher hatte man immer geglaubt, dass Temperaturveränderungen wie der Übergang von Eis- zu Warmzeiten nur sehr langsam ablaufen. Doch diese Meinung musste aufgrund der Bohrkernuntersuchungen korrigiert werden.

Heute geht man davon aus, dass das Klima zu sprunghaften Veränderungen neigt, also ein stark nichtlineares System ist [Rah99]. Lineare Systeme sind sehr einfach zu verstehen. Je stärker der Reiz ist, desto deutlicher ist ihre Reaktion. Ein Wasserhahn ist beispielsweise ein näherungsweise lineares System. Bei zwei Umdrehungen fließt die doppelte Menge an Wasser als bei einer. Beim Klima handelt es sich um ein komplexes nichtlineares System. Dieses reguliert sich zunächst selbst und springt dann plötzlich in einen anderen Zustand, wenn ein kritischer Punkt erreicht ist. Ein Beispiel hierfür ist der menschliche Körper. Er ist in der Lage, seine Körpertemperatur selbst bei großen Temperaturänderungen ziemlich konstant auf 37 Grad Celsius zu halten. Wird er jedoch stark unterkühlt, sinkt ab einem gewissen Punkt die Körpertemperatur schnell ab.

Ein Beispiel für sehr sprunghafte Klimaänderungen zeigt die Sahara. Vor einigen Tausend Jahren war die Sahara grün. Die dortige Vegetation zog feuchte Atlantikluft und Monsunregen an. Durch sehr kleine Änderungen der Erdbahn und der Erdachsenneigung wurden die Bedingungen für den Monsunregen im Laufe der Jahrtausende immer schlechter. Der Vegetation gelang es, sich bis zu einem gewissen Punkt vor etwa 5500 Jahren zu halten. Innerhalb kurzer Zeit kippte dann die Vegetation der Sahara zu einer trockenen Wüste um. Ein neuer stabiler Zustand entstand, der bis heute anhielt. Die Bevölkerung großer Landstriche musste vor der Trockenheit fliehen. Ein Zufluchtsort der damaligen Umweltflüchtlinge war das ägyptische Niltal. Dies trug zum Entstehen der pharaonischen Hochkultur bei und war vielleicht sogar Grundlage für biblische Erzählungen.

| www.scilogs.de/wblogs/blog/klimalounge | Klimalounge Blog |
| www.pik-potsdam.de/%7Estefan | Internetseite des Klimaforschers Stefan Rahmstorf am PIK Potsdam |

Die Ursachen für die länger zurückliegenden Klimasprünge vermutet man jedoch in Veränderungen der Meeresströmungen, die auch heute unser Klima entscheidend beeinflussen. Berlin liegt beispielsweise nördlicher als Quebec in Kanada. Ein Temperaturvergleich zeigt, dass es in Deutschland etwa 5 Grad zu warm ist. Grund dafür ist eine gigantische sich selbst regulierende Wärmetransportmaschine: der Golfstrom.

In Mittelamerika erwärmt die Sonne die Wassermassen des karibischen Meers und des Atlantiks. Der Antillenstrom und die Karibische Strömung vereinigen sich zum Golfstrom, der auf einer Breite von 50 Kilometern riesige Massen an warmem salzhaltigem Wasser die amerikanische Küste entlang gen Norden transportiert. Sogar vom Weltall aus ist diese Strömung zu sehen. Von Nordamerika aus geht die Strömung dann quer über den Atlantik, an der europäischen Küste an Norwegen entlang bis ins europäische Nordmeer. Ein Teil der Wärme wird zuvor an die Luft abgegeben, die mit Westwinden nach Europa gelangt. Darum verspricht Westwind bei uns im Winter auch stets relativ milde Temperaturen.

Im Nordmeer zwischen Norwegen, Island und Grönland trifft das warme Salzwasser auf kälteres salzarmes Wasser und kühlt sich schnell ab. Hierdurch nimmt die Dichte zu, das heißt, das Wasser wird schwerer und sinkt deswegen rasch nach unten ab. Pro Sekunde sinken im Nordmeer 17 Millionen Kubikmeter Wasser in eine Tiefe von drei bis viertausend Metern. Das entspricht rund dem Zwanzigfachen des gesamten Wassertransports aller Flüsse der Erde. Als kalte Tiefenströmung kehren die Wassermassen dann wieder in den Süden zurück, um dort erneut erwärmt zu werden.

Durch die Klimaerwärmung ergießen sich große Mengen an Schmelzwasser ins Nordmeer. Dieses Süßwasser verdünnt das warme Salzwasser. Bereits heute kann man feststellen, dass der Salzgehalt erheblich gesunken ist. Sinkt der Salzgehalt weiter ab, genügt das Gewicht des Wassers künftig nicht mehr zum Absinken. Die riesige Wärmepumpe Golfstrom würde außer Tritt geraten und könnte sogar zum Stehen kommen.

Genau das, so vermuten die Klimaforscher, war auch die Ursache für die Temperatursprünge vor 11 000 bis 12 000 Jahren. In der Nacheiszeit ergossen sich ebenfalls riesige Süßwassermengen der abschmelzenden Gletscher über den St.-Lorenz-Strom in den Nordatlantik. Sie verdünnten das Meerwasser mit Süßwasser, die oberste Meerwasserschicht wurde deutlich salzärmer und das Wasser leichter. Daher sank es auch bei kräftiger Abkühlung nicht mehr in die Tiefe ab. Der Golfstrom war abgestellt und große Teile Nordeuropas und Kanadas wurden für viele Jahre von Kälte und Eis überzogen. Hierdurch reduzierten sich die Schmelzwassermengen wieder. Der Salzgehalt nahm erneut zu. Die Warmwasserheizung Golfstrom sprang schließlich wieder an.

2.3 Aussichten und Empfehlungen – was kommt morgen?

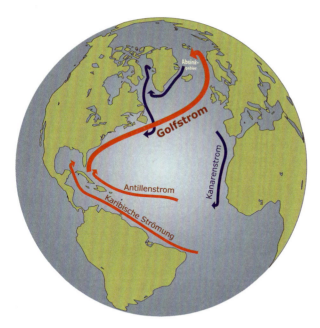

Abbildung 2.13 Prinzip des Golfstroms

Genau dieses Schicksal droht uns heute wieder. Wie stark die Erwärmung zunehmen muss, damit der Golfstrom zum Erliegen kommt, kann heute kein Wissenschaftler genau voraussagen. Man geht jedoch davon aus, dass bei einer weltweiten Erwärmung von mehr als 3 Grad Celsius der kritische Punkt erreicht werden könnte. Rund 1 Grad Celsius haben wir bereits heute erreicht. Die Folgen für uns wären katastrophal. Roland Emmerich hat die Thematik im Blockbuster „The Day After Tomorrow" aufgegriffen. Auch wenn viele Details wissenschaftlich nicht korrekt oder stark überzogen sind, thematisiert er dennoch recht eindrucksvoll das gefährliche Spiel mit dem Klima. In der Realität würde unser Klima über Jahre verrücktspielen. Am Ende wäre es in Europa so kalt und trocken, dass Landwirtschaft kaum noch möglich wäre. Immerhin: Dieser neue Klimazustand, so haben Klimaforscher errechnet, wäre dann wieder über Jahrtausende stabil.

2.3.2 Empfehlungen für einen wirksamen Klimaschutz

Unter Klimaforschern gilt eine Erwärmung von 1,5 Celsius bereits als kritische Marke, ab der zunehmend extreme und nicht mehr beherrschbare Folgen des Klimawandels auftreten werden. Nur ein sehr rasches Zurückfahren der Treibhausgasemissionen kann überhaupt noch helfen, die Klimafolgen in einem vertretbaren Rahmen zu halten.

Auf das Jahr genau kann man natürlich nicht vorhersagen, wie viel Zeit noch verbleibt, bis die genannte Schwelle überschritten wird. Um möglichst belastbare Aussagen zu treffen, modellieren Klimaforscher die Klimaentwicklung auf der Erde mit aufwändigen Modellen auf leistungsfähigen Großrechnern. Die Modelle wurden dabei kontinuierlich verbessert und können inzwischen auch viele komplexe Zusammenhänge modellieren. Ein Beispiel dazu ist die Eis-Albedo-Rückkopplung. Hierbei sorgt erst einmal die Klimaerwärmung für ein Abtauen der Meereismassen. Unter dem hellen Eis kommt dadurch dunkles Meerwasser zum Vorschein, welches das Sonnenlicht besser absorbiert. Das Wasser erwärmt sich schneller und es kommt dadurch zu einer noch stärkeren Eisschmelze. Andere Rückkopplungseffekte lassen sich hingegen deutlich schwerer exakt erfassen. Einer davon entsteht durch das Auftauen der Permafrostböden. Fangen diese an zu tauen, werden die darin gebundenen gigantischen Mengen an Kohlendioxid und Methan freigesetzt. Diese verstärken wiederum den Treibhauseffekt, wodurch der Permafrostboden weiter taut und immer neue Mengen an Treibhausgasen freisetzt. Die im Permafrost gespeicherte Menge an Kohlendioxid wird fast auf das Doppelte der derzeit in der Atmosphäre befindlichen Menge geschätzt.

Trotz aller Verbesserungen der Modelle verbleiben aber noch einige Unsicherheiten. Um diese korrekt wiederzugeben, arbeiten die Wissenschaftler daher mit Wahrscheinlichkeiten, mit denen die Werte zu einem bestimmten Zeitpunkt erreicht werden. Klimaskeptiker nutzen das gerne, um die Aussagekraft der Modelle generell infrage zu stellen. Ein wissenschaftliches Grundverständnis über künftige klimatische Veränderungen scheint dabei aber nicht vorhanden zu sein. Denn an den physikalischen Ursachen des Klimawandels ändern die noch vorhanden Unsicherheiten nichts.

Kohlendioxid ist wie bereits beschrieben, das mit Abstand bedeutendste Treibhausgas. Im Zeitraum von 1870 bis 2017 wurden weltweit rund 2250 Gigatonnen Kohlendioxid, also 2250 Milliarden Tonnen Kohlendioxid (Gt CO_2) ausgestoßen.

Tabelle 2.4 Kumulative CO_2-Emissionen und verbleibende Zeitdauern zum Begrenzen des globalen Temperaturanstiegs mit verschiedenen Wahrscheinlichkeiten ohne zusätzliche Rückkopplungseffekte durch Auftauen des Permafrostbodens, Datengrundlage: IPCC [IPC18]

Maximale Erwärmung	**1,5°C**	**1,75°C**	**2°C**
Wahrscheinlichkeit zum Einhalten des Ziel	hoch | mittel | gering 66 % | 50 % | 33 %	66 % | 50 % | 33 %	66 % | 50 % | 33 %
Kumulative CO_2-Emissionen ab 1.1.2018 in Gt CO_2	420 | 580 | 840	800 | 1040 | 1440	1170 | 1500 | 2030
Restzeitdauer bei gleichbleibenden Emissionen in Jahren [1]	11 | 15 | 21	20 | 26 | 36	29 | 38 | 51
Restzeitdauer bei linearem Rückgang der Emissionen in Jahren [2]	21 | 29 | 42	40 | 53 | 72	59 | 75 | 102

[1] konstante CO_2-Emissionen von 40 Gt CO_2/a   [2] sofortiges Stopp des Anstiegs und linearer Rückgang der CO_2-Emissionen auf null

Tabelle 2.4 zeigt, welche Kohlendioxidbudgets bis zum Überschreiten gewisser Temperaturschwellen noch vorhanden sind. Wollen wir die globale Erwärmung mit einer hohen Wahrscheinlichkeit von 66 Prozent unter dem kritischen Wert von 1,5 Grad Celsius halten, dürfen wir von 2018 an gerechnet nur noch 420 Gt CO_2 ausstoßen. Das ist gerade mal ein Sechstel aller bislang ausgestoßenen Emissionen. Damit riskieren wir aber auch mit einer 33-prozentigen Wahrscheinlichkeit schon eine höhere Erwärmung als 1,5 Grad Celsius.

Im Jahr 2011 wurden fast 38 Gt CO_2 emittiert. Davon entfielen rund 32 Gt auf die Verbrennung fossiler Energieträger und Industrieprozesse und etwa 5,5 Gt CO_2 auf die Forstwirtschaft und andere Landnutzung, wie es offiziell heißt. Ein sehr großer Anteil hat dabei die Brandrodung der Regenwälder. Inzwischen ist die Summe der jährlichen Kohlendioxidemissionen auf rund 40 Gt CO_2 angestiegen.

Verbleiben die Emissionen konstant bei 40 Gt CO_2 wäre das Budget, um die globale Temperatur mit einer Wahrscheinlichkeit von 66 Prozent unter 1,5 Grad Celsius zu halten, bereits in 11 Jahren aufgebraucht. Fangen wir sofort an, die Emissionen zu reduzieren, müssten wir in 21 Jahren bei null angekommen sein.

Nehmen wir in Kauf, dass die Temperatur über 1,5 Grad Celsius steigen wird, wollen sie aber mit einer Wahrscheinlichkeit von 66 Prozent noch auf 1,75 Grad Celsius und damit unter der bereits deutlich kritischeren Schwelle von 2 Grad Celsius halten, dann hätten wir noch 40 Jahre Zeit, die Emissionen linear auf null zu senken (gestrichelte Kurve in *Abbildung 2.14*). Steigen die Emissionen allerdings wie in der Vergangenheit noch ein paar Jahre an oder bleiben sie zumindest konstant, reduziert sich die verbleibende Zeit noch spürbar weiter. *Abbildung 2.14* zeigt das anhand der energiebedingten Kohlendioxidemissionen. Auch die Emissionen durch die Brandrodung der Wälder müssten analog fallen.

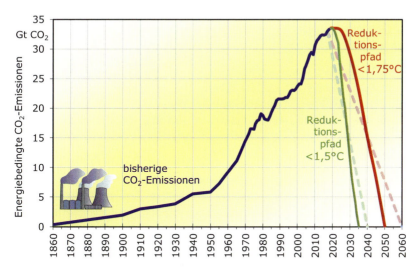

Abbildung 2.14 Bisherige energiebedingte CO_2-Emissionen und Reduktionspfade zur Begrenzung des globalen Temperaturanstiegs auf 1,5°C bzw. 1,75°C mit 66 % Wahrscheinlichkeit

Ein sofortiger signifikanter Rückgang der weltweiten Emissionen erscheint derzeit wenig wahrscheinlich. Die Industrieländer verursachen derzeit den größten Pro-Kopf-Ausstoß an Treibhausgasen. Entwicklungs- und Schwellenländer haben berechtigterweise einen Nachholbedarf in Sachen Wohlstand und Energie. Daher müssen auch die Industrieländer den größten Beitrag bei der Reduzierung von Treibhausgasemissionen erbringen und dem Rest der Welt als Vorbild dienen. Eine verantwortungsvolle Klimaschutzpolitik sollte daher darauf hinarbeiten, die Emissionen im eignen Land bis spätestens zum Jahr 2040 auf null zurückzufahren. Das ermöglicht wahrscheinlich noch eine Begrenzung des globalen Temperaturanstiegs auf weniger als 2 Grad Celsius. Für das Einhalten der 1,5-Grad-Grenze müssten die Emissionen sogar deutlich vor 2040 auf null sinken.

Für die Bekämpfung des Treibhauseffekts ist weltweit ein radikaler Technologiewandel nötig. Dabei werden die Länder wirtschaftlich langfristig am meisten profitieren, die bei der Bekämpfung des Treibhauseffekts vorangehen und damit im eigenen Land zuerst die nötigen zukunftsfähigen Technologien einsetzen.

2.4 Schwere Geburt – Politik und Klimawandel

2.4.1 Deutsche Klimapolitik

Die Erkenntnis, dass die Folgen einer zunehmenden Klimaerwärmung eine bisher nie da gewesene Bedrohung für die Menschheit darstellen, erreichte in den 1980er-Jahren auch die Politik. Zu dieser Zeit hatte das Umweltbewusstsein in der Bevölkerung stark zugenommen. Waldsterben, Atemwegserkrankungen durch Luftverschmutzung und die Risiken der Atomkraft waren Themen, die damals die Öffentlichkeit bewegten. So konnte man sich auch einer globalen Umweltproblematik nicht verschließen.

Im Jahr 1987 setzte dazu der Deutsche Bundestag die parteiübergreifende Enquete-Kommission „Vorsorge zum Schutz der Erdatmosphäre" ein. Diese arbeitete die Klimaproblematik auf und verfasste klare Reduktionsempfehlungen für Treibhausgase [Enq90]. Danach sollten die Emissionen bis 2005 im Vergleich zu 1990 um 25 Prozent, bis 2020 um 50 Prozent und bis 2050 mindestens um 80 Prozent sinken.

Das erste Etappenziel von 25 Prozent Reduktion bis zum Jahr 2005 wurde von der Regierung Kohl als Regierungsziel übernommen und nach der Wiedervereinigung von Westdeutschland auf Gesamtdeutschland ausgedehnt. Nach dem Regierungswechsel im Jahr 1998 übernahm die rot-grüne Bundesregierung auch die Klimaschutzziele für das Jahr 2050.

Die Ausdehnung der Ziele auf Gesamtdeutschland nach der Wiedervereinigung erwies sich schon bald als ein kluger Schachzug. Laut Statistik sind die deutschen CO_2-Emissionen um immerhin 17 Prozent bis zum Jahr 2005 gesunken. Damit stellt sich Deutschland international gerne als Vorreiter beim Klimaschutz dar. Ein Großteil der CO_2-Einsparungen ist jedoch auf Wiedervereinigungseffekte zurückzuführen. So brach in den neuen Bundesländern ein Großteil der Industrie und damit der Energieverbrauch mit seinen Kohlendioxidemissionen zusammen. Auf rund die Hälfte reduzierte sich hier der Ausstoß an Treibhausgasen, während sich in Westdeutschland beim Klimaschutz weiterhin nicht viel bewegte.

Erst seit dem Jahr 2000 wirkten sich die Erfolge des Ausbaus erneuerbarer Energien merkbar auf die Emissionen aus.

Für einen wirksamen Klimaschutz, der das Einhalten der Ziele realistisch macht, reichen die eingeleiteten Maßnahmen aber nicht ansatzweise aus. Die erste Zielmarke von 25 Prozent Reduktionen bis zum Jahr 2005 wurde deutlich verfehlt *(Abbildung 2.15)*. Danach wurde das Reduktionsziel für das Jahr 2020 auf 40 Prozent und für das Jahr 2030 auf 55 Prozent abgesenkt, obwohl durch die starke weltweite Zunahme der Kohlendioxidemissionen der letzten Jahre eigentlich deutlich größere Reduktionen erreicht werden müssten. Mit den aktuellen Maßnahmen lassen sich aber auch die viel zu geringen Regierungsziele für die Jahre 2020 und 2030 kaum einhalten. Die Lücke zwischen den Regierungszielen, einem wirksamen Klimaschutzpfad und den realen Entwicklungen droht sogar noch kontinuierlich weiter zu wachsen.

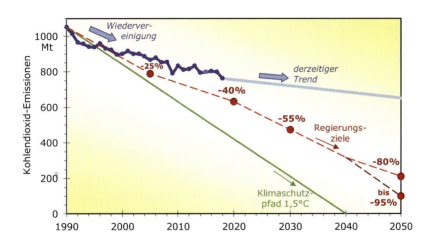

Abbildung 2.15 Energie- und prozessbedingte Kohlendioxidemissionen in Deutschland

2.4.2 Klimapolitik international

Im Jahr 1979 wurde zwar auf der ersten UN-Weltklimakonferenz in Genf die Bedrohung der Erdatmosphäre thematisiert, doch viele Interessenvertreter zweifelten eine Bedrohung prinzipiell an. Also einigte man sich zuerst einmal darauf, dass noch weiterer Forschungsbedarf bestand, ehe man über Maßnahmen nachdenken wollte.

Im Jahr 1992 kam man in Rio de Janeiro erstmals überein, dass Maßnahmen zum Klimaschutz getroffen werden müssen. Erste Reduktionsziele wurden dann im Jahr 1997 im sogenannten Kyoto-Protokoll für die Industriestaaten vereinbart. Für einen wirksamen Klimaschutz waren diese Ziele aber alles andere als ausreichend. Die weltweiten Treibhausgasemissionen nahmen trotz des Kyoto-Protokolls weiter zu. Immerhin liegen seit dem Abkommen jährliche Zahlen für den Ausstoß von Treibhausgasen in den Industriestaaten vor. Das Pariser Klimaschutzabkommen aus dem Jahr 2015 zielt auf die Stabilisierung des globalen Temperaturanstiegs auf möglichst 1,5 Grad Celsius und bezieht dazu alle Staaten der Erde mit ein. Dafür müssten die Treibhausgasemissionen allerdings, wie bereits erläutert, noch deutlich vor der Mitte des Jahrhunderts auf null zurückgefahren werden.

> **Das Pariser Klimaschutzabkommen**
>
> Im Jahr 1992 fand in Rio de Janeiro mit der UN-Konferenz für Umwelt und Entwicklung (UNCED) der erste Welt-Klimagipfel statt. Ein Ergebnis der Konferenz war die Klimarahmenkonvention (UNFCCC), bei der sich die Unterzeichner verpflichten, gefährliche anthropogene Störung des Klimasystems zu verhindern und die globale Erwärmung zu verlangsamen sowie ihre Folgen zu mildern.
>
> Dieser recht unkonkreten Vereinbarung folgte auf der 3. Vertragsstaatenkonferenz der UN-Klimarahmenkonvention im Jahr 1997 in der japanischen Stadt Kyoto das sogenannte Kyoto-Protokoll. Dies sah für die Industriestaaten unterschiedliche Reduktionen vor. Das Abkommen lief 2012 aus und nur einige Staaten erreichten ihre Vorgaben. Weltweit stiegen die Treibhausgasemissionen trotz des Kyoto-Protokolls weiter deutlich an, da die Schwellen- und Entwicklungsländer nicht in das Abkommen einbezogen waren und viele Vertragsstaaten ihre Verpflichtungen nicht einhielten.
>
> Im Jahr 2015 wurde schließlich auf der 21. Vertragsstaatenkonferenz der UN-Klimarahmenkonvention, kurz COP21, in Paris ein neues Abkommen ausgehandelt. Das Abkommen trat am 4. November 2016 in Kraft. Das Hauptziel ist, den globalen Temperaturanstieg deutlich unter 2 Grad Celsius zu halten und möglichst 1,5 Grad Celsius nicht zu überschreiten. Das Abkommen wurde von allen Staaten ratifiziert. Die USA haben allerdings unter Präsident Donald Trump angekündigt, als einziges Land 2020 aus dem Abkommen wieder auszusteigen. Im Rahmen des Abkommens muss jedes Land selbst definierte Maßnahmen umsetzen, die auf das gemeinsame Ziel hinwirken und alle 5 Jahre berichten und ggf. die Maßnahmen verschärfen. Alle bislang national beschlossenen Maßnahmen reichen allerdings noch nicht ansatzweise aus, um die globale Erwärmung unterhalb der beschlossenen Grenzwerte zu halten. Einige Länder wie beispielsweise Deutschland verfehlen zudem derzeit deutlich ihre selbst gesteckten Ziele. Es bleibt zu hoffen, dass durch den kontinuierlichen Verhandlungsprozess und die Berichtspflichten der Druck kontinuierlich steigt, die Ziele auch zu erreichen und die Vorgaben im Sinne des Abkommens kontinuierlich zu verschärfen.

In den vielen Industriestaaten ist die Klimabilanz bislang ziemlich mager. Vor allem in den ehemaligen Staaten des Warschauer Paktes sind deutliche Rückgänge der Treibhausgasemissionen zu verzeichnen. Die Ursache hierfür liegt aber weniger im konsequenten Klimaschutz als in den wirtschaftlichen Umbrüchen in den 1990er-Jahren. (*Abbildung 2.16*). Deutschland befindet sich trotz der positiven Effekte auf die Emissionsentwicklung durch die Wiedervereinigung nur noch im Mittelfeld beim Emissionsrückgang. Länder wie Kanada oder Australien haben hingegen ihre Emissionen sogar noch deutlich gesteigert.

Auch wenn etliche westliche Länder wie Dänemark, Schweden, Großbritannien oder Finnland signifikante Einsparerfolge vorweisen können, reicht das für einen wirksamen Klimaschutz nicht aus. Der Nachholbedarf der Entwicklungs- und Schwellenländer, von denen viele ihre Emissionen seit 1990 mehr als verdoppelt haben, frisst derzeit alle Einsparbemühungen wieder auf. Industrie- und Entwicklungsländer können einen wirksamen Klimaschutz daher nur mit gemeinsamen Bemühungen erreichen. Dabei kann man mit ein wenig Hoffnung auf China blicken, das neuerdings große Anstrengungen für einen wirksamen Klimaschutz unternimmt.

Die unterschiedlich großen Veränderungen der einzelnen Länder in nur wenigen Jahren zeigen aber, dass in punkto Klimaschutz vieles möglich ist. Bei wirklich ernst gemeinten Klimaschutzbemühungen sollten die nötigen Reduktionen der Treibhausgase zur Begrenzung der globalen Erwärmung auf deutlich unter 2 Grad Celsius durchaus noch zu erreichen sein.

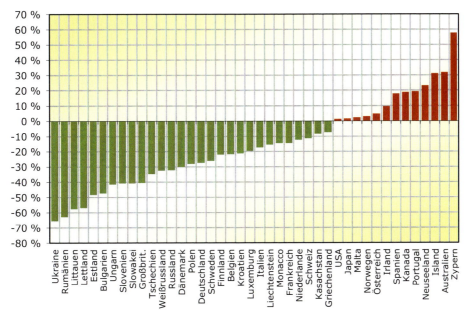

Abbildung 2.16 Änderung der Treibhausgasemissionen ohne Landnutzungsänderung zwischen 1990 und 2016 (Daten: UNFCCC [UNF19])

2.5 Selbsthilfe zum Klimaschutz

Die Regierungen der meisten Staaten setzten heute den Klimaschutz nur halbherzig um. Einige Interessengruppen hätten bei konsequentem Klimaschutz vermutlich finanzielle Einbußen hinzunehmen. Daher versuchen diese mit ihrem politischen Einfluss das konsequente Umsetzen von Klimaschutzmaßnahmen zu verzögern. Gerne wird dabei auf andere Nationen verwiesen, die noch weniger für den Klimaschutz unternehmen.

In extremen Lebenssituationen scheint so eine Handlungsweise undenkbar. Man stelle sich vor, eine Gruppe vom Menschen sitzt in einem Boot, das stark Leck geschlagen ist. Nur gemeinsam könnte man das Leck abdichten und eine Havarie abwenden. Aber niemand unternimmt etwas und alle diskutieren, dass man sich erst in Richtung Leck bewegen würde, wenn alle anderen auch erst einmal aufstehen. Da das nicht erfolgt, schauen nun alle gemeinsam zu, wie das Boot langsam in den Fluten versinkt. Dabei ist es sehr wahrscheinlich, dass wenn einer die Ärmel hochkrempelt und anfängt das Leck zu stopfen, auch die anderen nacheinander ganz freiwillig mithelfen, die Katastrophe zu verhindern.

Daher ist der Klimawandel kein Grund in Lethargie zu verfallen. Im Gegenteil – alle haben die Chance, ihren eigenen Beitrag zum Klimaschutz zu leisten. Einsparungen an Treibhausgasemissionen von 50, 80 oder gar 100 Prozent sind auch heute schon problemlos möglich. Dem guten Beispiel werden dann mehr und mehr Menschen folgen. Damit lässt sich auch ein wirksamer Klimaschutz erreichen. Eine Einzelmaßnahme allein kann dabei noch nicht die Erderwärmung stoppen. Vielmehr sind es viele verschiedene Maßnahmen die in der Summe das Klima retten werden. Diese Maßnahmen treiben zudem Investitionen in zukunftsfähige Technologien voran und sichern damit auch langfristig unseren Wohlstand. Vor allem regenerative Energien können hierbei eine wichtige Rolle übernehmen, wie dieses Buch noch zeigen soll.

Ein aktiver Klimaschutz verlangt auch keine großen Opfer. Würden alle versuchen, nur die folgenden Maßnahmen umzusetzen, wäre das Klima schon so gut wie gerettet:

- Vermeidung von Flugreisen.
- Starke Reduktion oder völliger Verzicht auf tierische Lebensmittel und vermehrte Verwendung von Bioprodukten und Produkten aus der Region.
- Verzicht auf Produkte aus Tropenholz, die nicht aus nachhaltigem Anbau stammen. Das FSC-Siegel kann bei der Kaufentscheidung helfen.
- Verzicht auf Geräte (Kühlgeräte, Klimaanlagen, Wärmepumpen) mit FKW-haltigen Kühlmitteln, da diese für den Treibhauseffekt mit verantwortlich sind. Werden diese Geräte nicht FKW-frei angeboten (z. B. Klimaanlagen in Autos oder Wärmepumpen), sollten die Käufer auf die Hersteller Druck ausüben.
- Vermeidung von unnötigem Konsum und Kauf von langlebigen Geräten und Produkten.
- Konsequente Nutzung des öffentlichen Nahverkehrs, des Fahrrads, von Fernbussen oder der Bahn, Kauf von Elektroautos.
- Konsequentes Energiesparen in allen Bereichen *(vgl. Kapitel 3)*.
- Wechsel zu einem unabhängigen grünen Energieversorger.
- Neubau und Finanzierung von regenerativen Energieanlagen *(vgl. Kapitel 5 bis 14)*.

3 Vom Energieverschwenden zum Energie- und Kohlendioxidsparen

In modernen Industriegesellschaften steht Energie ohne Einschränkungen zu immer noch verhältnismäßig moderaten Preisen zur Verfügung. Wann immer wir wollen – wir können so viel Energie verbrauchen wie es uns gefällt. Durch die allgemein gestiegenen Energiepreise hat sich aber in den letzten Jahren ein neues Bewusstsein für den Wert der Energie entwickelt. Ein hoher Energieverbrauch macht sich nämlich auch immer stärker im Geldbeutel bemerkbar. Die Rechnung ist dabei sehr simpel: Gesparte Energie bedeutet auch gespartes Geld. Ganz neu ist der Gedanke des Energiesparens aber nicht.

Bis in die 1970er-Jahre galt, dass für ein ordentliches Wirtschaftswachstum und steigenden Wohlstand auch mehr Energie nötig ist. Erst als in den 1970er-Jahren die Ölkrisen die Preise explodieren ließen und das Wachstum bremsten, entdeckte man das Energiesparen. Zahlreiche Tipps, Appelle und Aufkleber sollten in den 1980er-Jahren die Bürger zum Sparen ermutigen. Immerhin gelang es seinerzeit, den Trend zur Energieverschwendung zu bremsen. Mit den niedrigen Energiepreisen in den 1990er-Jahren ging aber das Ziel weitgehend verloren und Energie wurde oft wieder gedankenlos verschleudert.

Abbildung 3.1 Bereits in den 1980er-Jahren war Energiesparen ein Thema und der Aufkleber Kult. Besonders auf nicht allzu energiesparenden Autos war er häufig zu finden.

3.1 Wenig effizient – Energiever(sch)wendung heute

Ein hoher Energieverbrauch ist keinesfalls nötig, um unseren Wohlstand und unseren Lebensstandard aufrechtzuerhalten. Beim Energieeinsatz entstehen nämlich enorme Verluste.

Rund 35 Prozent der eingesetzten Primärenergie gehen bereits in der Energiewirtschaft als Kraftwerksabwärme oder durch Energietransportverluste verloren, bevor sie den Endverbraucher erreicht. Verschiedene Geräte und Maschinen erzeugen dann den gewünschten Nutzen wie Licht, Wärme oder Antriebskraft für Maschinen und Fahrzeuge. Auch sie verursachen hohe Verluste. Glühlampen oder Verbrennungsmotoren von Autos sind dabei besonders ineffizient und setzen 80 bis über 90 Prozent der eingesetzten Energie in unerwünschte Abwärme um. Auch der Einsatz der sogenannten Nutzenergie erfolgt nicht immer sinnvoll. Werden leere Räume beleuchtet, schlecht gedämmte Gebäude beheizt oder auf der Parkplatzsuche unzählige Runden um den Block gedreht, ist dies nicht unbedingt ein sinnvoller Einsatz von Energie. Betrachtet man alle Verluste, werden bestenfalls 20 Prozent der ursprünglichen Primärenergie sinnvoll genutzt *(Abbildung 3.1)*.

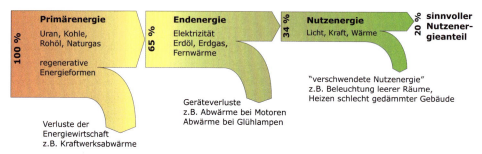

Abbildung 3.2 Etwa 80 Prozent der Energie gehen in Deutschland beim Transport und der Umwandlung verloren oder werden nicht sinnvoll eingesetzt.

Stellt man einige Aspekte des Lebensstils von Industriegesellschaften in Frage, fällt der sinnvolle Nutzenergieanteil noch kleiner aus. Wer jedoch mit ausgestrecktem Zeigefinger versucht, Freunde und Bekannte von der geplanten Flugreise abzubringen, das neue Auto mit den gewissen Extras auszureden oder der Familie eine um drei Grad niedrigere Raumtemperatur zu verordnen, wird sich damit nicht sehr beliebt machen. Die Wahl des eigenen Lebensstils im Rahmen seiner finanziellen Möglichkeiten gehört zu den individuellen Freiheiten, in die sich niemand gerne reinreden lässt. Für die Rettung des Klimas werden darum nicht Buhmänner gesucht, sondern Lösungen für eine klimaverträgliche Umsetzung des gewählten Lebensstils.

Dies bedeutet aber nicht, dass jeder die Freiheit ausleben kann, mit der Energie und der Umwelt absolut gedankenlos umzugehen. Wer wider besseren Wissens eine Technologie verweigert, die den gleichen Lebensstil bei erheblich reduziertem Energie- und Umweltverbrauch ermöglicht, handelt verantwortungslos. Dies gilt auch für eine Politik, die nicht auf die schnellstmögliche Einführung der bestmöglichen Technologie hinarbeitet.

Viele kleine Schritte hin zu einer klimaverträglichen Gesellschaft werden jedoch auch versäumt, weil vielen das nötige Wissen oder das entsprechende Bewusstsein fehlt. Zahlreiche Probleme der Energienutzung sind nämlich höchst komplex. Die optimale Lösung hängt dabei oft von vielen Faktoren ab.

3.1 Wenig effizient – Energiever(sch)wendung heute

Eine oft diskutierte Frage lautet beispielsweise, ob ein Gas- oder ein Elektroherd effizienter ist. Ein Gasherd erzeugt im Vergleich zum Elektroherd mehr Abwärme. Wer schon einmal einen Topflappen auf einem Gasherd versengt hat, wird dies sicher bestätigen. Dennoch hat der Gasherd den Ruf, die ökologischere Alternative zu sein. Dies liegt daran, dass herkömmliche Kohle-, Gas oder Atomkraftwerke zur Stromerzeugung wenig effizient arbeiten. Über 60 Prozent der dort eingesetzten Primärenergie geht als Kraftwerksabwärme verloren *(Abbildung 3.3)*. Stammt der Strom zum Kochen eines Liters Wasser aus einem Kohlekraftwerk, setzt es 156 Gramm Kohlendioxid frei. Bei der Verbrennung von Erdgas am Gasherd entstehen hingegen gerade einmal 56 Gramm Kohlendioxid. Verluste beim Gastransport von der Förderstelle zum Endkunden sind aber ebenfalls problematisch. Erdgas besteht im Wesentlichen aus Methan, das deutlich klimaschädlicher als Kohlendioxid ist. Somit werden auch Verluste von wenigen Gramm zum Problem. Betragen die Transportverluste etwa 10 Prozent, verursacht der Gasherd aber dennoch weniger Treibhausgasemissionen als der Elektroherd mit Kohlestrom. Bei der Erdgasförderung gibt es aber auch Fördergebiete mit sehr maroden Pipelines. Kommt solches Erdgas zum Einsatz, kann das die Vorteile des Gasherds komplett zunichtemachen.

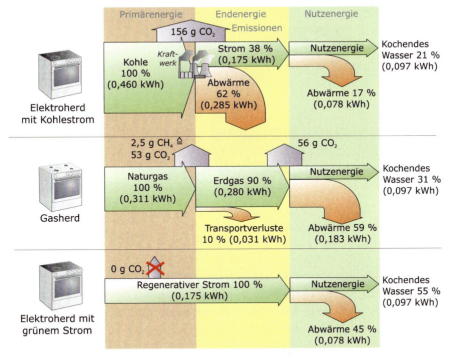

Abbildung 3.3 Energie- und Umweltbilanz beim Wasserkochen mit Elektro- und Gasherd

Der Gasherd schneidet dann besser ab als der Elektroherd, wenn der Strom von einem normalen Energieversorger aus Deutschland stammt. Bei der Wahl der Elektrizitätsversorgung besteht nämlich auch die Option, zu einem „grünen Stromanbieter" zu wechseln. Dieser liefert kohlendioxidfreien Strom aus regenerativen Energieanlagen. Dann punktet auf einmal der Elektroherd eindeutig gegenüber dem Gasherd. In Norwegen stammt sogar der gesamte Strom aus regenerativen Energieanlagen. Hier ist der Elektroherd generell die erste Wahl. Und für einen wirksamen Klimaschutz dürfen wir auch in Deutschland bald nur noch ganz ohne den Ausstoß klimaschädlicher Gase kochen.

- www.ok-power.de — Ok-Power-Label für „grünen Strom"
- www.gruenerstromlabel.de — Grüner Strom Label
- www.energieanbieterinformation.de — Informationen zum Anbieterwechsel
- utopia.de/ratgeber/oekostrom-tarife-vergleich — Anbieter von echtem Ökostrom

Wer sich generell über Energiesparen Gedanken macht, muss sich erst einmal überlegen, in welchen Bereichen der größte Energiebedarf anfällt. Was viele erstaunen wird: Beim Endenergieverbrauch in Deutschland liegen die privaten Haushalte fast gleichauf mit der Industrie und dem Verkehrsbereich *(s. Abbildung 3.4)*. Große Einsparungen konnten beim Endenergieverbrauch in den letzten 20 Jahren nicht erreicht werden. Generell gibt es größere Schwankungen von Jahr zu Jahr. Diese liegen aber vor allem am Wetter. Bei milden Wintern ist der Verbrauch geringer, bei kalten hingegen höher.

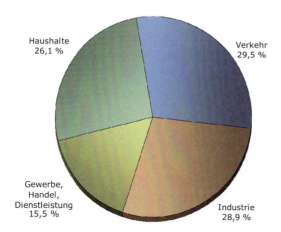

Abbildung 3.4 Anteile verschiedener Sektoren am Endenergieverbrauch in Deutschland (Daten: [BMWi19], Stand 2017)

Ein Grund für den stagnierenden Energieverbrauch bei den Haushalten ist die immer größere Ausstattung mit Elektrogeräten. Vor allem im Bereich der Kommunikations- und Unterhaltungselektronik steigt der Verbrauch immer mehr an. Aber es gibt auch viele versteckte Energiefresser, die im Standby-Betrieb unnötig viel Strom benötigen. Da im Haushalts- und Transportbereich Einsparmöglichkeiten besonders leicht zu realisieren sind, stehen diese bei der Analyse an erster Stelle.

3.2 Privater Energiebedarf – zu Hause leicht gespart

3.2.1 Private Elektrizität – viel Geld verschleudert

Die Versorgung mit elektrischer Energie ist bei uns so selbstverständlich, dass sich kaum jemand vorstellen kann, auch nur kurze Zeit ohne Strom auszukommen. Fernseher, Telefon, Computer, Licht, Kühlschrank, Waschmaschine und auch die Heizung funktionieren nicht ohne Elektrizität. Kaum vorzustellen, dass mit rund eine Milliarde Menschen ein Siebtel der Weltbevölkerung keinen Zugang zu elektrischem Strom hat.

In Deutschland verbraucht ein durchschnittlicher Dreipersonenhaushalt rund 3900 Kilowattstunden bei Kosten von gut 1100 Euro pro Jahr. Über 10 Prozent der energiebedingten deutschen Kohlendioxidemissionen gehen auf das Konto des Elektrizitätsbedarfs privater Haushalte [UBA07]. Einen erheblichen Teil des Stromverbrauchs verursachen dabei ineffiziente Elektrogeräte. Wer seinen Bedarf auf Einsparmöglichkeiten abklopft, kann schnell große Potenziale aufdecken. Häufig liegen diese in der Größenordnung von 30 Prozent und mehr. Das entspricht dann einem Einsparpotenzial von über 300 Euro pro Jahr. Klimaschutz kann sich also auch finanziell lohnen.

> **Standby-Verluste – Stromvernichtung par excellence**
>
> Viele Elektrogeräte arbeiten mit niedrigen Spannungen. Ein Transformator transformiert dazu die Netzspannung herunter. Die meisten Geräte besitzen zwar einen Ausschalter, doch der schaltet meist nur Teile der Elektronik im niederen Spannungsbereich ab. Der Transformator und oft auch größere Teile der Geräteelektronik bleiben auch im ausgeschalteten Zustand am Netz und verbrauchen kontinuierlich Strom. Dadurch verursachen sie sogenannte Standby- oder Leerlaufverluste. Über das Jahr gesehen kommen dadurch auch bei kleinen Leistungen beachtliche Strommengen zusammen. In der Praxis lassen sich solche Stromfresser mit einem Energieverbrauchsmessgerät aufspüren.
>
> Nur selten sprechen technische Gründe dafür, das Gerät nicht vollständig vom Netz zu trennen. Bei Gewittern und drohendem Blitzschlag ist dies sogar dringend zu empfehlen. Meist sind es wirtschaftliche Gründe. Netzschalter kosten einige Cent mehr als Schalter für den niedrigen Spannungsbereich. Bei einer hohen Gerätestückzahl lassen sich so für den Hersteller schnell einige Tausend Euro einsparen ohne Verkaufseinbußen befürchten zu müssen. Bei der Kaufentscheidung spielen derzeit Leerlaufverluste nämlich fast gar keine Rolle.

Rund ein Fünftel des Stromverbrauchs benötigen Computer-, Kommunikations- und Unterhaltungselektronik – mit steigender Tendenz. Gerade diese Geräte verheizen oft sinnlos Strom. Viele Geräte haben einen hohen Standby-Verbrauch. Das bedeutet, dass sie auch Strom verbrauchen, wenn sie ausgeschaltet sind. Ein Gerät mit einem Standby-Verbrauch von nur 5 Watt verursacht pro Jahr einen Gesamtbedarf von 43,8 Kilowattstunden und Stromkosten von über 12 Euro – wohlgemerkt ausgeschaltet und ohne jeglichen Nutzen.

Einzelne meist ältere Geräte kommen sogar auf Standby-Verluste von über 30 Watt. Im Mittel verschwendet jeder Haushalt in Deutschland gut 120 Euro pro Jahr für Standby-Verluste. Das Umweltbundesamt schätzt, dass die gesamten Leerlaufverluste in Deutschland über 5 Milliarden Euro pro Jahr kosten und 14 Millionen Tonnen an Kohlendioxid verursachen. Das entspricht mehr als dem Siebenfachen der gesamten Kohlendioxidemissionen der 20 Millionen Einwohner von Mosambik.

Eine Abhilfe ist dabei sehr einfach. Wer seinem Computer, Fernseher oder der Stereoanlage eine schaltbare Steckerleiste spendiert, reduziert die Leerlaufverluste im ausgeschalteten Zustand auf null. Beim Kauf neuer Geräte sollte auf den Leerlaufverbrauch geachtet werden, um so Druck auf die Hersteller zu erzeugen.

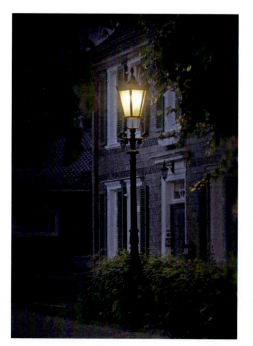 

Abbildung 3.5 Energiesparlampen sparen Energie, Kohlendioxid und Geld. LED-Lampen können herkömmliche Glühlampen besonders umweltfreundlich ersetzen (Fotos: OSRAM, Siemens-Pressebild).

Rund 10 Prozent des Strombedarfs der privaten Haushalte fallen bei der Beleuchtung an *(s. Abbildung 3.6)*. Auch hier ist Verschwendung an der Tagesordnung. Infolge von Nachlässigkeit oder falscher Vorurteile leisten immer noch Abermillionen von Glühlampen ihren Dienst. Das schadet nicht nur dem Klima, sondern auch dem Geldbeutel. Moderne Energiespar- oder LED-Lampen erzeugen die gleiche Helligkeit mit 80 Prozent weniger Strom. Moderne LED-Lampen kommen im Vergleich zur Energiesparlampe ohne Quecksilber aus und brauchen auch keine lästige Anlaufzeit zum Hellwerden. Gut ein Cent spart eine 11-Watt-LED- oder Energiesparlampe pro Stunde ein. Brennt sie 2 Stunden am Tag sind das über 10 Euro im Jahr. Über die Lebensdauer kann sie 150 Euro und 300 Kilogramm an

Kohlendioxid einsparen. Die höheren Anschaffungskosten machen sich somit schnell wieder bezahlt. Hochwertige LED- oder Energiesparlampen vertragen auch häufigeres An- und Ausschalten. Miniausführungen und dimmbare Lampen eröffnen den LED- und Energiesparlampen eigentlich alle Anwendungen *(Abbildung 3.5)*. Für einen konsequenten Klimaschutz sollten alle Glühlampen möglichst bald durch LED-Lampen ersetzt werden.

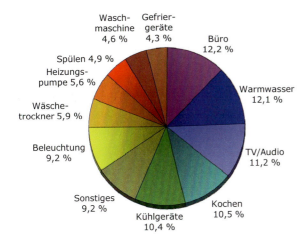

Abbildung 3.6 Aufteilung des Stromverbrauchs privater Haushalte (Daten: [Ene15])

Eine elektrische Warmwasserbereitung ist relativ teuer. Wer auf eine elektrische Warmwassererwärmung angewiesen ist, sollte den Warmwasserboiler ausschalten, wenn er längere Zeit außer Haus ist.

Bei elektrischen Großgeräten wie Wachmaschine, Spülmaschine, Kühl- oder Gefrierschrank lassen sich ebenfalls erhebliche Energiemengen einsparen. Vor allem bei der Auswahl neuer Geräte sollte die Effizienz ein wichtiges Kriterium sein. Sparsame Geräte erkennt man an der Energie-Effizienz-Klasse und den dort angegebenen Verbrauchswerten.

Leider haben in der Vergangenheit die Effizienzklassen nicht immer für Klarheit gesorgt. Ursprünglich war geplant, das effiziente Geräte den Buchstaben A erhalten, schlechtere Geräte die Buchstaben B bis G. Da in den letzten Jahren die Geräte immer besser geworden sind, waren Geräte der Effizienzklasse A irgendwann nur noch schlechtes Mittelmaß. Bessere Geräte erhielten neue Effizienzklassen von A+ bis A+++. Dabei war es nicht ganz einfach, den Überblick zu behalten. Die besten Waschmaschinen konnten die geforderten Werte für A+++ noch unterbieten, bei LED-Lampen war lange Zeit A+ das Nonplusultra. Um das Verwirrspiel zu beenden, hat die EU beschlossen, ab 2020 wieder auf die alte Kennzeichnung mit den Buchstaben A bis G zurückzukommen.

Wer stets die effizientesten Geräte kauft, kann über deren Lebensdauer einiges an Geld und Kohlendioxid einsparen. Wer sich über den Verbrauch seiner Geräte nicht im Klaren ist, kann mit einem Energiesparmonitor Stromfresser aufspüren. Ein Energiesparmonitor lässt sich dazu auch bei vielen Stromversorgern ausleihen. Bei besonders ineffizienten Altgeräten ist oft sogar ein vorzeitiges Ausmustern sinnvoll.

▪ www.spargeraete.de	Liste sparsamer Haushaltsgeräte
▪ www.ecotopten.de	Übersicht über sparsame Geräte
▪ www.die-stromsparinitiative.de	Stromspar-Tipps

Auch beim Betrieb von Haushaltsgeräten gibt es große Einsparpotenziale. Steht ein Kühlgerät direkt neben dem Herd, muss er die Abwärme des Herdes mit wegkühlen. Schlecht belüftete und vereiste Kühlgeräte haben ebenfalls einen höheren Bedarf. Ein Deckel kann beim Kochen wahre Energiesparwunder bewirken, genauso wie der Dampfkochtopf. Beim Wäschewaschen und Geschirrspülen spart die Wahl der kleinstmöglichen Temperatur Energie und Geld. Bei der Verwendung von elektrischen Wäschetrocknern sollte die Wäsche zuvor bei möglichst hoher Drehzahl geschleudert werden. Noch sparsamer ist aber die gute alte Wäscheleine.

Folgende Energiespartipps fassen noch einmal die wichtigsten Punkte zusammen:

- Mit Energieverbrauchsmessgerät Stromfresser aufspüren.
- Nicht benötigte Elektrogeräte und Lampen ausschalten.
- Alle Geräte mit Standby-Verbrauch über schaltbare Steckerleiste ausschalten.
- Glühlampen und Halogenlampen durch LED-Leuchten ersetzen.
- Beim Kauf von Elektrogeräten auf den Stromverbrauch achten.
- Stets die sparsamsten Haushaltsgeräte kaufen.
- Kühl- und Gefriergeräte nicht neben Wärmequellen (Backofen, Heizung) aufstellen.
- Gefriergut möglichst im Kühlschrank auftauen.
- Kühl- und Gefriergeräte regelmäßig abtauen.
- Nur volle Waschmaschinen bei möglichst niedrigen Temperaturen laufen lassen. Bei der Verwendung eines Trockners mit möglichst hoher Drehzahl schleudern.
- Beim Kochen Töpfe und Pfannen mit Deckel oder Dampfkochtöpfe verwenden.

3.2.2 Wärme – fast ohne heizen durch den Winter

Der Löwenanteil des Endenergieverbrauchs privater Haushalte in Deutschland fällt bei der Bereitstellung von Raumheizwärme an. Rund drei Viertel der Endenergie der Haushalte wird hierzu benötigt. Eine Reduzierung des Heizenergiebedarfs ist aber nicht zwangsweise mit frostigen Temperaturen verbunden. Eine gute Wärmedämmung und moderne Haustechnik machen es möglich, angenehme Raumtemperaturen auch bei Energieeinsparungen von bis zu über 90 Prozent zu erreichen. In anderen Worten: Mit der gleichen Energiemenge, die ein gewöhnliches, schlecht gedämmtes Altbauhaus zum Heizen braucht, lassen sich zehn energieeffiziente Gebäude warmhalten. Die Kohlendioxidemissionen und die Heizkosten sinken dabei ebenfalls auf ein Zehntel.

3.2 Privater Energiebedarf – zu Hause leicht gespart

Ein Großteil der Bevölkerung in Deutschland lebt in Mietwohnungen. Hier besteht ein Dilemma: Maßnahmen zum Energiesparen sind meist mit Investitionen verbunden. Diese muss erst einmal der Vermieter tragen, während der Mieter Nutznießer ist, was nicht gerade für das schnelle Umsetzen von Energiesparmaßnahmen förderlich ist. Aber auch Besitzer von Eigenheimen bleiben energiespartechnisch gesehen meist weit hinter ihren Möglichkeiten zurück.

Nicht alle Maßnahmen zum Energiesparen sind dabei mit Kosten verbunden. Die folgenden Änderungen des Heizverhaltens können bereits einiges an Heizenergie und damit an Heizkosten einsparen:

- Raumtemperatur nicht höher als nötig wählen. Jedes Grad höhere Raumtemperatur verbraucht rund 6 Prozent mehr Heizenergie.
- Nachts und bei Abwesenheit die Heizung herunterregeln.
- Nachts Rollläden, Fensterläden und Gardinen schließen.
- Dauerlüften mit gekippten Fenstern vermeiden, besser mehrmals täglich mit weit geöffneten Fenstern kurz stoßlüften.
- Heizkörper nicht verkleiden, zustellen oder mit Gardinen verdecken.

Auch durch sehr geringe Investitionen lassen sich erhebliche Einsparungen erzielen. Hierzu gehören das Abdichten von Fenstern, Türen und anderen undichten Stellen sowie der Einsatz moderner Thermostatventile.

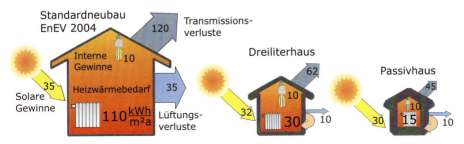

Abbildung 3.7 Vergleich des Heizwärmebedarfs und der Wärmeverluste bei Häusern mit verschiedenen Dämmstandards in Kilowattstunden pro Quadratmeter Wohnfläche und Jahr (kWh/(m² a))

Bei einem Neubau oder einer geplanten Renovierung lassen sich dann wahre Wunder erreichen und der Wärmebedarf mit einem Dreiliter- oder Passivhaus auf ein Zehntel drücken. Bei einem durchschnittlichen Einfamilienhaus liegt der Heizenergiebedarf zwischen 150 und 200 Kilowattstunden pro Quadratmeter Wohnfläche und Jahr (kWh/(m² a)). Besonders schlecht gedämmte Altbauten können sogar Verbrauchswerte von 300 kWh/(m² a) oder mehr aufweisen. Für ein sogenanntes Dreiliterhaus genügen hingegen nur 30, für ein Passivhaus sogar unter 15 kWh/(m² a) *(Abbildung 3.7)*.

> **Niedrigenergiehaus ist nicht gleich Niedrigenergiehaus**
>
> Wer sich entschieden hat, beim Hausbau einen wirklich großen Beitrag zum Klimaschutz zu leisten, wird erst einmal mit einer Vielzahl von verschiedenen Begriffen konfrontiert, die selbst bei Fachleuten Verwirrungen hervorrufen können. Darum folgt hier eine kleine Entwirrung:
>
> **EnEV** – Die seit 2004 gültige Energieeinsparverordnung (EnEV) ist verbindlich für den Neubau von Wohngebäuden und begrenzt deren jährlichen Primärenergiebedarf. Die EnEV wurde im Jahr 2009 um etwa 30 Prozent verschärft. Weitere Verschärfungen erfolgten im Jahr 2014 und 2016. Das Erneuerbare-Energien-Wärmegesetz (EEWärmeG) schreibt ergänzend den Einsatz erneuerbarer Energien im Neubau vor.
>
> **Niedrigenergiehaus, NEH** – besonders gut gedämmtes Gebäude mit niedrigem Heizenergiebedarf. In Deutschland ist im Gegensatz zu Österreich der Begriff gesetzlich nicht näher bestimmt.
>
> **Dreiliterhaus** – Ein Dreiliterhaus ist umgangssprachlich ein Haus mit einem jährlichen Heizwärmebedarf von rund 3 Litern Heizöl (ca. 30 kWh) pro Quadratmeter Wohnfläche. Dies entspricht einem Primärenergiebedarf von etwa 60 kWh/(m² a), der auch den Wirkungsgrad der Heizungsanlage und die Warmwasserbereitung beinhaltet.
>
> **Passivhaus** – Ein Passivhaus kommt fast ohne Heizung aus. Der jährliche Heizwärmebedarf beträgt weniger als 1,5 Liter Heizöl (ca. 15 kWh) pro Quadratmeter Wohnfläche. Dies entspricht einem Primärenergiebedarf von unter 40 kWh/(m² a).
>
> **KfW-Effizienzhaus 70** – Wohnhaus mit 30 % geringerem Primärenergiebedarf und 15 % geringeren Transmissionswärmeverlusten gegenüber der EnEV 2014. Das entspricht in etwa dem früher üblichen KfW-60-Haus. Seit 2016 ist dieser Gebäudetyp Standard.
>
> **KfW-Effizienzhaus 55** – Wohnhaus mit 45 % geringerem Primärenergiebedarf und 30 % geringeren Transmissionswärmeverlusten gegenüber der EnEV. Das entspricht in etwa dem früher üblichen KfW-40-Haus. Der Bau wird durch besondere KfW-Kredite gefördert.
>
> **KfW-Effizienzhaus 40** – Wohnhaus mit 60 % geringerem Primärenergiebedarf und 45 % geringeren Transmissionswärmeverlusten gegenüber der EnEV. Das entspricht dem Passivhausstandard. Der Bau wird durch besondere KfW-Kredite gefördert.
>
> **KfW-Effizienzhaus 40 plus** – Entspricht dem KfW-Effizienzhaus 40. Zusätzlich werden weitere Maßnahmen wie der Einbau einer Photovoltaikanlage und eines Batteriespeichers gefordert.
>
> **KfW-60-Haus** – Wohnhaus mit jährlichen Primärenergiebedarf von unter 60 kWh/(m² a). Dieser Bedarf wird in der Regel durch ein Dreiliterhaus erreicht. Der Bau wurde bis zum Jahr 2007 durch besondere KfW-Kredite gefördert.
>
> **KfW-40-Haus** – Wohnhaus mit einem Primärenergiebedarf von unter 40 kWh/(m² a). Ein Passivhaus oder ein sehr gut ausgeführtes Dreiliterhaus mit Holzheizung erreicht diese Werte. Der Bau wurde bis zum Jahr 2007 durch besondere KfW-Kredite gefördert.

Ein Neubauhaus, das nach den Regeln der Energieeinsparverordnung (EnEV) von 2004 gebaut wurde, benötigt immer noch um die 100 kWh/(m² a). Die Energieeinsparverordnung wurde 2009 um rund 30 Prozent verschärft, sodass seitdem Werte von etwa 70 kWh/(m² a) erreicht werden. Nachdem eine weitere für das Jahr 2012 geplante

Verschärfung mehrfach verschoben wurde, stiegen die Anforderungen in den Jahren 2014 und 2016 noch einmal deutlich, sodass Neubauten ab dem Jahr 2016 sich in Richtung von Dreiliterhäusern entwickeln.

Besonders die Gebäudedämmung und die Art der Fenster beeinflussen den Heizenergiebedarf entscheidend *(Abbildung 3.8)*. Ein Vergleichswert für die Qualität der Wärmedämmung ist der sogenannte U-Wert. Dieser gibt die Wärmeverluste pro Quadratmeter Wand- oder Fensterfläche und pro Grad Temperaturunterschied von innen nach außen an. Kleine U-Werte bedeuten also niedrige Verluste.

Im Vergleich zu ungedämmten Außenwänden lässt sich durch eine hochwertige Wärmedämmung der U-Wert der Wand im Extremfall sogar um mehr als den Faktor 10 reduzieren. Hierzu ist eine herkömmliche Wärmedämmung von etwa 20 Zentimetern erforderlich. Bei Fertighäusern in Holzständerbauweise lässt sich diese besonders einfach realisieren. In jüngster Zeit wurden auch Vakuumdämmstoffe entwickelt, die bei einer Stärke von etwa 2 Zentimetern die gleiche Dämmwirkung erzielen. Hierzu wird ein Kern aus pyrogener Kieselsäure in eine luftdichte Folie eingepackt und evakuiert. Wichtig ist hierbei, dass die Spezialfolie der Vakuumwärmedämmung das Eindringen von Luft über sehr lange Zeiträume verhindert. Dieser Dämmstoff ist allerdings auch recht teuer.

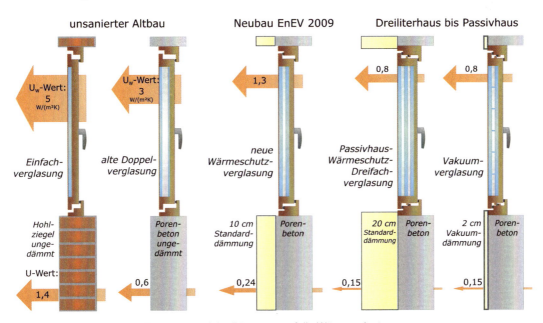

Abbildung 3.8 Einfluss der Fensterart und der Dämmung auf die Wärmeverluste

Neben der Dämmung der Wand spielt auch der Aufbau der Fenster eine entscheidende Rolle. Gegenüber herkömmlichen Wärmeschutz-Doppelverglasungen lassen sich mit einer Dreifachverglasung die Wärmeverluste des Fensters um 40 Prozent reduzieren. Neu auf dem Markt sind Vakuumverglasungen. Hier ist der Zwischenraum einer Doppelverglasung evakuiert. Ein perfekt abgedichteter Rand verhindert das Eindringen von Luft. Damit der äußere Luftdruck die zwei Glasscheiben nicht zusammendrückt, sorgen kleine Stützen zwischen den Scheiben für die nötige Stabilität. Bei Stützen aus Glas ist deren Auffälligkeit gering.

Neben der Wahl der Verglasung ist auch die Rahmenausführung wichtig. Der Rahmen erhöht in der Regel noch einmal die Verluste des Fensters. Bei der Angabe des U-Wertes unterscheidet man deshalb zwischen einem U_G-Wert (g für glass, Glas) für die reine Glasscheibe und dem meist schlechteren U_W-Wert (w für window, Fenster) für das gesamte Fenster inklusive Rahmen. Manche Hersteller geben nur einen allgemeinen U-Wert an. In den meisten Fällen ist damit der U_G-Wert gemeint.

Fenster sind aber nicht nur reine Verlustquellen. Sie lassen auch Sonnenstrahlung durch, die im Winter einen Beitrag zur Raumheizung liefert. Um die sogenannten solaren Energiegewinne zu optimieren, sollten Fenster in unseren Breitengraden in Richtung Süden möglichst groß sein, in Richtung Norden hingegen möglichst klein. Ein Außenrollladen oder eine Jalousie auf der Sonnenseite ist wichtig, um die Überhitzung eines gut gedämmten Gebäudes im Sommer zu verhindern.

Abbildung 3.9 Prinzip der kontrollierten Be- und Entlüftung mit Wärmerückgewinnung

Optimal gedämmte Gebäude sind verhältnismäßig luftdicht. Um im Winter eine gute Raumluftqualität zu gewährleisten, ist ein häufigeres Lüften nötig. Damit wird auch ein erheblicher Teil der Heizwärme aus dem Gebäude herausgelüftet. Eine Abhilfe schafft hier die kontrollierte Be- und Entlüftung des Gebäudes *(Abbildung 3.9)*. Ventilatoren blasen Frischluft in die Wohnräume und saugen verbrauchte Luft aus Küche und Bädern ab.

Dabei wird der Frischluftstrom von außen über einen Kreuzwärmetauscher an der Abluft vorbeigeführt. Die verbrauchte Luft gibt dabei bis zu 90 Prozent ihrer Wärme an die kalte Frischluft von außen ab. Die Wärme bleibt somit im Gebäude.

Oft existieren Vorurteile, dass sich eine kontrollierte Be- und Entlüftung negativ auf den Wohnkomfort auswirkt. Das Gegenteil ist jedoch der Fall. Der leichte Luftzug der Anlage ist in der Praxis kaum zu spüren oder zu hören. Die stets optimale Lüftung verhindert feuchte Wände oder Schimmelbildung. Ein Luftfilter in der Lüftungsanlage hält einen Teil der Luftschadstoffe der Außenluft zurück und Insekten haben es schwerer ins Gebäude zu gelangen. Wer unbedingt möchte, kann natürlich trotzdem die Fenster öffnen, auch wenn dies praktisch nicht mehr nötig ist.

Die Luftzufuhr lässt sich auch mit einem Erdwärmetauscher kombinieren. Dazu wird das Zuluftrohr durch das Erdreich im Garten verlegt. Im Winter wärmt dann das Erdreich die Frischluft vor und im Sommer kühlt es sie.

Für die Realisierung eines Ultra-Energiesparhauses fallen zwar Mehrkosten an, die sich aber bei steigenden Energiepreisen über die Jahre wieder rechnen. Die KfW-Bank fördert auch den Neubau von besonders energiesparenden Gebäuden und die energetische Sanierung von Altbauten über extra zinsgünstige Kredite.

- www.energiesparhaus.at   Unabhängige Energiesparberatung
- www.passiv.de   Passivhaus Institut
- www.kfw-foerderbank.de   Informationen zu KfW-Programmen

Wer seinen Heizenergiebedarf kohlendioxidneutral decken möchte, hat dabei prinzipiell die folgenden Möglichkeiten:

- Solarthermieanlagen
- Biomasseheizungen
- Wärmepumpen mit Strom aus erneuerbaren Energien
- Heizungssysteme auf Basis regenerativen Methans oder Wasserstoffs

Solarthermieanlagen werden meist in Ergänzung zu anderen Heizungsvarianten eingesetzt. Die folgenden Kapitel gehen auf die verschiedenen Varianten näher ein. Da in Deutschland jedoch die Potenziale beispielsweise für Biomasseheizungen beschränkt sind, sollten vor der Nutzung regenerativer Energien die anderen zuvor beschriebenen Einsparmöglichkeiten bestmöglich umgesetzt werden.

3.2.3 Transport – mit weniger Energie weiterkommen

Der Verkehrssektor verursacht rund ein Fünftel der energiebedingten Kohlendioxidemissionen. Während beim Stromverbrauch und der Wärmeerzeugung relativ schnell größere Einsparungen möglich scheinen, entwickelt sich der Transportbereich immer mehr zum Sorgenkind für Klimaschützer. Gestiegene Mobilität und Reiselust zehrten in Deutschland in den vergangenen Jahren die Verbrauchseinsparungen bei Autos oder Flugzeugen wieder auf. Zwar stieg der Endenergieverbrauch in den letzten 10 Jahren nicht mehr signifikant an, stagniert derzeit aber auf hohem Niveau. Billigflieger, die ihre Flugtickets teilweise zu S-Bahn-Ticketpreisen anbieten und der Trend zu besonders Sprit fressenden Geländewagen stehen als Synonyme für diese Entwicklung. Hinzu kommen infolge der Globalisierung immer längere Transportwege für Waren rund um den Globus.

Das Rad der Geschichte zurückzudrehen und die Transportintensität zu reduzieren, ist ein aussichtsloses Unterfangen. Unsere Arbeitswelt entwickelt sich immer dynamischer und erfordert eine immer höhere Mobilität. Ein Kurztrip mit dem Flieger muss dann für die nötige Entspannung sorgen. Auch unser Wirtschaftswachstum basiert auf hohen Exportraten und preiswerten Rohstoffen, die lange Transportwege hinter sich haben.

Um dennoch die Kohlendioxidemissionen des Verkehrs zu reduzieren, muss es uns gelingen, mit weniger Energie weiter zu kommen – also den Energiebedarf pro Kilometer signifikant zu verringern. Mittelfristig müssen dann kohlendioxidfreie Transportmöglichkeiten die Emissionen völlig vermeiden.

Die beste Option, schnell den Energiebedarf und die Emissionen des Verkehrs zu verringern, besteht in der Wahl des Verkehrsmittels. Pro Personenkilometer beträgt beispielsweise im Fernverkehr der Endenergiebedarf der Bahn weniger als ein Fünftel eines Autos. Um beide Verkehrsmittel vergleichen zu können, wird bei der Bahn der Verbrauch eines Zuges durch die durchschnittliche Fahrgastzahl geteilt.

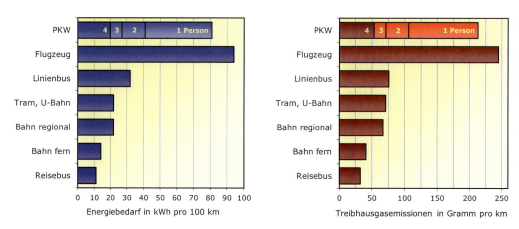

Abbildung 3.10 Energiebedarf und Treibhausgasemissionen in CO_2-Äquivalenten pro Person für den Betrieb einschließlich Energiebereitstellung für verschiedene Verkehrsmittel bei durchschnittlicher Auslastung

Während die Bahn in Norwegen oder der Schweiz durch den hohen Anteil an Wasserkraft bereits heute fast klimaneutral unterwegs ist, fallen beim Bahnverkehr in Deutschland durchaus noch nennenswerte Emissionen an *(vgl. Abbildung 3.10)*. Dies liegt daran, dass über 24 Prozent des Bahnstroms aus klimaschädlichen Kohlekraftwerken stammt. Rund 10

Prozent des Bahnstroms kamen 2018 noch von Kernkraftwerken und immerhin über 57 Prozent von erneuerbaren Energien.

Den hier angegebenen Berechnungen liegen Durchschnittswerte zugrunde. Der mittlere CO_2-Ausstoß neuer PKW liegt in Europa gegenwärtig bei rund 120 Gramm Kohlendioxid pro Kilometer. Ältere Fahrzeuge oder durstige Neuwagen haben höhere Emissionen, sparsame Kleinwagen teilweise auch deutlich weniger. Hinzu kommen noch Treibhausgasemissionen, die bei der Förderung, Kraftstoffherstellung und Kraftstofftransport anteilig entstehen.

Neben der Art des Autos hat auch die Fahrweise einen hohen Einfluss auf den Spritverbrauch. Durch folgende Energiespartipps lassen sich bis zu 30 Prozent einsparen:

- Den Reifendruck öfter kontrollieren und Reifen mindestens auf den vom Autohersteller für voll geladene Fahrzeuge empfohlenen Druck aufpumpen.
- Möglichst frühzeitig schalten, gleichmäßig und vorausschauend fahren.
- Die Höchstgeschwindigkeit auf Autobahnen beschränken.
- Keinen unnötigen Ballast oder nicht benötige Dachgepäckträger mitnehmen.
- Klimaanlage und andere Verbraucher ausschalten, wenn sie nicht benötigt werden.
- Bei Kurzstrecken öfter mal das Rad nehmen oder zu Fuß gehen

Bestimmung der direkten Kohlendioxidemissionen über den Spritverbrauch ohne Berücksichtigung der Kraftstoffbereitstellung

Benzin $\boxed{} \dfrac{\text{Liter Benzin}}{100\ \text{km}} \times 23{,}7\ \dfrac{\text{g CO}_2}{\text{Liter Benzin}/100} = \boxed{}\ \dfrac{\text{g CO}_2}{\text{km}}$

Diesel $\boxed{} \dfrac{\text{Liter Diesel}}{100\ \text{km}} \times 26{,}5\ \dfrac{\text{g CO}_2}{\text{Liter Diesel}/100} = \boxed{}\ \dfrac{\text{g CO}_2}{\text{km}}$

Den größten Einfluss hat aber die Auslastung eines Fahrzeugs. Im Mittel bleiben bei einer PKW-Fahrt drei bis vier Sitze leer. Wer sich zu viert ein Auto teilt, kann bei sparsamer Fahrweise sogar seine Kohlendioxidemissionen unter die der Bahn drücken.

Auch bei anderen Verkehrsmitteln spielt die Auslastung eine wesentliche Rolle. Wer das Leben in vollen Zügen genießt, hat einen besonders geringen Energieverbrauch. Da die Auslastung des öffentlichen Nahverkehrs im Mittel geringer als die des Fernverkehrs ist, sind hier auch die Kohlendioxidemissionen etwas höher. Besonders gut schneidet ein voll ausgelasteter Reisebus ab.

Die höchsten Kohlendioxidemissionen verursacht der Flugverkehr. Bei Langstrecken nimmt die Klimaschädlichkeit zu, da die Flugzeugabgase in größeren Flughöhen eine höhere Schädlichkeit entwickeln. Wird dies in Kohlendioxidemissionen eingerechnet, steigen diese auf bis zu 400 Gramm pro Kilometer an.

Für den Automobilbereich sind zahlreiche Lösungen in Diskussion, die mittel- bis langfristig eine klimaneutrale Mobilität ermöglichen sollen. Hierzu zählen:

- Biokraftstoffe
- Elektrofahrzeuge mit regenerativer Elektrizität
- Antriebe auf Basis regenerativen Methans, Methanols oder Wasserstoffs

Derzeit als Alternative gehandelte Erdgasfahrzeuge verursachen zwar geringfügig niedrigere Kohlendioxidemissionen, für einen weltweiten Klimaschutz sind sie jedoch keine Alternative. Biokraftstoffe können zwar relativ einfach das Erdöl ersetzen und werden teilweise auch herkömmlichen Treibstoffen beigemischt, für eine Komplettversorgung reichen aber die verfügbaren Biomassevorkommen nicht aus. Selbst wenn man in Deutschland alle Ackerflächen zum Anbau von Rohstoffen für Biotreibstoffe nutzt, würde dies nicht ausreichen, um auch nur annähernd den heutigen Bedarf aller Autos zu decken. Auch regenerativer Wasserstoff weist bei genauerem Hinsehen einige Probleme auf. Auf Biotreibstoffe und Wasserstoff wird in späteren Kapiteln näher eingegangen.

Bei Elektrofahrzeugen erwies sich bislang die Batterie als Haupthindernis. Lange Ladezeiten und kurze Reichweiten verhinderten die schnelle Verbreitung. Inzwischen wurden aber enorme Fortschritte erreicht, die Elektroautos inzwischen zu einer interessanten Alternative machen. Die einzige Chance, auch beim Verkehr die Klimaneutralität bis 2040 zu erreichen, ist das konsequente Umsteigen auf die Elektromobilität. Geht man von einer Lebensdauer der Autos von 15 Jahren aus, dürfte eigentlich das letzte Auto mit Verbrennungsmotor im Jahr 2025 vom Band laufen. Damit die Elektromobilität für das Klima eine echte Alternative bieten kann, muss dann allerdings der elektrische Strom zum Laden der Batterien und Herstellung der Elektroautos auch aus regenerativen Kraftwerken stammen.

3.3 Industrie und Co – schuld sind doch nur die anderen

Ein weitverbreitetes Vorurteil ist, dass die Industrie und Energiekonzerne die Hauptschuld an den Treibhausgasemissionen haben und sich hieran sowieso nicht viel ändern lässt. Bei näherem Hinsehen folgen aber Industrie und Energiekonzerne nur den Kundenwünschen. Somit tragen die Verbraucher letztendlich die Verantwortung für die Emissionen, die bei den von ihnen nachgefragten Produkten entstehen.

Würden alle Stromkunden zu einem Versorger oder einem Tarif wechseln, der ausschließlich Strom aus regenerativen Energien anbietet, wäre die Stromversorgung sehr schnell kohlendioxidfrei. Die Energieversorger hätten dann nur das Problem, schnellstmöglich ausreichend regenerative Kraftwerke zu bauen, um die gesamte plötzliche Nachfrage zu decken.

Auch sonst üben die Verbraucher bei der Wahl ihrer Produkte nicht den Druck aus, der für eine nachhaltige Wirtschaftsweise erforderlich wäre. Jede Herstellung von Produkten – seien es Lebensmittel oder Konsumgüter – benötigt Energie und verursacht damit Kohlendioxid. Je höher der eigene Konsum ist, umso mehr Energie- und Kohlendioxidemissionen sind damit verbunden. Doch selbst wer komplett dem Konsum abschwört, wird seinen Energiebedarf nicht auf null herunterfahren. Bereits bei der Lebensmittelproduktion für unsere tägliche Ernährung fallen nicht unerhebliche Emissionen an.

Jeder Verbraucher hat aber die Möglichkeit, durch die Wahl seiner Produkte den indirekt verursachten Energieverbrauch entscheidend zu beeinflussen:

- Beim Kauf auf qualitativ hochwertige und langlebige Produkte achten.
- Produkte aus der Region bevorzugen.
- Produkte mit geringerem Herstellungsenergieaufwand und Emissionen auswählen.
- Unternehmen mit umweltfreundlichen Firmenkonzepten bevorzugen.

3.4 Die eigene Kohlendioxidbilanz

Selbst wenn man alle Energiespartipps berücksichtigt, verbleiben in der Regel immer noch recht hohe Kohlendioxidemissionen. Um eine Selbsteinschätzung zu ermöglichen, lassen sich die eigenen Kohlendioxidemissionen in diesem Abschnitt mit recht einfachen Berechnungen ermitteln.

3.4.1 Direkt selbst verursachte Emissionen

Am einfachsten ist es, die direkt selbst verursachten Emissionen durch Verbrennung von Öl, Gas, Benzin oder des Verbrauchs von Strom zu bestimmen. Die pro Jahr verbrauchten Energiemengen lassen sich aus verschiedenen Abrechnungen relativ problemlos bestimmen. Zum Erstellen Ihrer eigenen Bilanz benötigen Sie daher aus dem letzten Jahr Ihre

- Jahresstromabrechnung
- Heizkostenabrechnung
- gefahrenen Autokilometer und den durchschnittlichen Spritverbrauch
- gefahrenen Kilometer mit öffentlichen Verkehrsmitteln
- Flugkilometer

Anhand dieser Angaben lassen sich die privaten direkten Emissionen mit dem folgenden Berechnungsschema einfach bestimmen. Die durchschnittlichen Werte für Deutschland sind hell hinterlegt eingetragen und können mit den eigenen Werten überschrieben werden.

Die spezifischen Verbrauchswerte müssen unter Unständen noch den eigenen Verhältnissen angepasst werden. Im Mittel entstehen bei der Stromerzeugung in Deutschland 0,566

Kilogramm Kohlendioxid pro Kilowattstunde (kg CO_2/kWh) elektrischen Stroms. Wer grünen Strom aus regenerativen Kraftwerken bezieht, kann seine Emissionen aus dem Stromverbrauch auf nahezu null reduzieren. In Deutschland sind alle Stromversorger verpflichtet, ihre Kunden über die Zusammensetzung des gelieferten Stroms und deren Umweltauswirkungen zu informieren. Die genauen CO_2-Emissionen pro Kilowattstunde sollten daher beim Stromversorger erhältlich sein.

Bei der eigenen Wärmeversorgung unterscheiden sich die Emissionen erheblich. Wird die Wärme elektrisch erzeugt, gelten die gleichen Emissionen wie für den Strom. Bei modernen Erdgasheizungen entstehen 0,2 kg CO_2/kWh Wärme, bei modernen Erdölheizungen 0,28 kg CO_2/kWh. Bei alten Heizungsanlagen mit schlechtem Wirkungsgrad können die Emissionen auf 0,25 bis 0,35 kg CO_2/kWh ansteigen. Beim Heizen mit Biomasse entstehen höchstens indirekte Kohlendioxidemissionen durch die Verarbeitung und den Transport. Bei Holzpellets entstehen dadurch in etwa 0,06 kg CO_2/kWh.

Die spezifischen Kohlendioxidemissionen des eigenen Autos lassen sich anhand des durchschnittlichen Kraftstoffverbrauchs ermitteln *(vgl. Planungshilfe S. 85)*. Für den Flugverkehr sind die Emissionen je nach Flugroute mit Hilfe von Emissionsrechnern relativ genau bestimmbar.

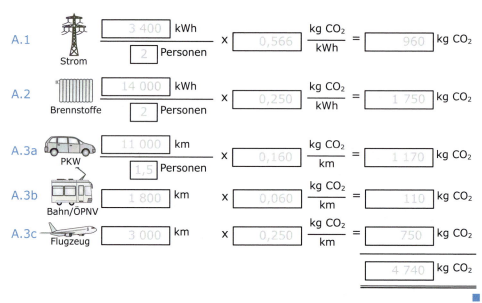

A. Ermittlung der jährlichen privaten direkten Kohlendioxidemissionen

A.1	Strom	3 400 kWh / 2 Personen	×	0,566 kg CO_2/kWh	= 960 kg CO_2
A.2	Brennstoffe	14 000 kWh / 2 Personen	×	0,250 kg CO_2/kWh	= 1 750 kg CO_2
A.3a	PKW	11 000 km / 1,5 Personen	×	0,160 kg CO_2/km	= 1 170 kg CO_2
A.3b	Bahn/ÖPNV	1 800 km	×	0,060 kg CO_2/km	= 110 kg CO_2
A.3c	Flugzeug	3 000 km	×	0,250 kg CO_2/km	= 750 kg CO_2
					4 740 kg CO_2

- www.atmosfair.de — Atmosfair-Emissionsrechner für Flugreisen
- www.qixxit.de — Verkehrsmittelvergleich
- www.greenmobility.de — Verkehrsmittelvergleich

3.4.2 Indirekt verursachte Emissionen

Neben den eigenen direkt verursachten Emissionen ist auch jeder indirekt für weitere Emissionen verantwortlich. Bei der Herstellung, der Verarbeitung und dem Transport von Nahrungsmitteln, Konsumgütern und anderen Produkten wird Energie verbraucht, was wiederum Kohlendioxidemissionen verursacht.

Auch der öffentliche Bereich wie Ämter, Schulen, Polizei und Feuerwehr oder der Straßenbau benötigt Energie und verursacht damit Kohlendioxid. Etwa 1,1 Tonnen Kohlendioxid pro Einwohner und Jahr gehen in Deutschland auf das Konto des öffentlichen Konsums. Hier gibt es wenige Möglichkeiten, selbst viel zu reduzieren.

Etwa 1,3 Tonnen Kohlendioxid fallen jährlich im Schnitt durch die eigene Ernährung an. *Abbildung 3.11* stellt die Treibhausgasemissionen verschiedener Nahrungsmittel gegenüber. In der Grafik sind neben Kohlendioxid auch andere Treibhausgase wie Methan oder Lachgas berücksichtigt und entsprechend ihrer Klimaschädlichkeit in Kohlendioxidäquivalente umgerechnet. Rindfleisch, Butter und Käse schneiden dabei besonders ungünstig ab. Wiederkäuende Rinder setzen nämlich große Mengen an Methan frei, das eine hohe Treibhauswirkung hat. Wer statt Frischfleisch Tiefkühlfleisch bevorzugt, erhöht damit die Treibhausgasemissionen noch einmal um 10 bis 30 Prozent.

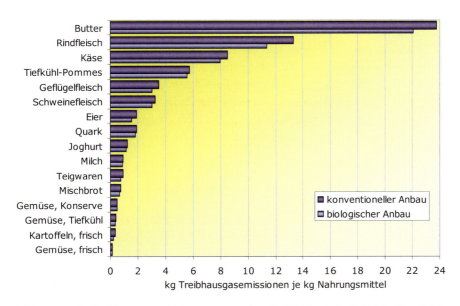

Abbildung 3.11 Treibhausgasemissionen umgerechnet in CO_2-Äquivalente bei der Bereitstellung verschiedener Nahrungsmittel (Daten: [Fri07])

Auch der Verarbeitungsgrad eines Lebensmittels beeinflusst dessen Klimabilanz erheblich. Frische Kartoffeln bringen beispielsweise kaum Treibhausgasemissionen auf die Waage. Bei der energieintensiven Weiterverarbeitung zu Tiefkühl-Pommes Frites schnellen die pro

Kilogramm Nahrungsmittel enthaltenen Treibhausgasemissionen jedoch fast auf das Dreißigfache empor.

Da Frauen in der Regel weniger essen als Männer und alte Leute weniger als junge, gibt es von Mensch zu Mensch bereits deutliche Unterschiede. Eine Dauerdiät ist sicher nicht die richtige Maßnahme zur Reduktion der Kohlendioxidemissionen. Wer jedoch saisonale Produkte aus der Region aus biologischem Anbau bevorzugt, seinen Fleischkonsum reduziert und weitgehend auf Konserven und Tiefkühlprodukte verzichtet, kann seine ernährungsbedingten Emissionen deutlich reduzieren. Einsparungen von bis zu 30 Prozent sind damit locker zu erreichen. Wer hingegen durch viel körperliche Arbeit und Sport einen erhöhten Kalorienbedarf hat und diesen dann auch noch überwiegend durch Tiefkühlprodukte und Fastfood deckt, kann es sogar schaffen, seine Treibhausgasemissionen aus dem Bereich der Ernährung zu verdoppeln.

Rund 2,9 Tonnen Kohlendioxid gehen auf das Konto des privaten Konsums. Dieser umfasst vor allem Herstellung, Lagerung und Transport von allen Produkten, die nicht dem Ernährungssektor zuzuordnen sind. Hierzu zählen unter anderem Kleidung, Möbel, Maschinen und Geräte, Papierprodukte, Autos oder Wohngebäude.

Etwa 240 Kilogramm Papier verbraucht jeder Deutsche pro Jahr. Bei der Herstellung von einem Kilogramm Frischfaserpapier entstehen etwa 1,06 Kilogramm an Kohlendioxid. Damit entfallen nicht ganz 10 Prozent der Kohlendioxidemissionen des privaten Konsums alleine auf den Papierverbrauch. Bei der Herstellung von Recyclingpapier sinkt der Energieverbrauch um rund 60 Prozent und die Kohlendioxidemissionen um etwa 16 Prozent. Während die Verwendung von Recyclingpapier in den 1980er-Jahren regen Zulauf fand, führen viele Handelsketten heute überhaupt kein Recyclingpapier mehr, obwohl sich die Umweltvorteile nicht geändert haben. Ursache hierfür ist die schwache Nachfrage seitens der Verbraucher. Nicht belegbare Vorurteile, dass Recyclingpapiere Drucker und Kopierer zerstören oder gar gesundheitsschädlich sind, halten sich hier leider hartnäckig.

 ■ www.papiernetz.de   Initiative Pro Recyclingpapier

Generell gilt die Regel: Wer viel konsumiert, verursacht auch hohe Emissionen. Im Durchschnitt fallen pro privat konsumiertem Euro rund 4 bis 5 Kilogramm an Kohlendioxid an. Aber auch hier gibt es erhebliche Einsparmöglichkeiten. Qualitativ hochwertige und langlebige Produkte sparen fast immer signifikante Mengen an Kohlendioxid ein. Sie sind zwar meist in der Anschaffung teurer, schonen aber durch ihre deutlich längere Lebensdauer langfristig oft den Geldbeutel und die Umwelt. Die Verwendung von Naturmaterialen ist zwar nicht immer preiswerter, reduziert aber meist die Treibhausgasemissionen. So ist beispielsweise der Neubau eines Massivhauses in Deutschland etwa genauso teuer wie ein Fertighaus. Entsteht das Fertighaus aber in Holzständerbauweise, lassen sich durch den verstärkten Einsatz von Holz als Baustoff rund 20 bis 30 Prozent an Kohlendioxidemissionen einsparen. Damit beläuft sich das Einsparpotenzial schnell auf einige Tonnen.

Im folgenden Berechnungsschema lassen sich die indirekt verursachten Treibhausgasemissionen eintragen. Die Durchschnittswerte sind mit Ausnahme des öffentlichen Konsums wieder hell unterlegt und lassen sich individuell nach oben oder unten abändern.

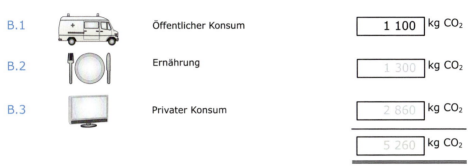

B. Ermittlung der jährlichen indirekten Kohlendioxidemissionen

B.1	Öffentlicher Konsum	1 100	kg CO$_2$
B.2	Ernährung	1 300	kg CO$_2$
B.3	Privater Konsum	2 860	kg CO$_2$
		5 260	kg CO$_2$

3.4.3 Gesamtemissionen

Sind die privaten direkten und indirekten Emissionen bestimmt, lassen sich diese zu den gesamten persönlichen Kohlendioxidemissionen addieren. Mit 9,6 Tonnen kamen im Jahr 2015 immer noch fast 10 Tonnen an Kohlendioxid im Mittel in Deutschland pro Kopf und Jahr zusammen. Werden noch andere Treibhausgase wie Methan oder Lachgas berücksichtigt und mit ihrer Klimaschädlichkeit gewichtet in Kohlendioxidäquivalente umgerechnet, steigen die gesamten Treibhausgasemissionen in Deutschland sogar auf über 11 Tonnen pro Kopf und Jahr an. Die Betrachtungen dieser Bilanz beschränken sich jedoch nur auf das Kohlendioxid.

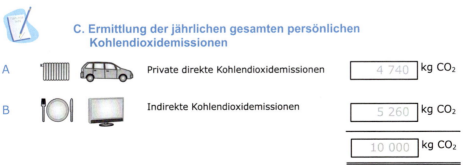

C. Ermittlung der jährlichen gesamten persönlichen Kohlendioxidemissionen

A	Private direkte Kohlendioxidemissionen	4 740	kg CO$_2$
B	Indirekte Kohlendioxidemissionen	5 260	kg CO$_2$
		10 000	kg CO$_2$

Emissionsrechner im Internet erlauben eine noch etwas genauere Bestimmung der eigenen Emissionen. *Abbildung 3.12* ermöglicht den Vergleich der eigenen Kohlendioxidemissionen mit den nötigen Reduktionen für Deutschland und den Emissionen anderer Länder. Die Farbskala der Abbildung zeigt, wie die Emissionen zu bewerten sind.

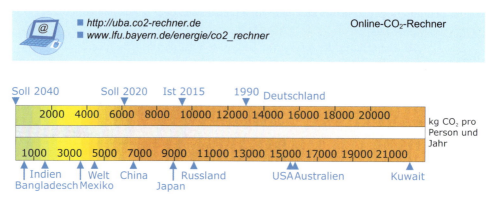

Abbildung 3.12 Skala der energiebedingten Emissionen an Kohlendioxid pro Kopf und Jahr

3.5 Ökologischer Ablasshandel

Die eigenen direkten und indirekten Emissionen lassen zwar größere Einsparungen zu. In Deutschland dürfte es aber dennoch relativ schwer fallen, die Emissionen bereits heute in den grünen Bereich zu bringen. Einige Emissionen wie die des öffentlichen Konsums liegen weitgehend außerhalb des persönlichen Einflussbereichs. Andere Einsparungen sind nur durch radikalen Wandel des Lebensstils oder durch relativ hohe Investitionen zu erreichen.

Wer dennoch seine Emissionen weiter reduzieren möchte, kann sich hierzu des Emissionshandels bedienen und sich von den eigenen Emissionen freikaufen. Auch im großen Stil wird diese Idee praktiziert, um beispielsweise die zu hohen Emissionen eines Staates im Rahmen internationaler Verpflichtungen zu verringern. Der moderne Emissionshandel erinnert dabei ein wenig an den Ablasshandel. Da der Begriff Ablasshandel jedoch negative Assoziationen hervorruft, hat man den Begriff Joint Implementation (JI) erfunden, der sich mit Gemeinschaftsreduktion übersetzen lässt.

Was auf staatlicher Ebene im großen Stil geplant ist und zum Teil auch schon umgesetzt wird, lässt sich auch im privaten Bereich realisieren. Hier könnte man beispielsweise seinem Nachbarn eine preiswerte Energiesparlampe schenken. Bis zu 300 Kilogramm an Kohlendioxid kann diese über ihre Lebensdauer einsparen. Verschenkt man genügend Energiesparlampen, ließen sich somit die gesamten eigenen Emissionen an anderer Stelle einsparen – zumindest theoretisch. Die realen eigenen Emissionen fallen nämlich weiterhin an und müssten nun in die Emissionsbilanz des Nachbarn übertragen werden. Rein rechnerisch bleiben dann dadurch die Emissionen des Nachbarn konstant. Sind die Emissionen des Nachbarn aber auch zu hoch, fehlt ihm dann eine einfache Möglichkeit, seine Emis-

3.5 Ökologischer Ablasshandel

sionen selbst zu reduzieren. Durch die Stromkosteneinsparung verbleibt dem Nachbarn zudem noch mehr Geld in der Haushaltskasse. Investiert er dieses auch noch in ein paar Liter Benzin für eine Extraspritztour, ist die ganze Aktion höchst kontraproduktiv.

Anders ist die Situation, wenn eine Energiesparlampe an ein Schulhaus in einem Entwicklungsland mit Emissionen im grünen Bereich verschenkt wird. Hierdurch reduzieren sich die ohnehin schon niedrigen Emissionen dort weiter. Voraussetzung ist natürlich auch hier, dass die Schule nicht selbst in der Lage ist, die Lampe zu kaufen. Plant die Schule aber bereits den Kauf der Energiesparlampe, um damit zum Beispiel die Stromkosten zu reduzieren, entsteht auch hier durch die geschenkte Energiesparlampe nicht wirklich ein Einspareffekt. Im großen Stil praktiziert trägt diese Art der Investition die Bezeichnung Clean Development Mechanism (CDM), was sich mit Mechanismus für eine umweltverträgliche Entwicklung übersetzen lässt.

Folgende Kriterien sollten unter anderem für erfolgreiche Klimaschutzprojekte gelten:

- Kohlendioxideinsparungen durch Finanzierung regenerativer Energieanlagen oder Energieeinsparungen
- Realisierung einer zusätzlichen Maßnahme, die über die Projektlebensdauer nicht ohnehin umgesetzt worden wäre
- Garantie der erfolgreichen Projektdurchführung und des Anlagenbetriebs über die gesamte Projektdauer
- Nachhaltige Entwicklung und Technologietransfer nach Projektabschluss

Für eine Privatperson ist eine Einhaltung der Kriterien schwierig. Verschiedene Gesellschaften betreiben jedoch eine professionelle Realisierung von Klimaschutzprojekten. Durch die Beteiligung vieler Kunden lassen sich auch größere Projekte realisieren. Eine unabhängige Prüfstelle sollte dabei aber stets den korrekten Ablauf überwachen *(Abbildung 3.13)*. Eine Gesellschaft ist beispielsweise Atmosfair, die anbietet, Emissionen aus Flugreisen zu kompensieren. Dazu wurden beispielsweise in Indien in Großküchen Dieselbrenner durch Solaranlagen ersetzt.

Abbildung 3.13 Prinzip des privaten Emissionshandels

Rund 20 bis 30 Euro muss man derzeit einplanen, um die Emissionen von 1 000 Kilogramm Kohlendioxid im Rahmen von Projekten zur umweltverträglichen Entwicklung zu kompensieren. Wer zum Beispiel 5 000 Kilogramm pro Jahr vermeiden möchte – das entspricht etwa der Hälfte der Pro-Kopf-Durchschnittsemissionen in Deutschland – kann dies mit etwa 10 Euro pro Monat erreichen. Wirklich teuer ist Klimaschutz also nicht.

- www.atmosfair.de
- www.co2ol.de
- www.greenmiles.de

Verschiedene Anbieter für Kohlendioxidreduktionen durch Klimaschutzprojekte

Natürlich lassen sich zur Kompensation der eigenen Emissionen auch regenerative Energieanlagen in Deutschland finanzieren. Wer in einen Windpark an einem guten Standort investiert oder eine große Photovoltaikanlage auf einem optimal ausgerichteten Dach installiert, kann damit sogar noch eine Rendite erzielen. Grund dafür ist das in Deutschland gültige Erneuerbare-Energien-Gesetz (EEG). Dieses Gesetz regelt, wie hoch die Vergütung für Strom aus regenerativen Energieanlagen wie Windparks, Photovoltaikanlagen, Biomasse-, Geothermie- oder Wasserkraftwerken ist. Diese liegt in der Regel über der regulären Vergütung für konventionellen Kraftwerksstrom. Das Energieversorgungsunternehmen, in dessen Netz die regenerativen Energieanlagen ihren Strom einspeisen, darf die Mehrkosten auf alle Stromkunden umlegen *(Abbildung 3.14)*. Diese tragen dann alle – gewollt oder ungewollt – zur Finanzierung der regenerativen Energieanlage bei.

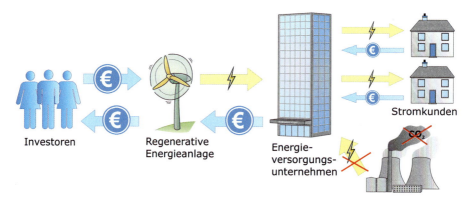

Abbildung 3.14 Prinzip der Finanzierung erneuerbarer Kraftwerke durch das Erneuerbare-Energien-Gesetz EEG in Deutschland

Damit reduzieren diese Kraftwerksprojekte die Durchschnittsemissionen der Stromerzeugung in Deutschland. Für die Aufbesserung der eigenen Klimabilanz lassen sie sich aber nicht heranziehen. Zwar trägt man mit einer Investition in eine regenerative Energieanlage zur Stromerzeugung in Deutschland das unternehmerische Risiko, die Finanzierung einer planmäßig laufenden Anlage trägt aber die Allgemeinheit. Wer in Deutschland durch den Bau einer regenerativen Energieanlage die eigene Bilanz und nicht die Bilanz der Allgemeinheit aufbessern möchte, muss in Anlagen investieren, deren Vergütung nicht das Erneuerbare-Energien-Gesetz regelt.

Dies soll aber nicht bedeuten, dass die meisten Investitionen in regenerative Kraftwerksprojekte in Deutschland sinnlos wären. Das Gegenteil ist der Fall. Das deutsche Erneuerbare-Energien-Gesetz ist das weltweit erfolgreichste Instrument, schnell den Ausbau regenerativer Energieanlagen voranzutreiben. Es beteiligt alle gleichermaßen an der gesellschaftlichen Aufgabe des Umbaus der Energiewirtschaft – sei es als Investor und Betreiber von regenerativen Energieanlagen oder als Finanzier für die Vergütung des Stroms bereits errichteter Anlagen.

4 Die Energiewende – der Weg in eine bessere Zukunft?

Der Begriff Energiewende hat das Potenzial, wie Sauerkraut, Kindergarten oder Autobahn dauerhaft Eingang in die englische Sprache zu finden. Ursprünglich stammt er aus dem Jahr 1980, in dem ein Bericht des Freiburger Öko-Instituts mit dem Titel „Energie-Wende. Wachstum und Wohlstand ohne Erdöl und Uran" erschien. Auf viel Gegenliebe stieß das Werk seinerzeit allerdings nicht. In der ZEIT wurde das Buch knapp rezensiert und erhielt das Urteil „unseriös". Seinen Durchbruch erlebte der Begriff Energiewende erst mit dem Reaktorunfall im japanischen Fukushima vom März 2011, nachdem die deutsche Bundesregierung eine kurz zuvor beschlossene Laufzeitverlängerung deutscher Kernkraftwerke wieder rückgängig machte und eine Kehrtwende in der Energiepolitik verkündete.

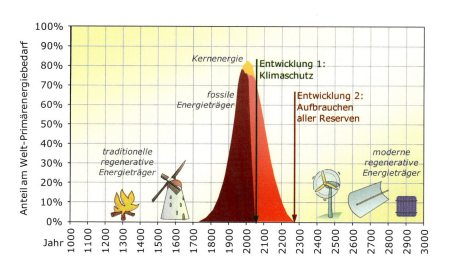

Abbildung 4.1 Wirklich beendet ist die Energiewende erst, wenn wir eine Energieversorgung ganz ohne Kernenergie und fossile Energien aufgebaut haben. Hierfür gibt es zwei Szenarien: Wir können warten, bis die Energievorräte zur Neige gehen oder echten Klimaschutz praktizieren.

Zwar wird die Energiewende eng mit dem Atomausstieg verknüpft. Wirklich beendet ist die Energiewende aber erst, wenn wir eine klimaverträgliche Energieversorgung realisiert haben. Ernsthaft retten lässt sich das Klima nur, wenn mittelfristig alle Länder der Erde ihre Treibhausgasemissionen auf nahezu null zurückfahren. Viele können oder wollen sich aber ein Leben jenseits von Erdöl, Erdgas oder Kohle überhaupt nicht vorstellen.

Dabei ist es nicht einmal 300 Jahre her, dass regenerative Energien die Energieversorgung der Erde vollständig deckten. In gut 200 Jahren wird die weltweite Energieversorgung ziemlich sicher auch wieder weitgehend kohlendioxidfrei sein. Denn spätestens bis dann sind auch die letzten Vorkommen an fossilen Energieträgern erschöpft. Als Folge der dann rund 500-jährigen Geschichte der Nutzung fossiler Energieträger würde bis dahin das Klima völlig kollabieren. Wollen wir das Klima weitgehend retten, muss uns eine kohlendioxidfreie Energieversorgung bereits deutlich früher gelingen. Rund 30 Jahre haben wir dafür noch Zeit *(Abbildung 4.1)*. Unsere Generation hat es also in der Hand, die Lebensgrundlagen künftiger Generationen zu bewahren oder massiv zu gefährden.

4.1 Kohle- und Kernkraftwerke – Krücke statt Brücke

Dass eine schnelle Energiewende nicht einfach zu realisieren ist, liegt nicht daran, dass sie technisch oder ökonomisch unmöglich wäre. Das Problem sind vielmehr zahlreiche Akteure, die von der heutigen Energieversorgungsstruktur stark profitieren und bei einer schnellen Wende zu den Verlierern gehören. Viele Akteure, die heute die Energiewende umsetzen sollen, haben bis vor wenigen Jahren noch generell deren Machbarkeit in Zweifel gezogen. Nun sollen vom Saulus zum Paulus gewandelte Politiker und Unternehmen das für die Menschheit wichtigste Projekt unseres Jahrhunderts zum Erfolg führen. Eine gesunde Skepsis mag da angebracht sein. Ohne eine Bevölkerung, die den nötigen Druck aufrechterhält, wird eine schnelle Wende vermutlich kaum gelingen. Vor allem Kohle- und Atomkraftwerke, die gerne als Brücke für das erneuerbare Energiezeitalter bezeichnet werden, entwickeln sich immer mehr zum Bremsklotz, denn ihre Existenz behindert zunehmend den schnellen Ausbau von Anlagen zur Nutzung erneuerbarer Energien.

4.1.1 Energie- und Automobilkonzerne – aufs falsche Pferd gesetzt

Die großen vier Energiekonzerne E.ON, RWE, EnBW und Vattenfall beherrschten über viele Jahre rund 80 Prozent des deutschen Strommarkts. Diese Unternehmen hatten bereits im Jahr 2000 mit der damaligen rot-grünen Bundesregierung einen Atomausstieg vereinbart. Wirklich ernst gemeint hatten sie diese Vereinbarung offensichtlich nicht. Ganz nach dem Motto „Nach Rot-Grün kommt auch wieder Schwarz-Gelb und dann machen wir alles rückgängig", feilten sie hinter den Kulissen an einer Laufzeitverlängerung für deutsche Atomkraftwerke und planten und bauten zahlreiche neue Kohlekraftwerke. Im Herbst 2010 schien diese Strategie mit der durch die damalige schwarz-gelbe Bundesregierung beschlossenen Laufzeitverlängerung der deutschen Kernkraftwerke auch aufgegangen zu sein, bis Fukushima einen kräftigen Strich durch die Rechnung machte.

> **Der letzte Saurier**
>
> So lautete der Titel einer preisgekrönten ZEIT-Reportage über Jürgen Großmann, den ehemaligen Vorstandsvorsitzenden der RWE AG. Er leitete von 2007 bis Mitte 2012 die Geschicke des zweitgrößten deutschen Energiekonzerns. Da er als treibende Kraft für den Beschluss der Laufzeitverlängerung der deutschen Atomkraftwerke im Jahr 2010 galt, erhielt er vom Naturschutzbund Deutschland den Negativpreis „Dinosaurier des Jahres". Als Gallionsfigur der deutschen Energiewirtschaft steht er mit den folgenden Zitaten symptomatisch für das Verhältnis der Konzerne zu erneuerbaren Energien, Klimaschutz sowie Kohle- und Kernkraftwerken:
>
> 12.07.2009: „Deutschland stellt von Kohle auf Gas um, um ökologisch sauberer dazustehen. ... So macht man keinen globalen Klimaschutz."
>
> 31.10.2009: „Baugleiche Reaktoren laufen in den Niederlanden, Frankreich oder Belgien 60 Jahre und mehr, in den USA sind jetzt sogar 80 Jahre im Gespräch. ... Mit der derzeitigen Laufzeitbegrenzung von 32 Jahren bleiben wir unter unseren volkswirtschaftlichen Möglichkeiten."
>
> 20.01.2010 „Stellen Sie sich vor, 80 Prozent unserer Stromerzeugung hingen von erneuerbaren Energien ab: Da würde in Zeiten wie diesen nicht nur das Licht ausgehen."
>
> 20.04.2011: „Braunkohle ist das deutsche Erdöl – dieser alte RWE-Spruch gilt in den heutigen unsicheren Zeiten mehr denn je."
>
> 18.01.2012: Die Förderung von Solarenergie in Deutschland ist so sinnvoll „wie Ananas züchten in Alaska".
>
> Am 1. Juli 2012 wurde Jürgen Großmann abgelöst. Inzwischen haben die großen deutschen Energiekonzerne erheblich umstrukturiert. Die Töne sind deutlich moderater geworden. Das Geschäft mit den fossilen und nuklearen Kraftwerken wurde zum Teil in eigene Gesellschaften ausgelagert und erneuerbare Energien stehen inzwischen offiziell sehr hoch im Kurs. Dennoch befinden sich die großen und klimaschädlichen Kraftwerke immer noch im Besitz der Energiekonzerne oder der ausgelagerten Gesellschaften.

Diese Konzernpolitik hat für die Umsetzung der Energiewende wertvolle Jahre gekostet. Viele Energiekonzerne aber auch Stadtwerke haben heute trotz Atomausstieg und Klimaschutzversprechungen einen für die Energiewende völlig falschen Kraftwerkspark. RWE nahm in Neurath noch im Jahr 2012 zwei neue Braunkohlekraftwerksblöcke mit einer Leistung von 2200 Megawatt in Betrieb. Das 1700-Megawatt große Steinkohlekraftwerk Moorburg von Vattenfall in Hamburg ging sogar erst im Jahr 2014 endgültig ans Netz. Sollen sich diese Milliardeninvestitionen rechnen, ist der für den Klimaschutz dringend erforderliche schnelle Kohleausstieg praktisch unmöglich. Das erklärt auch, warum in den letzten Jahren der Ausbau von Photovoltaik- und Windkraftanlagen in Deutschland erheblich reduziert wurde und damit Deutschland seine Vorreiterrolle bei der Energiewende und beim Klimaschutz quasi verloren hat.

4.1 Kohle- und Kernkraftwerke – Krücke statt Brücke

Sollen Kern- und Kohlekraftwerke schnell durch Solar- und Windkraftanlagen ersetzt werden, müssen diese vorzeitig abgeschrieben werden. Damit drohen den Unternehmen massive Verluste, die im Extremfall sogar existenzbedrohend sein können.

Abbildung 4.2 Braunkohlekraftwerk Jänschwalde in der Nähe von Cottbus: Die Energiekonzerne haben den falschen Kraftwerkspark für eine schnelle Energiewende.

Auch andere Branchen blockieren mit technologischen Fehlentwicklungen eine schnelle Energiewende. Im Verkehrsbereich kann beispielsweise die Energiewende nur gelingen, wenn ein Großteil der Fahrzeuge von Verbrennungsmotoren auf effiziente Elektromotoren umgestellt wird. Der Wirkungsgrad von Elektromotoren ist deutlich größer als von Benzin- oder Dieselmotoren und der Strom lässt sich kohlendioxidfrei mit erneuerbaren Kraftwerken erzeugen. Was heute wie ein Blick in eine ferne Zukunft klingt, war vor 100 Jahren schon Realität: Etwa 40 Prozent aller Autos in New York waren seinerzeit Elektrofahrzeuge. Vor allem das komplizierte Anlassen der Benziner mit einer Kurbel machte damals Benziner unattraktiv. Erst als im Jahr 1911 der Anlasser erfunden wurde, startete der Siegeszug der Verbrennungsmotoren. Heute tun sich Automobilkonzerne schwer, mit einer über 100 Jahre alten Tradition zu brechen und moderne Elektrovarianten auf den Markt zu bringen. Stattdessen verzögern sie mit intensiver Lobbyarbeit strengere Kohlendioxidgrenzwerte und verlängern so das Zeitalter der fossilen Motoren. Möglicherweise gibt es auch einfache wirtschaftliche Gründe, um weiter auf die Bremse zu treten: Elektroautos brauchen keine Ölwechsel und sind verschleißärmer. Das geht zulasten des attraktiven Ersatzteilgeschäfts und der Werkstattauslastung. Ein Hauptteil des Autowertes eines Stromers entfällt zudem auf die Batterie, die zugekauft werden muss und damit nicht wesentlich zur eigenen Wertschöpfung beiträgt. Das Hauptargument liefern schließlich die Kunden: Trotz Klimawandel und steigenden Benzinpreisen sind wenig effiziente aber leistungsstarke Autos weiter im Trend.

4.1.2 Braunkohle – Klimakiller made in Germany

Die Braunkohleverstromung ist eine der klimaschädlichsten Arten der Stromerzeugung. Deutschland war im Jahr 2017 noch vor China das Braunkohleförderland Nummer eins weltweit.

Alte Braunkohlekraftwerke erzeugen im Vergleich zu modernen Gaskraftwerken bis zu dreimal so viel Kohlendioxid. Vertreter der Elektrizitätswirtschaft führen gerne Effizienzsteigerungen im Kraftwerksbereich als wichtigen Meilenstein hin zu einem wirksamen Klimaschutz an. In der Tat: Ersetzt man marode Kraftwerke mit mäßigem Wirkungsgrad durch topmoderne Anlagen, lassen sich enorme Mengen an Kohlendioxid einsparen. Während alte Braunkohlekraftwerke bei der Stromerzeugung meist magere Wirkungsgrade von deutlich unter 40 Prozent erreichten, schaffen moderne Anlagen heute locker 43 Prozent. Eine weitere Wirkungsgradsteigerung auf 48 bis 50 Prozent ist technisch machbar.

Das Kraftwerk Jänschwalde bei Cottbus zählt beispielsweise mit einem Wirkungsgrad von rund 35 Prozent zu den ältesten und ineffizientesten Großkraftwerken Ostdeutschlands *(Abbildung 4.3)*. Mit einem Ausstoß von 23,7 Millionen Tonnen Kohlendioxid im Jahr 2015 verursachte dieses Kraftwerk alleine knapp drei Prozent aller energiebedingten Kohlendioxidemissionen Deutschlands.

Abbildung 4.3 Links: Das Dorf Horno musste 2005 dem Braunkohletagebau weichen. Rechts: Nachdem die Kohle gefördert wurde, bleibt eine Mondlandschaft zurück.

Als ein Beispiel für mögliche Effizienzsteigerungen gilt der Neubau des Kraftwerksdoppelblocks BoA 2/3 Neurath am Stadtrand von Grevenbroich. BoA steht dabei für Braunkohlekraftwerk mit optimierter Anlagentechnik. Die 2,6 Milliarden Euro teure Anlage mit einem Wirkungsgrad von über 43 Prozent ging 2012 ans Netz, soll ältere Kraftwerke ersetzen und so rund 6 Millionen Tonnen Kohlendioxid pro Jahr einsparen. Das Hauptproblem dabei ist aber, dass das Kraftwerk immer noch rund 14 Millionen Tonnen Kohlendioxid pro Jahr ausstoßen wird. Das sind weit mehr als beispielsweise die gesamten Kohlendioxidemissionen der rund 40 Millionen Einwohner von Kenia. Mit einer Anlagenlebensdauer von 40 Jahren entwickelt sich auch ein effizientes Großkraftwerk schnell zum Bremsklotz für wirksame Klimaschutzmaßnahmen. Wenn im Jahr 2050 voraussichtlich das Kraftwerk Neurath vom Netz gehen soll, müssen die Kohlendioxidemissionen in Deutschland bereits schon lange auf null zurückgegangen sein. Dies ist auch mit noch so effizienten Kraftwerken nicht erreichbar.

Dabei ist die Klimaschädlichkeit nicht das einzige Problem der Braunkohlekraftwerke. Sie setzen auch enorme Mengen an giftigen Schadstoffen wie Quecksilber, Arsen oder Stickoxide frei und verursachen damit viele Gesundheitsschäden, auch mit Todesfolgen. Bereits beim Tagebau entstehen enorme Eingriffe in Natur und Landschaft. Durch das Abpumpen riesiger Grundwassermengen gerät der gesamte Wasserhaushalt der Förderregion durcheinander. Nach dem Kohleabbau bleibt erst einmal eine Mondlandschaft zurück *(Abbildung 4.3)*, die nur mühsam in eine Seenlandschaft renaturiert werden kann.

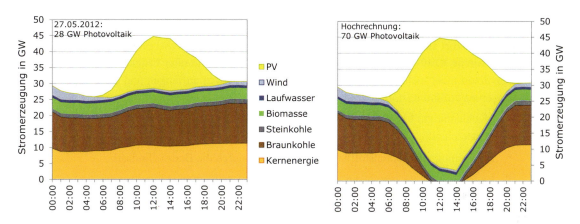

Abbildung 4.4 Links: Stromerzeugung durch Photovoltaik- und Windkraftanlagen sowie Erzeugungseinheiten größer 100 MW am 27.05.2012 in Deutschland mit einer installierten Photovoltaikleistung von 28 GW, rechts: gleicher Tag mit Hochrechnung auf eine installierte Photovoltaikleistung von 70 GW (Daten: EEX Transparency)

Ein weiteres Problem von Kohlekraftwerken ist die verhältnismäßig schlechte Regelbarkeit. Braunkohlekraftwerke sind meist für die Grundlast ausgelegt. Sie arbeiten also dann optimal, wenn sie lange Zeit konstante Leistung abgeben. Durch die zunehmende Verbreitung von Windkraft- und Solaranlagen nehmen aber die Leistungsschwankungen im Netz zu und der Bedarf an Grundlastkraftwerken entsprechend ab.

In einem geringen Maße können Braunkohlekraftwerke Leistungsschwankungen ausgleichen. Eine Drosselung auf 50 Prozent der Leistung ist bei neuen Anlagen möglich. Bei einem schnellen Ausbau erneuerbarer Energien wird das aber nicht ausreichen. Bereits im Frühjahr 2012 gab es einzelne Tage, an denen allein die Photovoltaik mittags einen Anteil von rund 40 Prozent an der Stromversorgung in Deutschland erreichte. An diesen Tagen übernahm die Photovoltaik bereits die komplette Mittagsspitze. Steigt die installierte Photovoltaikleistung weiter an, verdrängt sie zunehmend Grundlastkraftwerke. Schon bei einer installierten Leistung von 70 Gigawatt könnte die Photovoltaik an einzelnen Tagen mittags nahezu den gesamten Leistungsbedarf decken. Das würde dann die bestehenden Grundlastkraftwerke vor nahezu unlösbare Probleme stellen. Sind diese Anlagen erst einmal vom Netz, dauert es Stunden, bis sie wieder ihre volle Leistung liefern können. Grund genug, für die Energieversorger und ihnen zugeneigte Politiker, einen langsameren Ausbau der erneuerbaren Energien in Deutschland zu fordern und dabei sämtliche Klimaschutzambitionen über Bord zu werfen.

4.1.3 Kohlendioxidsequestrierung – aus dem Auge aus dem Sinn

Da Effizienzsteigerungen von fossilen Kraftwerken selbst mittelfristig keine Alternative für eine klimaverträgliche Energieversorgung bieten, suchten die Befürworter fossiler Kraftwerke nach Argumenten und Wegen, nicht durch ihre Klimaschädlichkeit noch stärker unter Beschuss zu geraten.

Die sogenannte Kohlendioxidsequestrierung soll den Ausweg aus dem Dilemma bieten. Die Idee ist dabei simpel und erscheint auf den ersten Blick auch höchst plausibel. Künftig sollen moderne Kraftwerke das bei der Verbrennung von Kohle oder Erdgas entstehende Kohlendioxid nicht mehr in die Atmosphäre abgeben, sondern auffangen und einer sicheren Lagerung zuführen *(Abbildung 4.5)*.

Um das Kohlendioxid über lange Zeiträume sicher zu entsorgen, gelten folgende Optionen als vielversprechend:

- Herstellung von kohlenstoffhaltigen Baustoffen durch die Baustoffindustrie
- Endlagerung untertage in ausgebeuteten fossilen Lagerstätten, Grundwasser-Aquiferen oder Salzstöcken
- Verpressen oder Lösen im Meer
- Bindung durch spezielle Algen im Meer

Bei einer kritischen Betrachtung drängen sich starke Zweifel an der in Aussicht gestellten Kohlendioxidentsorgung auf. Die Technologie der Abtrennung und Lagerung befindet sich noch im Forschungsstadium. Beim Test einzelner Verfahren wie der Bindung durch Algen im Meer gab es herbe Rückschläge, die deren Eignung prinzipiell in Frage stellen. Die Endlagerung im Meer ist generell umstritten. Es ist möglich, dass das Kohlendioxid bereits nach einem kurzen Zeitraum wieder in die Atmosphäre entweicht oder extreme und bislang noch nicht überschaubare Auswirkungen auf das Ökosystem der Meere hat.

Lagerstätten untertage sind nicht überall vorhanden oder wären schnell erschöpft. Sollen alle Kraftwerke der Erde ihr Kohlendioxid klimaunschädlich entsorgen, wäre hierfür ein enormer logistischer Aufwand notwendig, um das Kohlendioxid zum Teil über Tausende von Kilometern hin zu den Endlagerstätten zu transportieren. Kritiker bemängeln zudem das Risiko der Lagerstätten. Tritt Kohlendioxid unkontrolliert in größeren Konzentrationen aus, kann dies zum Tod durch Ersticken der betroffenen Menschen und Tiere führen. Außerdem sollen zahlreiche Untertagelagerstätten für die Speicherung von Gasen aus erneuerbaren Energien dienen *(vgl. Kapitel 13)*. Sind sie einmal mit Kohlendioxid gefüllt, stehen sie für Speicherzwecke nicht mehr zur Verfügung.

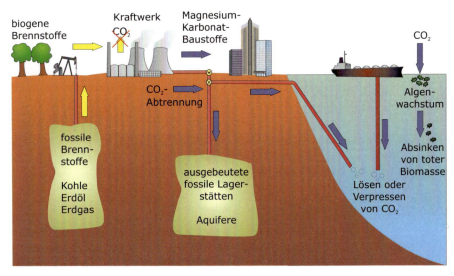

Abbildung 4.5 Optionen zur Endlagerung von abgetrenntem Kohlendioxid

Kohlendioxidfreie Kohlekraftwerke – gar nicht kohlendioxidfrei

Bei der Entwicklung von Techniken zur Abtrennung und Lagerung von Kohlendioxid wird oft vollmundig von einem kohlendioxidfreien Kraftwerk gesprochen. Genau genommen kann aber ein fossiles Kraftwerk selbst mit Kohlendioxidrückhaltetechniken niemals kohlendioxidfrei werden. Schließlich entsteht auch bei diesem Kraftwerk durch die Verbrennung fossiler Energieträger unweigerlich Kohlendioxid. Sogenannte CO_2-freie fossile Kraftwerke trennen lediglich Kohlendioxid von anderen Verbrennungsgasen, sodass es sich in konzentrierter Form außerhalb der Atmosphäre endlagern lässt. Bei der Brennstoffbereitstellung, Abtrennung und Lagerung entweicht aber auch ungewollt Kohlendioxid. So gelangen langfristig bis zu 10 Prozent des Kohlendioxids und in Einzelfällen sogar noch mehr doch wieder in die Atmosphäre.

Der Begriff kohlendioxidfreies Kohlekraftwerk ist somit irreführend. Ein Unternehmen aus der Solarbranche sah dies genauso und verklagte ein Energieversorgungsunternehmen, das mit der Entwicklung CO_2-freier Kraftwerke warb, auf Unterlassung. Ein Gericht folgte dieser Ansicht in erster Instanz. Ob fossile Kraftwerke mit Kohlendioxidabtrennung juristisch kohlendioxidfrei sind oder nicht, werden aber vermutlich noch weitere Instanzen prüfen.

Es wird noch einige Jahre dauern, bis ausgereifte Verfahren zur Abtrennung und Lagerung von Kohlendioxid für kommerzielle Anlagen zur Verfügung stehen. In Deutschland existieren nur Studien und Prototypanlagen für Forschungszwecke. Die kommerzielle Einführung war ursprünglich für das Jahr 2020 anvisiert [Vat06]. Da die Errichtung von Kohlendioxidendlagern in Deutschland auf ähnliche Akzeptanz wie Atommüllendlager stoßen, bleibt fraglich, ob hier überhaupt solche Lager entstehen. Außerdem lassen sich alte Kraftwerke – wenn überhaupt – nur mit sehr großem Aufwand nachrüsten. Aus heutiger Sicht erscheint die Kohlendioxidsequestrierung daher eher als ein fragwürdiger Legitimationsversuch für klimaschädliche fossile Kraftwerke.

Das aber wohl wichtigste Argument gegen die Realisierung einer globalen Abtrennung von Kohlendioxid liegt in der Wirtschaftlichkeit. Durch die Kohlendioxidabtrennung sinkt generell der Kraftwerkswirkungsgrad. Hinzu kommen Kosten für Transport und Endlagerung des Kohlendioxids. Genaue Kostenprognosen sind heute nur schwer zu erstellen. Viele Kostenschätzungen sagen aber Kostensteigerungen für Strom aus fossilen Kraftwerken auf bis zum Doppelten der heutigen Werte voraus [IPC05]. Für viele Länder der Erde würde sich damit das Kapitel der Kohlendioxidabtrennung bereits erledigen, bevor es begonnen hat. Kostenschätzungen für regenerative Kraftwerke zeigen hingegen, dass diese bereits in relativ kurzer Zeit an vielen Standorten wirtschaftlicher arbeiten werden als fossile Kraftwerke – egal ob mit oder ohne Kohlendioxidabtrennung.

Vielleicht sind wir aber künftig doch noch auf die Technologie der Kohlendioxidabtrennung angewiesen, um die Folgen des Klimawandels beherrschbar zu halten. Kohlendioxid ließe sich nämlich durch den Anbau von Biomasse in Form von Energiepflanzen binden. Wird die Biomasse dann in Kraftwerken verbrannt und das dabei wieder entstehende Kohlendioxid abgetrennt und außerhalb der Atmosphäre endgelagert, könnte es sogar gelingen, den Kohlendioxidgehalt der Atmosphäre wieder zu reduzieren. Deutlich sinnvoller und erheblich kostengünstiger wäre es aber, den weiteren Anstieg der Kohlendioxidkonzentration durch den Einsatz erneuerbarer Energien komplett zu vermeiden.

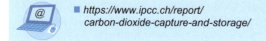

■ https://www.ipcc.ch/report/carbon-dioxide-capture-and-storage/   Hintergrundinformationen zur CO_2-Abtrennung und Speicherung

4.1.4 Atomkraft – Comeback strahlend gescheitert

In fast jeder Klimadiskussion wird immer noch die Kernenergie als möglicher Heilsbringer ins Gespräch gebracht, obwohl ihr Beitrag zum Klimaschutz schon immer nur gering war. Nach dem Reaktorunglück in Fukushima scheint die Kernenergie aber zumindest in Deutschland für die Mehrheit keine Option mehr zu sein. Die Argumente gegen die Kernenergie wurden bereits in den vorangegangen Kapiteln dieses Buches näher erläutert. Selbst bei Ausblenden der stark unterschiedlich bewerteten Risiken bietet die Kernenergie keine Option für einen wirksamen Klimaschutz. Die Hauptargumente lassen sich wie folgt zusammenfassen:

4.1 Kohle- und Kernkraftwerke – Krücke statt Brücke

- Der Anteil der Kernenergie an der weltweiten Primärenergieversorgung beträgt nur knapp 5 Prozent, in Deutschland im Jahr 2018 noch gut 6 Prozent – Tendenz fallend. Beim Endenergieverbrauch ist der Anteil sogar noch deutlich niedriger. Die Kernenergie ist damit für unsere Energieversorgung relativ unbedeutend.

- Strom aus neuen Kernkraftwerke ist erheblich teurer als Strom aus neuen Solar- und Windkraftanlagen.

- Die wirtschaftlich gewinnbaren Mengen an Uran sind stark begrenzt. Der Uranpreis ist in den letzten Jahren bereits deutlich gestiegen.

- Kernkraftwerke sind nur eingeschränkt regelbar und eignen sich daher nicht für eine Energieversorgung mit einem hohen Anteil stark fluktuierender Windkraft- und Solaranlagen.

- Bei der Kernenergie entsteht nur indirekt Kohlendioxid, z.B. beim Abbau von Uran. Die Treibhausgasemissionen sind erheblich geringer als bei fossilen Kraftwerken. Die Kernenergie birgt aber andere extrem hohe Risiken wie die atomarer Unfälle, nuklearer militärischer Auseinandersetzungen oder terroristischer Anschläge.

- Die Endlagerung hochradioaktiver Abfälle ist immer noch nicht geklärt.

- Die zivile Nutzung der Kernenergie erhöht durch die Verbreitung der Technologien zur Unrananreicherung und zur Kernspaltung auch das Risiko atomarer bewaffneter Konflikte.

- Die Kernfusion ist frühestens in einigen Jahrzehnten und damit für die Klimarettung zu spät einsetzbar, ebenfalls schlecht regelbar und extrem teuer.

> **Ausstieg aus dem Ausstieg aus dem Ausstieg**
>
> Am 14. Juni 2000 wurde in Deutschland zwischen der rot-grünen Bundesregierung und den Energieversorgungsunternehmen zum ersten Mal ein Atomenergieausstieg vertraglich vereinbart. Ein fixes Ausstiegsdatum gab es nicht. Für alle Anlagen wurden Reststrommengen vereinbart, die voraussichtlich im Jahr 2022 erreicht worden wären.
>
> Am 28. Oktober 2010 beschloss die schwarz-gelbe Bundesregierung eine Verlängerung der Laufzeiten der Kernkraftwerke von bis zu 14 Jahren und damit den Ausstieg aus dem Ausstieg.
>
> Durch den Druck der Ereignisse des Reaktorunglücks von Fukushima wurde am 6. Juni 2011 von der schwarz-gelben Bundesregierung erneut ein Atomausstieg beschlossen. 8 Kernkraftwerke wurden sofort stillgelegt. Für die anderen gelten feste Stilllegungsdaten. Das letzte Kernkraftwerk soll nun Ende 2022 vom Netz gehen. Es gibt aber auch schon wieder vereinzelten Stimmen aus Wirtschaft und Politik, diese Entscheidung zu überdenken. Fortsetzung folgt?
>
> Dabei ist Deutschland nicht das erste Land, das aus der Kernenergienutzung aussteigt. Auch Belgien und die Schweiz haben einen Atomausstieg beschlossen, der aber später als in Deutschland vollendet sein wird. Italien legte bereits 1986 seine vier Atomkraftwerke still. Bei einer Volksabstimmung im Jahr 2011 lehnten 94,1 % den Wiedereinstieg in die Kernenergienutzung ab. Eine Volksabstimmung verhinderte auch im Jahr 1978 die Inbetriebnahme des Kernkraftwerks Zwentendorf in Österreich. Die Nutzung der Kernenergie und der Bau von Kernreaktoren sind heute in Österreich durch ein Verfassungsgesetz verboten.

4.2 Effizienz und KWK – ein gutes Doppel für den Anfang

4.2.1 Kraft-Wärme-Kopplung – Brennstoff doppelt genutzt

Wenn es um Effizienzsteigerung geht, wird die Kraft-Wärme-Kopplung (KWK) stets als heißer Kandidat gehandelt. Bei der Stromerzeugung durch ein konventionelles Dampfturbinenkraftwerk, das Braun- oder Steinkohle verbrennt, liegt der Wirkungsgrad zwischen 35 und 45 Prozent. Moderne Gas- und Dampfturbinen-Kraftwerke (GuD-Kraftwerke), die Erdgas nutzen, erreichen bis zu 60 Prozent. Das bedeutet aber, dass mindestens 40 Prozent der Primärenergie ungenutzt durch den Kühlturm des Kraftwerks verpufft.

KWK-Anlagen nutzen die bei der Stromerzeugung anfallende Wärme sinnvoll und können damit bis zu 90 Prozent des Brennstoffs ausbeuten. Damit entsteht im Optimalfall weniger Kohlendioxid als bei der getrennten Erzeugung von Strom und Wärme. Kleinere modulare Kraft-Wärme-Kopplungsanlagen nennt man auch Blockheizkraftwerke (BHKW), größere Anlagen heißen Heizkraftwerke.

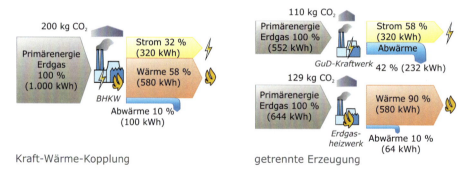

Abbildung 4.6 Vergleich des Primärenergiebedarfs und der CO_2-Emissionen der Kraft-Wärme-Kopplung und der getrennten Erzeugung von Wärme und Strom bei modernen Anlagen

Viele Vergleiche von KWK-Anlagen mit der getrennten Erzeugung von Wärme und Strom auf Basis fossiler Brennstoffe geben mögliche Kohlendioxideinsparungen von bis zu 50 Prozent an. Sie stellen hierbei aber meist moderne KWK-Anlagen alten Elektrizitätskraftwerken gegenüber. Führt man den Vergleich mit optimalen Anlagen auf beiden Seiten durch, reduzieren sich die Kohlendioxideinsparungen auf magere 15 bis 20 Prozent *(Abbildung 4.6)* – zu wenig zur Rettung des Klimas. Diese Einsparungen lassen sich außerdem nur bei optimalem Betrieb der KWK-Anlage erreichen. Wenn beispielsweise im Sommer die KWK-Anlage nur Strom, aber keine Wärme abgeben soll, kann sie die angegebenen Traumwirkungsgrade von 90 Prozent nicht einmal annähernd erreichen. In einigen Fällen verursacht dann die KWK-Anlage sogar mehr Kohlendioxid als ein reines Elektrizitätskraftwerk.

Gibt es aber über das ganze Jahr einen ausreichenden Wärmebedarf, können Kraft-Wärme-Kopplungsanlagen einen Beitrag zur Kohlendioxidreduktion leisten. Bei KWK-Anlagen, die mit fossilen Brennstoffen betrieben werden, sind die Einsparungen aber für einen wirksamen Klimaschutz zu gering. KWK-Anlagen, die regenerative Energieträger wie Biomasse, regenerativ erzeugten Wasserstoff, regenerativ erzeugtes Methan oder Geothermie nutzen, sind hingegen komplett kohlendioxidfrei und können den Umstieg zu einer kohlendioxidfreien Energieversorgung weiter erleichtern.

4.2.2 Energiesparen – mit weniger mehr erreichen

Wie bereits das letzte Kapitel gezeigt hat, sind die Energiesparoptionen enorm – zumindest in Industrieländern wie Deutschland. In Entwicklungsländern sieht das meist anders aus. Wer gar keine Glühlampe besitzt und in einem Haus ohne Heizung wohnt, kann durch Energiesparlampen oder Gebäudedämmung auch keine Energie einsparen. *Abbildung 4.7* zeigt, dass der Pro-Kopf-Energiebedarf generell mit dem Pro-Kopf-Bruttoinlandsprodukt (BIP) steigt, das in grober Näherung den Wohlstand eines Landes widerspiegelt.

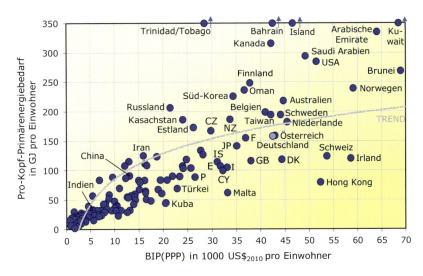

Abbildung 4.7 Pro-Kopf-Primärenergieverbrauch in Abhängigkeit vom Bruttoinlandsprodukt BIP nach der Kaufkraftparitätsmethode (PPP) für verschiedene Länder (Daten: [IEA17], Stand 2015)

Die Unterschiede zwischen einzelnen Ländern bei gleichem BIP pro Einwohner sind dabei beachtlich. Während das BIP pro Einwohner in Kanada und in Dänemark fast identisch ist, verbraucht ein Kanadier im Durchschnitt weit mehr als das Doppelte an Primärenergie als ein Däne. Neben der Lebensweise und der Art des Umgangs mit Energie spielen beim Energieverbrauch auch klimatische Bedingungen und die Industriestruktur eines Landes eine wichtige Rolle. Ein hoher Energiebedarf bedeutet aber nicht automatisch hohe Treibhausgasemissionen. Obwohl der Pro-Kopf-Energiebedarf von Island deutlich höher als der von Kanada ist, sind die Kohlendioxidemissionen in Island erheblich niedriger. Dies liegt daran, dass Island einen Großteil seines Energiebedarfs kohlendioxidfrei mit Wasserkraft und Erdwärme deckt.

Viele Länder der Erde haben jedoch nur einen geringen Wohlstand und damit auch einen niedrigen Energiebedarf. Erreicht der Pro-Kopf-Energiebedarf von China und Indien einmal die gleichen Werte wie von Deutschland, erhöht sich dadurch allein der weltweite Energiebedarf um mehr als das Doppelte. Bei den hohen Wachstumsraten dieser beiden Länder scheint dies nur eine Frage der Zeit zu sein. Wenn wir in Deutschland bis dahin unseren Energiebedarf halbieren und diese Länder unserem Beispiel folgen, ließe sich dadurch die Steigerung des Energiebedarfs bereits deutlich verlangsamen.

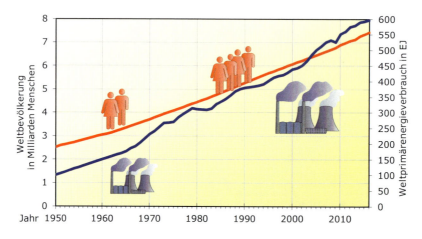

Abbildung 4.8 Entwicklung des Weltprimärenergiebedarfs und der Weltbevölkerung

Die kontinuierliche Zunahme der Weltbevölkerung sorgt neben dem wachsenden Pro-Kopf-Energiebedarf der Entwicklungs- und Schwellenländer ebenfalls für einen kontinuierlich steigenden Energiebedarf. Zwischen den Jahren 1960 und 2000 hat sich die Weltbevölkerung verdoppelt und der Energiebedarf sogar verdreifacht *(Abbildung 4.8)*. Klettert die Weltbevölkerung bis zum Jahr 2050 weiter auf 10 Milliarden, bedeutet dies allein eine Zunahme des Energiebedarfs um 50 Prozent, ohne dass dazu der Pro-Kopf-Energiebedarf ansteigen müsste.

Diese Tatsachen zeigen deutlich, dass Energiesparmaßnahmen zwar enorm wichtig sind, um das weltweite Ansteigen des Energiebedarfs wenigstens abzubremsen. Eine starke Reduzierung der weltweiten Treibhausgasemissionen allein durch Energieeinsparmaßnahmen ist für die nächsten 50 Jahre aber nicht zu erreichen. Neben dem Umsetzen aller erdenklichen Energiesparmaßnahmen wird es daher vor allem auch darauf ankommen, den nicht einsparbaren Energiebedarf kohlendioxidfrei zu decken. Auch dafür gibt es eine umfassende Lösung: regenerative Energien.

4.3 Regenerative Energiequellen – Angebot ohne Ende

Die bisher genannten Optionen für eine klimaverträgliche Energieversorgung haben nur sehr beschränkte Möglichkeiten zur Kohlendioxidreduktion eröffnet. Völlig anders ist dies bei regenerativen Energiequellen: Sie bieten für uns nahezu unbegrenzte Potenziale.

Die Sonne strahlt pro Jahr eine Energiemenge von 1,5 Trillion Kilowattstunden auf die Erde. Rund 30 Prozent schluckt die Atmosphäre, sodass die Erdoberfläche immer noch über eine Trillion Kilowattstunden erreichen. Gerade einmal rund 170 Billionen Kilowattstunden beträgt derzeit unser Primärenergiebedarf. Eine Trillion ist übrigens eine Eins mit 18 Nullen, eine Billion hat 12 Nullen. Pro Jahr trifft damit auf der Erdoberfläche eine Energiemenge von der Sonne ein, die über 6000-mal größer ist als der gesamte Primärenergiebedarf der Erde. Wir brauchen also nur die Sonnenenergie zu nutzen, die in einer guten Stunde die Erdoberfläche erreicht, um den Energiebedarf der gesamten Menschheit für ein komplettes Jahr zu decken.

Abbildung 4.9 Vergleich des jährlichen regenerativen Energieangebots und des weltweiten Primärenergiebedarfs mit den insgesamt auf der Erde vorhandenen konventionellen Energieträgern

Natürliche Vorgänge wandeln einen Teil der Sonnenenergie in andere regenerative Energieformen wie Wind, Biomasse oder Wasserkraft um. Neben diesen Energieformen können wir noch Erdwärme oder die Energie der Gezeiten infolge der Anziehung des Mondes und anderer Planeten nutzen. Alle regenerativen Energiequellen überschreiten die insgesamt auf der Erde verfügbaren fossilen oder nuklearen Brennstoffe um ein Vielfaches *(Abbildung 4.9)*. In weniger als einem Tag trifft von der Sonne auf der Erdoberfläche beispielsweise mehr Energie ein als wir durch die Verbrennung aller auf der Erde vorhandenen Erdölreserven jemals nutzen können.

Im Zuge der Klimadiskussion haben einige Kritiker bereits mehrfach in Frage gestellt, dass regenerative Energien überhaupt in der Lage sind, unseren Energiebedarf zu decken. Wer nur einen kurzen Blick auf die gerade genannten Fakten wirft, kann getrost alle Zweifel beiseite legen. Die Vielfalt der Nutzungsmöglichkeiten regenerativer Energien ist enorm. Eine Vielzahl verschiedenster technischer Anlagen kann nahezu jede gewünschte Menge an Elektrizität, Wärme oder Brennstoffen bereitstellen *(Abbildung 4.10)*. Die folgenden Kapitel dieses Buches werden die wichtigsten Techniken zur Nutzung regenerativer Energien näher vorstellen.

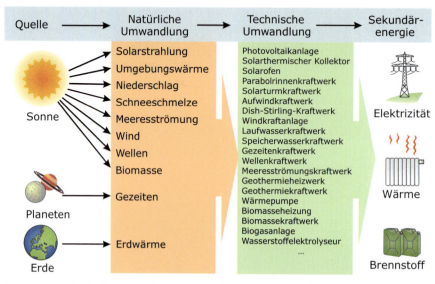

Abbildung 4.10 Quellen und Möglichkeiten zur Nutzung regenerativer Energien

4.4 Deutschland wird erneuerbar

Ein Klimaschutzszenario für Deutschland soll aber zuerst zeigen, wie ein schneller Weg für die Energiewende hin zu einer nachhaltigen und kohlendioxidfreien Energieversorgung aussehen könnte und welche Rolle regenerative Energien dabei spielen. Die Verantwortung, die dabei auf Deutschland lastet, ist enorm. Viele andere Industrieländer schauen gebannt auf Deutschland und ob es gelingt, die vollmundig verkündete Energiewende auch problemlos umzusetzen. Wenn wir dabei Erfolg haben, wird sich dieser von selbst auf den Rest der Welt übertragen.

Im Vergleich zu anderen Ländern sind die Möglichkeiten zur Nutzung regenerativer Energien in Deutschland alles andere als optimal. Wenn es aber gelingt, ein bevölkerungsreiches Industrieland wie Deutschland mit nur mäßigen regenerativen Energiepotenzialen vollständig durch erneuerbare Energien zu versorgen, sollte dies für andere Länder erst recht kein Problem darstellen. Die Voreiterrolle Deutschlands bietet auch langfristig zahlreiche Vorteile. Für Deutschland zahlt sich diese Rolle bereits jetzt schon aus. Regenerative Energietechnologien entwickeln sich zu Exportschlagern für die deutsche Industrie.

Ein Selbstläufer ist das hier skizzierte Klimaschutzszenario dennoch nicht. Gerade die Profiteure und Anhänger der klassischen Energiewirtschaft versuchen, den Wechsel bei der Energieversorgung zu verzögern. Kostenargumente sollen dabei belegen, dass ein schneller Umbau für die deutsche Wirtschaft und die Bevölkerung nicht verkraftbar ist. Die Transformation zu einer nachhaltigen Energieversorgung ist natürlich mit erheblichen Investitionen verbunden. Langfristig lassen sich durch eine kohlendioxidfreie Energieversorgung aber erhebliche Kosten einsparen, die für die Bekämpfung der Folgen des Klimawandels und stetig steigende Kosten für fossile Energieträger aufzuwenden wären. Durch die Widerstände vollzieht sich der Wandel derzeit leider noch nicht im nötigen Tempo. Durch eine Steigerung bei der Umbaugeschwindigkeit ließe sich aber dennoch eine kohlendioxidfreie Energieversorgung in Deutschland bereits bis zum Jahr 2040 erreichen, wie das folgende Klimaschutzszenario belegt [Qua16].

4.4.1 Auf alle Sektoren kommt es an

Wollen wir das Klima erfolgreich retten, müssen wir alle Treibhausgasemissionen bis spätestens 2040 auf nahezu null reduzieren. Etwa 85 Prozent aller Treibhausgase kommen aus dem Energiebereich durch die Nutzung fossiler Energieträger. Viele denken beim Energiebereich nur an die Elektrizitätsversorgung. Doch diese ist nicht einmal für die Hälfte der deutschen Klimagase verantwortlich. Der Rest entsteht im Verkehr und bei der Wärmeversorgung wie *Abbildung 4.11* zeigt.

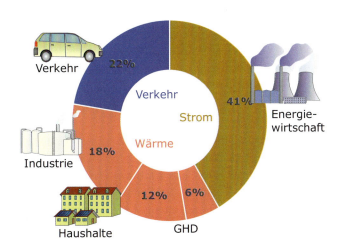

Abbildung 4.11 Anteil verschiedener Sektoren an den energiebedingten Treibhausgasemissionen in Deutschland im Jahr 2017, GHD = Gewerbe, Handel, Dienstleistungen (Daten: [UBA19])

> **Sektorkopplung**
>
> Noch vor wenigen Jahren war der Begriff Sektorkopplung weitgehend unbekannt. Unter Energiewende verstand man im Wesentlichen die Umstellung der Stromversorgung auf erneuerbare Energien. Doch für einen wirksamen Klimaschutz müssen auch die Treibhausgasemissionen des Verkehrs und der Wärmeversorgung vollständig eliminiert werden. Neben dem Elektrizitätssektor müssen also auch noch die Sektoren Wärme und Verkehr betrachtet werden. Einige Autoren definieren auch die stoffliche Nutzung von fossilen Energieträgern und Industrieprozesse als eigene Sektoren.
>
> In den Sektoren Wärme und Verkehr dominieren heute klimaschädliches Erdöl und Erdgas die Versorgung. Die Möglichkeiten der Biomassenutzung oder der Geothermie sind in Deutschland technisch und ökonomisch begrenzt. Daher muss künftig ein Großteil der Energie für diese Bereiche über Strom aus Solar- und Windkraftanlagen abgedeckt werden. Der Strombereich wird dadurch mit dem Wärme- und Verkehrsbereich gekoppelt.
>
> Der Ausbau erneuerbarer Kraftwerke wie Photovoltaik- und Windkraftanlagen muss allerdings durch die Sektorkopplung erheblich gesteigert werden, da dadurch der Strombedarf deutlich zunimmt. Die Kopplung der Sektoren bietet für die Energiewende enorme Chancen. Überschüsse aus der Solar- und Windkrafterzeugung müssen nicht mehr ausschließlich in teuren Stromspeichern gelagert werden. Bei viel Sonne oder Wind können Elektroautos bevorzugt geladen werden, um in den Autobatterien Strom für wind- und sonnenarme Zeiten zwischenzuspeichern. Bei der Wärmeversorgung können mit Überschüssen aus dem Elektrizitätsbereich auch Wärmespeicher erhitzt oder die Gebäudetemperatur angehoben werden. Das erleichtert eine sichere Energieversorgung, spart Kosten und sorgt für technologische Entwicklungen, die sich künftig auch in andere Länder exportieren lassen.

4.4.2 Energiewende im Wärmesektor

Anders als im Elektrizitätsbereich sind bei der Wärmeversorgung erhebliche Reduktionen des Energiebedarfs zu erzielen. Die in Kapitel 3 beschriebenen Einsparoptionen im Gebäudebereich ermöglichen eine Halbierung des Wärmebedarfs in den nächsten 20 bis 30 Jahren. Wichtig ist, dass die Politik dazu Modernisierungsmaßnahmen bei bestehenden Gebäuden stark forciert und im Neubaubereich nur noch Nullenergie- oder Plusenergiegebäude errichtet werden.

72 Prozent des Endenergieverbrauchs der Raumwärme und 65 Prozent des Warmwassers wurden im Jahr 2016 noch durch fossile Energieträger gedeckt *(Abbildung 4.12)*. Unter den erneuerbaren Energien, die direkt zur Raumwärme und Warmwassererzeugung genutzt werden, dominierte mit 13 Prozent Anteil am Endenergieverbrauch die Biomasse. Der Anteil der Solarthermie und von Wärmepumpen war mit je rund 1 Prozent vergleichsweise unbedeutend. Die Tiefengeothermie wurde zwar auch genutzt, ist aber statistisch gesehen irrelevant.

4.4 Deutschland wird erneuerbar

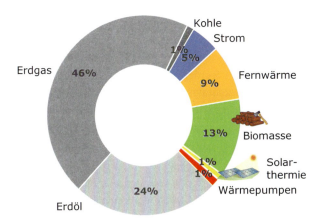

Abbildung 4.12 Anteil verschiedener Energieträger an der Deckung des Endenergieverbrauchs in den Sektoren Raumwärme und Warmwasser im Jahr 2016

Die weiteren Ausbaumöglichkeiten der Biomasse in Deutschland sind jedoch begrenzt. Daher werden auch bei der Wärmeversorgung verschiedene regenerative Energien die Versorgung sicherstellen *(Abbildung 4.13)*.

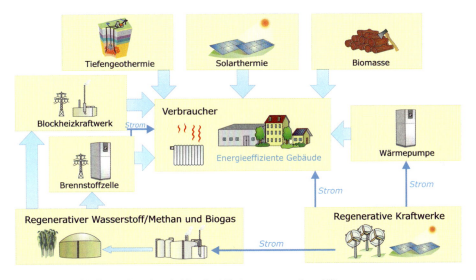

Abbildung 4.13 Bausteine einer kohlendioxidfreien regenerativen Wärmeversorgung

Im Vergleich zu Erdöl schneidet Erdgas aus Umwelt- und Klimagesichtspunkten zwar besser ab, doch auch Erdgas ist ein fossiler Energieträger, der bei der Verbrennung nicht unerhebliche Treibhausgasemissionen verursacht. Für eine klimaverträgliche Wärmeversorgung ist also ein Abschied von der Öl- und Gasheizung nötig. Einzelne Länder wie Dänemark haben einen solchen Schritt bereits beschlossen. Auch Anlagen zur Kraft-

Wärmekopplung, die auf Erdgas oder Erdöl basieren, sind für eine klimaverträgliche Wärmeversorgung ungeeignet.

Anhänger der Gasheizung verweisen darauf, dass das fossile Erdgas künftig durch klimaneutrales Gas aus erneuerbaren Energien ersetzt werden kann und dass Erdgas somit nur übergangsweise genutzt werden muss. Klimaneutrales Gas muss aber erst einmal in sogenannten Power-to-Gas-Anlagen (P2G) in Form von Wasserstoff und Methan durch den Einsatz von Strom aus regenerativen Kraftwerken erzeugt werden *(Abbildung 4.14)*.

Dabei muss mit Verlusten in der Größenordnung von 35 % gerechnet werden. Diese Verluste entstehen in Form von Abwärme, die zum Teil genutzt werden kann, um beispielsweise die fossile Fernwärme zu ersetzen. Da die Power-to-Gas-Anlagen allerdings je nach Verfügbarkeit von Strom aus Photovoltaik- oder Windkraftanlagen nicht permanent laufen können, muss dann die Wärmeversorgung durch thermische Speicher abgesichert werden.

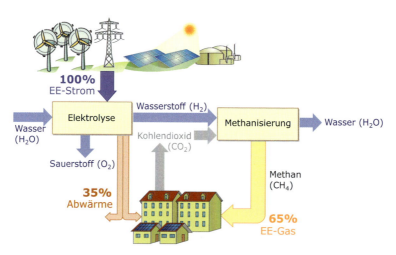

Abbildung 4.14 Prinzip der Substitution von fossilem Erdgas durch aus erneuerbarem Strom erzeugtem Methan (Power-to-Gas, P2G) [Qua16]

Soll der verbleibende fossile Endenergiebedarf ausschließlich durch Gas-Brennwertkessel gedeckt werden, die durch Gas aus P2G-Anlagen versorgt werden, wäre zur Erzeugung der benötigten Gasmengen ein enormer zusätzlicher Strombedarf erforderlich. *Abbildung 4.15* zeigt, wie der Strombedarf bei Einfamilienhäusern, der heute in der Größenordnung von 4000 bis 5000 kWh/a liegt, bei diesem Weg regelrecht explodieren würde. Der dafür nötige Ausbau regenerativer Kraftwerke im Zeitraum von 15 bis 20 Jahren ist absolut unrealistisch.

Deutliche Effizienzgewinne lassen sich hingegen künftig durch Wärmepumpen erreichen. Wärmepumpen sind elektrische Heizsysteme, die neben elektrischer Energie auch Niedertemperaturumgebungswärme mitnutzen. Moderne Wärmepumpen erreichen sogenannte Jahresarbeitszahlen (JAZ) von 3. Das bedeutet, aus einer Kilowattstunde an elektrischer Energie können sie drei Kilowattstunden an Wärme erzeugen *(vgl. auch Kapitel 11)*.

Denkbar ist auch die Jahresarbeitszahl von Wärmepumpen z.B. durch den Einsatz von Abwärmenutzung oder der Solarthermie weiter zu steigern. Werte von 5 sind dann erreichbar. Werden Wärmepumpen mit einer JAZ von 5 eingesetzt und der Wärmebedarf aller Gebäude durch Sanierung halbiert, sinkt der Strombedarf für die Gebäudebeheizung um über 90 Prozent.

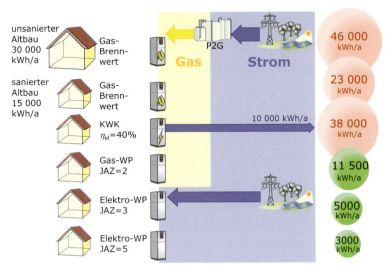

Abbildung 4.15 Effizienz und Strombedarf von strombasierten regenerativen Wärmeversorgungssystemen [Qua16]

Eine weitere Möglichkeit der regenerativen Wärmeversorgung sind solarthermische Anlagen (*vgl. Kapitel 6*). Diese sind aber derzeit noch vergleichsweise teuer. Denkbar ist aber, die Solarthermie in größeren Einheiten in Nahwärmenetze einzubinden. Dies verbessert die Wirtschaftlichkeit erheblich. Wird die Solarthermie stärker ausgebaut lässt sich der zusätzliche Strombedarf im Wärmebereich reduzieren.

4.4.3 Energiewende im Verkehrssektor

Aus heutiger Sicht scheint die klimaverträgliche Umgestaltung des Verkehrsbereichs die größte Herausforderung zu sein. Hier hinkt die Energiewende noch viel weiter als im Wärmebereich hinterher. Gerade einmal rund 5 Prozent der Energie im Verkehrsbereich stammt in Deutschland aus erneuerbaren Energien. Den überwiegenden Anteil haben dabei Biotreibstoffe wie Biodiesel oder Ethanol, die den herkömmlichen Treibstoffen beigemischt werden. Eine signifikante Steigerung des Biotreibstoffanteils ist allerdings nicht möglich, denn die Agrarflächen in Deutschland reichen nicht einmal annähernd aus, um mit Biomassetreibstoffen den gesamten Treibstoffbedarf decken zu können. Hinzu kommt, dass ein Teil der verfügbaren Biomasse zur Strom- und Wärmeerzeugung benötigt wird. Daher sollten Biotreibstoffe vor allem in den Verkehrsbereichen wie dem Flug- oder

Schiffsverkehr verwendet werden, bei denen andere Alternativen kurzfristig schwer umzusetzen sind.

Für den Fahrzeugbereich sind andere Alternativen gefragt. Deutsche Automobilhersteller haben mit breiter Unterstützung der deutschen Politik in jüngster Vergangenheit jedoch immer wieder eine große Spurtreue bei ihren Widerständen gegen das Umsetzen von Klimaschutzmaßnahmen gezeigt. Führende Manager behaupteten sogar, dass die geforderten Einsparungen schlicht physikalisch unmöglich wären. Dabei sind heutige Autos keineswegs energiespartechnische Wunderwerke. Selbst moderne Verbrennungsmotoren erreichen im Optimalfall nur einen mittleren Wirkungsgrad von etwa 25 Prozent. Das bedeutet, 75 Prozent des Energiegehalts verpufft als Abwärme ungenutzt in die Umgebung.

Wirklich spürbare Effizienzgewinne sind nur durch den Elektromotor zu erreichen, der problemlos Wirkungsgrade von deutlich über 80 Prozent erreicht. *Abbildung 4.16* vergleicht die Effizienz anhand der Reichweite pro eingesetzter Kilowattstunde von PKWs. Ein benzingetriebenes Auto mit einem Verbrauch von gut 7 Litern pro 100 Kilometern, was umgerechnet 65 Kilowattstunden pro 100 Kilometern entspricht, kommt mit einer Kilowattstunde gerade einmal 1,5 Kilometer weit. Wird das Benzin durch Treibstoffe wie Wasserstoff, Methan oder Methanol auf Basis erneuerbarer Energien ersetzt, sinkt die Reichweite durch die Verluste bei der Herstellung der erneuerbaren Treibstoffe auf einen Kilometer pro Kilowattstunde. Wird anstelle des Autos mit Verbrennungsmotor ein effizientes Elektroauto benutzt, verdoppelt sich die Reichweite. Der Elektromotor kann jedoch seine Potenziale nicht voll entfalten, weil im Auto mit Hilfe von Brennstoffzellen der getankte erneuerbare Treibstoff erst wieder in elektrische Energie umgewandelt werden muss. Auch hierbei fallen Verluste an. Am weitesten kommt daher ein batteriegetriebenes Elektroauto. Bei ihm entfallen die Verluste bei der Treibstoffherstellung und der Rückverstromung. Die Verluste beim Laden und Entladen der Batterie sind vergleichsweise gering.

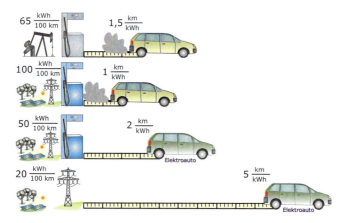

Abbildung 4.16 Vergleich der Effizienz verschiedener Antriebskonzepte für PKW

Das Beispiel zeigt recht eindrucksvoll, dass für eine erfolgreiche Energiewende konsequent auf Elektroautos umgestellt werden muss. Durch technische Weiterentwicklungen und massive Kostensenkungen bei Fahrzeugbatterien können bereits heute bei PKWs und dem Güternahverkehr batteriebetriebene Fahrzeuge die Verbrennungsmotoren problemlos ersetzten. Wenn es auf extrem große Reichweiten ankommt, kann eine Brennstoffzellenfahrzeug, das mit Wasserstoff auf Basis erneuerbarer Energien betankt wird, eine Alternative sein. Im Güterfernverkehr, bei dem es auf große Reichweiten ankommt, können leitungsgebundene Elektrofahrzeuge den Verbrennungsmotor ersetzen. Entsprechende Fahrzeuge wurden bereits entwickelt und befinden sich im Praxistest. Die LWKs verfügen dabei über einen Hybridantrieb und klinken sich an einer Oberleitung selbstständig ein, sofern diese vorhanden ist. Für den Massenbetrieb wäre es sinnvoll, die rechte Spur der meisten Autobahnen zu elektrifizieren. Dabei wird mit Kosten von rund einer Millionen Euro pro Kilometer gerechnet.

Abbildung 4.17 Elektrifizierte Autobahn mit Oberleitungs-LKW (Quelle: Siemens, www.siemens.com/presse)

Wird konsequent auf Verkehrsvermeidung gesetzt, würde das bei der Umsetzung der Energiewende im Verkehrsbereich stark helfen. Daher sollten der öffentliche Nahverkehr sowie die Verwendung von Fahrrädern und Fußwegen deutlich gestärkt werden. Bei den Gütern ist eine verstärkte Verwendung von regionalen Produkten wünschenswert. Und wenn es gelingt, Arbeiten, Wohnen und Freizeitaktivitäten räumlich näher zusammenzubringen reduziert auch das Verkehrswege und erhöht die Lebensqualität.

4 Die Energiewende – der Weg in eine bessere Zukunft?

4.4.4 Energiewende im Elektrizitätssektor

Im Gegensatz zur den Sektoren Wärme und Verkehr hat der Umbau hin zu einer regenerativen Energieversorgung in der Elektrizitätswirtschaft bereits erfolgreich begonnen. Im Jahr 1990 hatte lediglich die Wasserkraft mit rund 3 Prozent einen erwähnenswerten Anteil an der Elektrizitätsversorgung. In den darauffolgenden 20 Jahren sind die Windkraft, Biomassenutzung und jüngst auch die Photovoltaik hinzugekommen. 17 Prozent betrug ihr gemeinsamer Anteil im Jahr 2010 und im Jahr 2018 wurden bereits 38 Prozent erreicht. Die Kohlendioxidemissionen sind im gleichen Zeitraum allerdings nicht in derselben Größenordnung gesunken. Während im Jahr 2002 in Deutschland sogar noch Strom importiert wurde, hat der Export seitdem bei rückläufiger Stromerzeugung aus der Kernkraft enorm zugenommen, wodurch der Anteil der Kohleverstromung nach wie vor hoch blieb.

Soll auch der Einsatz von Erdöl und Erdgas in den Sektoren Wärme und Verkehr vollständig eliminiert werden, wird der Strombedarf signifikant ansteigen. Hinzu kommt der zusätzliche Stromverbrauch für einen kohlendioxidfreien Umbau der Industrie. Wird der Strom dann ausschließlich durch erneuerbare Energien gedeckt, kommen dabei vor allem fluktuierende Erzeuger zum Einsatz. Um eine stetige Verfügbarkeit der Energieversorgung über das ganze Jahr zu gewährleisten, sind große Speicherkapazitäten erforderlich, die sich aus Batterie- und Gasspeichern zusammensetzen. Dabei treten verhältnismäßig große Umwandlungs- und Speicherverluste auf, die in der Größenordnung von 20 Prozent liegen. *Abbildung 4.18* zeigt, wie dadurch der Stromverbrauch ansteigen würde.

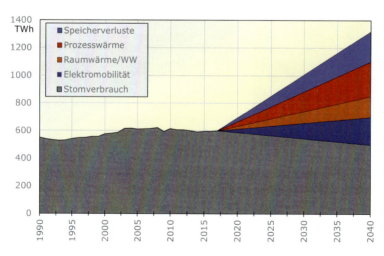

Abbildung 4.18 Anstieg des Strombedarf bei Realisierung einer klimaverträglichen Energieversorgung bis 2040 unter Berücksichtigung der Sektorkopplung

Künftig wird die Stromversorgung in Deutschland wesentlich interessanter und vielseitiger. Während bei der Wasserkraft in Deutschland praktisch kaum noch neue Potenziale erschlossen werden können, verfügen die Windkraft und die Photovoltaik über die größten Ausbaumöglichkeiten. Rein theoretisch könnten sowohl die Windkraft als auch die Photovoltaik jeweils alleine den gesamten Elektrizitätsbedarf in Deutschland decken. In der Praxis ist dies jedoch wenig sinnvoll, weil durch das über das Jahr schwankende Angebot an Windenergie und Solarstrahlung zu große und teure Speicher nötig wären. Bei einer sinnvollen Kombination verschiedener regenerativer Energien reduziert sich der Speicherbedarf aber erheblich. Wegen ihrer großen Potenziale werden die Photovoltaik und die Windkraft künftig den Großteil des jährlichen Bedarfs erzeugen. Der Zubau an neuen Photovoltaik und Windkraftanlagen muss dazu in den nächsten Jahren allerdings signifikant steigen *(Abbildung 4.19)*.

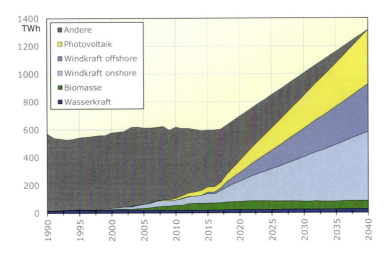

Abbildung 4.19 Mögliche Ausbaupfade für erneuerbare Energien zur Realisierung einer klimaneutralen Elektrizitätsversorgung

Regelbare regenerative Kraftwerke wie geothermische Anlagen oder Biomassekraftwerke können nur einen kleineren Teil der Versorgung übernehmen, wenn das Angebot an Wind- und Solarenergie gleichzeitig knapp wird. Eine intelligente Steuerung muss einen sinnvollen Einsatz der verschiedenen Kraftwerke realisieren.

Denkbar ist auch, dass Verbraucher über sogenannte Smart Grids, also intelligente Netze, bei Bedarf zu- und abgeschaltet werden. Kühlschränke, elektrische Wärmepumpenheizungen oder Ladestationen für Elektroautos könnten bei einem hohen Angebot an Wind- und Solarenergie mehr Strom als üblich aus dem Netz abnehmen. Beim Kühlschrank würde dann die Temperatur leicht sinken, bei der Heizung leicht steigen und beim Elektroauto würde die Batterie randvoll geladen. Sinkt zu einem späteren Zeitpunkt das Angebot wieder ab, könnten diese Geräte ihre Nachfrage drosseln und würden dann wieder zum Normalzustand zurückkehren.

Weitere Bausteine einer nachhaltigen Elektrizitätsversorgung sind ein überregionaler Ausgleich und der Import von regenerativem Strom. Trotz aller Maßnahmen wird der

Speicherbedarf bei einer rein regenerativen Elektrizitätsversorgung wegen der großen Schwankungen beim Angebot an Solar- und Windenergie stark steigen. Für die Kurzzeitspeicherung eignen sich Batterien oder Pumpspeicherkraftwerke. Für die Speicherung über längere Zeiträume ist Wasserstoff oder regenerativ erzeugtes Methan ein interessanter Energieträger. Die dafür benötigten Mengen sind im Vergleich zum möglichen Bedarf im Wärme- oder Verkehrssektor relativ gering und die damit verbundenen Verluste vertretbar.

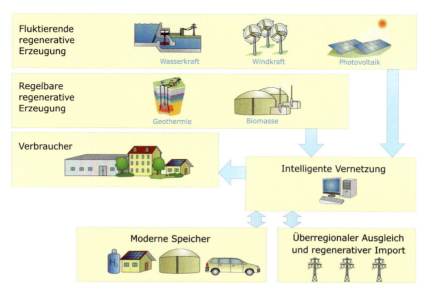

Abbildung 4.20 Bausteine einer kohlendioxidfreien regenerativen Elektrizitätsversorgung

Fossile Kraftwerke und Kernkraftwerke sind für eine sichere und klimaverträgliche Elektrizitätsversorgung spätestens bis zum Jahr 2040 nicht mehr erforderlich und werden bereits vorher hinderlich. Mit Ausnahme von Gaskraftwerken können sie nicht wie oft behauptet eine Brückenfunktion übernehmen. Speziell Braunkohle- und Kernkraftwerke sind schlecht regelbar und behindern den intelligenten Betrieb in Netzen mit hohen Angebotsschwankungen. Gaskraftwerke lassen sich hingegen wesentlich schneller regeln. Das fossile, klimaschädliche Erdgas lässt sich schließlich schrittweise durch Biogas und regenerativ erzeugten Wasserstoff oder Methan ersetzen.

4.4.5 Sichere Versorgung mit regenerativen Energien

Rein rechnerisch können also regenerative Energien im Jahresmittel den gesamten Bedarf decken. Für viele stellt sich aber die Frage, wie die Stromversorgung sichergestellt werden kann, wenn beispielsweise nach Sonnenuntergang kein Wind weht. Dann liefern nämlich alle Photovoltaik- und Windkraftwerke keinen Strom. Schwer vorzustellen, dass damit nicht massive Probleme verbunden wären.

4.4 Deutschland wird erneuerbar

Abbildung 4.21 Prinzip des gesteuerten Kombikraftwerks zur sicheren regenerativen Stromversorgung

Bei einem ausgewogenen Mix verschiedener regenerativer Kraftwerke, die eine zentrale Steuerung intelligent kombiniert, lässt sich aber auch bei stark schwankendem Angebot regenerativer Energien die Stromversorgung sicherstellen *(Abbildung 4.21)*. Um dies zu beweisen, starteten verschiedene Unternehmen aus der regenerativen Energiebranche bereits im Jahr 2007 das Kombikraftwerksprojekt.

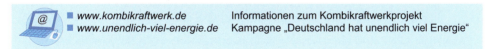

- www.kombikraftwerk.de   Informationen zum Kombikraftwerkprojekt
- www.unendlich-viel-energie.de   Kampagne „Deutschland hat unendlich viel Energie"

Dieses sogenannte Kombikraftwerk verknüpfte und steuerte dabei 36 über ganz Deutschland verstreute Wind-, Solar-, Biomasse und Wasserkraftanlagen. Es deckte exakt ein Zehntausendstel des tatsächlichen deutschen Strombedarfs. Eine zentrale Steuerung erhielt dazu Informationen über das Lastprofil sowie aktuelle Wetterprognosen. Produzierten Wind- und Solaranlagen nicht genügend Strom, mussten andere Anlagen einspringen. Beim Kombikraftwerk waren dies Biogasanlagen und ein Pumpspeicherkraftwerk. Da Biogas gut speicherbar ist, lässt sich damit Strom zu jedem benötigten Zeitpunkt erzeugen. Überschüsse lassen sich in Pumpspeicherkraftwerken zwischenspeichern oder zum Aufladen von Batterien für Elektroautos nutzen. In wenigen Ausnahmefällen mussten bei langanhaltenden sehr sonnigen und windigen Perioden Wind- und Solarkraftwerke gedrosselt werden. In diesen Stunden ging ein kleiner Teil der Überschüsse verloren.

Die Ergebnisse des Kombikraftwerksprojekts waren sehr vielversprechend. Es zeigte sich, dass im Kleinen der Bedarf nahezu optimal gedeckt werden konnte *(Abbildung 4.22)*. Die gewünschte Versorgungssicherheit wurde erreicht. Damit gibt es keinen überzeugenden Grund, warum in naher Zukunft nicht auch die gesamte Energieversorgung auf die ähnliche Art und Weise vollständig durch regenerative Energien zu decken ist.

Der Speicherbedarf einer rein regenerativen Elektrizitätsversorgung liegt allerdings um Größenordnungen über den heute zur Verfügung stehenden Kapazitäten. Derzeit werden überwiegend Pumpspeicherkraftwerke zur Speicherung genutzt *(vgl. Kapitel 9)*. Die Möglichkeiten zur Errichtung neuer Pumpspeicherkraftwerke in Deutschland sind aber stark begrenzt. Daher wird diskutiert, Kapazitäten für Speicherwasserkraftwerke in Norwegen oder den Alpenländern zu nutzen. Theoretisch existieren hier zwar erheblich größere Potenziale als in Deutschland. Die erschließbaren Anteile werden aber auch deutlich unter dem benötigten Speicherbedarf liegen. Alleine die Verlegung der nötigen Stromleitungen dürfte bereits große Probleme verursachen. Hochspannungsleitungen über Postkartenfjords stoßen auch in Norwegen auf wenig Gegenliebe.

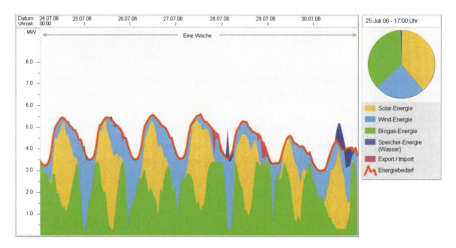

Abbildung 4.22 Anteile verschiedener regenerativer Kraftwerke an der Deckung des Energiebedarfs im Verlauf einer Sommerwoche beim Kombikraftwerksprojekt (Quelle: www.kombikraftwerk.de)

Neue Batteriespeicher bei Photovoltaikanlagen oder in Elektroautos könnten ebenfalls zur Deckung des Speicherbedarfs beitragen. Auch diese Kapazitäten werden aber für eine sichere, rein regenerative Elektrizitätsversorgung nicht ausreichen. Da für einen wirksamen Klimaschutz die umfangreichen Speicherpotentiale spätestens in 30 Jahren voll erschlossen sein müssten, können nur Technologien genutzt werden, die schnell in einem großen Umfang zur Verfügung stehen.

Die Lösung dafür wird im Erdgasnetz gesehen. In Deutschland existiert bereits ein sehr engmaschiges Erdgasnetz mit enormen Untertagespeichern, die über Wochen die Energieversorgung sicherstellen können. Diese Netze und Speicher lassen sich direkt für die künftige Elektrizitätsversorgung nutzen. Die schon bestehenden Speicherpotenziale reichen bereits heute aus, um den künftigen Bedarf weitgehend zu decken.

Aus überschüssigem Strom bei einem hohem Solar- und Windangebot könnten künftig Elektrolyseeinheiten *(vgl. Kapitel 13)* Wasserstoff erzeugen. Dieser lässt sich in geringeren Mengen direkt im Erdgasnetz speichern. Bis zu einem Anteil von 5 Prozent kann Wasserstoff relativ problemlos Erdgas ersetzten. Anteile von bis zu 20 Prozent werden als möglich angesehen [Hüt10].

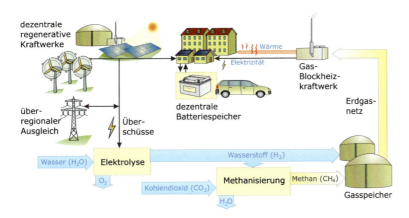

Abbildung 4.23 Nutzung des Erdgasnetzes zur Deckung des Speicherbedarfs einer rein regenerativen Elektrizitätsversorgung

Zusätzlich lässt sich Biogas ins Erdgasnetz einspeisen. Sollen später noch höhere Wasserstoffanteile erreicht werden, können entweder die Verbraucher auf reinen Wasserstoffbetrieb umgestellt oder der Wasserstoff über Methanisierungsanlagen in regeneratives Methan umgewandelt werden. Das regenerative Methan könnte dann das fossile Erdgas ohne weitere Umstellungen direkt ersetzen. Zu Zeiten mit wenig Wind- und Sonnenangebot erfolgt dann die Rückverstromung des regenerativen Wasserstoffs oder Methans über Blockheizkraftwerke oder Brennstoffzellen, die neben klimaverträglichem Strom auch Wärme bereitstellen können.

4.4.6 Dezentral statt zentral – weniger Leitungen für das Land

Der Bau zahlreicher neuer Hochspannungsleitungen ist das zentrale Problem der Energiewende, lautet eine Botschaft, die gerne gebetsmühlenartig wiederholt wird. Die Antwort auf die Frage nach dem Leitungsbedarf ist allerdings nicht ganz einfach. Sie müsste im Stile von Radio Eriwan lauten: Im Prinzip helfen Leitungen der Energiewende. Es kommt aber darauf an, welche Struktur unsere regenerative Energieversorgung künftig haben soll. Möglicherweise brauchen wir auch gar nicht so viele Leitungen.

Bei den Netzen unterscheidet man generell zwischen Verteilnetz und Übertragungsnetz. Die Verteilnetze transportieren den Strom bis zu den Endkunden. Die Verteilnetze werden oft von regionalen Grundversorgern wie Stadtwerken betrieben. In Deutschland gibt es inzwischen über 900 Verteilnetzbetreiber. Das Verteilnetz muss kontinuierlich ausgebaut werden, um den Strom neuer dezentraler Windkraft- und Photovoltaikanlagen aufnehmen zu können. Um künftig eine Vielzahl an Elektroautos aufladen zu können, müssen die Verteilnetze ebenfalls erweitert werden. Oftmals reicht dazu der Austausch von Ortsnetztransformatoren oder die punktuelle Verstärkung einiger bereits existierender Leitungen aus. Bei den Ortnetzen liegen die Leitungen oft unterirdisch, so dass eine Leitungsverstärkung meist auf hohe Akzeptanz in der Bevölkerung stößt.

4 Die Energiewende – der Weg in eine bessere Zukunft?

Abbildung 4.24 Hochspannungsleitungen zählen zu den umstrittensten Elementen der Energiewende. Langfristig werden sie beispielsweise für die Anbindung von Offshore-Windparks benötigt. Kurzfristig dienen sie vor allem für die Verteilung von überschüssigem Strom aus schlecht regelbaren konventionellen Kraftwerken.

Anders ist dies bei den Übertragungsnetzen. Sie bestehen aus Höchstspannungsleitungen, den sogenannten Stromautobahnen, die den Strom über große Entfernungen transportieren *(Abbildung 4.24)*. Das sind meist große Freileitungen, die bei den Anwohnern oft auf wenig Gegenliebe stoßen. Für einen starken Ausbau der Offshore-Windenergienutzung im Meer oder die Errichtung von großen Kapazitäten an Windkraft- und Solaranlagen in bevölkerungsarmen Regionen müssen diese Leitungen verstärkt werden, da deren Strom nicht vor Ort verbraucht werden kann. Auch der Weiterbetrieb von inflexiblen Braunkohle- oder Kernkraftwerken erhöht den Leitungsbedarf. Wenn die konventionellen Kraftwerke bei einem hohen Angebot von Solar- und Windenergie weiterlaufen, weil sie sich nur schwer drosseln lassen, kommt es zu regionalen Überschüssen, die über die Höchstspannungsleitungen weggeschafft werden müssen. Bei viel Sonne oder Wind exportiert Deutschland inzwischen regelmäßig große Strommengen ins Ausland.

Eine Stromversorgung, die komplett auf erneuerbaren Energien basiert, wird ohne die Nutzung der Offshore-Windenergie und damit ohne neue Übertragungsnetze nicht funktionieren. Für eine schnelle und kostengünstige Energiewende hat aber der dezentrale Ausbau von Solar- und Windkraftanlagen eine viel größere Bedeutung. Würden Solar- und Windkraftanlagen erst einmal regional dort installiert, wo der Strom auch verbraucht wird, ließe sich der Ausbau der Übertragungsnetze deutlich reduzieren. Bei einer dezentralen Versorgungsstruktur haben Speicher und schnell regelbare Reservekraftwerke auf Gasbasis eine größere Priorität. Mit ihnen lassen sich Kohle- und Atomkraftwerke zügig durch erneuerbare Energien ersetzen.

4.5 Gar nicht so teuer – die Mär der unbezahlbaren Kosten

Eine schnelle Energiewende ist unbezahlbar, lautet eine zentrale Botschaft der Politik und der Energiekonzerne, die in den letzten Jahren gar nicht oft genug wiederholt werden konnte. Richtig ist, dass sich die Strompreise zwischen den Jahren 2000 und 2019 mehr als verdoppelt haben. *Abbildung 4.25* zeigt die Entwicklung der Stromkosten in Deutschland, die sich aus der Erzeugung von konventionellem Strom und der Verteilung, Steuern und Abgaben sowie der sogenannten EEG-Umlage zusammensetzen. Die EEG- Umlage deckt die Mehrkosten der Erzeugung erneuerbarer Energien gegenüber konventionellen Kraftwerken und wird bei Haushalten und kleineren Gewerbekunden erhoben. Sie ist als Ursache der Strompreissteigerungen in Verruf geraten. Doch selbst wenn wir die EEG-Umlage komplett streichen würden, bliebe eine Steigerung der Strompreise zwischen den Jahren 2000 und 2019 um stolze 72 Prozent.

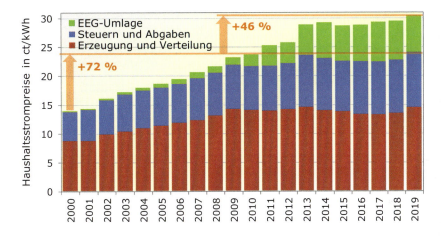

Abbildung 4.25 Entwicklung und Zusammensetzung der Haushaltsstrompreise in Deutschland

Die EEG-Umlage fällt zudem noch höher aus als sie eigentlich müsste. Zahlreiche Industriebetriebe sind von der Umlage ausgenommen. Die zunehmenden Kapazitäten erneuerbarer Kraftwerke drücken außerdem die Preise an den Strombörsen. Das ist gut für Industriekunden, die sich direkt an der Börse mit billigem Strom eindecken. Bei den Haushaltskunden kommen diese Preissenkungen hingegen nicht an. Da die EEG-Umlage aus den Mehrkosten der erneuerbaren Energien gegenüber dem Börsenstrompreis berechnet wird, sorgen sinkende Börsenstrompreise für eine höhere EEG-Umlage und damit für höhere Haushaltsstrompreise.

Für das Erreichen der Klimaschutzziele sind fallende Preise für Kohlestrom eine Katastrophe. Eigentlich sollte der CO_2-Zertifikatehandel den Preis für Strom aus klimaschädlichen Kraftwerken verteuern und damit zu einem Rückgang der Nachfrage und damit der

Emissionen führen. Die Wirtschaftskrise in Europa, eine viel zu großzügige Zuteilung der Zertifikate und der schnelle Ausbau erneuerbarer Energien haben aber zu einem enormen Überangebot an Zertifikaten und damit einem dramatischen Preisverfall geführt. Die Klimafolgekosten durch den ungezügelten Kohlendioxidausstoß müssen künftig aber auch bezahlt werden. Rücklagen dafür gibt es keine. Das Umweltbundesamt beziffert die realen Klimafolgekosten derzeit auf 180 Euro je Tonne Kohlendioxid mit stark steigender Tendenz [UBA19b]. Mitte 2019 lag der Preis für CO_2-Zertifikate bei rund 25 Euro je Tonne Kohlendioxid. Die nicht umgelegten Klimafolgekosten entsprechen damit alleine in Deutschland einer Subvention von über 40 Milliarden Euro für fossile Kraftwerke.

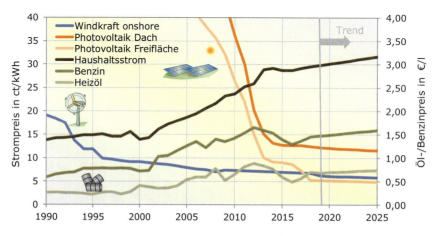

Abbildung 4.26 Entwicklung der Preise für Haushaltsstrom, Heizöl, Benzin, Erzeugung von Photovoltaikstrom und Windstrom in Deutschland

Eine Studie vom Fraunhofer Institut für Solare Energiesysteme zeigt zwar eindrucksvoll, dass ein vollständig erneuerbares Energiesystem nicht teurer sein wird als die heutige Versorgung [ISE12]. Das gilt aber erst für die Phase des Endausbaus. Die Investitionen für den Umbau verursachen in der Übergangszeit zwangsläufig höhere Kosten. Wirklich überraschend ist das nicht. Auch bei der Einführung der Kernenergie mussten die Strompreise erhöht werden. Während die Preise für erneuerbare Energien kontinuierlich sinken, kennen die Preise für fossile Energieträger mit einigen Atempausen nur eine Richtung: nach oben. Die Preise für Heizöl haben sich zwischen 2000 und 2013 rund verdreifacht. Im gleichen Zeitraum ist der Preis für Solarstrom auf ein Viertel gefallen *(Abbildung 4.26)*. Und dieser Trend setzt sich weiter fort. Bereits heute sind erneuerbare Energien auch ohne Subventionen zu neuen konventionellen Kraftwerken in vielen Gebieten der Erde konkurrenzfähig. Die Länder, die sich zuerst von Erdöl, Kohle, Erdgas und Uran sowie den damit verbundenen Preissteigerungen entkoppelt haben, werden darum auch finanziell erheblich davon profitieren.

4.6 Energierevolution statt laue Energiewende

4.6.1 Deutsche Energiepolitik – im Schatten der Konzerne

Ein wesentliches Hindernis für eine schnelle und klimaverträgliche Umgestaltung unserer Energieversorgung ist die enge Verflechtung von Energie- und Automobilkonzernen und Politik. Nicht wenige Politiker hatten vor oder nach ihrer aktiven Laufbahn hohe Posten bei Energie- und Automobilkonzernen inne oder waren als Berater tätig. Das führt dazu, dass bei der Ausgestaltung der Energiewende stets die Belange der Konzerne an vorderster Stelle berücksichtigt werden, die sehr stark auf fossile Energien sowie Benzin- und Dieselfahrzeuge gesetzt haben. Wirksamer Klimaschutz oder die Interessen der Bevölkerung werden dabei oft hinten angestellt.

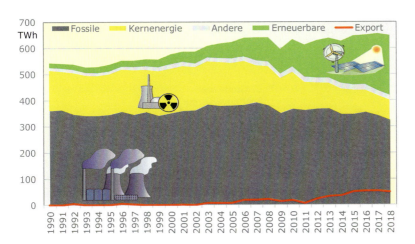

Abbildung 4.27 Entwicklung der Bruttostromerzeugung in Deutschland und des Stromexports: Trotz der Energiewende bleibt der Anteil fossiler Kraftwerke weitgehend konstant (Daten: AGEB).

Aufgrund dieser Verflechtungen kommt es immer mehr zu widersprüchlichen Entscheidungen, die eine schnelle und sinnvolle Energiewende erschweren und unnötige Mehrkosten verursachen. *Abbildung 4.27* zeigt eindrucksvoll, dass es in 28 Jahren keiner Bundesregierung in Deutschland gelungen ist, den Anteil fossiler Kraftwerke an der Stromerzeugung zu reduzieren. Anfangs hat die steigende Stromerzeugung aus erneuerbaren Energien den rückgängigen Kernkraftwerksstrom und den steigenden Stromverbrauch ausgeglichen. Dann wurde der Stromexport spürbar gesteigert. Im Jahr 2018 konnten deutsche Kraftwerke rein rechnerisch bereits rund 70 Prozent des österreichischen Strombedarfs mit abdecken.

Zwar gab es durch Effizienzsteigerungen bei den fossilen Kraftwerken in den letzten Jahren auch geringe Kohlendioxideinsparungen. Für einen wirksamen Klimaschutz sind aber Reduktionen in ganz anderen Größenordnungen erforderlich. Dies ließe sich nur durch eine rapide Reduktion des Anteils fossiler Kraftwerke und einen deutlich schnelleren Ausbau regenerativer Anlagen erreichen. Stattdessen wurde der Zubau an Photovoltaikanlagen in Deutschland von 7,6 Gigawatt im Jahr 2012 auf 1,5 Gigawatt im Jahr 2016 gedrosselt, wodurch rund 80 000 Arbeitsplätze in der Photovoltaik verloren gingen. Im Jahr 2018 wurde dann eine deutliche Reduktion des Windenergiezubaus eingeleitet, obwohl Deutschland damit alle Chancen verspielt hat, seine selbst gesteckten Klimaschutzziele für das Jahr 2020 zu erreichen. Einzig erkennbares Ziel der politischen Zubaubeschränkungen war das Verhindern von starken Einbrüchen bei der fossilen Stromerzeugung.

4.6.2 Energiewende in Bürgerhand – eine Revolution steht ins Haus

Politik und Energiekonzerne unterstützen die Energiewende bestenfalls sehr verhalten. Die treibende Kraft ist die Bevölkerung selbst. Über 40 Prozent der 100 Gigawatt an Anlagen zur Stromerzeugung aus erneuerbaren Energien gehörte im Jahr 2017 Privatpersonen und Landwirten.

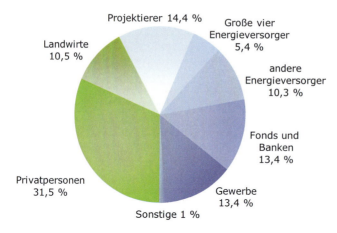

Abbildung 4.28 Verteilung der Eigentümer an der bundesweit installierten Leistung zur Stromerzeugung aus Erneuerbaren-Energien-Anlagen (Daten: AEE/trend research, Stand 2017)

Gerade einmal 5,4 Prozent waren im Besitz der vier großen Energieversorgungsunternehmen *(Abbildung 4.28)*. Sie haben dadurch in den letzten Jahren spürbar an Einfluss und an Marktanteilen verloren. Mit ihrem Einfluss auf die Politik haben sie wesentlich dazu beigetragen, dass die Energiewende in Deutschland verlangsamt wurde. Mit Umstrukturierungen haben sie versucht, sich auf das neue Marktumfeld einzustellen. Durch die Vielzahl der noch vorhandenen konventionellen Kraftwerke sind sie aber nur in der Lage, langsame Anpassungen vorzunehmen.

4.6 Energierevolution statt laue Energiewende

Das ist aber durchaus nicht dramatisch. Viele andere Akteure werden die Energiewende, wie auch schon in der Vergangenheit, künftig weiter vorantreiben. Damit ist die Demokratisierung unserer Energieversorgung in vollem Gange. Es entsteht eine echte Energierevolution, bei der die Energiekonzerne eine immer kleinere Rolle spielen. Jeder kann sich selbst an der Energiewende beteiligen, indem er in erneuerbare Energien investiert. Wer kein eigenes Dach zur Errichtung einer Solaranlage hat, kann sich an einer der zahlreichen neuen Betreibergesellschaften oder Energiegenossenschaften beteiligen und damit auch von der Energiewende profitieren. Die Gewinne müssen künftig nicht mehr zwangsläufig nur die Energiekonzerne machen. Damit haben wir es selbst in der Hand, schnell eine nachhaltige Energieversorgung aufzubauen, womit wir auch die Lebensgrundlagen künftiger Generationen erhalten können. Wir haben das jetzt selbst in der Hand.

5 Photovoltaik – Strom aus Sand

Der Begriff Photovoltaik wird aus den zwei Wörtern Photo und Volta gebildet. Hierbei steht Photo für Licht und kommt vom griechischen phõs beziehungsweise photós. Der im Jahr 1745 geborene italienische Physiker Alessandro Giuseppe Antonio Anastasio Graf von Volta war Erfinder der Batterie und gilt zusammen mit Luigi Galvani als Begründer der Elektrizität. Mit der Photovoltaik verbindet ihn jedoch nicht sehr viel. Im Jahr 1897, siebzig Jahre nach Voltas Tod, wurde ihm zu Ehren jedoch die Maßeinheit der elektrischen Spannung Volt genannt. Photovoltaik steht also für die direkte Umwandlung von Sonnenlicht in Elektrizität.

> **Photovoltaik, Fotovoltaik, PV und FV?**
>
> In der alten Rechtschreibung war alles klar: Photovoltaik wird mit „Ph" geschrieben. Die neue deutsche Rechtschreibreform ließ dann auch Fotovoltaik als Schreibweise zu. Dies macht durchaus Sinn, machen wir doch Urlaubsfotos, keine Urlaubsphotos. Ob sich die Fotovoltaik indes wie das Foto als allgemeine Schreibweise durchsetzen wird, ist ungewiss. Seit jeher wird die Photovoltaik liebevoll mit PV abgekürzt. Was eine PV-Anlage ist, verstehen alle Fachleute. Logischerweise müsste jetzt auch die neue Abkürzung FV gelten. Von einer FV-Anlage hat aber bislang noch nie jemand etwas gehört. Da Photovoltaik auf Englisch photovoltaics heißt und ebenfalls mit PV abgekürzt wird, hat die Schreibweise Fotovoltaik künftig wohl schlechtere Karten.

Beim Hantieren mit elektrochemischen Batterien mit Zink- und Platin-Elektroden stellte der neunzehnjährige Franzose Alexandre Edmond Becquerel eine Zunahme der elektrischen Spannung fest, wenn er diese mit Licht bestrahlte. Im Jahr 1876 wurde diese Erscheinung auch am Halbleiter Selen nachgewiesen. Im Jahr 1883 stellte der Amerikaner Charles Fritts eine Selen-Solarzelle her. Wegen der hohen Preise für Selen und der sehr aufwändigen Herstellung fand diese Zelle aber keine Verwendung zur Stromerzeugung. Die physikalische Ursache, warum bestimmte Materialen bei Bestrahlung mit Sonnenlicht eine elektrische Spannung erzeugen, verstand man seinerzeit noch nicht. Den dafür verantwortlichen Photoeffekt konnte viele Jahre später erst Albert Einstein beschreiben. Hierfür bekam er schließlich im Jahr 1921 den Nobelpreis.

Mitte der 1950er-Jahre begann das Zeitalter der Halbleitertechnik. Das in der Natur häufig vorkommende Halbleitermaterial *(vgl. Info S. 132)* Silizium wurde zum neuen Modematerial und im Jahr 1954 erblickte schließlich die erste Silizium-Solarzelle aus den amerikanischen Bell Laboratories das Sonnenlicht. Dies war die Basis für die erfolgreiche und kommerzielle Weiterentwicklung der Photovoltaik.

5.1 Aufbau und Funktionsweise

5.1.1 Elektronen, Löcher und Raumladungszonen

Die Funktionsweise einer Solarzelle ist relativ kompliziert, muss man doch für deren Verständnis in extreme Tiefen der Physik eintauchen. Ein kleines übertragenes Modell, das in *Abbildung 5.1* dargestellt ist, soll hier helfen, das Prinzip der Solarzelle zu verstehen. Man stelle sich hierzu zwei waagerechte Ebenen vor. Die zweite Ebene liegt ein wenig höher als die erste. In der ersten Ebene befindet sich eine Vielzahl von Kuhlen, also kleinen Löchern, die randvoll mit Wasser gefüllt sind. Das Wasser kann sich hier nicht von selbst bewegen. Nun beginnt jemand, kleine Gummibälle auf die erste Ebene zu werfen. Trifft ein Ball in eine Kuhle, spritzt das Wasser nach oben und gelangt so auf die zweite Ebene. Hier befinden sich keine Kuhlen, die das Wasser aufhalten. Die zweite Ebene ist nun geneigt, sodass das Wasser abfließt und von selbst in eine Abflussrinne gelangt. Diese ist über ein Rohr mit der unteren Ebene verbunden, wobei das Wasser beim Durchfließen ein kleines Wasserrad mit einem Dynamo antreibt. Ist das Wasser an der unteren Ebene angelangt, füllt es wieder die Kuhlen auf. Mit neuen Gummibällen kann der Kreislauf nun von vorne beginnen.

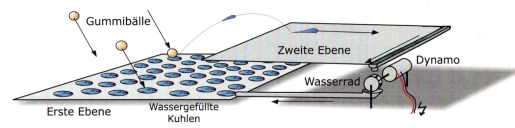

Abbildung 5.1 Modell zur Veranschaulichung der Vorgänge in einer Solarzelle

Mit einer Solarzelle hingegen wollen wir keinen Wasserkreislauf erzeugen, sondern elektrischen Strom zum Betrieb von Elektrogeräten generieren. Ein elektrischer Strom entsteht aus einem Fluss von negativen Ladungsträgern, den sogenannten Elektronen. Diese entsprechen dem Wasser unseres einfachen Modells. Für die Solarzelle wird also ein Material benötigt, in dem sich zwei Ebenen befinden: eine Ebene, in der Elektronen wie das Wasser in den Kuhlen fest gebunden sind, und eine zweite Ebene, in der sich Elektronen frei bewegen können. Halbleiterwerkstoffe verfügen normalerweise genau über diese Eigenschaften. Lichtteilchen, die in der Physik Photonen genannt werden und den Gummibällen entsprechen, können hier Elektronen auf die zweite Ebene anheben.

> **Leiter, Nichtleiter und Halbleiter**
>
> Leiter wie Kupfer leiten elektrischen Strom immer verhältnismäßig gut, Nichtleiter wie verschiedene Kunststoffe so gut wie gar nicht. Halbleiter hingegen leiten – wie der Name schon andeutet – elektrischen Strom nur manchmal, zum Beispiel bei hohen Temperaturen, bei Anlegen einer elektrischen Spannung oder durch Bestrahlen mit Licht. Diese Effekte werden bei der Herstellung von elektronischen Schaltern wie Transistoren, Computerchips, speziellen Sensoren und auch Solarzellen genutzt.
>
> Neben elementaren Halbleitern wie Silizium (Si) und Verbindungshalbleitern wie Galliumarsenid (GaAs), Cadmiumtellurid (CdTe) oder Kupferindiumdiselenid ($CuInSe_2$) gibt es auch organische Halbleiter. Alle genannten Materialen werden in der Photovoltaik verwendet.

Für eine einwandfreie Funktion in unserem einfachen Modell ist die Neigung wichtig, da sich sonst das Wasser nicht von selbst in der Regenrinne sammelt. Auch bei Halbleitern muss die zweite Ebene über ein Gefälle verfügen, mit dem sich die Elektronen auf einer Seite sammeln. Im Gegensatz zu unserem einfachen Modell wird für das Sammeln nicht die Schwerkraft, sondern ein elektrisches Feld genutzt, das die negativ geladenen Elektronen auf eine Seite zieht. Um dieses Feld herzustellen, wird der Halbleiter dotiert. Hierzu wird eine Seite der Halbleiterscheibe mit Elementen wie Bor und die andere Seite mit anderen Elementen wie Phosphor gezielt verunreinigt. Da Bor und Phosphor selbst eine unterschiedliche Anzahl von Elektronen haben, erzeugen diese das notwendige Gefälle. Der Übergangsbereich heißt Raumladungszone. Hier entsteht ein elektrisches Feld, das Elektronen auf eine Seite zieht. Externe Kontakte sammeln sie dort. Über einen äußeren Stromkreis fließen sie zurück zur ersten Ebene. Dabei geben sie elektrische Energie ab.

Abbildung 5.2 zeigt den prinzipiellen Aufbau einer Siliziumsolarzelle. Die verschieden dotierten Seiten der Siliziumscheibe nennt man im Fachjargon n-dotiertes und p-dotiertes Silizium. Zwischen beiden Bereichen befindet sich die Grenzschicht mit der Raumladungszone. Licht in Form von Photonen trennt nun negative Ladungsteilchen (Elektronen) und positive Ladungsteilchen (Löcher) und sorgt dafür, dass sich die Elektronen in einer zweiten Ebene frei bewegen können. Im Gegensatz zum einfachen Modell sind Löcher ebenfalls beweglich. Durch die Raumladungszone werden Elektronen und Löcher getrennt. Dünne Frontkontakte sammeln die Elektronen auf der Vorderseite der Zelle.

Nicht jedes Lichtteilchen sorgt aber dafür, dass ein Elektron von einem Loch getrennt wird. Ist die Energie des Photons zu gering, fällt das Elektron in das Loch zurück. Ist die Energie des Photons hingegen zu groß, wird nur ein Teil genutzt, um das Elektron vom Loch zu trennen. Einige Photonen gehen auch ungenutzt durch die Solarzelle, andere werden von den Frontkontakten reflektiert.

5.1 Aufbau und Funktionsweise

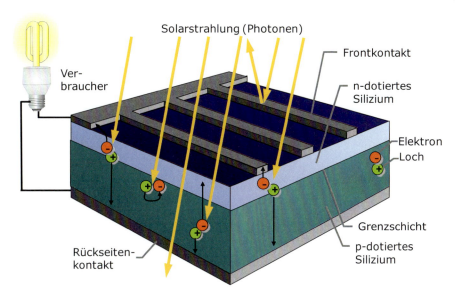

Abbildung 5.2 Aufbau und Vorgänge in einer Solarzelle [Qua13]

5.1.2 Wirkungsgrad, Kennlinien und der MPP

Der Wirkungsgrad der Solarzelle beschreibt, welchen Anteil der solaren Strahlungsleistung die Zelle in elektrische Leistung umwandelt.

 Solarzellenwirkungsgrad

$$\eta = \frac{P_{el}}{\Phi} \qquad \left(Wirkungsgrad = \frac{abgegebene\ elektrische\ Leistung}{eintreffende\ solare\ Strahlungsleistung}\right)$$

Je höher der Wirkungsgrad ist, desto mehr elektrische Leistung pro Quadratmeter kann die Solarzelle erzeugen. Neben der Art der Materialien hat auch die Qualität bei der Herstellung einen entscheidenden Einfluss. Siliziumzellen erreichen heute in der Serienherstellung maximale Wirkungsgrade von fast 24 Prozent. Im Labor wurden sogar schon über 25 Prozent erzielt *(Tabelle 5.1)*.

Ein herkömmlicher Ottomotor erzielt übrigens auch keinen besseren Wirkungsgrad. Verglichen mit dem Wirkungsgrad von rund 5 Prozent der ersten Solarzelle aus dem Jahr 1954 ist die technologische Entwicklung extrem fortgeschritten. Werden einzelne Solarzellen zu Photovoltaikmodulen zusammengeschaltet, sinkt der Wirkungsgrad durch die notwendigen Zwischenräume zwischen den Zellen und den Modulrahmen etwas ab. Langfristig erhofft man sich durch andere Materialien weitere Kosteneinsparungen. Im Vergleich zu Siliziumzellen müssen hier die Wirkungsgrade aber noch verbessert werden. Konzentratorzellen, auf die Sonnenlicht durch Spiegel oder Linsen konzentriert wird, erreichen sehr hohe Wirkungsgrade, sind aber auch deutlich teurer als normale Siliziumzellen.

Tabelle 5.1 Wirkungsgrade verschiedener Solarzellen

Zellmaterial	Maximaler Zellwirkungsgrad (Labor)	Maximaler Zellwirkungsgrad (Serie)	Typischer Modulwirkungsgrad	Flächenbedarf für 1 kW$_p$
Monokristallines Silizium	26,7 %	24 %	19 %	5,3 m²
Multikristallines Silizium	22,3 %	20 %	17 %	5,9 m²
Amorphes Silizium	14,0 %	8 %	6 %	16,7 m²
CIS / CIGS	23,4 %	16 %	15 %	6,7 m²
CdTe	22,1 %	17 %	16 %	6,3 m²
Konzentratorzelle	47,1 %	40 %	30 %	3,3 m²

Neben dem Wirkungsgrad gibt es noch weitere Kenngrößen, die Photovoltaikmodule beschreiben. In Datenblättern für Photovoltaikmodule findet man meist eine sogenannte Strom-Spannungs-Kennlinie. Der maximale Strom I_K fließt bei einem kurzgeschlossenen Photovoltaikmodul. Der Kurzschlussfall ist für das Modul ungefährlich. Der Kurzschlussstrom ist begrenzt und hängt von der solaren Bestrahlungsstärke ab. Wird gar nichts an das Photovoltaikmodul angeschlossen, befindet es sich im Leerlauf und es fließt kein Strom. Dann stellt sich die Leerlaufspannung U_L ein. Im Kurzschluss und im Leerlauf kann das Photovoltaikmodul keine Leistung abgeben. Zwischen Leerlauf und Kurzschluss hängt der Strom von der Spannung ab. Der prinzipielle Verlauf der Kennlinie ist für alle Solarmodule ähnlich *(Abbildung 5.3)*.

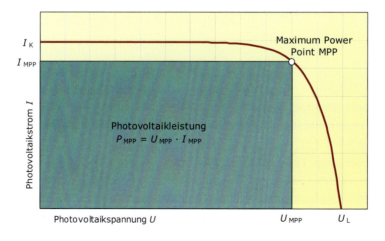

Abbildung 5.3 Strom-Spannungs-Kennlinie eines Photovoltaikmoduls

In der Praxis möchte man dem Photovoltaikmodul die maximale Leistung entnehmen. Diese entspricht dem größten Rechteck, das sich unter die Kennlinie schieben lässt. Die rechte obere Kante des Rechtecks auf der Kennlinie heißt MPP. Das ist die Abkürzung für „Maximum Power Point". Die Spannung, die zum MPP gehört, heißt MPP-Spannung, kurz U_{MPP}. Auf Englisch heißt sie „MPP voltage" und hat die Abkürzung V_{MPP}. Bei dieser Spannung gibt das Photovoltaikmodul die maximale Leistung ab. In der Praxis erreicht man den Betrieb nahe des MPP, indem beispielsweise eine Batterie angeschlossen wird, deren Spannung nahe der MPP-Spannung ist, oder indem ein Wechselrichter automatisch die MPP-Spannung am Photovoltaikmodul einstellt.

Der Strom des Photovoltaikmoduls und damit die Leistung sinken mit der Anzahl der eintreffenden Photonen, also der Bestrahlungsstärke des Sonnenlichts. Halbiert sich die solare Bestrahlungsstärke, geht auch die Leistung des Photovoltaikmoduls um die Hälfte zurück. Bei hohen Temperaturen sinkt ebenfalls die Leistung eines Photovoltaikmoduls. Bei einem Temperaturanstieg um 25 Grad Celsius sinkt bei kristallinen Solarzellen die Leistung um rund 10 Prozent. Darum sollte beim Einbau von Photovoltaikmodulen darauf geachtet werden, dass sie immer gut hinterlüftet sind und ein Luftzug die Module kühlt.

Um Photovoltaikmodule vergleichen zu können, hat man sich international auf Standardtestbedingungen (STC) geeinigt. Die MPP-Leistung von Solarzellen und Modulen wird dabei bei einer solaren Bestrahlungsstärke von 1000 Watt pro Quadratmeter und einer Modultemperatur von 25 Grad Celsius bestimmt. Da in der Praxis die Bestrahlungsstärke meist niedriger ist und Photovoltaikmodule sich im Sommer bis über 60 Grad Celsius erwärmen können, stellt die bei Standardtestbedingungen ermittelte MPP-Leistung einen Maximalwert dar. Dieser wird nur in seltenen Fällen erreicht und noch seltener überschritten. Deshalb hat diese Leistung auch die Einheit „Watt Peak", kurz W_p.

Tabelle 5.2 Wichtige Kenngrößen für Photovoltaikmodule

Kenngröße	Formelzeichen	Einheit	Beschreibung
Leerlaufspannung (open circuit voltage)	U_L (V_{OC})	Volt, V	Spannung des PV-Moduls im Leerlauf ohne angeschlossene Last
Kurzschlussstrom (short circuit current)	I_K (I_{SC})	Ampere, A	Strom des PV-Moduls im Kurzschluss bei kurzgeschlossenem Modul
MPP-Spannung (MPP voltage)	U_{MPP} (V_{MPP})	Volt, V	Spannung, bei der das Photovoltaikmodul die maximale Leistung abgibt
MPP-Strom (MPP current)	I_{MPP} (I_{MPP})	Ampere, A	zur MPP-Spannung zugehöriger Strom
MPP-Leistung (MPP power)	P_{MPP} (P_{MPP})	Watt, W	maximale Leistung, die ein PV-Modul abgeben kann

5.2 Herstellung von Solarzellen – vom Sand zur Zelle

5.2.1 Siliziumsolarzellen – Strom aus Sand

Silizium, der Rohstoff für Computerchips und Solarzellen, ist zwar nach Sauerstoff das zweithäufigste Element in der Erdkruste. Doch kommt Silizium in der Natur fast ausschließlich in gebundener Form wie Quarzsand, silikathaltigen Gesteinen oder Kieselsäure in den Weltmeeren vor. Selbst der menschliche Körper enthält etwa 20 Milligramm pro Kilogramm Körpergewicht an Silizium.

Reines Silizium wird hingegen meist aus Quarzsand gewonnen. Chemisch ist Quarzsand reines Siliziumdioxid (SiO_2). Um daraus Silizium zu gewinnen, müssen die Sauerstoffatome (O_2) durch hohe Temperaturen abgetrennt werden. Dieser Vorgang heißt Reduktion und erfolgt beispielsweise in einem Lichtbogenofen bei Temperaturen von rund 2000 Grad Celsius. Das Resultat ist industrielles Rohsilizium mit einer Reinheit von 98 bis 99 Prozent.

Für die Herstellung von Solarzellen muss das Rohsilizium noch weiter gereinigt werden. Hierzu kommt meist das Siemens-Verfahren zur Anwendung. Dabei wird das Rohsilizium mit Chlorwasserstoff zu Trichlorsilan umgesetzt und dann destilliert. Bei hohen Temperaturen von 1000 bis 1200 Grad Celsius scheidet man das Silizium in langen Stäben wieder ab. Das so gewonnene multikristalline Solarsilizium hat eine Reinheit von über 99,99 Prozent.

Abbildung 5.4 Multikristallines Silizium für Solarzellen (links: Rohsilizium, Mitte: Siliziumblöcke, rechts: Siliziumwafer, Fotos: PV Crystalox Solar plc.)

5.2 Herstellung von Solarzellen – vom Sand zur Zelle

Für die Herstellung von Halbleitersilizium für Computerchips und monokristalline Solarzellen wird das Silizium erneut aufgeschmolzen. Beim sogenannten Tiegelziehen nach Czochralski taucht man einen Kristallkeim in einen Tiegel mit einer Siliziumschmelze und zieht diesen mit einer Drehbewegung langsam nach oben. Das flüssige Silizium lagert sich an den Kristall an und es entsteht ein langer runder Siliziumstab. Dabei richten sich die Siliziumkristalle in eine Richtung aus. Es entsteht monokristallines Silizium. Größere Verunreinigungen bleiben im Schmelztiegel zurück, sodass dieses Halbleitersilizium Reinheiten von über 99,9999 Prozent erreicht.

Als nächstes schneiden Drahtsägen die langen Siliziumstäbe in dünne Scheiben, die sogenannten Wafer. Dabei entstehen große Sägeverluste. Bis zu 50 Prozent des wertvollen Siliziummaterials gehen beim Sägen verloren. Alternativ können auch zwei dünne Drähte durch eine flüssige Siliziumschmelze gezogen werden. Hierbei entstehen zwischen beiden Drähten ebenfalls dünne Siliziumscheiben. Durch Eintauchen in eine Säure lassen sich Sägeschäden entfernen und die Oberfläche glätten. In der Vergangenheit hatten Siliziumwafer eine Dicke von 0,3 bis 0,4 Millimeter. Um Material und Kosten zu sparen, versucht man heute die Waferdicke auf deutlich unter 0,2 Millimeter zu reduzieren. Dies war technisch eine große Herausforderung, da dabei der hauchdünne Wafer nicht zerbrechen darf.

Die fertigen Wafer werden gasförmigen Dotierungsstoffen ausgesetzt. Dadurch entstehen die zuvor beschriebene p- und n-Schicht. Eine wenige Millionstel Millimeter dicke transparente Antireflexschicht aus Siliziumnitrid verleiht der Siliziumsolarzelle die typisch dunkelblaue Farbe. Diese Schicht reduziert die Reflexionsverluste des silbrig grauen Siliziums auf der Vorderseite der Solarzelle. Je dunkler die Zelle erscheint, desto weniger Licht reflektiert die Zelle.

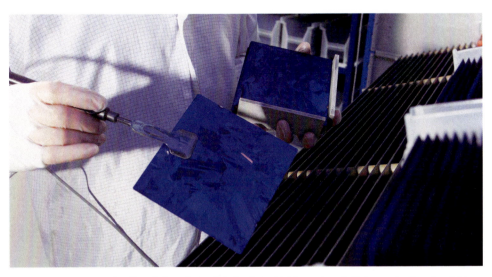

Abbildung 5.5 Multikristalline Solarzellen mit Antireflexschicht vor dem Aufbringen der Frontkontakte
(Foto: BSW, www.sunways.de)

Abschließend werden die Front- und Rückseitenkontakte per Siebdruck aufgebracht. Um die Verluste an den lichtundurchlässigen Frontkontakten zu verringern, vergraben einige Hersteller diese unter der Oberfläche oder versuchen sie ebenfalls auf die Zellrückseite zu verlegen. Damit steigen zwar der Wirkungsgrad der Zelle, aber auch der Aufwand und die Kosten bei der Herstellung. Die fertigen Zellen werden schließlich getestet und nach Leistungsklassen sortiert, um sie dann weiter zu Photovoltaikmodulen zu verarbeiten.

5.2.2 Von der Zelle zum Modul

Siliziumsolarzellen sind meist quadratisch. Die Kantenlänge wird in Zoll gemessen. Früher hatten Solarzellen typischerweise 4 Zoll (ca. 10 cm). Mittlerweile haben sich 6 Zoll (ca. 15 Zentimeter) als Standard durchgesetzt. Einzelne Hersteller haben auch schon 8 Zoll (ca. 20 Zentimeter) große Solarzellen produziert. Bei größeren Solarzellen sind weniger Verarbeitungsschritte notwendig, um die Zellen zu einem Modul zusammenzubauen. Allerdings steigt auch das Risiko, dass die Zellen bei der weiteren Verarbeitung brechen. Mit der Größe der Solarzelle steigt der Strom an, während die Spannung konstant bleibt. Die elektrische Spannung einer Solarzelle beträgt nur 0,6 bis 0,7 Volt.

Für praktische Anwendungen werden deutlich größere Spannungen benötigt. Darum schaltet man viele Zellen zu Solarmodulen in Reihe. Dazu werden die Frontkontakte einer Zelle jeweils mit den Rückseitenkontakten der nächsten Zelle mit aufgelöteten Drähten verbunden. Um eine ausreichend hohe Spannung zum Laden von 12-Volt-Batterien zu erreichen, schaltet man 32 bis 40 Zellen in Reihe. Für die Netzeinspeisung über Wechselrichter werden höhere Spannungen benötigt. Hierfür sind Solarmodule mit mindestens 60 in Reihe geschalteten Zellen üblich.

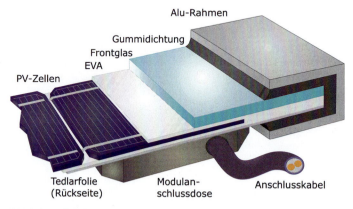

Abbildung 5.6 Prinzipieller Aufbau eines Photovoltaikmoduls

Da Solarzellen sehr empfindlich sind, leicht zerbrechen und durch Feuchtigkeit korrodieren, müssen sie geschützt werden. Hierzu bettet man die Solarzellen in einen speziellen Kunststoff zwischen einer Frontglasscheibe und einer Kunststofffolie auf der Rückseite ein *(Abbildung 5.6)*. Einige Hersteller verwenden auch Glas für die Rückseite. Das Glas sorgt für die mechanische Stabilität und muss sehr lichtdurchlässig sein. Als Kunststoff zur Einbettung werden zwei dünne Folien aus Ethylenvinylacetat (EVA) verwendet. Bei Temperaturen von rund 100 Grad Celsius verbinden sie sich mit den Zellen und dem Glas. Dieser Vorgang heißt Laminieren. Das fertige Laminat schützt nun die Zellen vor weiteren Witterungseinflüssen, vor allem vor Feuchtigkeit.

Die Anschlüsse der Solarzellen werden in eine Modulanschlussdose herausgeführt. Einzelne fehlerhafte Zellen oder ungleichmäßige Schatten können das PV-Modul beschädigen. Sogenannte Bypassdioden, die im Fehlerfall die betroffenen Zellen überbrücken, sollen eine Beschädigung verhindern. Diese Dioden werden ebenfalls meist in die Modulanschlussdose integriert.

5.2.3 Dünnschichtsolarzellen

Kristalline Solarzellen sind praktisch aus dem Vollen geschnitzt und benötigen vergleichsweise viel kostbares Halbleitermaterial. Durch andere Herstellungsverfahren mit Dünnschichtzellen versucht man, den Materialeinsatz erheblich zu reduzieren. Während kristalline Solarzellen Dicken in der Größenordnung von zehntel Millimetern erreichen, bewegt sich die Dicke von Dünnschichtsolarzellen im Bereich von tausendstel Millimetern. Auch wenn es verschiedene Materialien wie amorphes Silizium (a-Si), Cadmiumtellurid (CdTe) oder Kupferindiumdiselenid (CIS) für die Herstellung von Dünnschichtzellen gibt, ähnelt sich das Herstellungsprinzip.

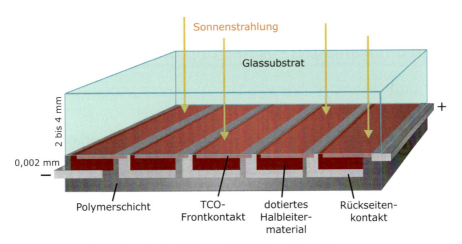

Abbildung 5.7 Querschnitt durch ein Dünnschicht-Photovoltaikmodul

Als Basis für Dünnschichtsolarzellen dient ein Träger, der in den meisten Fällen aus Glas besteht. Wird anstelle von Glas ein Kunststoff als Träger verwendet, lassen sich auch flexible und biegbare Solarmodule herstellen. Auf den Träger wird eine dünne transparente leitende TCO-Schicht (Transparent Conductive Oxide) beispielsweise über ein Sprayverfahren aufgebracht. Ein Laser oder ein Mikrofräser trennt anschließend diese Schicht in

Streifen. Die einzelnen Streifen stellen die Einzelzellen innerhalb des späteren Solarmoduls dar. Diese Zellen werden wie auch kristalline Zellen so kontaktiert, dass sie in Reihe geschaltet sind, damit sich die elektrische Spannung erhöht. Durch die langen Streifen lässt sich ein Dünnschichtmodul optisch problemlos von kristallinen Solarmodulen unterscheiden.

Der Halbleiter und die Dotierungsstoffe werden dann bei hohen Temperaturen aufgedampft. Beim Aufdampfen von Silizium als Halbleitermaterial geht die kristalline Struktur verloren. Man spricht dann von amorphem Silizium. Ein Siebdruckverfahren bringt schließlich den Rückseitenkontakt mit Materialien wie Aluminium auf. Zum Schutz vor Feuchtigkeit dichtet ein Polymer die Zelle nach hinten ab.

Der Wirkungsgrad von Dünnschichtmodulen ist derzeit noch geringer als der von kristallinen Photovoltaikmodulen. Dies bedeutet, dass die gleiche Leistung eine größere Fläche benötigt und dass der Montageaufwand und damit die Montagekosten steigen. Der Wirkungsgrad einzelner Dünnschichttechnologien konnte in den letzten Jahren jedoch signifikant gesteigert werden. Dennoch ist es der Dünnschichttechnologie nicht gelungen, die Dominanz der kristallinen Solarmodule zu brechen.

Neben Dünnschichtmaterialien sind auch noch andere Technologien in der Erprobung. Farbstoffzellen oder organische Solarzellen könnten langfristig ebenfalls eine kostengünstigere Alternative zu heutigen Technologien werden. Eine Aussage zu treffen, welche Technologie sich in 30 oder 40 Jahren durchsetzen wird, ist aus heutiger Sicht nahezu unmöglich. Doch Konkurrenz belebt das Geschäft. Durch den Wettstreit verschiedener Technologien für die Photovoltaik werden die Kosten weiterhin sinken.

5.3   Photovoltaikanlagen – Netze und Inseln

5.3.1   Sonneninseln

Bei Photovoltaikanlagen unterscheidet man zwischen Inselanlagen und netzgekoppelten Anlagen. Solare Inselanlagen arbeiten autonom ohne Anschluss ans elektrische Netz. Sie kommen beispielsweise oft bei Kleinstanwendungen wie Armbanduhren oder Taschenrechnern zum Einsatz, da sie auf Dauer preiswerter sind als eine Energieversorgung mit Wegwerfbatterien und ein Netzkabel hier recht unpraktisch ist. Auch kleinere Systeme wie Parkscheinautomaten werden gerne mit Solaranlagen versorgt. Dort ist das Photovoltaiksystem meist kostengünstiger als das Verlegen eines Netzkabels und das Installieren eines Zählers.

5.3 Photovoltaikanlagen – Netze und Inseln

Abbildung 5.8 Auch in Deutschland haben photovoltaische Inselsysteme für viele Anwendungen Vorteile gegenüber einem Netzanschluss.

Der große Markt für solare Inselanlagen sind aber netzferne Gebiete. Rund zwei Milliarden Menschen auf der Erde haben keinen Zugang zu Elektrizität. Selbst in Industrienationen gibt es Orte, die weitab vom Netz sind und deren Verkabelung sehr teuer wäre. Zwar gibt es Alternativen zur solaren Versorgung von Inselnetzen wie zum Beispiel Dieselgeneratoren. Bei einem geringen Elektrizitätsbedarf schneidet aber inzwischen oft ein Solarsystem hinsichtlich Kosten und Versorgungssicherheit günstiger ab. Allerdings sind die Investitionskosten bei photovoltaischen Inselsystemen relativ hoch. Dieselgeneratoren sind in der Anschaffung günstiger. Über die gesamte Betriebsdauer sind sie wegen der hohen Kosten für Dieselbrennstoffe aber meist teurer als die solare Alternative. Vor allem in Entwicklungsländern können spezielle Finanzierungsmodelle wie Mikrokredite helfen, die Hürde der hohen Investitionskosten zu überwinden und damit die weitere Verbreitung der Photovoltaik voranzutreiben.

Solare Inselsysteme sind verhältnismäßig simpel und lassen sich auch von Laien installieren *(Abbildung 5.9)*. Eine Batterie sichert die Versorgung nachts oder bei Schlechtwetterperioden. Aus Kostengründen kommen meist Bleibatterien zum Einsatz. Prinzipiell lassen sich auch 12-Volt-Autobatterien verwenden. Spezielle Solarbatterien haben eine deutlich höhere Lebensdauer, sind aber auch teurer. Da eine Batterie durch Tiefentladung oder Überladung sehr schnell zerstört werden kann, schützt sie ein Laderegler. Batterie, Verbraucher und Photovoltaikmodule werden direkt mit dem Laderegler verbunden. Dabei ist darauf zu achten, den Plus- und Minuspol nicht zu vertauschen, da es sonst zu einem Kurzschluss kommen kann.

Bei leerer Batterie wird der Verbraucher abgeschaltet. Der Stromausfall ist dann zwar ärgerlich, aber immer noch besser als eine defekte Batterie. Hat die Batterie wieder einen gewissen Ladezustand erreicht, schaltet der Laderegler die Verbraucher wieder automatisch zu. Ist die Batterie vollgeladen, trennt der Laderegler die Photovoltaikmodule und verhindert das Überladen der Batterie.

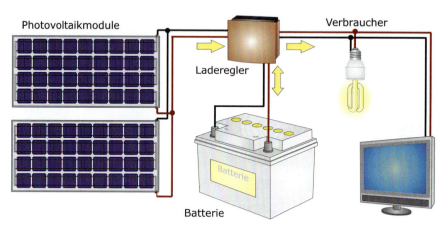

Abbildung 5.9 Prinzip einer photovoltaischen Inselanlage

Um die Kosten niedrig zu halten, ist auf möglichst sparsame Verbraucher zu achten. Bei Verbrauchern mit größerer Leistung ist eine höhere Batteriespannung als 12 Volt empfehlenswert, da sonst die Verluste in den Leitungen zu groß werden. Da ein Inselsystem auf Gleichspannungsbasis arbeitet, sollten nach Möglichkeit nur Gleichspannungsverbraucher zum Einsatz kommen. Spezielle Kühlschränke, Lampen und auch Unterhaltungselektronik werden für die Versorgung mit 12 Volt oder 24 Volt Gleichstrom angeboten. Sollen Wechselspannungsverbraucher betrieben werden, muss ein Inselwechselrichter zuerst die Gleichspannung der Batterie in Wechselspannung umwandeln.

Die üblichen Kleinspannungen sind relativ ungefährlich, zumindest was die Berührung anbelangt. Da Batterien reine Kraftpakete sind, kann es bei unsachgemäßer Handhabung zu Kurzschlüssen, Bränden oder gar Explosionen kommen. Batterieräume sollten immer gut belüftet werden, da sich dort Wasserstoffgas bilden kann. In Bleibatterien befindet sich verdünnte Säure. Mit der Zeit verdunstet Wasser aus der Batterie und muss regelmäßig nachgefüllt werden. Bei wartungsfreien Batterien ist das Wasser in einem Gel gebunden und kann nicht entweichen.

Da eine größere Ansammlung von Photovoltaikmodulen schnell beachtliche Werte erreichen und selbst einzelne Photovoltaikmodule noch einiges kosten, machen Langfinger den Betreibern von entlegenen Photovoltaikanlagen immer öfter zu schaffen. Das an einer einsamen Straße aufgestellte Solarmodul macht sich auch auf dem gerade günstig gekauften Campingmobil oder der neuen Gartenlaube nicht schlecht. Da Inselsysteme meist an weniger belebten Orten aufgestellt werden, ist hier das Diebstahlrisiko besonders hoch. Bei der Installation sollte man es minimieren. Optimalerweise ist eine Photovoltaikanlage von öffentlichen Wegen aus nicht zu sehen. Lässt sich das nicht vermeiden, sollte sie zumindest an einem schwer zugänglichen Ort montiert werden.

Abbildung 5.10 Typische Einsatzbereiche für photovoltaische Inselanlagen (links: Dorfstromversorgung in Uganda, rechts: Alpenhütte, Quelle: SMA Technologie AG)

In Deutschland können solarbetriebene Kleinanlagen nur einen recht kleinen Beitrag zum Klimaschutz leisten. Immerhin, photovoltaisch betriebene Taschenrechner und Uhren helfen, den Berg ausgedienter Kleinbatterien zu reduzieren. In Ländern mit schlechter ausgebauten Elektrizitätsnetzen werden photovoltaische Inselnetzanlagen allerdings als Konkurrenz zu bislang dominierenden Dieselgeneratoren immer attraktiver und können dort eine wichtige Rolle beim klimafreundlichen Aufbau einer Elektrizitätsversorgung spielen.

5.3.2 Sonne am Netz

Eine Photovoltaikanlage zur Einspeisung in das öffentliche Netz ist anders als eine Inselanlage aufgebaut. Erst einmal sind hierzu in der Regel mehr Module notwendig. Auf 30 Quadratmetern lässt sich mit kristallinen Solarmodulen eine Spitzenleistung von 4 bis 5 Kilowatt peak (kW_p) installieren. In Deutschland erzeugen diese bei einem gut geeigneten Dach zwischen 3500 und 5000 Kilowattstunden. Damit lässt sich rein rechnerisch bequem der Elektrizitätsbedarf eines Durchschnittshaushalts decken. Diese Fläche ist auf Dächern von Einfamilienhäusern meist problemlos zu finden.

Da Solarmodule Gleichspannung abgeben, das öffentliche Netz aber mit Wechselspannung arbeitet, benötigt man noch einen Wechselrichter. Dieser wandelt die Gleichspannung der Photovoltaikmodule in Wechselspannung um. Die Anforderungen an moderne Wechselrichter sind hoch. Sie sollten einen möglichst hohen Wirkungsgrad haben, damit nur wenig der wertvollen Solarenergie bei der Umwandlung in Wechselstrom verloren geht. Moderne Photovoltaikwechselrichter erreichen Wirkungsgrade von bis zu 98 Prozent. Wichtig ist dabei, dass der Wirkungsgrad auch bei Teillast, also bewölktem Himmel, groß ist. Der sogenannte europäische Wirkungsgrad beschreibt einen etwa durchschnittlichen Wechselrichterwirkungsgrad bei mitteleuropäischen Klimabedingungen.

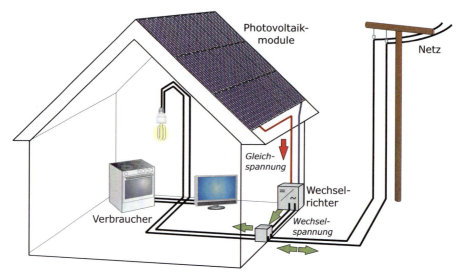

Abbildung 5.11 Prinzip einer netzgekoppelten Photovoltaikanlage

Wechselrichter müssen auch ständig das Netz überwachen und bei einem allgemeinen Netzausfall die solare Einspeisung sofort abschalten. Will das Elektrizitätsversorgungsunternehmen Arbeiten an den Netzen vornehmen und dazu den Strom abschalten, könnte sonst der eingespeiste Solarstrom die Arbeiter gefährden. Leider sitzt dann der stolze Photovoltaikanlagenbesitzer bei einem öffentlichen Stromausfall trotz funktionstüchtiger Solaranlage auch im Dunkeln. Mit Hilfe von Batterien ist es technisch möglich, beim Netzausfall die Solaranlage im Inselbetrieb weiterlaufen zu lassen. Diese Option wird später noch näher beschrieben.

Der Wechselrichter wandelt nicht nur die Spannung um. Er sorgt auch dafür, dass das Photovoltaikmodul bei der optimalen Spannung arbeitet und die maximal mögliche Leistung abgibt. Das Einstellen der optimalen Spannung nennt man auch MPP-Tracking. Bei der Planung der Anlage ist es wichtig, dass die Zahl der Photovoltaikmodule auf den Wechselrichter abgestimmt ist. Führende Wechselrichterhersteller bieten dazu meist kostenlose Auslegungsprogramme.

Ein weiteres Problem können Verschattungen darstellen. Photovoltaikanlagen reagieren mit empfindlichen Leistungseinbußen, wenn auch nur ein Teil der Anlage abgeschattet ist. Durch das Abdecken von drei Zellen lässt sich ein komplettes Photovoltaikmodul lahm legen. Ein wenig verschatteter Aufstellungsort für Photovoltaikanlagen ist deshalb wesentlich wichtiger als eine optimale Ausrichtung.

Reine netzgekoppelte Photovoltaikanlagen speisen den kompletten erzeugten Strom ins öffentliche Netz ein. Sie arbeiten als echte Sonnenkraftwerke. Solaranlagen können auch

5.3 Photovoltaikanlagen – Netze und Inseln

der Sonne nachgeführt werden *(Abbildung 5.12)*. Hierdurch lassen sich im Jahresmittel rund 30 Prozent Mehrertrag erzielen. Die Nachführung erhöht aber auch die Investitionskosten und die mechanischen Teile vergrößern den Wartungsaufwand. Da in den letzten Jahren die Modulpreise stark gesunken sind, werden heute nachgeführte Systeme kaum mehr neu gebaut.

Abbildung 5.12 Nachgeführtes Solarkraftwerk „Gut Erlasee" in Bayern mit einer Gesamtleistung von 12 Megawatt (Quelle: SOLON SE, Foto: paul-langrock.de)

Abbildung 5.13 Photovoltaik-Fassadenanlage (Foto: SunTechnics)

Am elegantesten ist die Installation einer Photovoltaikanlage auf Dächern oder Fassaden *(Abbildung 5.13 und Abbildung 5.14)*. Wird die Solaranlage Teil des Daches oder der Fassade, spart sie Baumaterialen ein. Damit lassen sich auch durch die Photovoltaik weitere Kostenvorteile erzielen. Und im Vergleich zu einer repräsentativen Marmorfassade gibt es die Photovoltaik inzwischen zum Schnäppchenpreis.

Ein Teil des Solarstroms kann im Gebäude direkt verbraucht werden. Produziert die Photovoltaikanlage mehr als die benötigte Leistung, speist sie den überschüssigen Strom ins öffentliche Elektrizitätsnetz ein. Reicht die Leistung der Solaranlage für den Eigenbedarf nicht aus, wird die fehlende Leistung aus dem Netz entnommen. Das Netz ist sozusagen der Speicher. Genau genommen kann jedoch das Netz keine Leistung speichern. Wird Solarstrom eingespeist, werden andere Kraftwerke heruntergefahren. Somit lassen sich die Emissionen existierender Kraftwerke durch die Solaranlage verringern. Die fehlende Leistung muss dann wiederum von anderen Kraftwerken kommen. Diese Kraftwerke müssen nicht zwangsweise konventionelle Kohle-, Gas- oder Atomkraftwerke sein. Im Gegenteil, Photovoltaikanlagen ergänzen sich gut mit anderen regenerativen Energieanlagen wie beispielsweise Windkraftanlagen, Wasserkraft- oder Biomassekraftwerken.

Abbildung 5.14 Photovoltaikanlagen auf Einfamilienhäusern (Foto: SunTechnics)

Der Netzanschluss in Deutschland verläuft in der Regel problemlos. Ein Elektriker schließt hierzu die Anlage an. Dies wird dem zuständigen Elektrizitätsversorgungsunternehmen mitgeteilt. Neben dem Anschlussprotokoll sind der Mitteilung noch technische Unterlagen der Photovoltaikanlage beizufügen. Wichtig ist, dass die Anlage den allgemeinen Bestimmungen genügt, was aber bei gängigen Herstellern kein Problem sein sollte. Meist nimmt ein Vertreter des Elektrizitätsversorgungsunternehmens dann noch die Anlage in Augenschein. Die Vergütung erfolgt automatisch und wird nach dem Zählerstand abgerechnet. Meistens schließen das Elektrizitätsunternehmen und der Betreiber der Photovoltaikanlage noch einen Einspeisevertrag ab. Dieser ist aber nicht zwingend vorgeschrieben.

Für die Verrechnung des Photovoltaikstroms ist ein extra Stromzähler nötig. Dieser Zähler ermittelt die ins Netz eingespeiste Menge an elektrischer Energie, die dann nach den jeweiligen Tarifen vergütet wird. Da die Vergütung für Solarstrom in Deutschland für Neuanlagen inzwischen unter den Strompreisen für Haushalte und kleinere Gewerbebetriebe liegt, ist es sinnvoll, möglichst viel Solarstrom direkt selbst zu verbrauchen und nur möglichst wenige Überschüsse einzuspeisen.

5.3.3 Mehr solare Unabhängigkeit

Bei einem Eigenverbrauchsanteil von 100 Prozent würde idealerweise der gesamte Solarstrom selbst verbraucht und gar kein Solarstrom mehr ins Netz eingespeist. In der Praxis liegt der erreichbare Eigenverbrauchsanteil meist wesentlich niedriger. Er lässt sich aber gezielt erhöhen, indem große Verbraucher wie beispielsweise die Waschmaschine mittags zu Zeiten des größten Sonnenangebots betrieben werden. Verschiedene Hersteller bieten dafür inzwischen auch schon Geräte zur automatischen Verbrauchssteuerung an. Die Möglichkeiten zur Erhöhung des Eigenverbrauchsanteils bewegen sich aber auch durch solche Maßnahmen in recht engen Grenzen.

> **Eigenverbrauch und Autarkie**
>
> Wird der Solarstrom einer Photovoltaikanlage direkt vor Ort selbst verbraucht, heißt dies Eigenverbrauch. Der Eigenverbrauchsanteil gibt an, wie viel des Solarstroms selbst verbraucht und nicht ins Netz eingespeist wird. Durch den Eigenverbrauch wird der Bezug von teurem Netzstrom reduziert. Da die Preise für den Strombezug meist deutlich über denen für die Netzeinspeisung von Solarstrom liegen, nimmt die Wirtschaftlichkeit einer Photovoltaikanlage mit steigendem Eigenverbrauch zu. Sehr hohe Eigenverbrauchsanteile lassen sich in der Regel aber nur mit sehr kleinen Photovoltaikanlagen oder zusätzlichen Speichern erreichen.
>
> Der Autarkiegrad gibt an, welchen Anteil des eigenen Strombedarfs eine Photovoltaikanlage deckt. Bei einem Autarkiegrad von 100 Prozent wird kein Strom mehr aus dem Netz bezogen und man ist komplett unabhängig von Energieversorgern und der Entwicklung der Strompreise. Eine vollständige Autarkie ist in Deutschland aber mit einem vertretbaren Aufwand praktisch nicht erreichbar. Für hohe Autarkiegrade sind generell große Photovoltaikanlagen und Speicher nötig, um auch nachts und im Winter einen großen Solaranteil zu ermöglichen. Dadurch produziert die Solaranlage dann aber tagsüber im Sommer große Überschüsse, die wieder ins Netz eingespeist werden müssen, wodurch der Eigenverbrauchsanteil abnimmt.
>
> Bei der Planung einer Solaranlage muss also immer ein Kompromiss aus dem Wunsch nach einer möglich hohen Unabhängigkeit mit einem großen Autarkiegrad und einer guten Wirtschaftlichkeit mit einem großen Eigenverbrauchsanteil gesucht werden.

Sehr hohe Eigenverbrauchsanteile lassen sich in der Regel nur mit extrem kleinen Photovoltaikanlagen erzielen. Diese können dann aber nur einen recht geringen Teil des eigenen Strombedarfs decken und damit nur sehr kleine Autarkiegrade erreichen. Das bedeutet, es wird dann zwar wenig Solarstrom ins Netz eingespeist und tags fast alles selbst verbraucht. Nachts und an sonnenarmen Tagen muss weiterhin viel Strom aus dem Netz bezogen werden.

Wird ein Speicher mit der Photovoltaikanlage kombiniert, lassen sich deutlich größere Anlagen mit höheren Autarkiegraden bei ebenfalls hohen Eigenverbrauchsanteilen errichten. Zahlreiche Anbieter haben dafür Batteriesysteme entwickelt *(Abbildung 5.15)*.

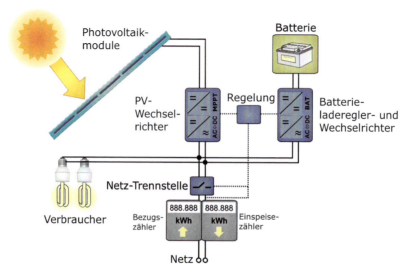

Abbildung 5.15 Netzgekoppeltes Photovoltaiksystem mit Batteriespeicher zur Erhöhung des Eigenverbrauchsanteils [Qua13]

Auch bei Batteriesystemen wird Solarstrom mit erster Priorität direkt vor Ort verbraucht. Entstehen Überschüsse, wird damit eine Batterie geladen. Erst wenn die Batterie voll ist, speist das System Solarstrom ins Netz. Liefern die Photovoltaikmodule weniger Strom als vor Ort benötigt wird, deckt zuerst die Batterie die Defizite. Wenn die Batterie leer ist, sichert Strom aus dem Netz die Versorgung *(Abbildung 5.16)*. Moderne Batteriesysteme können auch das öffentliche Netz entlasten. Dazu werden sie nicht wie in *Abbildung 5.16* dargestellt gleich mit den ersten Überschüssen aus der Solaranlage geladen. Ein Prognosealgorithmus bestimmt, wann im Tagesverlauf die größten Überschüsse aus der Photovoltaikanlage entstehen und speichert diese dann im Batteriesystem zwischen, anstatt diese ins Netz zu speisen.

Ein Batteriesystem kann auch so ausgeführt werden, dass es sich bei einem Stromausfall über eine Trennstelle vom Netz abkoppeln lässt. Damit kann es als Inselsystem weiterarbeiten und mit Hilfe der Batterie die Versorgung über einen gewissen Zeitraum sicherstellen. Es arbeitet dann als Notstromsystem und erhöht die Versorgungssicherheit.

Als Batterietypen kommen Blei- und Lithiumbatterien in Frage. Bleibatterien sind als Starterbatterien vom Auto her bekannt. Während bei kleineren photovoltaischen Inselnetzsystemen derzeit noch häufig Bleibatterien verwendet werden, haben sich bei netzgekoppelten Anlagen Lithiumbatterien durchgesetzt. Lithiumbatterien haben eine deutlich längere Lebensdauer. Bleibatterien können bei sachgemäßem Gebrauch 5 bis 10 Jahre überdauern, Lithiumbatterien durchaus 20 Jahre. Sie sind außerdem unempfindlicher gegen tiefe Entladungen. Batterieräume mit Bleibatterien müssen immer gut belüftet werden, da dort Wasserstoff ausgasen und sich Knallgas bilden kann.

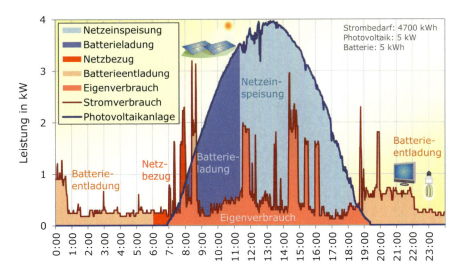

Abbildung 5.16 Leistungsflüsse eines netzgekoppelten photovoltaischen Batteriesystems bei einem Haushalt in einem Einfamilienhaus an einem schönen Sonntag im Frühjahr

Batterien zählen inzwischen zu den Standardkomponenten bei vielen Photovoltaiksystemen. Vor allem die starken Kostensenkungen der vergangenen Jahre haben Batteriesysteme attraktiv gemacht. Eine Alternative zu Batteriesystemen sind Anlagen mit Wasserstoffspeichern. Überschüsse werden dort mit Hilfe einer Elektrolyseeinheit in Wasserstoff umgewandelt und bei Bedarf wieder über eine Brennstoffzelle zurückverstromt. Da diese Systeme noch deutlich teurer als Batteriesysteme sind, werden deren Marktanteile auf überschaubare Zeit noch gering bleiben.

Eine weitere denkbare Lösung zur Erhöhung des Eigenverbrauchsanteils ist die Kopplung mit einer bestehenden Heizungsanlage *(Abbildung 5.17)*. Ist dort ein größerer Wärmespeicher vorhanden, lässt sich ein elektrischer Heizstab vergleichsweise preiswert nachrüsten. Prinzipiell kann auch eine effizientere Wärmepumpe anstelle des Heizstabs eingesetzt werden. Da Wärmepumpen aber erheblich teurer sind, erhöht das die Investitionskosten deutlich und macht das System trotz der größeren Effizienz meist ökonomisch unattraktiv. Ist eine Wärmepumpe aber ohnehin schon vorhanden, empfiehlt sich die Kopplung mit dem Photovoltaiksystem praktisch von selbst.

Solare Überschüsse können dann zur Aufheizung des Speichers genutzt werden und damit Brennstoffe im Heizungssystem einsparen. Damit kann die Photovoltaikanlage einen größeren Teil des Warmwasserbedarfs decken und auch zur Heizungsunterstützung in den Übergangszeiten beitragen. Der überwiegende Anteil der Heizungswärme wird aber auch bei einem solchen System noch durch das herkömmliche Heizungssystem und nicht durch die Photovoltaik gedeckt. Ein Verheizen der solaren Überschüsse wird ökonomisch erst dann sinnvoll, wenn die Vergütung für den ins Netz eingespeisten Solarstrom unter die Brennstoffpreise für die Heizung fällt.

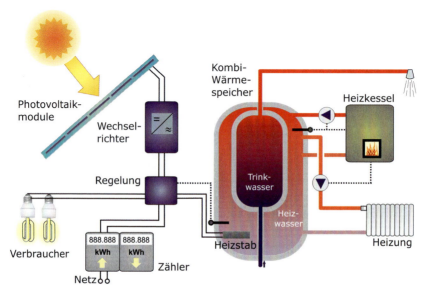

Abbildung 5.17 Die Kopplung einer Photovoltaikanlage mit einem konventionellen Heizungssystem wird dann interessant, wenn die Einspeisevergütung unter die Brennstoffkosten fällt [Qua13].

5.4 Planung und Auslegung

5.4.1 Geplante Inseln

Die Auslegung von photovoltaischen Inselanlagen unterscheidet sich grundlegend von netzgekoppelten Anlagen. Eine Inselanlage kann bei fehlender Sonne nicht auf das öffentliche Stromnetz zurückgreifen. Dafür ist eine ausreichend große Batterie nötig, damit es nicht zu Stromausfällen kommt. Prinzipiell dient eine Batterie aber nur zur Überbrückung weniger schlechter Tage. Darum müssen auch die Photovoltaikmodule in den Monaten mit der geringsten Sonneneinstrahlung einen möglichst hohen Ertrag liefern. Für einen sicheren Betrieb auch im Winter empfiehlt es sich, die Photovoltaikmodule deutlich steiler zu stellen als bei auf den Ganzjahresbetrieb optimierten netzgekoppelten Anlagen. Eine Neigung um etwa 60 bis 70° nach Süden liefert im Dezember den optimalen Solarertrag in Deutschland. Nähert man sich dem Äquator, fallen die Unterschiede zwischen Sommer und Winter geringer aus. Hier genügt auch für den Winterbetrieb eine flachere Aufstellung, die in Kairo noch etwa 50° betragen sollte. In Nairobi ist hingegen eine nahezu horizontale Aufstellung zu empfehlen.

Tabelle 5.3 Monats- bzw. Jahressumme der solaren Bestrahlung in kWh/m² für verschiedene Standorte und Ausrichtungen, Strahlungsdaten: Mittel von 1998-2010, Quelle: PVGIS, http://re.jrc.ec.europa.eu/pvgis

Standort	Berlin		Freiburg		Málaga	Kairo
Ausrichtung	30° Süd	60° Süd	30° Süd	60° Süd	60° Süd	50° Süd
Februar	50	55	64	51	146	161
April	151	143	151	138	163	183
Juni	170	141	165	134	156	172
August	148	134	153	135	183	196
Oktober	73	80	90	96	177	205
Dezember	27	32	37	44	148	189
Jahr	1234	1168	1329	1248	1967	2230

Ziel einer Inselanlage ist auch nicht, mit einer Solaranlage einen möglichst großen Ertrag zu erzielen, sondern bestimmte Verbraucher sicher zu versorgen. Darum ist für eine Anlagenauslegung der Verbrauch im schlechtesten Monat zu bestimmen. In Deutschland ist dies der Dezember. Weiterhin stattet man eine Solaranlage mit einem gewissen Sicherheitspolster aus. 50 Prozent sollte der Sicherheitszuschlag im Normalfall mindestens betragen. Wie auch bei netzgekoppelten Anlagen berücksichtigt die Performance Ratio PR die Verluste.

 Benötigte Photovoltaikmodulleistung für Inselsysteme

Die nötige MPP-Leistung P_{MPP} der Photovoltaikmodule lässt sich näherungsweise aus der solaren Bestrahlung $H_{Solar,M}$ im schlechtesten Monat in kWh/m², dem Elektrizitätsbedarf $E_{Verbrauch,M}$ im gleichen Monat, einem Sicherheitszuschlag f_S von mindestens 50 % sowie der Performance Ratio PR (im Mittel 0,7) berechnen:

$$P_{MPP} = \frac{(1 + f_S) \cdot E_{Verbrauch,M}}{PR} \cdot \frac{1 \frac{kW}{m^2}}{H_{Solar,M}}.$$

Die Batterie sollte so dimensioniert werden, dass sie planmäßig nur auf die Hälfte entladen wird und über eine Zahl von Reservetagen den Bedarf komplett decken kann. Für einen sicheren Betrieb im Winter reichen in Deutschland bis 5 Reservetage d_R, in Ländern mit deutlich höherem Sonnenangebot genügen auch nur 2 bis 3. Ist damit zu rechnen, dass im Winter zugeschneite Photovoltaikmodule längere Zeit gar keinen Strom liefern können, sind noch mehr Reservetage nötig. Mit der Batteriespannung U_{Bat} (z. B. 12 Volt) berechnet sich die nötige Batteriekapazität:

$$C = \frac{2 \cdot E_{Verbrauch,M}}{U_{Bat}} \cdot \frac{d_R}{31}$$

Eine Photovoltaikanlage soll hier als Beispiel in einem Gartenhaus eine Energiesparlampe mit 11 Watt täglich 3 Stunden auch im Winter betreiben. In einem Monat ergibt sich dann ein monatlicher Elektrizitätsbedarf von $E_{Verbrauch,M}$ = 31 Tage · 11 W · 3 h/Tag = 1023 Wh. Mit einem Sicherheitszuschlag von 50 % = 0,5 und einer Performance Ratio von 0,7 ergibt sich bei einer Modulausrichtung nach Süden und einer Modulneigung von 60° für Berlin eine nötige MPP-Leistung von

$$P_{MPP} = \frac{(1+0,5) \cdot 1023 \text{ Wh}}{0,7} \cdot \frac{1 \frac{kW}{m^2}}{32 \frac{kWh}{m^2}} = 68,5 \text{ W}.$$

Bei 5 Reservetagen und einer Batteriespannung von 12 V beträgt die Batteriekapazität

$$C = \frac{2 \cdot 1023 \text{ Wh}}{12 \text{ V}} \cdot \frac{5}{31} = 27,5 \text{ Ah}.$$

5.4.2 Geplant am Netz

Zunächst sollte geprüft werden, ob eine Solaranlage überhaupt errichtet werden kann. Solaranlagen sind im Sinne des Baurechts bauliche Anlagen, auch wenn diese nachträglich aufs Hausdach geschraubt werden. Ob und welche Genehmigung dafür erforderlich ist, regelt das jeweilige Baurecht der Bundesländer. In den meisten Fällen ist eine Photovoltaikanlage genehmigungsfrei, wenn sie nicht gerade auf der grünen Wiese entsteht. Kompliziert wird es, wenn die Photovoltaikanlage mit dem Denkmalschutzrecht kollidiert. Auf oder in der Nähe denkmalgeschützter Bauwerke ist eine denkmalschutzrechtliche Erlaubnis erforderlich. Neben dem Baurecht lohnt sich ein Blick in die Bauordnung und den Bebauungsplan der Gemeinde. Hierin kann die Gemeinde Bedingungen für den Bau von Photovoltaikanlagen festlegen.

Gibt es keine rechtlichen Hindernisse für den Bau einer Photovoltaikanlage, kann man gleich mit der Planungsphase beginnen. Soll eine Anlage auf einem Hausdach errichtet werden, ist zuerst zu überlegen, welche Teile des Daches vielleicht für eine solarthermische Anlage (*s. Kapitel 6*) genutzt werden sollen. Da Photovoltaikanlagen empfindlich gegenüber Verschattungen sind, empfiehlt es sich, den verschattungsfreien Teil des Daches zur Solarstromerzeugung zu verwenden. Schornsteine, Antennen oder andere Dachaufbauten sollten großzügig ausgespart werden.

 Installierbare Photovoltaikleistung

Hat man sich einen Solarmodultyp ausgesucht, lässt sich aus der verbleibenden Dachfläche A und dem Wirkungsgrad η (vgl. Tabelle 5.1) näherungsweise die installierbare Photovoltaikleistung berechnen:

$$P_\mathrm{MPP} = A \cdot \eta \cdot 1 \tfrac{\mathrm{kW}}{\mathrm{m}^2}.$$

Auf einer nutzbaren Fläche von 27,8 m² ergibt sich bei einem Modulwirkungsgrad von 18 Prozent (0,18) eine installierbare Leistung von

$$P_\mathrm{MPP} = 27{,}8\ \mathrm{m}^2 \cdot 0{,}18 \cdot 1 \tfrac{\mathrm{kW}}{\mathrm{m}^2} = 5\ \mathrm{kW_p}.$$

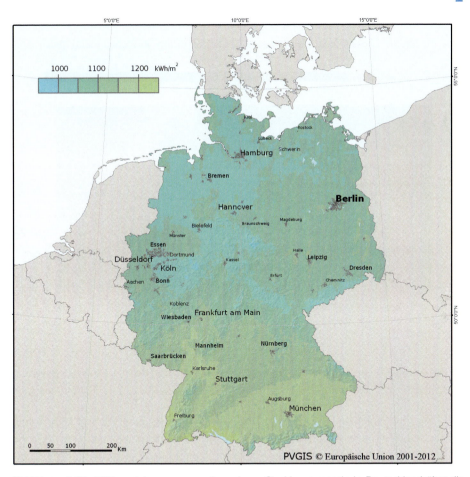

Abbildung 5.18 Mittlere Jahressummen der solaren Strahlungsenergie in Deutschland über die Jahre 1998 bis 2011 in kWh/m² (Quelle: PVGIS, http://re.jrc.ec.europa.eu/pvgis [Sur07; Hul12])

Anhand dieser Leistung lässt sich nun der jährliche Anlagenertrag bestimmen. Hierzu ist erst einmal das Angebot an Sonnenenergie zu ermitteln. Aus der Karte in *Abbildung 5.18* bestimmt sich für Deutschland die Jahressumme der solaren Bestrahlung im langjährigen Mittel. Zwischen einzelnen Jahren sind dabei Schwankungen des Sonnenangebots von über 10 Prozent möglich. Seit den 1980er-Jahren hat auch die jährliche Bestrahlung in Deutschland wegen einer Abnahme der Luftverschmutzung um 5 bis 10 Prozent zugenommen. Daher sollten nur vergleichsweise neue Strahlungsdaten für die Auslegung verwendet werden.

Die Werte gelten jedoch nur für eine horizontale Ausrichtung der Anlage. Wird sie auf ein Schrägdach montiert, gibt das Dach die Ausrichtung der Anlage vor. Im Optimalfall ist das Dach rund 35 Grad nach Süden geneigt. Durch die optimale Ausrichtung auf die Sonne steigt dann das solare Strahlungsangebot um gut 10 Prozent. Aber auch bei ungünstigeren Ausrichtungen sind durchaus noch gute Strahlungswerte erreichbar. *Abbildung 5.19* zeigt für alle möglichen Ausrichtungen die Neigungsgewinne beziehungsweise Neigungsverluste für Berlin. Diese Werte sind auch auf andere Standorte in Deutschland übertragbar.

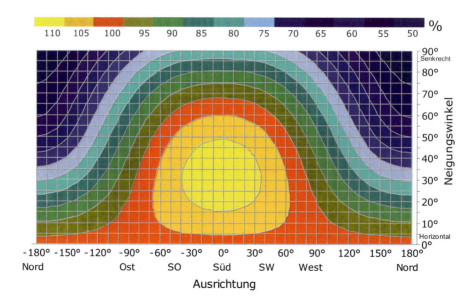

Abbildung 5.19 Änderung der jährlichen solaren Bestrahlung in Berlin in Abhängigkeit von Ausrichtung und Neigung der Photovoltaikanlage

Soll eine Photovoltaikanlage auf dem Dach oder auf der grünen Wiese errichtet werden, lassen sich die Photovoltaikmodule zum Erreichen des maximalen Jahresertrags optimal um 35 Grad nach Süden ausrichten. Werden die Solarmodule in mehreren Reihen hintereinander aufgestellt, verschatten sie sich bei niedrig stehender Sonne gegenseitig. Deshalb sollte man zwischen zwei Modulreihen mindestens den doppelten Abstand der Modulhöhe einhalten. In dem Fall ist aber nur ein Drittel der Fläche nutzbar. Die Verschattungsverluste betragen dann in der Regel weniger als 5 Prozent.

5.4 Planung und Auslegung

Tabelle 5.4 Performance Ratio für netzgekoppelte Photovoltaikanlagen

Performance Ratio *PR*	Beschreibung
0,85	Absolute Top-Anlage, sehr gut hinterlüftet, keinerlei Verschattung, wenig Verschmutzung
0,8	Sehr gute Anlage, gut hinterlüftet, keine Verschattung
0,75	Durchschnittliche Anlage
0,7	Mäßige Anlage mit Verlusten durch Verschattung oder schlechte Hinterlüftung
0,6	Schlechte Anlage mit größeren Verlusten durch Verschattung, Verschmutzung oder Anlagenausfälle
0,5	Sehr schlechte Anlage mit großen Verschattungen oder Defekten

Welchen Teil der Solarstrahlung die Photovoltaikmodule in elektrische Energie umwandeln, hängt von der Anlagengüte ab. Den angegebenen Nennwirkungsgrad erreichen die Solarmodule nur selten. Staub, Vogeldreck, Erwärmung, Leitungsverluste, Reflexionen, Wechselrichterverluste und andere Widrigkeiten reduzieren den Ertrag. Das Verhältnis von realem Wirkungsgrad zum Nennwirkungsgrad nennt man Performance Ratio (*PR*). *Tabelle 5.4* gibt Anhaltspunkte für Performance-Ratio-Werte bei netzgekoppelten Photovoltaikanlagen.

Elektrischer Energieertrag von netzgekoppelten Photovoltaikanlagen

Mit der jährlichen solaren Bestrahlung H_Solar in kWh/(m² a) aus *Abbildung 5.18*, den Gewinnen oder Verlusten durch Neigung und Ausrichtung f_Neigung *(Abbildung 5.19)*, der Nenn- bzw. MPP-Leistung P_MPP der Photovoltaikmodule in kW$_p$ und der Performance Ratio *PR* (vgl. *Tabelle 5.4*) lässt sich die durch eine netzgekoppelte Photovoltaikanlage jährlich eingespeiste Energiemenge überschlägig berechnen:

$$E_\text{elektrisch} = \frac{H_\text{Solar} \cdot f_\text{Neigung} \cdot P_\text{MPP} \cdot PR}{1 \, \frac{\text{kW}}{\text{m}^2}}.$$

Der Ertrag einer um 20° geneigten, unverschatteten Photovoltaikanlage in Berlin mit einer MPP-Leistung von 5 kW$_p$ soll hier als Beispiel berechnet werden. Aus *Abbildung 5.18* ergibt sich eine jährliche solare Bestrahlung von 1075 kWh/(m² a). Bei einer Ausrichtung um 20° nach Süd-Südwest betragen nach *Abbildung 5.19* die Neigungsgewinne f_Neigung = 110 % = 1,1. Mit der Performance Ratio einer guten Anlage von *PR* = 0,8 bestimmt sich eine jährliche Solarstromerzeugung von

$$E_{\text{elektrisch}} = \frac{1075 \frac{\text{kWh}}{\text{m}^2 \text{a}} \cdot 1{,}1 \cdot 5 \text{ kW}_p \cdot 0{,}8}{1 \frac{\text{kW}}{\text{m}^2}} = 4730 \frac{\text{kWh}}{\text{a}}.$$

Dies entspricht in etwa dem Verbrauch eines durchschnittlichen Einfamilienhauses. Rund 30 m² Dachfläche sind also bei einem Einfamilienhaus notwendig, um über das Jahr genauso viel Solarstrom zu erzeugen wie dort verbraucht wird. Oft wird für eine Anlage der spezifische Ertrag bezogen auf 1 kW$_p$ angegeben. Im obigem Beispiel beträgt er 946 kWh/(kW$_p$ a).

■

Diese hier beschriebene überschlägige Ertragsberechnung hat natürlich gewisse Ungenauigkeiten. Die Größenordnung des Anlagenertrags ist aber auf jeden Fall richtig. Hiermit kann im nächsten Abschnitt die Wirtschaftlichkeit untersucht werden. Für eine genauere Analyse existieren Internettools *(s. Webtipp)* und umfangreiche Computerprogramme. Fachfirmen bieten auch derartige Berechnungen an. Für große Anlagen empfiehlt sich auf jeden Fall, von einer fachkundigen Einrichtung ein Ertragsgutachten erstellen zu lassen, um später böse Überraschungen zu vermeiden. Bei größeren Anlagen werden entsprechende Gutachten auch oft von Banken gefordert.

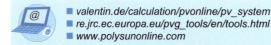

- valentin.de/calculation/pvonline/pv_system
- re.jrc.ec.europa.eu/pvg_tools/en/tools.html
- www.polysunonline.com

Online-Berechnungen für Photovoltaikanlagen

Eine netzgekoppelte Anlage muss nicht genauso groß sein, dass sie rechnerisch den gesamten Strombedarf eines Hauses deckt. In der Vergangenheit hat meist die Dachfläche die Größe der Photovoltaikanlage bestimmt. Nicht selten wurden auch Anlagen errichtet, die deutlich mehr Strom lieferten als selbst gebraucht wurde. Künftig werden allerdings zunehmend Anlagen dominieren, die auf den Eigenverbrauch optimiert sind. Große Anlagen mit hohen Autarkiegraden versprechen dabei nicht nur eine erhöhte Unabhängigkeit vom Energieversorger und dessen stetig steigenden Strompreisen. Millionenfach installiert leisten sie auch einen wichtigen Beitrag für den Klimaschutz.

5.4.3 Geplante Autonomie

An dieser Stelle waren früher sämtliche Berechnungen bereits beendet, da der gesamte Solarstrom ins Netz eingespeist und vergütet wurde. Weitere Betrachtungen waren damit unnötig. Heute sollen hingegen für eine gute Wirtschaftlichkeit hohe Eigenverbrauchsanteile erzielt werden. Andere möchten hingegen hohe Autarkiegrade erreichen. Das bedeutet, es muss erst einmal bestimmt werden, welcher Anteil des erzeugten Solarstroms selbst verbraucht und welcher ins Netz eingespeist wird. Wie groß der Eigenverbrauchsanteil und Autarkiegrad sind, hängt von verschiedenen Parametern ab. Haupteinflussgrößen sind die Menge des eigenen Stromverbrauchs sowie die Größe der Photovoltaikanlage. Kommt eine Batterie hinzu, spielt natürlich auch die Batteriekapazität eine Rolle.

5.4 Planung und Auslegung

Anhand der Stromrechnung lässt sich der eigene Stromverbrauch recht einfach bestimmen. Dabei spielt auch eine Rolle, wann der Strom verbraucht wird. Bei einem Rentnerhaushalt, bei dem täglich mittags elektrisch gekocht wird, ist der Eigenverbrauchsanteil höher als bei zwei Berufstätigen, die vor allem abends und am Wochenende zu Hause sind. Im Vergleich zu den anderen bereits genannten Einflussgrößen spielt allerdings die Art des Haushalts eine geringere Rolle. Um die Betrachtungen einfach zu halten, wird dieser Einfluss daher vernachlässigt.

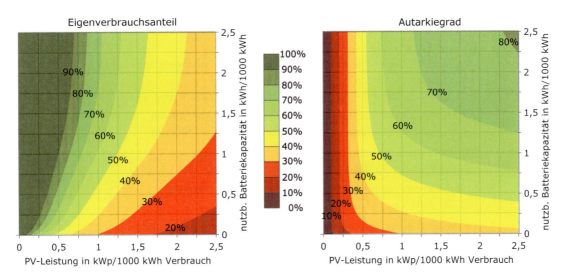

Abbildung 5.20 Erzielbare Eigenverbrauchsanteile und Autarkiegrade von photovoltaischen Eigenverbrauchsanlagen in Einfamilienhäusern mit Batteriespeicher [Wen13]

Aus *Abbildung 5.20* lassen sich sowohl der Eigenverbrauchsanteil als auch der Autarkiegrad recht einfach ermitteln. Soll zum Beispiel auf einem Einfamilienhaus mit einem jährlichen Stromverbrauch von 5000 kWh eine Photovoltaikanlage mit einer Leistung von 5 kW$_p$ errichtet werden, ergibt sich ein Verhältnis von PV-Leistung in kW$_p$ zum Stromverbrauch in 1000 kWh von 1,0. Wenn keine Batterie vorgesehen wird, beträgt die nutzbare Batteriekapazität null. Damit lässt sich ein Eigenverbrauchsanteil von 30 % ablesen. 70 % des erzeugten Solarstroms müssen also als Überschuss ins Netz eingespeist werden. Der Autarkiegrad beträgt ebenfalls 30 %. Das bedeutet, 70 % des eigenen Stromverbrauchs deckt weiterhin ein Energieversorger über das Netz. Wird eine Batterie mit einer nutzbaren Kapazität von 5 kWh hinzugefügt, beträgt das Verhältnis von Batteriekapazität zu Stromverbrauch ebenfalls 1,0. Der Eigenverbrauchsanteil steigt dadurch auf rund 60 %, der Autarkiegrad auf über 50 %.

Der so ermittelte Wert für den Eigenverbrauch kann dann für die nachfolgenden wirtschaftlichen Betrachtungen genutzt werden. Der Eigenverbrauchsanteil reduziert den Bezug von Strom aus dem Netz und reduziert die Stromrechnung entsprechend. Überschüsse müssen für den entsprechenden Tarif ins Netz eingespeist werden. Über eine Mischfinanzierung aus eingesparten Stromkosten und Einspeiseerlösen muss sich dann die Photovoltaikanlage rechnen.

 Von der Idee der Photovoltaikanlage auf dem Dach zum Angebot

- Ausrichtung und Neigung des Daches bestimmen.
  Ist das Dach von der Ausrichtung und Neigung geeignet?
  Empfehlung: mind. 95 % nach *Abbildung 5.19* auf Seite 154

- Verschattungen des Daches ermitteln.
  Ist mein Dach wenig verschattet?
  Empfehlung: Verschattete Bereiche in der Planung aussparen, dabei auch Schornsteine, Antennen und Blitzableiter beachten!
  Verfügbare, wenig verschattete Dachfläche bestimmen.

- Installierbare MPP-Leistung der Photovoltaikanlage berechnen.
  Empfehlung: Wirkungsgrad mind. 17 % in Formel auf Seite 153

- Mögliche jährliche Energiemenge berechnen.
  Formel auf Seite 155 oder Online-Tools verwenden.

- Soll die Versorgungssicherheit durch eine Batterie erhöht
  und der Autarkiegrad gesteigert werden?

- Eigenverbrauchsanteil nach *Abbildung 5.20* auf Seite 157 bestimmen.

- Angebote einholen.

5.5 Ökonomie

In einigen sogenannten Nischenanwendungen war die Photovoltaik schon lange voll wirtschaftlich konkurrenzfähig. Kleinstanwendungen werden oft mit Kleinbatterien oder Knopfzellen versorgt. Im Vergleich zum Haushaltsstrompreis von knapp 30 Cent/kWh explodieren hier die Kosten schnell auf mehrere Hundert Euro pro kWh. Für die Speicherung einer Kilowattstunde mit hochwertigen Alkali-Mangan-Batterien sind immerhin etwa 280 Mignon-Zellen nötig. Nun käme keiner auf die Idee 280 Mignon-Zellen zu kaufen, um beispielsweise einmal eine Waschmaschine laufen zu lassen. Bei Kleinstanwendungen sind wir aber oft bereit, den Batterie-Irrsinn zu bezahlen. Der oft sehr geringe Bedarf dieser Kleinstanwendungen macht die Stromversorgung überhaupt erst erschwinglich. Bei derart hohen Energiekosten kann die Photovoltaik selbst bei widrigsten Einstrahlungsbedingungen mithalten. Auch bei größeren Batteriesystemen ist die Photovoltaik oft eine wirtschaftliche Alternative. Um wirksamen Klimaschutz zu betreiben, muss die Photovoltaik jedoch mehr als in Nischenanwendungen leisten. Dies geht nur, wenn sie als netzgekoppelte Anlage konventionelle Kraftwerke ersetzt.

5.5.1 Was kostet sie denn?

Die Mindestgröße für eine netzgekoppelte Photovoltaikanlage liegt bei einem Photovoltaikmodul mit etwa 0,3 kW_p Leistung. Nach oben ist die Leistung offen und hängt nur von der zur Verfügung stehenden Fläche und der Größe des Geldbeutels ab. Glücklicherweise sind die Preise für Photovoltaikanlagen schon veraltet, bevor sie gedruckt sind. Das macht es aber schwierig, in einem Buch aktuelle Preise anzugeben. Rund 30 000 Euro netto musste man im Jahr 2005 für eine komplett installierte 5-kW_p-Anlage ohne Batteriespeicher investieren. Im Jahr 2019 waren es bereits weniger als 7 000 Euro exklusive Umsatzsteuer. Dabei machen die Photovoltaikmodulpreise nur einen Teil des Anlagenpreises aus. Etwa die Hälfte der Investitionskosten entfallen auf PV-Module, der Rest auf Wechselrichter, Montagematerial, Montage und Planung. Die Preise für Batterien sind ebenfalls in den letzten Jahren deutlich gefallen. Weitere Kostensenkungen sind auch in den nächsten Jahren zu erwarten.

Während bei Photovoltaikanlagen ein Großteil der Kosten bei der Errichtung anfällt, kommen die Erlöse dann durch die erzeugte Elektrizität. Die Vergütung erfolgt meist pro kWh. Die Betriebskosten von Photovoltaikanlagen sind vergleichsweise niedrig. Für laufende Kosten wie Versicherungen, eventuelle Pacht, Zählermiete und Rücklagen für Reparaturen kann man rund 2 bis 5 Prozent der Investitionskosten pro Jahr veranschlagen. Die Photovoltaikmodule halten in der Regel mindestens 20 bis 30 Jahre. Der Wechselrichter macht aber meist vorher schlapp. Reparaturen oder Ersatz sollten schon von Beginn an mit einkalkuliert werden.

Ein weiterer Faktor, der sich entscheidend auf die Erzeugungskosten auswirkt, ist die Rendite. Nur wenige Gutmenschen stecken ihr Kapital völlig selbstlos ist eine Photovoltaikanlage in der Hoffnung, über die Lebensdauer bestenfalls das investierte Kapital zurückzubekommen. Zumindest etwas mehr als ein Sparbuch sollte die Investition schon abwerfen, um für größere Personenkreise attraktiv zu werden. Selbst dafür benötigt man eine gewisse Portion an Idealismus, denn das Risiko einer Photovoltaikanlage wird meist höher eingeschätzt als das eines Sparbuchs. Andererseits ist heute das sichere Sparbuch auch nicht mehr das ist, was es einmal war. Eine Bankenpleite kann auch hier einen Totalverlust bedeuten.

Bei einer Photovoltaikanlage kann hingegen ein Blitzschlag oder ein Sturm die Anlage komplett zerstören. Kommt keine Versicherung für den Schaden auf, ist die Investition verloren. Auch kann der Ertrag niedriger als prognostiziert ausfallen. Dafür gibt es viele Ursachen. Die PV-Anlage kann falsch geplant sein, ein Baum kann sich über die Jahre vor die Sonne schieben, eine Vogelkolonie kann die Module regelmäßig als Toilette benutzen oder durch große Vulkanausbrüche kann die Solarstrahlung niedriger sein als in den letzten 20 Jahren. Für all diese Risiken muss letztendlich der Betreiber der Photovoltaikanlage aufkommen. Eine Rendite von bis zu 6 Prozent ist darum für eine nicht von Idealismus geprägte Investition durchaus angemessen. Bei Eigenverbrauchsanlagen helfen Photovoltaikanlagen hingegen, die eigenen Stromkosten stabil zu halten. Je höher die Strompreise der Stromversorger steigen, umso wirtschaftlicher entwickelt sich die Photovoltaikanlage.

Abbildung 5.21 zeigt die resultierenden Erzeugungskosten einer Photovoltaikanlage ohne Batteriespeicher in Abhängigkeit von den Netto-Investitionskosten. Bei den Berechnungen wurde angenommen, dass 3,5 Prozent der Investitionskosten jährlich als Betriebs- und Wartungskosten anfallen und die wirtschaftliche Anlagenlebensdauer 20 Jahre beträgt. Die verschiedenen Farblinien stellen die Berechnungen für unterschiedliche spezifische Erträge dar. In Deutschland liegen diese in der Regel bestenfalls bei 1000 Kilowattstunden pro Kilowatt peak (kWh/kW$_p$). Für eine Rendite von 6 Prozent ergeben sich bei Netto-Investitionskosten von 1500 Euro pro Kilowatt bei einem spezifischen Ertrag von 1000 kWh/kW$_p$ Erzeugungskosten von 18,3 Cent pro Kilowattstunde. Bei einer Renditeerwartung von null reichen hingegen bereits 12,8 Cent pro Kilowattstunde, um sich zufriedenzugeben. Diese Kosten müssen im Mittel aus den durch den Eigenverbrauch eingesparten Stromkosten und der Einspeisevergütung erwirtschaftet werden.

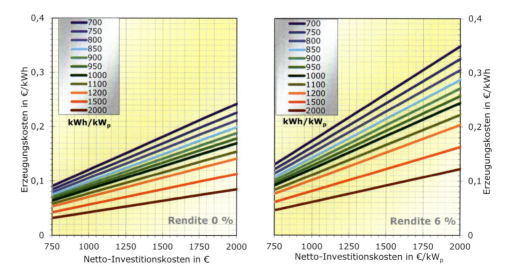

Abbildung 5.21 Stromerzeugungskosten in Abhängigkeit der Netto-Investitionskosten und des spezifischen Ertrags für eine Rendite von 0 Prozent (links) und 6 Prozent (rechts)

5.5.2 Förderprogramme

Während kleinere photovoltaische Inselsysteme bereits seit längerem ohne jegliche Förderung konkurrenzfähig sind, rechnen sich größere netzgekoppelte Photovoltaikanlagen meist nur ab einer bestimmten Vergütung für den eingespeisten Solarstrom. Kleinere Anlagen können sich auch über die eingesparten Stromkosten rechnen, aber auch hier ist eine angemessene Vergütung für die Einspeisung von Überschüssen für die Errichtung hilfreich. In Deutschland wird die Vergütung über das Erneuerbare-Energien-Gesetz (EEG) geregelt. Hier ist ein fester Preis für jede von einer Photovoltaikanlage ins öffentliche Elektrizitätsversorgungsnetz eingespeiste Kilowattstunde vorgeschrieben. Die Vergütung muss das zuständige Elektrizitätsversorgungsunternehmen zahlen, darf aber seinerseits die dadurch entstehenden Mehrkosten auf alle Stromkunden umlegen. Ein Ziel des Gesetzes ist, Solarstrom konkurrenzfähig zu machen. Darum ist im Gesetz eine stetige Degression vorgesehen. Die Vergütung für Neuanlagen sinkt also kontinuierlich. Die erhöhte Vergütung wird für einen Zeitraum von 20 Jahren ab der Anlagenerrichtung gewährt. Die Vergütungshöhe nimmt mit der Anlagengröße ab. Seit 2016 müssen sich Photovoltaikanlagen mit einer Leistung von mehr als 750 Kilowatt erst erfolgreich bei einer Ausschreibung bewerben, um eine Förderung zu erhalten.

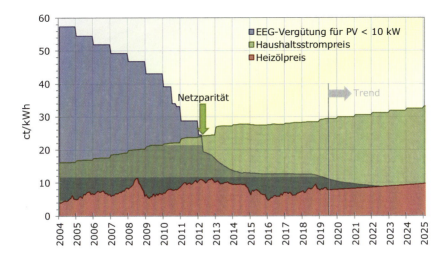

Abbildung 5.22 Entwicklung der EEG-Vergütung in Deutschland für kleine Photovoltaikanlagen mit Leistungen unter 10 kW im Vergleich zum Haushaltsstrompreis und den Brennstoffkosten für Ölheizungen von 2004 bis Mitte 2019 und Trend

Im Jahr 2012 wurde die sogenannte Netzparität erreicht. Seitdem ist Photovoltaikstrom preiswerter als der Bezug von Haushaltsstrom aus dem Netz *(Abbildung 5.22)*. Dies hat fundamentale Auswirkungen auf den Photovoltaikmarkt. Während davor große Photovoltaikanlagen ausschließlich für die Netzeinspeisung geplant wurden und ohne erhöhte Einspeisevergütung nicht wirtschaftlich waren, rechnen sie sich zunehmen durch Stromeinsparungen beim Eigenverbrauch. Inzwischen ist sogar der Abstand von der Vergütung von Photovoltaikanlagen zum Heizölpreis nur noch relativ gering. In absehbarer Zeit ist zu erwarten, dass die Einspeisevergütung für Solarstrom unter die Brennstoffkosten für Heizöl sinkt. Dies wird mit Sicherheit für alle Photovoltaikanlagen der Fall sein, bei denen nach 20 Jahren der Anspruch auf die EEG-Vergütung erlischt. Dann wird die Photovoltaik auch als Unterstützung von Heizungsanlagen attraktiv.

Ein Auslaufen der erhöhten Vergütung über das Erneuerbare-Energien-Gesetz in Deutschland ist zumindest längerfristig absehbar. Damit die Photovoltaik allerdings komplett ohne Förderung konkurrenzfähig sein kann, müssen Speichersysteme noch deutlich preisgünstiger werden. Um dies zu erreichen sind Speichereinführungsprogramme über zinsgünstige Kredite vorgesehen. Auch für die Errichtung von Photovoltaikanlagen gab es in der Vergangenheit zinsgünstige Kredite zusätzlich zur EEG-Vergütung, die über die Kreditanstalt für Wiederaufbau KfW abgewickelt werden. Da die Förderprogramme raschen Änderungen unterliegen sollte man sich vor der Errichtung einer Anlage nach den aktuellen Konditionen erkundigen *(s. Webtipp)*.

- *www.kfw.de* — Kreditanstalt für Wiederaufbau KfW
- *www.solarfoerderung.de* — Interaktiver Förderberater

5.5.3 Es geht auch ohne Mehrwertsteuer

In Deutschland lässt sich eine Photovoltaikanlage zur Netzeinspeisung privat oder gewerblich betreiben. Über eine Gewinn- und Verlustrechnung lassen sich Verluste von der Steuer abschreiben, Gewinne müssen als Einkünfte versteuert werden. Dies gilt sowohl für den privaten als auch den gewerblichen Betrieb. Der Kauf der Photovoltaikanlage darf nicht im ersten Betriebsjahr voll als Verlust abgesetzt werden, sondern muss über 20 Jahre verteilt abgeschrieben werden.

Eine Mehrwertsteuer gibt es übrigens in Deutschland gar nicht. Sie heißt korrekt Umsatzsteuer. Der gewerbliche Betrieb einer Photovoltaikanlage ist vor allem wegen der Umsatzsteuererstattung interessant. Erträge aus großen Photovoltaikanlagen unterliegen prinzipiell der Umsatzsteuerpflicht. Für kleinere Anlagen mit jährlichen Umsätzen unter 17 500 Euro gilt §19 des Umsatzsteuergesetzes. Danach muss der Betreiber keine Umsatzsteuer entrichten, verzichtet dann aber auch auf die Erstattungsmöglichkeit. Jeder kann sich aber auch bei kleineren Umsätzen der Umsatzsteuer freiwillig unterwerfen. In diesem Fall muss dem Finanzamt der Betrieb der Photovoltaikanlage gemeldet werden. In der Regel erwartet das Finanzamt auch einen Nachweis der Gewinnabsicht. Ist man einmal umsatzsteuerpflichtig, muss man auf alle verkauften Waren Umsatzsteuer aufschlagen und diese ans Finanzamt abführen. Bei Einkäufen wird hingegen die Umsatzsteuer erstattet. Bei der Photovoltaik kann man sich dann die Umsatzsteuer für den Anlagenkauf oder Reparaturen zurückerstatten lassen. Hierbei kommen schnell ein paar Hundert oder Tausend Euro zusammen. Die verkaufte Ware, also der Solarstrom wird dann aber auch umsatzsteuerpflichtig genauso wie der selbst verbrauchte Solarstrom. Die Umsatzsteuer wird auf den vom EEG festgelegten Tarif aufgeschlagen und reduziert damit nicht die Erlöse.

Die Kostenerstattung der Umsatzsteuer bedeutet jedoch einigen bürokratischen Aufwand. Jährlich wird dann eine Umsatzsteuererklärung fällig. Für große Anlagen mit einem jährlichen Umsatzsteueraufkommen von über 512 Euro oder in der Kombination kleine Anlage und komplizierter Finanzbeamter wird sogar monatlich eine Umsatzsteuervoranmeldung verlangt. Viele Computerprogramme für Steuererklärungen können diese aber einfach erstellen und elektronisch ans Finanzamt übermitteln.

Für kleine Photovoltaikanlagen muss übrigens trotz freiwilliger Umsatzsteuerpflicht kein Gewerbe angemeldet werden. Dies macht auch keinen Sinn, da eine Gewerbesteuer erst ab Gewinnen über 24 500 Euro erhoben wird.

Vom Angebot einer Photovoltaikanlage für die Netzeinspeisung zur laufenden Anlage

- Öffentliche Zuschüsse und zinsverbilligte Kredite ermitteln *(s. Webtipp)*.
- Anhand des Angebots Wirtschaftlichkeit überprüfen *(s. Abbildung 5.21)*.
- Geplante Anlagenerrichtung beim Energieversorger anmelden.
- Anlage von Fachbetrieb installieren lassen.
- Fertigmeldung des Elektrikers und technische Unterlagen der Anlage an das zuständige Energieversorgungsunternehmen (EVU) senden.
  EVU nimmt die Anlage ab und bietet Einspeisevertrag nach dem EEG an.
- Anlage der Bundesnetzagentur melden (app.bundesnetzagentur.de/pv-meldeportal)
- Einspeisevertrag prüfen, ggf. ändern und unterschreiben.
- Dem Finanzamt den gewerblichen Betrieb der Photovoltaikanlage melden.
- Über Umsatzsteuererklärung bezahlte Umsatzsteuer als Vorsteuerabzug erstatten lassen.
- Die Zählerstände in den mit dem EVU vereinbarten Abständen ablesen und an das EVU weitergeben. Gegebenenfalls Rechnung stellen.
- Wenn nötig, monatlich Umsatzsteuervoranmeldung an Finanzamt senden.
- Jährlich Gewinn- und Verlustrechnung mit Einkommenssteuer sowie Umsatzsteuererklärung an Finanzamt senden.

5.6 Ökologie

Das Gerücht, dass mehr Energie für die Herstellung von Silizium aufgewendet werden muss als die damit hergestellte Solarzelle während ihrer Lebensdauer überhaupt erzeugen kann, hält sich hartnäckig. Wo dieses Gerücht herkommt, lässt sich heute nicht mehr rekonstruieren. Es wurde vermutlich von Gegnern der Solartechnik in die Welt gesetzt, als es hierzu noch keinerlei detaillierte Untersuchungen gab.

Richtig ist, dass die Herstellung von Solarzellen relativ energieaufwändig ist. Für die Gewinnung von Silizium und die anschließende Reinigung sind jeweils Temperaturen von weit über 1000 Grad Celsius erforderlich. Im Gegensatz zu konventionellen Kohle-, Gas- oder Atomkraftwerken sind aber für den Betrieb von Photovoltaikanlagen keine weiteren

Energieträger notwendig. Nach der Inbetriebnahme beginnt die Solaranlage die für die Herstellung benötigte Energie zurückzuliefern. Verschiedene wissenschaftliche Untersuchungen in den 1990er-Jahren haben gezeigt, dass es hierzulande rund zwei bis drei Jahre dauert, bis Solarzellen ihre Herstellungsenergie wieder erzeugt haben [Qua12], deutlich weniger als zwei Jahre in Südeuropa. Durch die gestiegenen Wirkungsgrade und die reduzierten Zelldicken dürfte diese Zeit mittlerweile noch weiter zurückgegangen sein. Bei einer Lebensdauer von 20 bis 30 Jahren erzeugt die Solarzelle also ein Vielfaches der Herstellungsenergie.

Rund 13 Gramm wiegt heute eine 0,25 Millimeter dicke, 6 Zoll große kristalline Siliziumsolarzelle. Der Energieaufwand für die Herstellung von Solarzellen wird kontinuierlich abnehmen, da man daran interessiert ist, den Materialeinsatz und damit auch die Kosten drastisch zu reduzieren. Bei Dünnschichtzellen ist beispielsweise der Materialeinsatz bereits heute deutlich niedriger. Künftig ist zu erwarten, dass Solaranlagen die notwendige Energie zu ihrer Herstellung in wenigen Monaten wieder hereinspielen.

Bei der Herstellung von Solarzellen kommen verschiedene zum Teil toxische Chemikalien zum Einsatz. Wie bei allen chemischen Anlagen ist darum bei der Produktion streng darauf zu achten, dass keine Chemikalien in die Umwelt gelangen. Bei modernen Produktionsanlagen mit hohen Umweltstandards sollte dies aber problemlos einzuhalten sein.

Die fertige Solaranlage ist hingegen wesentlich unproblematischer. Dennoch wäre es viel zu schade, ausgediente Solaranlagen einfach zu verschrotten, enthalten sie doch wertvolle Rohstoffe. Die Solarindustrie verbessert deshalb kontinuierlich Verfahren, die Materialien wiederzugewinnen. Dabei werden Solarmodule wieder in ihre Bestandteile zerlegt und die Materialien sortenrein getrennt.

5.7 Photovoltaikmärkte

Die Photovoltaik bietet unter den erneuerbaren Energien die vielseitigsten Einsatzmöglichkeiten. Ihr Vorteil ist der modulare Aufbau. Es lassen sich nahezu alle gewünschten Generatorgrößen realisieren, angefangen vom Milliwattbereich für die Stromversorgung von Taschenrechnern und Uhren bis hin zum Gigawattbereich für die öffentliche Elektrizitätsversorgung. Während photovoltaisch versorgte Taschenrechner schon vor Jahrzehnten eine weite Verbreitung erlangten, wurden Großanlagen, die Solarstrom ins öffentliche Netz einspeisen, erst mit den erfolgreichen Markteinführungsprogrammen in Japan und Deutschland populär. Die staatlichen Programme in beiden Ländern kurbelten die Photovoltaikmodulproduktion an und sorgten seit Anfang der 1990er-Jahre für ein jährliches Marktwachstum zwischen 20 und 80 Prozent *(Abbildung 5.23)*. Mittlerweile haben auch andere Länder attraktive Bedingungen für die Errichtung netzgekoppelter Photovoltaikanlagen geschaffen.

Während im Jahr 1980 noch 85 Prozent der Solarmodule in den USA gefertigt wurden, ist der Anteil bis zum Jahr 2005 auf unter 10 Prozent geschrumpft. Japan und Deutschland haben Amerika den Rang der führenden Photovoltaiknationen abgenommen und wurden ab dem Jahr 2010 wiederum durch China verdrängt. Heute dominiert China mit Abstand den weltweiten Photovoltaikweltmarkt.

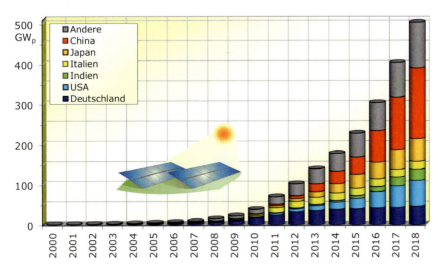

Abbildung 5.23 Entwicklung der insgesamt weltweit installierten Photovoltaikleistung

In Deutschland begann die Verbreitung der netzgekoppelten Photovoltaikanlagen erst Anfang der 1990er-Jahre mit dem sogenannten 1000-Dächer-Programm. Hierbei wurden durch staatliche Förderungen mehr als 2250 Photovoltaikanlagen hauptsächlich von Privathaushalten errichtet. Nach dem Auslaufen des Programms stagnierte erst einmal der Einsatz der Photovoltaik. Einen richtigen Auftrieb erlangte sie erst wieder im Jahr 2000 durch die Einführung des Erneuerbare-Energien-Gesetz (EEG). Bis zum Jahr 2012 war der deutsche Photovoltaikmarkt dann der weltweite Leitmarkt und deutsche Solarunternehmen weltweit führend.

Im Jahr 2013 verschlechterte die deutsche Regierung die Bedingungen für Photovoltaikanlagen erheblich. Das Ergebnis war ein radikaler Markteinbruch von einem Zubau von 7,6 Gigawatt im Jahr 2012 auf nur noch 1,5 Gigawatt im Jahr 2016. Als Folge musste eine Vielzahl deutscher Solarunternehmen Insolvenz anmelden. Rund 80 000 Arbeitsplätze gingen in Deutschland verloren.

Mitte 2019 waren in Deutschland rund zwei Millionen Photovoltaikanlagen mit einer Leistung von 48 Gigawatt in Betrieb. Im Jahr 2018 erzeugten Photovoltaikanlagen über 46 Milliarden Kilowattstunden an elektrischer Energie, was einem Anteil von fast 8 Prozent am Stromverbrauch entspricht.

Während Deutschland ab 2013 dem Photovoltaikmarkt regelrecht Daumenschrauben anlegte, boomte im gleichen Zeitraum der Photovoltaikzubau in China in einem atemberaubendem Tempo. Alleine im Jahr 2017 errichtete China mehr Photovoltaikanlagen als Deutschland in den letzten 30 Jahren davor zusammen. Die erlangte Vormachtstellung dürfte China in den nächsten Jahren kaum mehr abgeben und damit der Taktgeber im Bereich der Photovoltaik bleiben.

5.8 Ausblick und Entwicklungspotenziale

Während die Photovoltaik noch vor einigen Jahren die mit Abstand teuerste Art der Stromerzeugung war, können heute neue Photovoltaikanlagen in vielen Regionen der Erde bereits konventionelle Kraftwerke unterbieten. Setzt sich der Preisrückgang weiter fort, könnte die Photovoltaik in den nächsten 10 bis 20 Jahren zur bedeutendsten Art der Stromerzeugung aufsteigen.

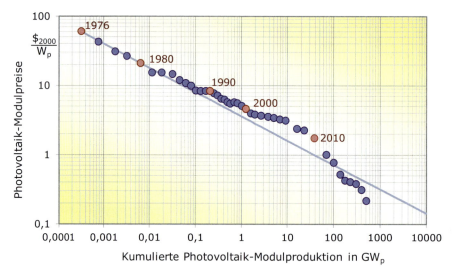

Abbildung 5.24 Entwicklung der inflationsbereinigten Photovoltaikmodulpreise in Abhängigkeit von der weltweit insgesamt produzierten Modulmenge

Die Vergangenheit hat bereits gezeigt, dass enorme Kostensenkungen möglich sind. Während im Jahr 1976 die Preise von Photovoltaikmodulen inflationsbereinigt noch rund 60 US-Dollar pro Watt betrugen, sind sie im Jahr 2012 bereits auf unter 1 Dollar und im Jahr 2018 unter 30 Cent pro Watt gesunken. Diese Entwicklung über die Jahre lässt sich an einer sogenannten Lernkurve zeigen *(Abbildung 5.24)*. Ausschlaggebend für eine Kostensenkung ist hierbei die Zunahme der Produktion. Steigt die Produktionsmenge, lassen sich die Kosten durch Rationalisierungseffekte, aber auch durch technische Weiterentwicklungen spürbar senken. Bei einer Verdopplung der insgesamt produzierten Photovoltaikmodulmenge ließen sich in den letzten 30 Jahren jeweils Kosteneinsparungen von gut 20 Prozent erzielen. Aus heutiger Sicht spricht nichts dagegen, dass sich diese Entwicklung fortschreiben lässt.

Rein rechnerisch könnte die Photovoltaik sogar den gesamten weltweiten Energiebedarf sicherstellen. Hierzu würde ein Bruchteil der Fläche der Sahara ausreichen. Selbst Deutschland könnte seinen gesamten Elektrizitätsbedarf durch die Photovoltaik decken. Technisch gesehen macht es hingegen wenig Sinn, für die künftige Energieversorgung nur auf eine Technologie zu setzen. Photovoltaikanlagen ergänzen sich gut mit anderen regenerativen Energieanlagen wie Windkraft-, Wasserkraft- oder Biomasseanlagen. Durch eine sinnvolle Kombination lässt sich die Versorgungssicherheit erhöhen und der Bau von großen Speichern zum Sicherstellen der Versorgung nachts oder im Winter vermeiden.

Abbildung 5.25 Photovoltaikanlagen lassen sich dezentral direkt von den Stromkunden errichten, die damit Konkurrenten zu klassischen Energieversorgern werden und die Energiewende vorantreiben.

Die Photovoltaik hat aber das Potenzial, zum Motor für die weltweite Energiewende zu werden. Im Gegensatz zu größeren Kraftwerken lässt sich die Photovoltaik auch dezentral direkt beim Endkunden errichten. Die Stromkunden selbst können somit direkte Konkurrenten zu den Energieversorgern werden und damit den Umbau der Energieversorgung vorantreiben. Wird diese Entwicklung nicht gezielt ausgebremst, könnte die Photovoltaik bis Mitte des Jahrhunderts über die Hälfte des weltweit erzeugten Stroms liefern und damit einen entscheidenden Beitrag zum Klimaschutz leisten.

6 Solarthermieanlagen – mollig warm mit Sonnenlicht

Licht und Wärme, das sind zwei Begriffe, die wir direkt mit der Sonne verbinden. Hell und mollig warm ist es im Sommer, wenn wir uns auf der Wiese im örtlichen Freibad sonnen. Eine stets angenehme Temperatur um uns herum ist wichtig für unser Wohlbefinden. Dabei soll nicht nur die Luft im Sommer, sondern auch die Wohnung im Winter, das Wasser der Dusche, der Badewanne und natürlich auch das Wasser im Schwimmbecken die richtigen Grade aufweisen. Der Luxus, stets die gewünschte Temperatur einstellen zu können, ist heutzutage eine Selbstverständlichkeit, eine der angenehmsten Errungenschaften unserer Wohlstandsgesellschaft. Schwer vorzustellen, die Zeiten nach dem Krieg: die kalten Winter, in denen es nicht genug Brennstoffe gab, um die Behausungen auch nur auf halbwegs angenehmen Temperaturen zu halten. Doch unser Wohlstand und die fossilen Brennstoffe haben diese Zustände ein für alle Mal beseitigt, zwar nicht überall auf der Erde, aber doch zumindest bei uns.

Abbildung 6.1 Moderne solarthermische Kollektoranlagen sind eine wichtige Alternative zu konventionellen Erdöl- und Erdgasheizungen (Fotos: www.wagner-solar.com).

Aber selbst wenn wir auf fossile Brennstoffe verzichten, ist unser Privileg nicht gefährdet, stets angenehme Temperaturen wählen zu können. Solarthermie – die Wärme von der Sonne – ist hierbei eine wichtige Alternative. Die Solarthermie erfasst dabei weite Bereiche. Fällt Sonnenlicht durch ein Fenster in ein Gebäude, trägt die Sonnenenergie bereits zur Gebäudeerwärmung bei. Schon seit Jahrhunderten ist so Sonnenwärme mehr oder weniger unbewusst bereits ein wichtiger Bestandteil zur Deckung unseres Heizwärmebedarfs.

Im Jahr 1891 erhielt der Metallfabrikant Clarence M. Kemp aus Baltimore das weltweit erste Patent für eine technische Solarthermieanlage. Dabei handelte es sich um einen sehr einfach konstruierten Speicherkollektor zur Wassererwärmung. Im Jahr 1909 stellte der Kalifornier William J. Bailey ein optimiertes Anlagenkonzept vor, das Solarkollektor und Wasserspeicher trennte. Bis zum zweiten Weltkrieg wurden Solarwärmeanlagen in einigen Regionen erfolgreich vermarktet. Danach kam der Markt durch die Konkurrenz fossiler Energieträger völlig zum Erliegen.

Erst in den 1970er-Jahren begann mit den Ölkrisen die Wiederentdeckung der Solarthermie. In den darauffolgenden Jahren bestanden noch zahlreiche Kinderkrankheiten, und nicht alle Anlagen liefen zur vollsten Zufriedenheit ihrer Besitzer. Heute sind die Systeme technisch weitgehend ausgereift. Es existiert eine Vielzahl solarthermischer Anlagenvarianten auf sehr hohem technischem Niveau. In Kombination mit einer optimierten Wärmedämmung und anderen regenerativen Heizungssystemen wie Biomasseheizungen oder regenerativ betriebene Wärmepumpen können sie einen wichtigen Beitrag zu einer kohlendioxidfreien Wärmeversorgung leisten.

> **Solarkollektor, Solarabsorber, Solarzelle oder Solarmodul – was nun?**
>
> All diese Begriffe werden gerne verwechselt. Das sorgt dann beim Fachmann meist für ein leichtes Schmunzeln, manchmal aber auch für etwas Verwirrung – Grund genug, die Begriffe hier einmal etwas zu entwirren.
>
> Ein Sonnen- oder Solarkollektor dient zur Wärmegewinnung aus Sonnenstrahlung. Ein Kollektor macht also immer etwas heiß. Herzstück eines Solarkollektors ist der Solarabsorber. Dieser absorbiert die Sonnenstrahlung und wandelt sie in Wärme um. Solarkollektoren werden verwendet, um Trinkwasser zu erwärmen, Heizungswärme oder Hochtemperatur-Prozesswärme zu erzeugen. Aus Hochtemperaturwärme kann mit Wärmekraftmaschinen sogar Strom generiert werden *(vgl. Kapitel 7)*. Auch hier kommen aber zuerst Solarkollektoren zum Einsatz, die Wärme erzeugen.
>
> Eine *Solarzelle* ist eine photovoltaische Zelle, die Solarstrahlung direkt in elektrische Energie umwandelt *(vgl. Kapitel 5)*. Eine Solarzelle kann zwar auch heiß werden, anders als beim Solarkollektor ist dies aber ein unerwünschter Nebeneffekt. Die Wärme verringert nämlich den Wirkungsgrad bei der Stromerzeugung. Ein Solarmodul besteht aus vielen Solarzellen und dient ebenfalls zur Stromerzeugung aus Sonnenlicht.

6.1 Aufbau und Funktionsweise

Solarthermie steht für die Umwandlung von Solarstrahlung in Wärme. Das Einsatzgebiet ist dabei groß. Je höher die Temperaturen sein sollen, umso größer ist der technische Aufwand. Das Prinzip ist bei allen solarthermischen Anlagen ähnlich. Ein Solarkollektor fängt zuerst das Sonnenlicht auf. Der Begriff Kollektor kommt dabei vom lateinischen collegere, was für Sammeln steht. Zentraler Bestandteil eines Kollektors ist der Solarabsorber. Er absorbiert das Sonnenlicht und wandelt es in Wärme um *(Abbildung 6.2)*. Diese Wärme gibt er schließlich an ein Wärmeträgermedium ab.

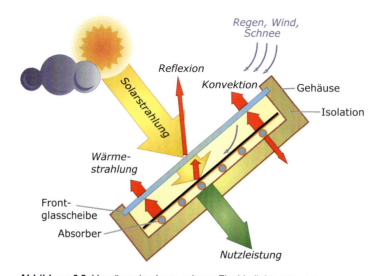

Abbildung 6.2 Vorgänge in einem solaren Flachkollektor [Qua11]

Das Wärmeträgermedium kann einfach nur Wasser, Luft, aber auch ein Öl oder ein Salz sein. Bei der Umwandlung treten unvermeidlich Wärmeverluste auf. Ein Teil der Solarstrahlung wird reflektiert und erreicht erst gar nicht den Absorber. Ein Teil der Wärme geht in Form von Wärmeverlusten verloren, bevor sie an das Wärmeträgermedium abgegeben werden kann. Das Kunststück ist es nun, den Kollektor so zu bauen, dass die Wärmeverluste möglichst gering sind und der Kollektor dabei noch kostengünstig herzustellen ist. Je nach Einsatzgebiet und gewünschten Temperaturen sind daher unterschiedliche Kollektoren zu verwenden.

Die Wirkungsgradkennlinie beschreibt die Leistungsfähigkeit eines Kollektors. Zur Bestimmung der Kennlinie vermessen Forschungsinstitute die Kollektoren unter fest definierten Bedingungen. Diese Kennlinien sind dann beim Kollektorhersteller oder über das Internet erhältlich.

- www.spf.ch   SPF-Kollektor-Testberichte
- www.itw.uni-stuttgart.de   ITW-Kollektor-Testberichte

Kollektorwirkungsgrad

Der Wirkungsgrad und die Wirkungsgradkennlinie eines Solarkollektors lassen sich mit Hilfe von drei Parametern η_0, a_1 und a_2 bestimmen. Der optische Wirkungsgrad η_0 beschreibt, welchen Anteil des Sonnenlichts der Absorber in Wärme umwandelt. Der Absorber selbst oder eine Frontglasscheibe reflektieren nämlich einen Teil des Sonnenlichts, bevor es überhaupt absorbiert werden kann. Je nach Kollektortyp liegt der optische Wirkungsgrad zwischen 70 und 90 Prozent. Die zwei Verlustkoeffizienten a_1 und a_2 geben an, wie stark die Wärmeverluste im Kollektor sind. Je heißer der Kollektor wird, desto größer sind die Wärmeverluste und desto weniger Nutzwärme kann der Kollektor abgeben. Große Verlustkoeffizienten bedeuten auch große Wärmeverluste. Die Formel für den Kollektorwirkungsgrad lautet:

$$\eta = \eta_0 - \frac{a_1 \cdot \Delta\vartheta + a_2 \cdot \Delta\vartheta^2}{E}.$$

Hierbei gibt $\Delta\vartheta$ die Temperaturdifferenz vom Kollektor zur Umgebung und E die solare Bestrahlungsstärke an.

Bei einer Umgebungstemperatur von 25 °C und einer Kollektortemperatur von 55 °C ergibt sich eine Temperaturdifferenz von $\Delta\vartheta = 30$ °C beziehungsweise 30 K. Für einen Flachkollektor mit einem optischen Wirkungsgrad von $\eta_0 = 0{,}8$ und den Verlustkoeffizienten $k_1 = 3{,}97$ W/(m² K) und $k_2 = 0{,}01$ W/(m² K²) berechnet sich an einem schönen Sommertag mit einer solaren Bestrahlungsstärke von $E = 800$ W/m² ein Kollektorwirkungsgrad von

$$\eta = 0{,}8 - \frac{3{,}97\,\frac{W}{m^2 K} \cdot 30\,K + 0{,}01\,\frac{W}{m^2 K^2} \cdot (30\,K)^2}{800\,\frac{W}{m^2}} = 0{,}64 = 64\,\%.$$

Ein 4,88 m² großer Kollektor gibt dann eine Leistung von 2500 Watt ab. Das ist ausreichend, um in einer Stunde 100 Liter Wasser von 33,5 °C auf 55 °C zu erwärmen. ∎

Die Kollektorwirkungsgradkennlinie beschreibt den Verlauf des Wirkungsgrads in Abhängigkeit der Temperaturdifferenz von Kollektor und Umgebung *(Abbildung 6.3)*. Sie zeigt, dass der Wirkungsgrad mit zunehmender Temperaturdifferenz sinkt, bis der Kollektor dann bei einem Wirkungsgrad von null schließlich gar keine Leistung mehr abgibt.

Fast alle thermischen Solarsysteme benötigen neben einem Kollektor auch einen Speicher. Nur in den seltensten Fällen scheint nämlich die Sonne immer genau dann, wenn auch die Wärme gebraucht wird. Ein einfacher Wassertank stellt bereits einen Wärmespeicher dar. Dieser sollte zur Reduzierung der Wärmeverluste gut gedämmt sein. Die Speichergröße hängt vor allem vom Wärmebedarf und von der gewünschten Speicherdauer ab. Tagesspeicher für Warmwasseranlagen in Einfamilienhäusern zum Überbrücken weniger Tage fassen meist nur einige Hundert Liter. Sollen neben Warmwasser auch sehr große Mengen an Heizwärme gespeichert werden, benötigt man saisonale Wärmespeicher. Diese lagern Wärme im Sommer ein und geben sie im Winter wieder ab. Große Wärmespeicher für kleinere Siedlungen erreichen Größen von einigen Hundert oder gar Tausend Kubikmetern. Große Speicher haben dabei generell geringere spezifische Wärmeverluste als kleine Speicher. Das Speichervolumen steigt deutlich schneller als die Größe der Speicheroberfläche. Die Speicherverluste hängen aber nur von der Größe der Oberfläche des Speichers ab.

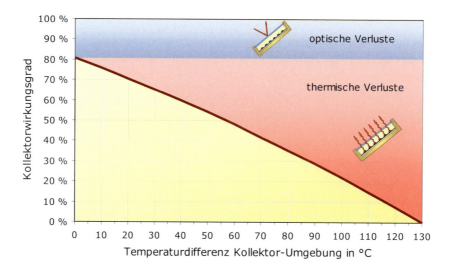

Abbildung 6.3 Kollektorwirkungsgradkennlinie

6.2 Solarkollektoren – Sonnensammler

6.2.1 Schwimmbadabsorber

Bei den Kollektoren gibt es für verschiedene Einsatzzwecke unterschiedliche Varianten. Der einfachste Kollektortyp besteht nur aus einem Absorber. Wer im Sommer einen dunklen mit Wasser gefüllten Gartenschlauch in die Sonne legt, kann nach einiger Zeit eine kurze warme Dusche nehmen. Der Gartenschlauch hat also bereits die Eigenschaften eines Absorbers. Ein professioneller Schwimmbadabsorber ist im Prinzip auch nur ein einfaches schwarzes Kunststoffrohr, das wegen der dunklen Farbe das Sonnenlicht nahezu optimal absorbiert. Dabei verwendet man witterungsbeständige Kunststoffe, die UV-Licht und aggressives mit Chlor versetztes Schwimmbadwasser gut aushalten. Als Materialien eignen sich Polyethylen (PE), Polypropylen (PP) und Ethylen-Propylen-Dien-Monomere (EPDM). Auf PVC sollte aus ökologischen Gründen verzichtet werden. Im Winter wird man mit einem Gartenschlauch vergeblich versuchen, warmes Duschwasser zu gewinnen. Nicht viel besser sieht es dann beim Schwimmbadabsorber aus. Der Absorber nimmt zwar immer noch die Sonnenstrahlung auf. Die Wärmeverluste im Absorberrohr selbst sind aber so groß, dass am Ende des Rohrs kaum mehr Wärme zu entnehmen ist. Möchte man auch in den Übergangszeiten oder im Winter Sonnenwärme nutzen oder soll die Warmwassertemperatur höher als bei Schwimmbadwasser sein, sind technisch etwas aufwändigere Kollektoren erforderlich.

6.2.2 Flachkollektoren

Bei einem Flachkollektor reduziert eine Frontglasscheibe die Wärmeverluste erheblich. Leider reflektiert das Frontglas auch einen Teil des Sonnenlichts. Bei sehr niedrigen Kollektortemperaturen kann deshalb der Wirkungsgrad eines Schwimmbadabsorbers sogar höher als der eines Flachkollektors sein. Bei höheren Temperaturen ist der Wirkungsgrad des Flachkollektors aber stets deutlich besser.

Im Sommer kommt es bei Solarthermieanlagen vor, dass sie zeitweise keine Wärme benötigen. Ist beispielsweise der Wärmespeicher komplett gefüllt, pumpt die Anlage kein Wasser mehr durch den Kollektor. Dann spricht man von einem Kollektorstillstand. Die Temperaturen im Kollektor können deutlich über 100 Grad Celsius ansteigen. Sehr gute Flachkollektoren erreichen Stillstandstemperaturen zwischen 150 und 200 Grad Celsius. Kunststoffrohre scheiden daher für den Absorber aus. Absorber von Flachkollektoren bestehen meistens aus Kupfer- oder Aluminiumrohren, die auf einem dünnen Absorberblech befestigt sind *(Abbildung 6.4)*. Der Absorber selbst befindet sich in einem Kollektorgehäuse, das nach hinten gut isoliert ist, um die rückseitigen Wärmeverluste zu minimieren.

Abbildung 6.4 Schnitt durch einen Flachkollektor (Abbildung: © Bosch Thermotechnik GmbH)

Metallische Werkstoffe haben von Natur aus keine schwarze Oberfläche, welche die Sonnenstrahlung gut absorbiert. Deshalb müssen sie beschichtet werden. Zunächst kommt dafür schwarze Farbe in Frage. Temperaturbeständige schwarze Farbe erfüllt zwar diesen Zweck, jedoch gibt es weit bessere Materialien für eine Absorberbeschichtung. Erwärmt sich eine schwarze Oberfläche, gibt diese einen Teil der Wärmeenergie wieder in Form von Wärmestrahlung ab. Dies lässt sich an einer eingeschalteten elektrischen Herdplatte beobachten. Hier kann man die Wärmestrahlung der Platte auf der Haut fühlen, ohne sie zu berühren. Der gleiche Effekt tritt bei einem schwarz lackierten Absorber auf. Er gibt nur einen Teil seiner Wärme an das durchströmende Wasser ab. Einen anderen Teil emittiert er als unerwünschte Wärmestrahlung wieder an die Umgebung.

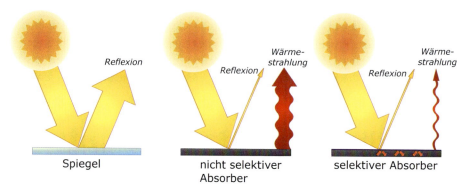

Abbildung 6.5 Prinzip des selektiven Absorbers

Durch sogenannte selektive Beschichtungen lassen sich die Wärmestrahlungsverluste minimieren *(Abbildung 6.5)*. Diese Beschichtungen absorbieren einerseits das Sonnenlicht ähnlich gut wie eine schwarz gestrichene Platte. Jedoch ist bei ihnen der Anteil der Wärmestrahlung deutlich geringer. Materialien für selektive Beschichtungen können aber nicht mehr einfach durch Streichen oder Spritzen aufgebracht werden. Hierfür sind aufwändigere Beschichtungsverfahren notwendig.

6.2.3 Luftkollektoren

In den meisten Fällen erwärmen Solarkollektoren Wasser. Für die Raumluftheizung soll letztendlich jedoch Luft und nicht Wasser erwärmt werden. Bei konventionellen Heizungssystemen geben Heizkörper oder im Fußboden verlegte Heizungsrohre die Wärme des Heizwassers an die Raumluft ab. Anstelle von Wasser lässt sich aber auch Luft direkt durch einen Solarkollektor leiten.

Da Luft Wärme wesentlich schlechter als Wasser aufnimmt, sind dazu erheblich größere Absorberquerschnitte nötig. Vom Prinzip her unterscheidet sich ansonsten der Luftkollektor nur wenig vom wasserdurchströmten Flachkollektor. *Abbildung 6.6* zeigt einen Luftkollektor mit Rippenabsorber. Ein integriertes Photovoltaikmodul kann den Strom zum Antrieb eines Lüftermotors liefern. Speziell zur Heizungsunterstützung sind Luftkollektoren eine interessante Alternative. Eine Wärmespeicherung ist aber bei Systemen mit Luftkollektoren prinzipiell aufwändiger.

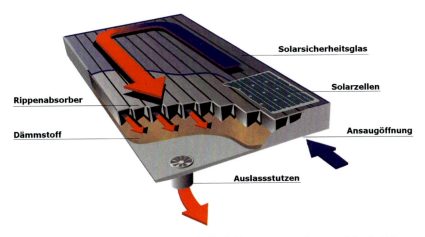

Abbildung 6.6 Querschnitt durch einen Luftkollektor (Abbildung: Grammer Solar GmbH)

6.2.4 Vakuum-Röhrenkollektor

Die Luft zwischen Absorber und Frontglasscheibe verursacht einen Großteil der Wärmeverluste beim Flachkollektor. Sie sorgt für die sogenannten konvektiven Wärmeverluste und transportiert kontinuierlich Wärme vom Absorber zur Glasscheibe. Diese gibt sie dann ungenutzt an die Umgebung ab.

> **Wie sich eine aufgeblähte Plastiktüte evakuieren lässt**
>
> Der Begriff Vakuum stammt vom lateinischen Wort vacus, was leer oder frei bedeutet. Allgemein versteht man unter einem Vakuum einen luftleeren Raum. Ein vollständig luftleerer Raum ist auf der Erde aber praktisch nicht zu erzeugen.
>
> In der Technik oder Physik versteht man unter einem Vakuum lediglich einen Luftdruck, der deutlich niedriger als der normale Luftdruck ist. Um ein Vakuum herzustellen, pumpt man mit einer Vakuumpumpe die Luft aus einem in sich stabilen Raum. Prinzipiell kann man auch mit dem Mund, zum Beispiel beim Nuckeln an einer Glasflasche, ein Grobvakuum erzeugen. Eine Plastiktüte lässt sich hingegen nicht evakuieren – zumindest nicht in der normalen Umgebung auf der Erde. Im Weltall herrscht hingegen ein nahezu perfektes Vakuum. Öffnet man eine leere Plastiktüte im Weltall und verschließt sie dort wieder, befindet sich auch in der aufgeblähten Tüte ein Vakuum. Kehrt man mit der Tüte auf die Erde zurück, drückt sie der umgebende Luftdruck aber wieder zusammen.
>
> Der Umgebungsluftdruck entsteht durch die Gewichtskraft der Luftsäule über der Erdoberfläche. Rund 10 Tonnen bringt die Atmosphärenluft pro Quadratmeter Erdoberfläche auf die Waage. Bleibt die Frage, warum dieser enorme Druck nicht einfach die Glasscheibe eines Kollektors eindrückt. Die Antwort ist einfach: Es liegt daran, dass der Raum unter der Glasscheibe auch mit Luft gefüllt ist, die den nötigen Gegendruck erzeugt. Wird der Raum hinter der Glasscheibe allerdings evakuiert, biegt sie sich durch und zerbricht im Normalfall.

Befindet sich zwischen Absorber und Frontscheibe ein Vakuum, lassen sich die Wärmeverluste durch Luftbewegungen im Kollektor deutlich reduzieren. Dieses Prinzip nutzt der Vakuum-Flachkollektor. Da der äußere Luftdruck die vordere Abdeckung gegen den Absorber drücken würde, sind hier Stützen zwischen der Kollektorunterseite und der Glasabdeckung notwendig. Das Vakuum lässt sich über längere Zeit nicht stabilisieren, da das Eindringen von Luft am Übergang zwischen Glas und Kollektorgehäuse nicht vollständig zu vermeiden ist. Deshalb muss ein Vakuum-Flachkollektor in gewissen Zeitabständen nachevakuiert werden. Dies geschieht durch Anschließen einer Vakuumpumpe an ein dafür vorgesehenes Ventil am Kollektor. Wegen dieser Nachteile konnte sich der Vakuum-Flachkollektor nicht durchsetzen.

Diese Nachteile lassen sich bei einem anderen Kollektortyp, dem Vakuum-Röhrenkollektor, vermeiden. Der Vakuum-Röhrenkollektor basiert darauf, dass sich in einer vollständig abgeschlossenen Glasröhre ein Hochvakuum deutlich besser herstellen und über längere Zeit aufrechterhalten lässt, als beim Vakuum-Flachkollektor. Glasröhren halten durch ihre Form besser dem äußeren Luftdruck stand, sodass hier Metallstäbe zur Abstützung nicht mehr nötig sind.

Im geschlossenen Glasrohr des Vakuum-Röhrenkollektors befindet sich ein Fahnenabsorber, also ein flaches Absorberblech, in dessen Mitte ein Wärmerohr, die sogenannte Heatpipe integriert ist *(Abbildung 6.7 links)*. In dieser Heatpipe ist ein leicht verdampfbares Medium wie Methanol eingeschlossen. Ist es durch Sonnenwärme verdampft, steigt der Dampf nach oben. Am oberen Ende ragt die Heatpipe aus dem Glasrohr hinaus. Hier befindet sich der Kondensator. Er kondensiert das Wärmemedium wieder. Dabei gibt es die Wärmeenergie über einen Wärmetauscher an vorbeiströmendes Wasser ab. Nach dem Kondensieren fließt das wieder flüssige Medium in der Heatpipe nach unten ab. Um funktionstüchtig zu sein, müssen die Röhren mit einer gewissen Mindestneigung montiert werden.

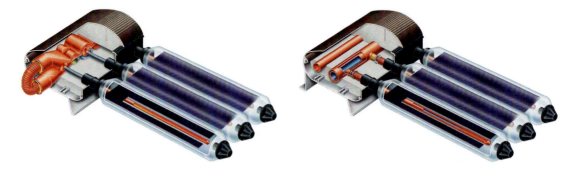

Abbildung 6.7 Vakuum-Röhrenkollektoren (links: Kollektor mit Heatpipe, rechts: direkt durchströmte Röhre, Abbildungen: Viessmann Werke)

Es gibt auch Vakuum-Röhrenkollektoren mit einem durchlaufenden Wärmeträgerrohr *(Abbildung 6.7 rechts)*. Bei diesem System strömt die Wärmeträgerflüssigkeit direkt durch den Kollektor. Ein Wärmetauscher im Kollektor ist dann nicht notwendig und der Kollektor muss auch nicht unbedingt in einer Schräglage montiert sein.

Das Eindringen von Wasserstoff in das Vakuum lässt sich nicht vollständig verhindern, da Wasserstoffmoleküle extrem klein sind. Das zerstört aber im Laufe der Zeit das Vakuum. Um dies zu verhindern, werden sogenannte Getter in den Kollektor eingebaut, die über lange Zeit eindringenden Wasserstoff chemisch binden können.

Der Vorteil der Vakuum-Röhrenkollektoren liegt in einem deutlich höheren Energieertrag, vor allem in den kühleren Jahreszeiten. Eine Solaranlage mit Vakuum-Röhrenkollektoren benötigt im Vergleich zu normalen Flachkollektoren eine geringere Kollektorfläche. Nachteilig sind die wesentlich höheren Kollektorkosten.

Abbildung 6.8 Flachkollektor und Vakuum-Röhrenkollektoren im Vergleich
(Foto: Viessmann Werke)

6.3 Solarthermische Anlagen

6.3.1 Warmes Wasser von der Sonne

Mit Hilfe der Sonne lässt sich Wasser auf hohe Temperaturen bringen. Das machte uns bereits Archimedes vor, der schon im Jahr 214 vor Christi Geburt Wasser mit Hilfe eines Hohlspiegels zum Kochen gebracht haben soll. Kein Wunder, werden nun einige sagen, denn Archimedes kam ja auch nicht aus Hamburg, London oder Ostfriesland. In Süditalien lässt sich Sonnenenergie einfach besser nutzen. Das ist durchaus richtig, aber nur zum Teil.

Im Mittelmeerraum sind die Durchschnittstemperaturen höher als in Deutschland und man muss zudem keine Frostschäden bei Warmwasseranlagen befürchten. Daher lassen sich Anlagen zur solaren Warmwassererzeugung im Süden deutlich einfacher und damit auch preiswerter konstruieren. Doch auch in nördlicheren Breiten ist Sonnenenergie hervorragend geeignet, um die begehrte Wärme zu erzeugen.

6.3.1.1 Schwerkraftsysteme

Dass die Nutzung der Sonnenergie in südlichen Ländern geradezu obligatorisch sein sollte, hat sich jedoch noch nicht überall herumgesprochen. So sind bei ähnlicher geografischer Lage in einigen Ländern extrem unterschiedlich viele Anlagen installiert. Während einem auf Zypern, in der Türkei oder in Israel thermische Solaranlagen überall ins Auge stechen, muss man im ebenfalls sonnenverwöhnten Spanien schon etwas länger suchen, bis man eine Anlage entdeckt.

Abbildung 6.9 Links: Vorführmodell eines Schwerkraftsystems, rechts: Schwerkraftanlage in Spanien

In südlichen Ländern kommen hauptsächlich sogenannte Schwerkraftanlagen zum Einsatz *(Abbildung 6.9 und Abbildung 6.10)*. Ein Flach- oder ein Vakuum-Röhrenkollektor sammelt die Solarstrahlung und erwärmt Wasser, das durch den Kollektor strömt. Ein Warmwasserspeicher ist etwas höher als der Kollektor aufgestellt. Da kaltes Wasser schwerer ist als warmes, sinkt es vom Speicher nach unten in den Kollektor ab. Hier wird das Wasser durch die Sonne erwärmt und steigt wieder nach oben, bis es erneut in den Speicher gelangt. Ist keine solare Einstrahlung mehr vorhanden, bleibt der Kreislauf stehen, bis ihn die Sonne wieder anwirft.

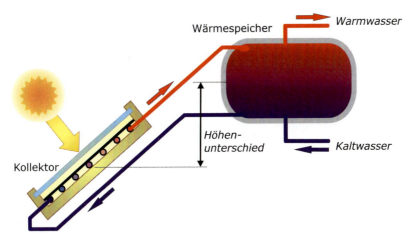

Abbildung 6.10 Solares Schwerkraftsystem (Thermosiphonanlage)

Bei richtiger Auslegung kann eine derartige Solaranlage in südlichen Ländern fast den gesamten Warmwasserbedarf einer Familie decken. Lediglich in einigen sonnenarmen Wochen des Jahres erreicht das Wasser nicht ganz die gewünschten Temperaturen. Dies wird in den entsprechenden Ländern oftmals akzeptiert oder man installiert eine Zusatzheizung, die zum Beispiel mit Gas betrieben wird. Reicht einmal die Wärme der Sonne nicht aus, kann man so dennoch seine gewünschte Warmwassertemperatur erzeugen.

In China haben solarthermische Anlagen zur Wassererwärmung einen hohen Marktanteil erlangt. In entlegenen ländlichen Regionen gibt es nur schwer Zugang zu fossilen Brennstoffen. Hier fehlt die Möglichkeit, Wasser bei Bedarf auch ohne Sonne nachträglich zu erhitzen. Um auch bei niedrigen Außentemperaturen eine hohe Versorgungssicherheit durch die Solaranlage zu gewährleisten, kommen in China daher hauptsächlich Vakuum-Röhrenkollektoren zum Einsatz.

6.3.1.2 Systeme mit Zwangsumlauf

Möchte man auch in Gegenden mit deutlich niedrigeren Außentemperaturen warmes Wasser mit der Sonne erzeugen, muss die Anlage technisch optimiert werden. Trinkwasser direkt im Kollektor zu erwärmen, wäre hier zu riskant, da es im Winter frieren und so die Anlage zerstören könnte. Darum vermengt man das Wasser, das durch den Kollektor fließt, mit Frostschutzmittel. Frostschutzmittel schmeckt allerdings nicht allzu gut und ist zudem noch ungesund. Deshalb trennt ein Wärmetauscher Wasserkreislauf und Solarkreislauf und übergibt die Wärme an den Warmwasserspeicher. Der Speicher ist in der Regel so dimensioniert, dass er Warmwasser auch über zwei bis drei schlechte Tage liefern kann, ohne dass ein großer Wärmenachschub vom Solarkollektor erfolgt.

6 Solarthermieanlagen – mollig warm mit Sonnenlicht

Abbildung 6.11 Einfamilienhaus mit Photovoltaikanlage (links) und Flachkollektoren zur Wassererwärmung (rechts), Foto: SunTechnics

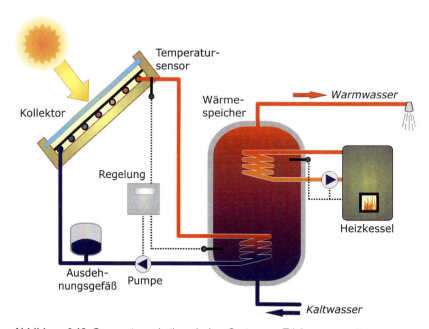

Abbildung 6.12 Gepumptes solarthermisches System zur Trinkwassererwärmung

Im Gegensatz zu südlichen Ländern sind in Mittel- und Nordeuropa Flachdächer weniger üblich. Warmwasserspeicher stehen hier traditionell im Keller oder in einem Hauswirtschaftsraum. Befindet sich der Wärmespeicher unterhalb des Kollektors, muss das Wasser durch den Kollektor gepumpt werden. Eine Pumpe fördert das Wasser im Solarkreislauf durch den Kollektor und eine Regelung sorgt dafür, dass die Pumpe nur anspringt, wenn die Kollektortemperatur höher ist als die des Speichers *(Abbildung 6.12)*. Ein konventioneller Heizkessel erwärmt in den Übergangszeiten und im Winter das Wasser nach, sodass das gesamte Jahr über die warme Dusche möglich ist. Im Hochsommer kommt es vor, dass der Solarkollektor den kompletten Speicher auf eine vorher festgelegte Maximaltemperatur erwärmt. Diese Maximaltemperatur beträgt meist 60 Grad Celsius, um allzu starke Kalkablagerungen zu vermeiden. Ist der Speicher voll, unterbricht die Regelung den Nachschub vom Kollektor. Trotz voller Sonneneinstrahlung strömt dann kein Wasser mehr durch den Kollektor. Dieser kann sich dann auf Temperaturen von weit über 100 Grad Celsius aufheizen und das Wasser verdampfen. Ein ausreichend groß dimensioniertes Ausdehnungsgefäß fängt die Volumenausdehnung des Wassers auf.

6.3.2 Heizen mit der Sonne

Nicht nur Warmwasser, sondern auch Heizwärme lässt sich problemlos mit Hilfe solarthermischer Systeme erzeugen. Im Prinzip muss man hierzu lediglich den Kollektor und den Speicher vergrößern und an den Heizungskreislauf anschließen. Da sich im Heizungskreislauf in der Regel aber kein Trinkwasser befindet, sind zwei getrennte Wärmespeicher für Heizwasser und Trinkwasser erforderlich. In einem Kombispeicher lassen sich beide Speicher elegant integrieren und die Wärmeverluste reduzieren *(Abbildung 6.13)*.

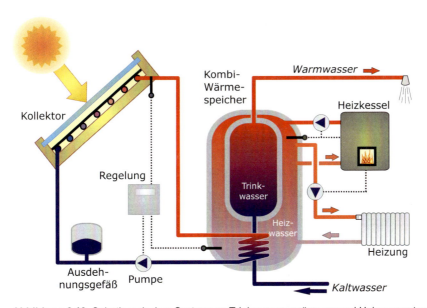

Abbildung 6.13 Solarthermisches System zur Trinkwassererwärmung und Heizungsunterstützung

In Deutschland werden die Systeme meist so ausgelegt, dass die Solarenergie nur heizungsunterstützend wirkt. Vor allem in den Übergangszeiten Frühjahr und Herbst lässt sich der Heizwärmebedarf hauptsächlich durch die Sonne decken. Im Winter hingegen reicht die Leistung der Kollektoren nicht mehr für den gesamten Wärmebedarf aus. Prinzipiell ist es auch möglich, auch den kompletten Heizenergiebedarf durch die Sonne zu decken. Hierzu ist aber ein sehr großer Speicher nötig, der Heizwärme vom Sommer für den Winter einlagert und wegen seiner Größe in der Regel nur in Neubauten integriert werden kann. Dies erhöht zwar die Kosten für das Solarsystem erheblich, auf ein zusätzliches Heizungssystem kann dann aber jedoch ganz verzichtet werden. Aus ökonomischen Gründen wird derzeit meist nur einen Speicher für wenige Tage in das System integriert. Damit lassen sich 20 bis maximal 70 Prozent des Wärmebedarfs durch die Sonne decken.

Abbildung 6.14 Große dachintegrierte Solarthermieanlage zur Wassererwärmung und Heizungsunterstützung (Foto: SunTechnics)

Solare Deckungsraten von 20 bis 30 Prozent lassen sich bei Standardneubauten und sogar sanierten Altbauten relativ problemlos erreichen. Um deutschlandweit den Wärmebereich für einen wirksamen Klimaschutz vollständig auf erneuerbare Energien umzustellen, werden aber auch Gebäude mit höheren Solaranteilen gebraucht. Dazu muss das Gebäude optimal gedämmt und auf Passivhausstandard gebracht werden. Bei einem normalen Einfamilienhaus reichen dann 40 bis 50 Quadratmeter Kollektorfläche und rund 10 000 Liter Speichervolumen aus, um auch an weniger sonnigen Standorten Solaranteile von 65 Prozent zu erreichen. Der restliche Heizenergiebedarf lässt sich dann recht einfach mit einem Holzofen decken, wofür ein bis zwei Raummeter Brennholz pro Jahr genügen. Die jährliche Heizkostenrechnung liegt dabei üblicherweise unter 200 Euro.

6.3 Solarthermische Anlagen

Abbildung 6.15 Bei dem energieautarken Solarhaus (links) in Lehrte deckt eine 46-m²-Solarthermieanlage mit einem 9300-Liter-Pufferspeicher (rechts) 65 % des Wärmebedarfs und eine 8-kW-Photovoltaikanlage den gesamten Strombedarf (Fotos: HELMA Eigenheimbau AG).

Soll der gesamte Heizenergiebedarf durch die Sonne gedeckt werden, sind noch größere Kollektoren und Speicher erforderlich. Dass dies prinzipiell möglich ist, haben bereits zahlreiche erfolgreich aufgebaute Solarhäuser in Deutschland und der Schweiz bewiesen. Bei einem normalen Einfamilienhaus beträgt dafür die nötige Kollektorgröße etwa 80 Quadratmeter und die Speichergröße rund 40 000 Liter.

6.3.3 Solare Siedlungen

Sind in einer Siedlung viele Häuser mit Solarkollektoren bestückt, lassen sich diese in ein solares Nahwärmenetz integrieren. Dazu kann auch eine zentrale große Kollektoranlage aufgebaut werden. Herzstück eines solchen Wärmenetzes ist ein zentraler Wärmespeicher. Durch seine Größe lassen sich die Wärmeverluste minimieren und somit auch Wärme über einen längeren Zeitraum speichern. Aufgrund des langen Rohrsystems treten im Nahwärmenetz aber auch höhere Kosten und größere Leitungsverluste auf.

Einige solare Nahwärmesiedlungen wurden bereits erfolgreich installiert. Das derzeit größte europäische Solarnahwärmeprojekt befindet sich in Marstal in Dänemark. Bei dem in verschiedenen Bauabschnitten realisierten Projekt ist eine Kollektorfläche von rund 19 000 Quadratmetern installiert. Durch eine Kombination aus einem Speichertank, einem Speichersee und einem Kiesspeicher steht eine Speicherkapazität von 15,5 Millionen Litern zur Verfügung. Die Solarwärme wird über ein Nahwärmenetz im Ort verteilt und deckt rund 32 Prozent des Wärmebedarfs von über 1 400 Kunden.

6 Solarthermieanlagen – mollig warm mit Sonnenlicht

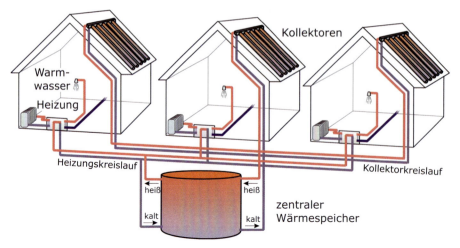

Abbildung 6.16 Solare Nahwärmeversorgung

6.3.4 Kühlen mit der Sonne

So paradox es klingen mag: Mit Sonnenwärme lassen sich auch Gebäude hervorragend kühlen. In den sonnigen und heißen Regionen der Erde sorgt eine Vielzahl energiehungriger Klimaanlagen für angenehm kühle Raumtemperaturen. Je sonniger und heißer es wird, desto höher ist der Kühlbedarf. Mit zunehmender Sonnenstrahlung steigt aber auch die Leistung eines thermischen Kollektors. Im Gegensatz zum Heizwärmebedarf stimmt also der Kühllastbedarf mit dem Sonnenangebot nahezu perfekt überein.

Das Herzstück einer Anlage zur solaren Kühlung ist neben einem großen und leistungsfähigen Kollektor meist eine Absorptions-Kältemaschine *(Abbildung 6.17)*. Der Begriff Absorption stammt hierbei nicht vom Solarabsorber. Die Absorptions-Kältemaschine nutzt den chemischen Vorgang der Sorption aus. Unter Sorption oder Absorption versteht der Chemiker die Aufnahme eines Gases oder einer Flüssigkeit durch eine andere Flüssigkeit. Ein bekanntes Beispiel ist die Lösung von Kohlendioxidgas in Mineralwasser.

Für Absorptions-Kältemaschinen kommt ein sorbierbares Kältemittel mit niedrigem Siedepunkt wie beispielsweise Ammoniak zum Einsatz, das später in Wasser gelöst wird. Außer Ammoniak kann auch Wasser selbst bei starkem Unterdruck als Kältemittel dienen. Dann eignet sich Lithiumbromid als Lösungsmittel.

Im Verdampfer siedet das Kältemittel bei niedrigen Temperaturen. Dabei entzieht es einem Kühlsystem Wärme. Nun muss das Kältemittel wieder verflüssigt werden, damit es durch erneutes Verdampfen kontinuierlich Kälte liefern kann. Mit einigen Tricks und dem Umweg über die Sorption gelingt das Verflüssigen auch mit Hilfe von Solarwärme.

Als erstes vermischt dazu der Kältemaschinenabsorber den Kältemitteldampf mit dem Lösungsmittel. Es kommt zur Sorption, die Wärme freisetzt. Diese Wärme wird entweder beispielsweise zur Trinkwassererwärmung genutzt oder in einem Kühlturm abgeführt. Eine

Lösungsmittelpumpe transportiert die nun mit Kältemittel angereicherte flüssige Lösung zum Austreiber. Der Austreiber trennt das Kälte- und das Lösungsmittel aufgrund ihrer unterschiedlichen Siedepunkte wieder. Zum Sieden dient Wärme von leistungsfähigen Solarkollektoren. Temperaturen von 100 bis 150 Grad Celsius sind optimal. Das abgetrennte dampfförmige Kältemittel gelangt dann in einen Kondensator. Er verflüssigt das Kältemittel. Die Kondensationswärme wird ebenfalls als Nutzwärme oder über einen Kühlturm abgeführt. Über jeweils ein Expansionsventil gelangt das flüssige Kältemittel wieder zum Verdampfer und das Lösungsmittel erneut zum Kältemaschinenabsorber. Durch das Ausdehnen im Expansionsventil kühlt sich das Kältemittel stark ab und kann nun wieder über den Verdampfer Kälte an das Kühlsystem abgeben.

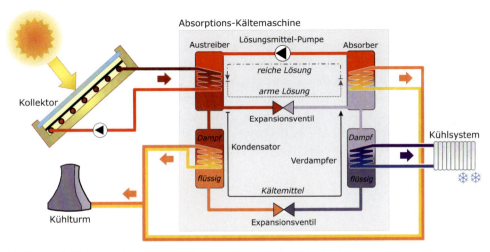

Abbildung 6.17 Prinzip der solaren Kühlung mit Absorptions-Kältemaschine

6.3.5 Schwimmen mit der Sonne

Sechzehn bis neunzehn Grad erreichen hierzulande die Wassertemperaturen üblicherweise in der mitteleuropäischen Freibadsaison. Nur an einigen Tagen im Hochsommer wird das Wasser wärmer, durch die Klimaerwärmung allerdings mit steigender Tendenz. Diese Wassertemperaturen kommen durch Aufheizung des Schwimmbadwassers durch die Sonne zustande. Wie enorm der Energiegehalt der Sonne ist, soll das folgende Beispiel zeigen. Dazu betrachten wir den Bodensee, einen der beliebtesten Badeseen und Ausflugsziele nicht nur in Deutschland. Im Winter kühlt er empfindlich ab und war in den Jahren 1880 und 1963 sogar komplett zugefroren. Im Sommer hingegen erreicht er durchaus annehmbare Badetemperaturen. Würden wir die gesamte Steinkohle, die derzeit pro Jahr in Deutschland verbraucht wird, zum Wassererwärmen verwenden, könnte man damit die 50 Kubikkilometer Wasser des Bodensees gerade ein einziges Mal um 9 Grad Celsius erwärmen. Die Sonne hingegen schafft es problemlos, angenehme Wassertemperaturen zu erreichen und das auch noch über viele Wochen.

6 Solarthermieanlagen – mollig warm mit Sonnenlicht

Trotz der Aufheizung der Sonne sind vielen Badegästen die Schwimmbadtemperaturen im Sommer noch zu niedrig. Ein paar Grad mehr dürften es manchmal schon sein. Und da wir nicht den kompletten Bodensee, sondern nur ein kleines Schwimmbecken aufheizen müssen, wird vielerorts kräftig zugefeuert. In Deutschland gibt es rund 8 000 öffentliche Frei- und Hallenbäder. Dazu kommen etwa 500 000 private Pools. Mehrere Hundert Millionen Euro werden pro Jahr alleine in den öffentlichen Bädern verheizt. Dabei gibt es durchaus Alternativen, mit der Sonne Brennstoffkosten einzusparen und den Ausstoß an Kohlendioxid erheblich zu verringern.

Vor allem Freibäder sind für den Einsatz der Solarenergie hervorragend geeignet. Die Badelust der Badegäste und das Angebot an Sonnenenergie passen bestens zusammen. Einfache Schwimmbadabsorber erwärmen direkt das Schwimmbadwasser. Eine Pumpe fördert das Wasser durch den Absorber und eine einfache Regelung sorgt dafür, dass nur dann Wasser gepumpt wird, wenn die Sonne dieses auch wirklich erwärmen kann *(Abbildung 6.18)*. Pumpt man nämlich nachts auch noch das Wasser durch das Absorberrohr, würde man damit den Pool wieder abkühlen. Pro Quadratmeter Beckenfläche benötigt man etwa einen guten halben Quadratmeter Solarabsorberfläche. Den dafür nötigen Platz findet man oftmals auf Gebäuden in der Nähe des Pools. Weitere Energieeinsparungen kann man durch eine nächtliche Beckenabdeckung erreichen.

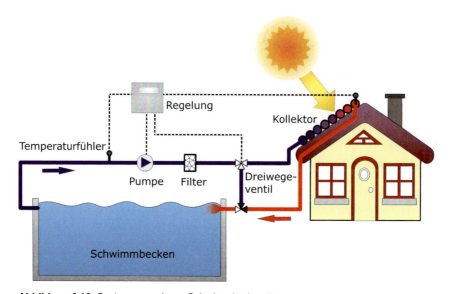

Abbildung 6.18 System zur solaren Schwimmbaderwärmung

6.3.6 Kochen mit der Sonne

In vielen Ländern der Erde erfolgt das Kochen oft noch mit Brennholz an offenen Feuerstellen. Rund 2,5 Milliarden Menschen auf der Erde bereiten ihre Mahlzeiten noch auf diese traditionelle Weise zu. Aus energetischer Sicht ist aber ein offenes Feuer alles andere als effizient. Nicht immer erfolgt die Nutzung des Brennholzes nachhaltig. In vielen Ländern wird mehr Holz geschlagen als nachwachsen kann. Außerdem ist der tägliche Qualm des offenen Feuers für eine Vielzahl von Erkrankungen verantwortlich. In den sonnigen Ländern der Erde bieten Solarkocher eine Alternative zu traditionellen Feuerstätten.

Ein sehr einfaches Kochsystem ist eine solare Kochkiste. Dies ist eine innen schwarz gestrichene Holzkiste, die in Richtung Sonne mit einer Glasscheibe abgedeckt ist. Dieser sehr simple Solarkollektor ist durchaus in der Lage, Wasser oder Speisen zu erwärmen. Sehr effizient ist eine Kochkiste aber nicht und der Glasdeckel erschwert das Zubereiten der Speisen. Eleganter ist ein leistungsfähiger Solarkocher. Hierbei befindet sich der Kochtopf im Brennpunkt eines Hohlspiegels. Der Spiegel muss etwa alle viertel Stunde neu auf die Sonne ausgerichtet werden. Bei einem Spiegeldurchmesser von 140 Zentimetern kann man bei guter Sonneneinstrahlung drei Liter Wasser in etwa einer halben Stunde zum Kochen bringen.

Abbildung 6.19 Solarkocher in Äthiopien (Foto: EG Solar e.V., www.eg-solar.de)

6.4 Planung und Auslegung

Von allen beschriebenen solarthermischen Systemen sind Anlagen zur solaren Trinkwassererwärmung und zur solaren Heizungsunterstützung am meisten verbreitet. Darum beschränkten sich die Planungshinweise auch auf diese beiden Anlagenvarianten.

6.4.1 Solarthermische Trinkwassererwärmung

6.4.1.1 Grobauslegung

Für Deutschland und angrenzende Klimaregionen legt man ein solarthermisches Trinkwassersystem in der Regel so aus, dass die Sonne im Jahresmittel 50 bis 60 Prozent des Warmwasserbedarfs deckt. Da das Sonnenangebot hierzulande über das Jahr stark schwankt, liefert dann die Solaranlage in den Sommermonaten nahezu vollständig das Warmwasser. In den Wintermonaten kann hingegen der Solaranteil auf unter 10 Prozent sinken *(Abbildung 6.20)*. Die herkömmliche Heizungsanlage muss dann den Rest abdecken.

Um den Solaranteil im Jahresmittel weiter zu steigern, müsste man den Aufwand deutlich erhöhen. Durch eine Verdopplung der Anlagengröße verdoppelt sich nämlich nicht der Solaranteil. Nur in den Sommermonaten könnte die Solaranlage dann den doppelten Bedarf decken. Bei den üblichen relativ kleinen Speichern lässt sich dieser Wärmeüberschuss aber nicht nutzen. Im Winter würde sich zwar auch der Solaranteil erhöhen. Aber wenn man weniger als 10 Prozent verdoppelt, bleibt der Anteil trotzdem niedrig.

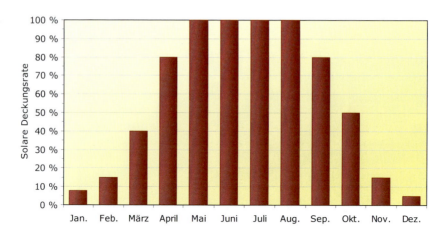

Abbildung 6.20 Typischer Verlauf der solaren Deckungsrate solarthermischer Trinkwasseranlagen

Eine solarthermische Anlage zur Trinkwassererwärmung lässt sich in Abhängigkeit der Personenzahl im Haushalt mit einer einfachen Faustformel auslegen:

- Kollektorgröße: 1 ... 1,5 m² Flachkollektoren pro Person und
- Speichergröße: 80 ... 100 Liter pro Person.

Bei der Verwendung von Vakuum-Röhrenkollektoren kann die Kollektorgröße rund 30 Prozent kleiner ausfallen. Weniger als drei bis vier Quadratmeter an Kollektoren sollten aber nicht installiert werden, da sonst die Verluste in den Rohren überdurchschnittlich ansteigen.

6.4.1.2 Detaillierte Auslegung

Für eine detailliertere Auslegung ist erst einmal der Warmwasserbedarf zu bestimmen. Optimal ist ein Warmwasserzähler, bei dem der Verbrauch direkt abgelesen werden kann, oder das Buchführen über den Warmwasserverbrauch über einen längeren Zeitraum. Per Faustformel lässt sich aber auch näherungsweise der Bedarf bei einer Warmwassertemperatur von 45 °C bestimmen:

- niedriger Verbrauch: 15 ... 30 Liter   oder 0,6 ... 1,2 kWh pro Person und Tag
- mittlerer Verbrauch: 30 ... 60 Liter   oder 1,2 ... 2,4 kWh pro Person und Tag
- hoher Verbrauch: 60 ... 120 Liter oder 2,4 ... 4,8 kWh pro Person und Tag.

Speichergröße und Warmwasserbedarf

Die Speichergröße V_{Speicher} sollte etwa das Zweifache des Gesamtbedarfs von P Personen bei einem Tagesbedarf je Person V_{Person} betragen:

$$V_{\text{Speicher}} = 2 \cdot P \cdot V_{\text{Person}} .$$

Anhand des Warmwasserbedarfs Q_{Person} je Person und Tag lässt sich der jährliche Wärmebedarf Q_{WW} zur Warmwasserbereitstellung berechnen:

$$Q_{\text{WW}} = 365 \cdot P \cdot Q_{\text{Person}} .$$

Bei einem Vierpersonenhaushalt mit einem mittleren Verbrauch von 45 Litern beziehungsweise 1,8 kWh an Warmwasser pro Tag ergibt sich damit eine Speichergröße von

$$V_{\text{Speicher}} = 2 \cdot 4 \cdot 45 \text{ Liter} = 360 \text{ Liter} .$$

Typische Speichergrößen betragen 300 oder 400 Liter. Ein 400-Liter-Speicher wäre hier großzügig dimensioniert. Ein 300-Liter-Speicher liegt etwas unter dem ermittelten Bedarf, ist aber durchaus noch ausreichend. Der jährliche Wärmebedarf beträgt

$$Q_{\text{WW}} = 365 \cdot 4 \cdot 1,8 \text{ kWh} = 2628 \text{ kWh} .$$

Kollektorgröße

Ist die Speichergröße bestimmt, ist als nächstes die Kollektorgröße $A_{\text{Kollektor}}$ festzulegen. Hierzu werden wieder die Jahressumme der Bestrahlung H_{Solar} und die Neigungsgewinne f_{Neigung} benötigt *(vgl. Abschnitt 5.4)*. Bei einer jährlichen solaren Deckungsrate von 60 Prozent und einem mittleren Anlagenwirkungsgrad von 30 Prozent bei Systemen mit Flachkollektoren lässt sich die Kollektorgröße $A_{\text{Kollektor}}$ wie folgt berechnen:

$$A_\text{Kollektor} \approx \frac{60\,\%}{30\,\%} \cdot \frac{Q_\text{WW}}{H_\text{Solar} \cdot f_\text{Neigung}}$$

Bei obigem Verbrauch soll die Kollektorgröße an Flachkollektoren für ein um ca. 20° nach Süd-Südwest ausgerichtetes und um 30° geneigtes Dach in Berlin berechnet werden. Die jährliche solare Bestrahlung beträgt dabei 1075 kWh/(m² a) und durch die Südausrichtung ergeben sich Neigungsgewinne von $f_\text{Neigung} = 110\,\% = 1{,}1$. Damit berechnet sich die benötigte Fläche an Flachkollektoren zu

$$A_\text{Kollektor} \approx \frac{60\,\%}{30\,\%} \cdot \frac{2628\,\text{kWh}}{1075\,\frac{\text{kWh}}{\text{m}^2} \cdot 1{,}1} = 4{,}4\,\text{m}^2.$$

Die Ergebnisse hängen natürlich stark von der Qualität der Kollektoren ab und können deutlich variieren. Einige Online-Tools helfen ebenfalls bei der Anlagenauslegung *(s. Webtipp)*. Eine noch bessere Detailplanung ist nur mit der Hilfe von ausgereiften Computerprogrammen möglich. Fachfirmen sollten ebenfalls eine detaillierte Anlagenauslegung anbieten. Neben der Größe der Kollektoren und Speicher gehört hierzu auch die Auslegung anderer Komponenten wie Pumpen, Regelung oder Rohre.

- valentin.de/calculation/thermal/start/de
- www.solartoolbox.ch
- www.polysunonline.com

Online-Berechnungen für solarthermische Anlagen

6.4.2 Solarthermische Heizungsunterstützung

Soll die solarthermische Anlage neben der Trinkwassererwärmung auch noch zur Heizungsunterstützung beitragen, ist eine größere Kollektorfläche nötig. Im Gegensatz zur solarthermischen Trinkwasserversorgung ist dafür eine optimale Gebäudedämmung sinnvoll, um einen größeren Teil des Wärmebedarfs durch die Sonne zu decken. Während der Warmwasserbedarf über das gesamte Jahr relativ konstant vorhanden ist, konzentriert sich der Heizwärmebedarf auf die Wintermonate. Im Winter ist aber der Ertrag von Solarkollektoren gering. Daher legt man ein solarthermisches System zur Heizungsunterstützung meist so aus, dass es neben dem Warmwasser nur in der Übergangszeit von März bis Oktober einen Teil des Heizwärmebedarfs decken kann. Im Winter liefert hingegen die herkömmliche Heizungsanlage im Wesentlichen den Wärmebedarf *(Abbildung 6.21)*.

Mit der Größe der Kollektorfläche und des Speichers steigt auch der solare Deckungsgrad, also der durch die Sonne gedeckte Anteil des Wärmebedarfs. Damit reduziert sich auch der Anteil, den die herkömmliche Heizungsanlage erbringt. Handelt es sich um eine mit Öl oder Gas befeuerte fossile Anlage sinken auch mit zunehmender Größe der Solaranlage die Kohlendioxidemissionen. Eine sehr große Anlage produziert aber auch mehr Überschüsse, die sich nicht nutzen lassen. Darum sind in der Regel große Anlagen unwirtschaftlicher als kleine. Insofern muss man sich bei der Auslegung überlegen, ob die Priorität auf einem möglichst großen Solaranteil oder einer möglichst guten Wirtschaftlichkeit liegt.

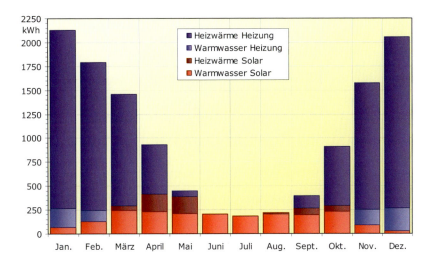

Abbildung 6.21 Typischer Verlauf des Heizwärme- und des Warmwasserbedarfs in Deutschland und Anteile der Solaranlage und der herkömmlichen Heizung an der Bedarfsdeckung bei einem Altbau mit einem gesamten solaren Deckungsgrad von 20 %

Die folgenden zwei Auslegungsvarianten ermöglichen eine Grobauslegung.

Variante 1: Kleine Anlage für gute Wirtschaftlichkeit
- Kollektorfläche bei Flachkollektoren: 0,8 m² pro 10 m² Wohnfläche
- Kollektorfläche bei Vakuum-Röhrenkollektoren: 0,6 m² pro 10 m² Wohnfläche
- Speichergröße: mindestens 50 Liter pro m² Kollektorfläche

Variante 2: Mittelgroße Anlage für höheren solaren Deckungsgrad
- Kollektorfläche bei Flachkollektoren: 1,6 m² pro 10 m² Wohnfläche
- Kollektorfläche bei Vakuum-Röhrenkollektoren: 1,2 m² pro 10 m² Wohnfläche
- Speichergröße: 100 Liter pro m² Kollektorfläche

Eine optimale Auslegung berücksichtigt natürlich auch den tatsächlichen Heizwärmebedarf. Der unterscheidet sich bei einem Altbau erheblich von einem energiesparenden 3-Liter-Haus. *Tabelle 6.1* zeigt Simulationsergebnisse für optimale Anlagen, die nach der beschriebenen Grobauslegung dimensioniert wurden.

Obwohl bei der mittelgroßen Anlage der Kollektor doppelt und der Speicher viermal so groß wie bei der kleinen Anlage ist, verdoppelt sich keineswegs der solare Deckungsgrad. Einen wesentlich größeren Einfluss auf die solare Deckungsrate als die Anlagengröße hat der Dämmstandard des Gebäudes. Wer also mit einem möglichst hohen solaren Deckungsgrad einen großen Beitrag zum Klimaschutz leisten möchte, sollte unbedingt über optimale Dämmmaßnahmen nachdenken.

Tabelle 6.1 Solare Deckung

	Altbau	Neubau vor 2010	Dreiliter-haus	Passiv-haus
Wärmebedarf Warmwasser in kWh	2 700	2 700	2 700	2 700
Heizwärmebedarf in kWh	25 000	11 500	3 900	1 950
Solare Deckung Variante 1 (kleine Anlage)	13 %	22 %	40 %	51 %
Solare Deckung Variante 2 (mittelgroße Anlage)	22 %	36 %	57 %	68 %

Annahmen: Standort Berlin, Ausrichtung 30° Süd unverschattet, 130 m² Wohnfläche, optimaler Flachkollektor mit Kombispeicher

Von der Idee der Solarthermieanlage auf dem Dach zur eigenen Anlage

- Ausrichtung und Neigung des Daches bestimmen.
  Ist das Dach von der Ausrichtung und Neigung geeignet?
  Empfehlung: mindestens 95 Prozent nach *Abbildung 5.15*.
  Ist das Dach nicht zu stark verschattet?
- Entscheiden, ob nur Trinkwasser erwärmt werden soll oder ob auch eine solare Heizungsunterstützung geplant ist.
- Grobauslegung per Faustformel durchführen.
- Eventuell Detailauslegung per Hand oder mit Simulationstools durchführen.
- Bei denkmalgeschützten Gebäuden denkmalschutzrechtliche Erlaubnis einholen.
- Angebote einholen.
- Auslegung von Fachfirma präzisieren lassen.
- Zuschüsse oder zinsgünstige Kredite beantragen (s. nächster Abschnitt).
- Auftrag erteilen.

6.5 Ökonomie

6.5.1 Wann rechnet sie sich denn?

Für Flachkollektoren sind je nach Ausführung zwischen knapp 200 und 350 Euro pro Quadratmeter zu veranschlagen, für Vakuum-Röhrenkollektoren zwischen 400 und 600 Euro pro Quadratmeter. Ein 300-Liter-Wärmespeicher kostet 700 bis 1100 Euro. Der Einbau einer solarthermischen Anlage ist besonders kostengünstig, wenn es sich um einen Neubau handelt oder aus Altersgründen der Warmwasserspeicher ohnehin ausgetauscht werden muss. Für die anzusetzenden Kosten einer solarthermischen Anlage gibt es eine große Bandbreite. Eine sehr preisgünstige Anlage zur reinen Trinkwassererwärmung mit 4-Quadratmeter-Flachkollektor und 300-Liter-Warmwasserspeicher ist ohne Montage ab rund 2000 Euro zu haben. Die Durchschnittskosten einer Anlage für einen 4-Personen-Haushalt ohne Montage liegen zwischen 3000 und 3500 Euro, bei einer Anlage mit Montage bei etwa 5000 Euro. Für eine Anlage zur Heizungsunterstützung können die Kosten je nach Kollektorgröße das Doppelte oder sogar noch mehr betragen. Durch öffentliche Förderung kann der Eigenanteil an den Investitionskosten niedriger liegen.

Selbst wenn die Investitionskosten für eine solarthermische Anlage bekannt sind, ist im Vergleich zur Photovoltaik eine ökonomische Betrachtung schwieriger. Über den Stromzähler lässt sich der Ertrag einer Photovoltaikanlage genau verfolgen und die Abrechnung für den eingespeisten Strom zeigt in Euro und Cent, ob die Anlage das hält, was die Planer versprochen haben.

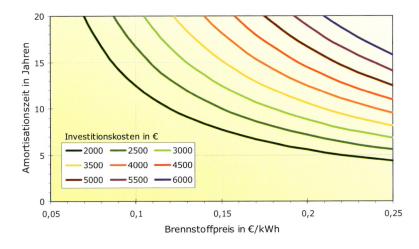

Abbildung 6.22 Amortisationszeiten einer solarthermischen Trinkwasseranlage
(ohne Zinseffekte und Preissteigerungen, Brennstoffeinsparung: 2000 kWh/a, jährliche Betriebskosten: 2 % der Investitionskosten)

Zwar lässt sich der Ertrag einer solarthermischen Anlage über einen Wärmemengenzähler ebenfalls überwachen. In der Praxis kommen diese Zähler aber aus Kostengründen nur selten zum Einsatz. In sehr sonnenreichen Ländern der Erde kann eine vergleichsweise kleine solarthermische Anlage den gesamten Bedarf decken. Dann ist meist auch die Wirtschaftlichkeit hoch. Hierzulande ist für solarthermische Systeme fast immer eine konventionelle Heizungsanlage nötig, die den Bedarf bei fehlendem Sonnenschein deckt. Der Wärmeertrag einer solarthermischen Anlage wird nicht direkt vergütet. Die Anlage rechnet sich nur indirekt über die eingesparten Brennstoffkosten der Heizungsanlage. Ob und wie stark sich eine Anlage rechnet, hängt daher hauptsächlich von der Entwicklung der Brennstoffpreise ab. Je höher die Brennstoffpreise klettern, desto schneller rechnen sich solarthermische Systeme. Fallen hingegen die Brennstoffpreise, sicht es schlechter für die Wirtschaftlichkeit einer Solaranlage aus.

Abbildung 6.22 zeigt die Amortisationszeiten einer typischen solarthermischen Anlage zur Trinkwasserwärmung. Das ist die Zeit, in der die Anlage über eingesparte Brennstoffkosten ihre Investitionskosten wieder einspielt. Wird das Warmwasser für typischerweise gut 0,25 Euro/kWh elektrisch erhitzt, amortisiert sich die solarthermische Anlage recht schnell. Deutlich schwieriger wird es für qualitativ hochwertige und teurere Anlagen bei niedrigeren Brennstoffpreisen. Hier können aber öffentliche Förderprogramme die Wirtschaftlichkeit verbessern.

6.5.2 Förderprogramme

Im Wesentlichen erfolgt derzeit die Förderung solarthermischer Anlagen über das Marktanreizprogramm der Bundesregierung, das über das Bundesamt für Wirtschaft und Ausfuhrkontrolle (BAFA) abgewickelt wird. In der Vergangenheit wurden die Fördersätze regelmäßig dem Antragsaufkommen angepasst. Der Förderantrag sollte vor Baubeginn gestellt werden. Die Abwicklung ist relativ unkompliziert. Der Zuschuss wird nach Fertigstellung der Anlage direkt ausgezahlt.

Neben der Förderung auf Bundesebene gibt es in einzelnen Bundesländern auch lokale Förderprogramme. Für einige Anlagenvarianten kommen auch zinsgünstige Kredite in Frage, welche die bundeseigene KfW-Förderbank vergibt.

- www.solarfoerderung.de   Interaktiver Förderberater
- www.bafa.de   Bundesamt für Wirtschaft und Ausfuhrkontrolle
- www.kfw.de   KfW-Förderbank

6.6 Ökologie

Solarthermieanlagen zählen zu den umweltverträglichsten regenerativen Energieanlagen. Durch ihren Einsatz sparen sie in der Regel fossile Brennstoffe wie Erdöl oder Erdgas ein und tragen somit aktiv zum Klimaschutz bei. Meist werden die Kollektoren in Gebäude integriert und haben damit keinen eigenen Landverbrauch. Die in Solarthermieanlagen verwendeten Materialien wie Glas, Kupfer oder Kunststoffe sind typische Materialien im Baubereich und weitgehend unkritisch. Umweltproblematische Stoffe wie PU-Schaum oder PVC kommen zwar auch bei einigen Solarkollektoranlagen zum Einsatz. Viele Kollektorhersteller verzichten aber bewusst auf diese Materialien.

Die Herstellung solarthermischer Systeme benötigt Energie. Zwischen einem Jahr und drei Jahren dauert es in Deutschland, bis eine Solarthermieanlage die für ihre Herstellung benötigte Energie wieder abgibt. In Ländern mit mehr Sonnenscheinstunden erfolgt dies bereits in wenigen Monaten. Viele Anlagenhersteller setzen auch bei der Produktion von thermischen Solaranlagen auf Umweltschutz und regenerative Energien. Ein Beispiel dafür ist die Nullemissionsfabrik der Firma Solvis in Braunschweig.

Ein Augenmerk sollte auf die Dimensionierung der elektrischen Pumpen in Solarsystemen gelegt werden. Diese benötigen für den Betrieb elektrische Energie. Dieser Hilfsenergiebedarf liegt meist jedoch um Größenordnungen unter der Energieeinsparung durch das Solarsystem. Mit Hilfe von photovoltaischen Anlagen lässt sich auch der elektrische Hilfsenergiebedarf von Solarthermieanlagen direkt durch die Sonne decken.

In vielen solarthermischen Anlagen sind auch Chemikalien als Frostschutz oder Kältemittel im Einsatz. Typische Frostschutzmittel wie Tyfocor L sind lediglich schwach wassergefährdend. Sie sind damit für die Umwelt weitgehend unkritisch.

Kommt in Absorptions-Kältemaschinen bei der solaren Kühlung Ammoniak zum Einsatz, sind besondere Schutzmaßnahmen erforderlich. Ammoniak ist giftig und umweltgefährlich. Austretendes Ammoniak lässt sich mit Wasser binden. Lithiumbromid ist ebenfalls gesundheitsschädlich, aber weniger gefährlich als Ammoniak.

6.7 Solarthermiemärkte

Betrachtet man die weltweiten Märkte für solarthermische Kollektoren, so gibt es ein Land, das alle anderen in den Schatten stellt: China. Rund 478 Millionen Quadratmeter an verglasten Kollektoren waren im Reich der Mitte im Jahr 2017 installiert. Sie lieferten etwa eine Wärmeleistung von 335 Gigawatt. Damit umfasst der chinesische Kollektormarkt über 75 Prozent des gesamten Weltmarkts *(Abbildung 6.23)*.

Mit der großen Verbreitung der Solarthermie hat sich China zum Weltmarktführer in Bereich der Kollektorherstellung entwickelt. Über 1000 Unternehmen produzieren und vertreiben in China Solarkollektoren. Im Jahr 2000 arbeiteten in China bereits rund 150 000 Menschen im Bereich der Solarthermie [EST03]. Im Gegensatz zu vielen anderen Ländern setzt China dabei nicht auf simple Flachkollektoren, sondern auf hocheffiziente Vakuum-Röhrenkollektoren. Wegen der großen Stückzahlen, die für den chinesischen Markt gefertigt werden, sind chinesische Anbieter auch international konkurrenzfähig. Ein Großteil der weltweit verkauften Vakuum-Röhrenkollektoren stammt aus China.

6 Solarthermieanlagen – mollig warm mit Sonnenlicht

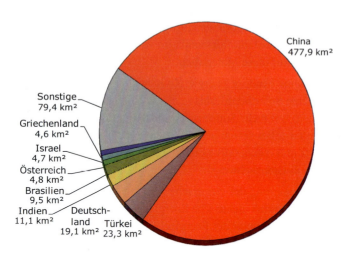

Abbildung 6.23 Installierte verglaste Kollektorfläche in verschiedenen Ländern (Stand 2017, Daten: [SHC19])

In der Europäischen Union dominiert Deutschland als Kollektormarkt. Betrachtet man die pro Kopf installierte Kollektorfläche, haben kleinere Länder die Nase vorne. In Zypern befindet sich fast auf jedem Haus eine solarthermische Anlage. Im Jahr 2017 verteilten sich auf der Mittelmeerinsel rund 768 000 Quadratmeter an Kollektorfläche auf gerade einmal rund 1,1 Millionen Einwohner. Tausend Zyprer besitzen statistisch gesehen rund 700 Quadratmeter an Solarkollektoren. Im viel weniger sonnigen Österreich sind es mit 541 Quadratmetern pro tausend Einwohnern auch vergleichsweise viel. Griechenland kommt immerhin noch auf rund 430 Quadratmeter. Deutschland erreicht hingegen gerade einmal 230 Quadratmeter je tausend Einwohner und das sonnigere Frankreich sogar nur 39 Quadratmeter. Die lokalen Marktbedingungen und die Akzeptanz bei der Bevölkerung haben einen wesentlich größeren Einfluss auf die installierte Kollektorfläche als das Angebot an Solarstrahlung.

Wie stark politische Bedingungen Märkte beeinflussen können, zeigt Deutschland. Bis zum Jahr 2001 gab es ein kontinuierliches Marktwachstum. Im Jahr 2002 brach der Markt durch geänderte Förderbedingungen und die damit verbundene Marktunsicherheit stark ein *(Abbildung 6.24)*. Im Jahr 2008 sorgte der explodierende Ölpreis für einen kurzzeitigen Boom bei der Solarthermie, der jedoch mit den fallenden Ölpreisen wieder schnell verpuffte. Seitdem ist der Solarthermiemarkt durch die niedrigen Ölpreise stark unter Druck geraten und trotz aller Klimaschutzambitionen rückläufig.

Ende des Jahres 2018 waren insgesamt 2,36 Million solarthermische Anlagen mit einer Gesamtfläche von 20,5 Millionen Quadratmetern installiert. Rund 10 000 Arbeitsplätze zählte in diesem Jahr die Solarthermiebranche in Deutschland. Die installierten Solaranlagen vermeiden rund zwei Million Tonnen an Kohlendioxid pro Jahr. Dies ist zwar schon eine beachtliche Zahl, zur Rettung des Klimas aber immer noch viel zu wenig.

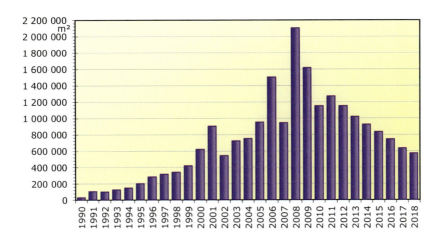

Abbildung 6.24 Jährlich neu installierte Kollektorfläche in Deutschland (Daten: [BSW19])

6.8 Ausblick und Entwicklungspotenziale

In den letzten 30 Jahren hat sich der Solarthermiemarkt in Deutschland mehr als verzehnfacht. Vor einigen Jahren gab es noch recht optimistische Schätzungen für die künftige Marktentwicklung. Danach sollte der Markt bis zum Jahr 2030 bei Neuinstallationen auf eine Fläche von 8 Millionen Quadratmeter pro Jahr ansteigen [BSW12].

Abbildung 6.25 Platz für Solarkollektoren gibt es noch auf vielen Dächern (Fotos: www.wagner-solar.com).

Das wäre rund zehnmal so viel wie im Jahr 2018. Die Zahl der Beschäftigten im Bereich der Solarthermie könnte dann auf über 50 000 alleine in Deutschland wachsen. Aus heutiger Sicht erscheint diese Schätzung allerdings zu optimistisch. Während die Kosten für Photovoltaikanlagen in den letzten Jahren drastisch gefallen sind, konnte die Solarthermie nur vergleichsweise geringe Kostensenkungen erzielen und damit keinen großen Kostenvorteil gegenüber der Öl- und Gasheizung erreichen.

Inzwischen steht die Solarthermie in Deutschland in direkter Konkurrenz zur Photovoltaik. Es könnte sein, dass auf etlichen Häusern anstatt eines solarthermischen Kollektorsystems künftig ein Photovoltaiksystem installiert und über einen Heizsstab oder eine Wärmepumpe mit dem Heizungssystem gekoppelt wird. Für den Klimaschutz ist es dabei letztendlich egal, auf welche Art die Solarenergie genutzt wird. Entscheidend ist, dass unsere Energieversorgung möglichst zeitnah vollständig durch erneuerbare Energien gedeckt wird. Deutlich größer ist das Potenzial in den sonnenreichen Ländern der Erde. Durch die erheblich bessere Wirtschaftlichkeit könnte dort die Solarthermie Anteile an Wärmemarkt im zweistelligen Prozentbereich erreichen.

Abbildung 6.26 In einigen Regionen der Erde wie beispielsweise im Süden der Türkei decken bereits heute einfache und damit preiswerte Solarthermiesysteme einen großen Teil des Wärmebedarfs.

7 Solarkraftwerke – noch mehr Kraft aus der Sonne

Unter Kraftwerken stellen sich viele noch große zentrale Anlagen mit riesigen Schornsteinen und qualmenden Kühltürmen vor. Vom Begriff her ist ein Kraftwerk lediglich eine technische Anlage, die einen bestimmten Energieträger in Elektrizität umwandelt. Ein Solarkraftwerk erzeugt aus Sonnenstrahlung elektrischen Strom. Eine Art von Solarkraftwerken – die Photovoltaikanlagen – haben wir bereits kennen gelernt. Im Prinzip ist eine kleine Photovoltaikanlage auf einem Einfamilienhaus bereits ein Solarkraftwerk. Da viele sich unter einem Kraftwerk aber etwas deutlich Größeres als nur ein paar wenige Quadratmeter an Solarmodulen vorstellen, widmet sich dieses Kapitel auch wirklich großen Anlagen zur Stromerzeugung aus Sonnenlicht.

Auch Photovoltaikanlagen können Größen erreichen, die mit herkömmlichen Kraftwerken problemlos konkurrieren. Jahr für Jahr übertreffen sich Größenrekorde neuer Photovoltaikkraftwerke. Photovoltaikanlagen der Leistung von 5 Megawatt mit einer Modulfläche von rund 40 000 Quadratmetern wurden bereits auf Dächern von Industriehallen errichtet. Für eine viel größere Leistung reichen aber existierende Dächer meist nicht mehr aus. Möchte man 50, 100 oder gar 1 000 Megawatt an einem Stück errichten, geht dies nur mit sogenannten Freiflächenanlagen, die direkt auf den Erdboden montiert sind. Große Photovoltaikkraftwerke unterscheiden sich dabei technisch wenig von Kleinanlagen auf Einfamilienhäusern, nur dass eben alles ein wenig größer dimensioniert ist. Aus diesem Grund werden normale Photovoltaikkraftwerke in diesem Kapitel nicht mehr näher erläutert.

Die Intensität der Solarstrahlung lässt sich durch Konzentratoren erhöhen. Photovoltaikzellen mit sehr hohen Wirkungsgraden können dann das konzentrierte Sonnenlicht in Elektrizität umwandeln, wie dieses Kapitel noch erläutern wird. Neben der Photovoltaik gibt es noch andere Technologien zur Stromerzeugung aus Sonnenlicht. Solarthermische Kraftwerke wandeln die Solarstrahlung zunächst in Wärme und dann erst in elektrische Energie um. Hierzu gibt es verschiedene interessante und vielversprechende Technologien, die sich vor allem für die sonnenreichen Regionen der Erde eignen. Solarkraftwerke, die mit konzentriertem Sonnenlicht arbeiten, benötigen für den Betrieb direktes Sonnenlicht, also Licht, das Schatten werfen kann und sich konzentrieren lässt. Vor allem in den Wintermonaten ist das Angebot an direktem Sonnenlicht in den sonnenreichen Regionen der Erde um Größenordnungen höher als in Deutschland.

7.1 Konzentration auf die Sonne

Wer hat als Kind nicht schon einmal versucht, beim Spielen mit einer Lupe ein Blatt Papier oder ein Stück Holz zu entzünden, um als Schiffbrüchiger auf einer einsamen Insel ein wärmendes Lagerfeuer zu entfachen. Bereits bei diesem einfachen Versuch wird uns bewusst, welche Kraft konzentrierte Sonnenstrahlung erreichen kann. Theoretisch lässt sich das Sonnenlicht auf der Erde um den Faktor 46 211 konzentrieren und damit im Brennpunkt Temperaturen von 5 500 Grad Celsius erzielen. In der Praxis wurden bereits Konzentrationsfaktoren von über 10 000 und Temperaturen von weit über 1 000 Grad Celsius erreicht. Mit konzentrierender Solarstrahlung in einem Sonnenofen ist es problemlos möglich, große Löcher in Stahlplatten zu schmelzen. Auch für Materialtests mit hohen Temperaturen eignen sich Sonnenöfen. *Abbildung 7.1* zeigt einen Sonnenofen bei Almería in Spanien, der bei voller Sonneneinstrahlung eine Leistung von 60 Kilowatt erreicht.

Abbildung 7.1 Sonnenofen bei Almería in Spanien: Große nachgeführte Spiegel lenken das Sonnenlicht auf einen Hohlspiegel (oben rechts) im Inneren eines Gebäudes.

Linsensysteme, also Brenngläser, scheiden bei der großtechnischen Nutzung als Konzentratoren in der Regel aus Kostengründen aus. Der Reflektor, der das Sonnenlicht auf eine Brennlinie oder einen Brennpunkt konzentriert, hat dabei normalerweise die Form einer Parabel. Glasspiegel haben sich in der Praxis aufgrund ihrer langen Lebensdauer für die

Reflexion bewährt. Der Reflektor muss nachgeführt werden, sodass das Sonnenlicht immer senkrecht einfällt. Prinzipiell unterscheidet man zwischen einachsig und zweiachsig nachgeführten Systemen. Einachsig nachgeführte Systeme konzentrieren das Sonnenlicht auf ein Absorberrohr im Brennpunkt, zweiachsig nachgeführte Systeme auf einen zentralen Absorber in unmittelbarer Nähe des Brennpunkts. Die Nachführung kann entweder über einen Sensor, der die optimale Ausrichtung zur Sonne erfasst, oder computergesteuert über die Berechnung der Sonnenposition erfolgen.

> **Archimedes – Erfinder des Hohlspiegels?**
>
> Der 285 v. Chr. geborene griechische Wissenschaftler Archimedes von Syrakus gilt als Erfinder des Hohlspiegels. Mit Hilfe von Hohlspiegeln soll Archimedes im Krieg gegen die Römer deren Schiffe in Brand gesteckt haben. Ob diese Legende der Wahrheit entspricht, wird seit über 300 Jahren heftig diskutiert. Heute gilt die Geschichte als wenig wahrscheinlich. Für die Entzündung eines Feuers wären sehr große und sehr präzise gefertigte Spiegel nötig gewesen, deren Brennpunkte über einen längeren Zeitraum das Schiff hätten erfassen müssen. Selbst wenn die Legende doch der Wahrheit entspricht, genutzt hat es Archimedes nicht viel. Er wurde im Jahr 212 v. Chr. bei der Eroberung von Syrakus durch die Römer erschlagen.

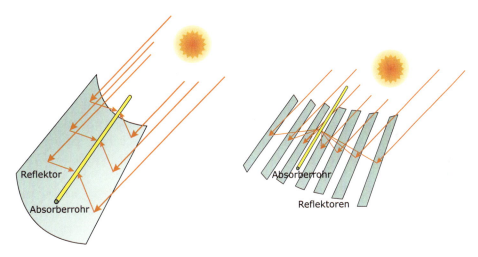

Abbildung 7.2 Einachsig nachgeführte Reflektoren für Linienkonzentratoren

Für Linienkonzentratoren werden meist Parabolrinnenkollektoren verwendet *(Abbildung 7.2 links)*, die das Sonnenlicht auf ein Absorberrohr konzentrieren. Wird der Konzentrator auf mehrere Spiegel verteilt, die einzeln in eine optimale Position zum Absorberrohr gebracht werden, spricht man von einem Fresnelkollektor *(Abbildung 7.2 rechts)*.

Für die Konzentration auf einen Brennpunkt kommen Hohlspiegel in Frage *(Abbildung 7.3 links)*. Verteilte Spiegel, die einzeln der Sonne nachgeführt werden, können die Sonnenstrahlung ebenfalls auf einen zentralen Absorber konzentrieren *(Abbildung 7.3 rechts)*.

7 Solarkraftwerke – noch mehr Kraft aus der Sonne

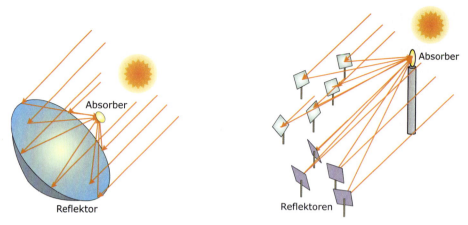

Abbildung 7.3 Zweiachsig nachgeführte Reflektoren für Punktkonzentratoren

7.2 Solare Kraftwerke

7.2.1 Parabolrinnenkraftwerke

Bei Parabolrinnenkraftwerken konzentrieren – wie der Name schon sagt – große rinnenförmige Parabolspiegel das Sonnenlicht auf eine Brennlinie. Die Kollektoren werden in einer mehrere Hundert Meter langen Reihe nebeneinander aufgestellt *(Abbildung 7.4)*. Viele parallele Reihen wiederum formen das gesamte Solarkollektorfeld.

Die einzelnen Kollektoren drehen sich um ihre Längsachse und folgen so dem Lauf der Sonne. Die Spiegel konzentrieren das Sonnenlicht mehr als 80-fach im Brennpunkt auf das Absorberrohr. Dieses ist zur Reduktion der Wärmeverluste in eine evakuierte Glashülle eingebettet. Eine spezielle selektive Beschichtung auf dem Absorberrohr verringert die Wärmeabstrahlung der Rohroberfläche. Bei den herkömmlichen Anlagen durchströmt ein spezielles Thermoöl das Rohr, das sich durch die Sonnenstrahlung auf Temperaturen von knapp 400 Grad Celsius aufheizt. Über Wärmetauscher wird die Wärme an einen Wasserdampfkreislauf abgegeben, unter Druck Wasser verdampft und weiter überhitzt. Der Dampf treibt eine Turbine und einen Generator an, der elektrischen Strom erzeugt. Hinter der Turbine kondensiert er wieder zu Wasser und gelangt mit Hilfe einer Pumpe erneut in den Kreislauf *(Abbildung 7.5)*. Das Prinzip der Stromerzeugung über Dampfturbinen wird nach den Erfindern Clausius-Rankine-Prozess genannt. Dieser kommt auch in klassischen Dampfkraftwerken wie beispielsweise Kohlekraftwerken zum Einsatz.

7.2 Solare Kraftwerke

Abbildung 7.4 Blick auf das Parabolrinnenkraftwerk Kramer Junction in Kalifornien, USA
(Foto: Gregory Kolb, SANDIA)

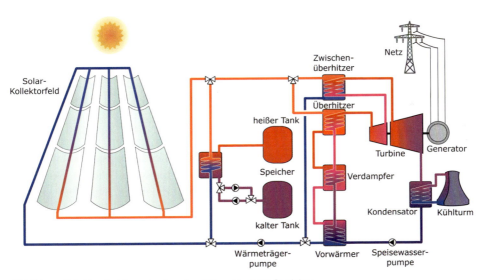

Abbildung 7.5 Parabolrinnenkraftwerk mit thermischem Speicher

Bei Schlechtwetterperioden oder nachts kann der Wasserdampfkreislauf auch durch einen parallelen Brenner betrieben werden. Im Gegensatz zur Photovoltaik lässt sich damit eine tägliche Leistungsabgabe garantieren. Dies erhöht die Attraktivität und Planungssicherheit im Kraftwerksverbund. Möchte man die Anlagen völlig kohlendioxidfrei betreiben, kann man entweder Biomasse oder regenerativ erzeugten Wasserstoff als Zusatzbrennstoff nutzen oder auf den Brenner ganz verzichten. Stattdessen lässt sich ein thermischer Speicher integrieren. Das Solarfeld erhitzt den Speicher tagsüber mit überschüssiger Wärme. Nachts und bei Schlechtwetterperioden speist dann der Speicher den Wasserdampfkreislauf *(Abbildung 7.6)*. Der Speicher muss für Temperaturen oberhalb 300 Grad Celsius ausgelegt sein. Für diesen Temperaturbereich eignet sich flüssiges Salz als Speichermedium.

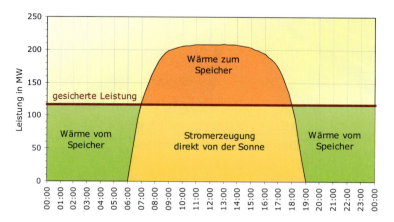

Abbildung 7.6 Solarthermische Kraftwerke mit thermischen Speicher können rund um die Uhr eine gesicherte Leistung liefern.

Die Entwicklung von solarthermischen Parabolrinnenkraftwerken geht auf das Jahr 1906 zurück. In den USA und in der Nähe des ägyptischen Kairos – damals noch britische Kolonie – entstanden Versuchsanlagen und erste Tests verliefen erfolgreich. Vom Erscheinungsbild waren die Rinnenanlagen den heutigen bereits erstaunlich ähnlich. Materialprobleme und andere technische Schwierigkeiten beendeten jedoch im Jahr 1914 kurz vor Ausbruch des ersten Weltkriegs die ersten Ansätze einer großtechnischen solaren Stromerzeugung [Men98].

Im Jahr 1978 wurde in den USA der Grundstein für die Auferstehung gelegt. Ein Gesetz verpflichtete die amerikanischen öffentlichen Stromversorgungsgesellschaften, Strom von unabhängigen Produzenten zu klar definierten Kosten abzunehmen. Nachdem sich die Stromkosten infolge der Ölkrisen in wenigen Jahren mehr als verdoppelt hatten, bot das kalifornische Elektrizitätsversorgungsunternehmen Southern California Edison (SCE) langfristige Einspeisekonditionen an. Zusätzliche steuerliche Vergünstigungen machten den Bau schließlich finanziell interessant. Im Jahr 1979 wurde die Firma LUZ gegründet, die im Jahr 1983 einen 30-Jahresvertrag mit der SCE zur Einspeisung von Solarstrom aushandelte. Im Jahr 1984 erfolgte die Errichtung des ersten solarthermischen Parabolrinnenkraftwerks in der kalifornischen Mojave-Wüste. Bis zum Jahr 1991 wurden auf einer Landfläche von über 7 Quadratkilometern insgesamt neun sogenannte SEGS-Kraftwerke (Solar Electric Generation Systems) mit einer elektrischen Leistung von 354 Megawatt installiert. Rund 800 Millionen Kilowattstunden speisen die Kraftwerke jährlich ins Netz ein, genug, um den Bedarf von gut 60 000 Amerikanern zu decken. Acht Kraftwerke können auch mit fossilen Brennstoffen betrieben werden, sodass sie auch nachts oder bei Schlechtwetterperioden Elektrizität liefern. Der jährliche Erdgasanteil an der zugeführten thermischen Energie ist bei diesen Anlagen gesetzlich jedoch auf 25 Prozent begrenzt. Die Gesamtinvestitionen für die Anlagen betrugen mehr als 1,2 Milliarden US-Dollar, wobei ein großer Teil der Anlagenkomponenten auch aus Deutschland kam.

Mitte der 1980er-Jahre fielen die Energiepreise wieder drastisch. Nachdem Ende 1990 auch noch die Steuerbefreiungen ausliefen, kam es zum Konkurs der Firma LUZ, bevor der Bau des zehnten Kraftwerks begonnen werden konnte. Für die Planer solarthermischer Kraftwerke folgte eine lange Durststrecke. Diese wurde erst im Jahr 2006 durch den Baubeginn neuer Parabolrinnenkraftwerke in Nevada in den USA und bei Guadix in Spanien beendet. Heute gibt es eine Vielzahl an neuen Rinnenkraftwerken in verschiedenen Ländern.

Durch technische Weiterentwicklungen versucht man derzeit, den Wirkungsgrad weiter zu steigern und die Kosten zu reduzieren. Eine Option ist beispielsweise die solare Direktverdampfung. Hierbei wird Wasser durch die Kollektoren bei hohem Druck verdampft und auf bis zu 500 Grad Celsius erhitzt. Dieser Dampf lässt sich direkt in die Turbine leiten, wodurch das Thermoöl und die Wärmetauscher überflüssig werden.

> **Temperatur und Wirkungsgrad**
>
> Die Achillesferse solarthermischer Kraftwerke ist nicht etwa der Solarkollektor, der das Sonnenlicht konzentriert. Dieser erreicht durchaus Wirkungsgrade von über 70 Prozent. Ein Großteil der wertvollen Solarwärme geht jedoch bei der Umwandlung in Elektrizität verloren. Die dabei verwendeten Dampfturbinen erreichen bei Solarkraftwerken Wirkungsgrade von gerade einmal 35 Prozent. In anderen Worten: 65 Prozent der durch die Sonne gewonnenen Wärme gehen ungenutzt als Abwärme in die Umgebung zurück.
>
> Der Wirkungsgrad von Dampfturbinen ergibt sich unmittelbar aus der Temperaturdifferenz des Dampfes zwischen Ein- und Austritt der Turbine. Die Austrittstemperatur hängt von der Kühlung ab und liegt selbst im besten Fall nur geringfügig unter der Umgebungstemperatur. Die Eintrittstemperatur liegt bei Parabolrinnenkraftwerken, bedingt durch das Thermoöl, zurzeit bei knapp unter 400 Grad Celsius. Bei einer Temperatursteigerung auf 500 Grad Celsius oder mehr ließen sich Turbinenwirkungsgrade von gut 40 Prozent erreichen. Dann ist aber auch bei Dampfturbinen Schluss. Kombinierte Gas- und Dampfturbinen (GuD-Turbinen), die bei Temperaturen von über 1000 Grad Celsius betrieben werden, erreichen Wirkungsgrade von bis zu über 60 Prozent. GuD-Turbinen mit hohen Wirkungsgraden lassen sich beispielsweise in Solarturmkraftwerken einsetzen.
>
> Eine oft gestellte Frage lautet, ob sich auch mit einfachen Röhrenkollektoren von Brauchwasseranlagen Strom erzeugen ließe. Dies ist zwar im Prinzip möglich. Aufgrund der extrem niedrigen Temperaturen wäre jedoch der Wirkungsgrad so gering, dass ein wirtschaftlicher Betrieb kaum zu realisieren wäre. Auch die Abwärme an die Umgebung lässt sich nur bedingt nutzen. Solarkraftwerke werden in der Regel in sonnenreichen und heißen Regionen aufgestellt. Dort ist aber der Bedarf an gigantischen Mengen an Niedertemperaturwärme nicht wirklich vorhanden.

7.2.2 Solarturmkraftwerke

Bei Solarturmkraftwerken sind mehrere Hundert oder gar Tausend drehbare Spiegel um einen Turm angeordnet. Diese sogenannten Heliostaten werden einzeln computergesteuert der Sonne nachgeführt und auf die Turmspitze ausgerichtet. Dabei müssen sie auf Bruchteile eines Grades genau ausgerichtet werden, damit das reflektierte Sonnenlicht auch wirklich auf den Brennpunkt gelangt. Hier befindet sich ein Empfänger (engl. receiver) mit einem Absorber, der sich durch das hochkonzentrierte Sonnenlicht auf Temperaturen bis über 1000 Grad Celsius erwärmt. Luft oder flüssiges Salz transportiert die Wärme weiter. Eine Gas- oder Dampfturbine, die einen Generator antreibt, wandelt die Wärme schließlich in elektrische Energie um.

Beim Turmkonzept mit offenen volumetrischen Receivern *(Abbildung 7.7)* wird Umgebungsluft von einem Gebläse durch den Receiver gesaugt, auf den die Heliostaten ausgerichtet sind. Als Receiver-Materialien kommen ein Drahtgeflecht, keramischer Schaum oder metallische bzw. keramische Wabenstrukturen zum Einsatz. Der Receiver erhitzt sich durch die Solarstrahlung und gibt die Wärme an die hindurchgesaugte Umgebungsluft ab. Die angesaugte Luft kühlt die Receiver-Vorderseite. Sehr hohe Temperaturen entwickeln sich nur im Inneren des Receivers. Dieser sogenannte volumetrische Effekt reduziert die Strahlungswärmeverluste. Die auf Temperaturen von 650 bis 850 Grad Celsius erwärmte Luft gelangt in einen Abhitzekessel, der Wasser verdampft und überhitzt und somit einen Dampfturbinenkreislauf antreibt. Bei Bedarf lässt sich diese Kraftwerksvariante über einen Kanalbrenner mit anderen Brennstoffen nachfeuern.

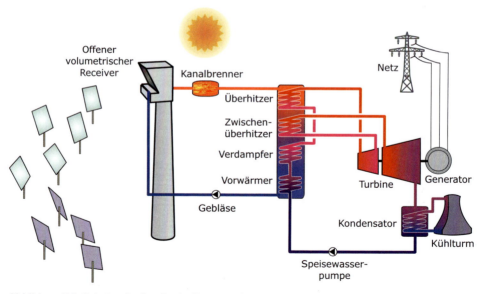

Abbildung 7.7 Solarturmkraftwerk mit offenem Luftreceiver

Eine weiterentwickelte Variante des Turmkonzepts mit Druck-Receiver bietet mittelfristig vielversprechende Möglichkeiten *(Abbildung 7.8)*. Hier erhitzt das konzentrierte Sonnenlicht Luft in einem volumetrischen Druck-Receiver bei etwa 15 Bar auf Temperaturen bis 1100 Grad Celsius. Eine lichtdurchlässige Quarzglas-Kuppel trennt dabei den Absorber von der Umgebung. Die heiße Luft treibt dann eine Gasturbine an. Die Abwärme der Turbine betreibt schließlich einen nachgeschalteten Dampfturbinen-Prozess. Ein erster Prototyp hat gezeigt, dass diese Technologie erfolgreich funktioniert.

Durch den kombinierten Gas- und Dampfturbinenprozess kann der Wirkungsgrad der Umwandlung von Wärme in elektrische Energien von etwa 35 Prozent beim reinen Dampfturbinenprozess auf über 50 Prozent gesteigert werden. Damit sind Gesamtwirkungsgrade bei der Umwandlung von Solarstrahlung in Elektrizität von über 20 Prozent möglich. Diese Aussichten rechtfertigen die aufwändigere und teurere Receiver-Technologie.

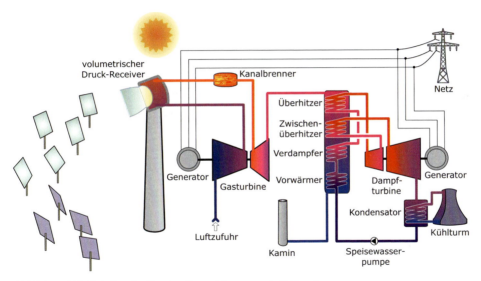

Abbildung 7.8 Solarturmkraftwerk mit geschlossenem Luft-Receiver

Im Gegensatz zu Parabolrinnenkraftwerken gibt es bei Solarturmkraftwerken weniger Erfahrung mit kommerziellen Anlagen. In Almería (Spanien) *(s. Abbildung 7.9)*, Daggett (USA) und Rehovot (Israel) stehen Versuchsanlagen, mit denen Anlagenkomponenten optimiert oder neue Komponenten ausgetestet werden.

In Spanien wurde im Jahr 2006 in der Nähe von Sevilla mit dem 11-MW-Turmkraftwerk PS10 das erste kommerzielle Solarturmkraftwerk in Betrieb genommen. Der Receiver dieses Kraftwerks erhitzt jedoch nicht Luft, sondern verdampft Wasser in Rohren. Wegen der niedrigen Temperaturen ist der Wirkungsgrad dieses Kraftwerks noch relativ gering. Im Jahr 2009 wurde in der Nähe von Sevilla das 20-MW-Turmkraftwerk PS20 fertig gestellt. Eine größere Zahl an Turmkraftwerken wurde in den USA geplant und gebaut. Diese setzen im Gegensatz zu den beschriebenen Konzepten auf Luftbasis meist flüssiges Salz als Wärmeträger ein.

Für die in Deutschland entwickelte Technologie mit dem offenen Luft-Receiver muss vor der erfolgreichen Markteinführung erst noch die Praxistauglichkeit unter Beweis gestellt werden. Diese testet man derzeit am neu gebauten Solarturmkraftwerk in Jülich. Mit 1,5 Megawatt Leistung ist dieses Demonstrationskraftwerk jedoch deutlich kleiner als die kommerziellen spanischen Anlagen. Ziel ist hierbei nicht der deutsche Kraftwerksmarkt, sondern den Export deutscher Technologie in die Sonnenländer der Erde zu fördern.

Abbildung 7.9 Versuchsanlage eines Solarturmkraftwerks an der Plataforma Solar de Almería (Spanien)

7.2.3 Dish-Stirling-Kraftwerke

Während Rinnen- und Turmkraftwerke nur in großen Leistungsklassen von etlichen Megawatt wirtschaftlich sinnvoll sind, lassen sich die sogenannten Dish-Stirling-Systeme auch in kleineren Einheiten zum Beispiel zur Versorgung von abgelegenen Ortschaften einsetzen. Bei einer Dish-Stirling-Anlage konzentriert ein Hohlspiegel, der die Form einer großen Schüssel besitzt (engl. dish), das Licht auf einen Brennpunkt. Der Hohlspiegel muss das Licht möglichst gut im Brennpunkt bündeln. Hierzu wird der Spiegel der Sonne sehr genau zweiachsig nachgeführt.

Im Brennpunkt befindet sich auch der Receiver, also der Empfänger. Dieser gibt die Wärme an das eigentliche Herz der Anlage weiter: den Stirling-Heißgas-Motor. Dieser Motor setzt die Wärme in Bewegungsenergie um und treibt einen Generator an, der schließlich elektrische Energie erzeugt.

Der Stirling-Motor lässt sich nicht nur durch die Sonnenwärme, sondern auch durch Verbrennungswärme antreiben. Bei der Kombination mit einem Biogasbrenner lässt sich mit diesen Anlagen auch nachts oder bei Schlechtwetterperioden Strom erzeugen. Und bei der Verwendung von Biogas ist auch dieses System kohlendioxidneutral.

Einige Prototypen rein solarer Anlagen wurden unter anderem in Saudi-Arabien, den USA und Spanien aufgebaut *(Abbildung 7.10)*. Im Vergleich zu den Turm- oder Rinnenkraftwerken ist der Preis pro Kilowattstunde bei den Dish-Stirling-Systemen jedoch noch sehr hoch.

Abbildung 7.10 Prototyp einer 10-kW-Dish-Stirling-Anlage bei Almería in Spanien

7.2.4 Aufwindkraftwerke

Das Aufwindkraftwerk unterscheidet sich wesentlich von den vorher beschriebenen thermischen Kraftwerken. Im Gegensatz zu den konzentrierenden solarthermischen Kraftwerken arbeitet es ohne Konzentration von Sonnenlicht. Das Aufwindkraftwerk funktioniert durch Erwärmung von Luft. Eine große ebene Fläche, die von einem Glas- oder Kunststoffdach bedeckt ist, bildet das Kollektorfeld. In der Mitte der Fläche befindet sich ein hoher Kamin. Das Kollektordach steigt in Richtung Kamin leicht an. An den Seiten des riesigen Daches kann Luft ungehindert einströmen. Die Sonne heizt die Luft unter dem Glasdach auf. Diese steigt nach oben, folgt der leichten Steigung des Dachs und strömt dann mit einer großen Geschwindigkeit durch den Kamin. Die Luftströmung im Kamin treibt schließlich Windturbinen an, die über einen Generator elektrischen Strom erzeugen.

Der Boden unter dem Glasdach kann Wärme speichern, sodass das Kraftwerk auch noch nach Sonnenuntergang Strom liefert. Werden im Boden mit Wasser gefüllte Schläuche verlegt, lässt sich genug Wärme speichern, sodass dieses Kraftwerk rund um die Uhr Strom liefern kann.

Anfang der 1980er-Jahre wurde ein kleines Demonstrationskraftwerk mit einer Nennleistung von 50 Kilowatt bei Manzanares in Spanien errichtet. Das Kollektordach dieser Anlage hatte einen mittleren Durchmesser von 122 Metern und eine durchschnittliche Höhe von 1,85 Metern. Der Kamin war 195 Meter hoch bei einem Durchmesser von 5 Metern. Diese Anlage wurde allerdings 1988 wieder demontiert, nachdem ein Sturm den Kamin nach Abschluss aller geplanten Versuche und nach der projektierten Lebensdauer umgeworfen hatte. Die Versuchsanlage hatte jedoch alle Erwartungen erfüllt. Erstmals wurde damit ein Aufwindkraftwerk erfolgreich demonstriert.

Da der Wirkungsgrad des Aufwindkraftwerks im Vergleich zu den anderen Techniken sehr gering ist, werden für diese Kraftwerke große Flächen benötigt. Außerdem steigt der Wirkungsgrad linear mit der Turmhöhe an. Wirtschaftlich rentable Anlagen müssen deshalb eine gewisse Mindestgröße haben. Lange Zeit waren Kraftwerksprojekte zum Beispiel in Australien in Diskussion. Dabei wurde die Errichtung einer 200-MW-Großanlage mit einer Turmhöhe von 1000 Metern, einem Turmdurchmesser von 180 Metern und einem Kollektordurchmesser von 6000 Metern ins Auge gefasst. Bislang scheiterten jedoch alle Projekte am Ende an der Finanzierung.

Abbildung 7.11 Computeranimation eines Aufwindkraftwerkparks: Die Türme lassen sich auch als Aussichtsplattform nutzen (Abbildung: Schlaich Bergermann Solar, Stuttgart).

7.2.5 Konzentrierende Photovoltaikkraftwerke

Photovoltaikzellen lassen sich auch mit konzentrierendem Sonnenlicht betreiben. Der Clou dabei ist, dass die Konzentration wertvolles Solarzellenmaterial einspart. Wird das Sonnenlicht um den Faktor 500 konzentriert, lässt sich die Größe der Solarzelle ebenfalls um den Faktor 500 reduzieren. Die Kosten der Solarzelle fallen dadurch erheblich weniger ins Gewicht. Das bedeutet, es können auch Materialien zum Einsatz kommen, die ohne Konzentration zu teuer wären. Konzentratorzellen haben daher meist deutlich höhere Wirkungsgrade als herkömmliche Photovoltaikmodule.

Bei der Konzentration gibt es wiederum viele Möglichkeiten: So können Konzentratorzellen beispielsweise in den Brennpunkt von Parabolrinnen oder Hohlspiegeln montiert werden. Ein Hauptproblem dabei ist eine effiziente Kühlung, da neben der elektrischen Energie der Solarzelle eine große Menge an Abwärme anfällt. Einen anderen Weg geht die sogenannte Flatcon-Technologie. Hierbei konzentriert eine flache Fresnellinse das Sonnenlicht auf eine nur wenige Quadratmillimeter große Konzentratorzelle *(Abbildung 7.12 unten rechts)*. Eine Kupferplatte auf der Zellrückseite gibt die anfallende Wärme großflächig nach hinten ab. Ein Konzentratormodul umfasst eine Vielzahl paralleler Zellen. Viele Module werden wiederum gemeinsam auf eine Nachführeinrichtung montiert, die die Module optimal zum Sonnenlicht ausrichtet.

Abbildung 7.12 Photovoltaikkraftwerk mit Konzentratorzellen (Foto/Grafik: Concentrix Solar GmbH)

7.2.6 Solare Chemie

Neben der Bereitstellung von Prozesswärme oder der Elektrizitätserzeugung lässt sich die konzentrierende Solarthermie auch für Materialtests oder für solarchemische Anlagen einsetzen. Ein großer Sonnenofen befindet sich beispielsweise im französischen Odeillo. Hier ist an einem Hang eine Vielzahl kleinerer Spiegel aufgestellt, die das Sonnenlicht auf einen Hohlspiegel mit einem Durchmesser von 54 Metern reflektieren. Um den Brennpunkt herum befindet sich ein Wissenschaftszentrum. Es werden Temperaturen von 4000 Grad Celsius erreicht, die für Experimente oder industrielle Prozesse nutzbar sind. Weitere Sonnenöfen gibt es im spanischen Almería und in Köln.

Neben der Herstellung von Chemikalien bei hohen Temperaturen lässt sich die Solarthermie auch zur Herstellung von Wasserstoff einsetzen. Hier muss nicht der Umweg über die Stromerzeugung mit anschließender Elektrolyse gegangen werden. Bei hohen Temperaturen lässt sich Wasserstoff auch solarchemisch gewinnen. Hierbei befindet sich die chemische Anlage beispielsweise im Receiver eines Solarturms. Speziell für den Einsatz im Transportbereich oder in Brennstoffzellen wird Wasserstoff als wichtiger Energieträger gehandelt. Sollte die Vision einer Wasserstoffwirtschaft einmal Realität werden, könnte durch konzentrierende solarchemische Anlagen ein wesentlicher Beitrag zur klimaverträglichen Wasserstoffgewinnung geleistet werden.

7.3 Planung und Auslegung

Bei solarthermischen Kraftwerken handelt es sich in der Regel um typische thermische Großkraftwerke. Wegen ihrer Größe steigen die Investitionsvolumina schnell auf zwei- oder dreistellige Millionenbeträge. Solarkraftwerke werden daher fast immer von großen Gesellschaften oder Industrieunternehmen geplant und errichtet. Die Auslegung ist dabei meist sehr komplex. Mit der Detailplanung sind ganze Ingenieurteams über lange Zeiträume beschäftigt. Ein Hauptziel ist, die Kraftwerke vor allem unter betriebswirtschaftlichen Gesichtspunkten zu optimieren.

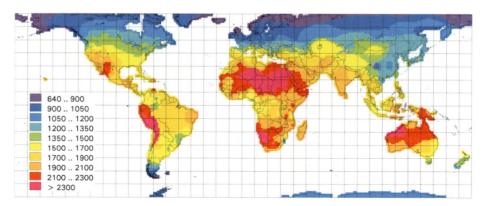

Abbildung 7.13 Weltkarte mit Jahressummen der solaren globalen Bestrahlung in kWh/m² (Quelle: Meteotest, www.meteonorm.com)

Im Gegensatz zu kleinen Photovoltaikanlagen oder solarthermischen Systemen zur Trinkwassererwärmung oder Heizungsunterstützung werden Privatpersonen daher wohl eher nicht mit der Planung von Solarkraftwerken konfrontiert sein. Durch die zunehmende Verbreitung von Solarkraftwerken nehmen aber auch die Angebote an einer finanziellen Beteiligung zu. Daher lohnt sich ein sehr grober Blick auf planerische Aspekte.

Da bei konzentrierenden Solarkraftwerken der Wirkungsgrad im Teillastbereich stark abnimmt, lohnt sich deren Aufbau vor allem in den sonnenreichen Ländern der Erde. Als interessante Regionen werden derzeit Gebiete mit einer Jahressumme der globalen Bestrahlung von mindestens 1800 Kilowattstunden pro Quadratmeter (kWh/m²) angesehen. Optimal sind Werte deutlich über 2000 kWh/m². In *Abbildung 7.13* sind diese Gebiete orange, rot oder rosa gekennzeichnet.

7.3.1 Konzentrierende solarthermische Kraftwerke

Konzentrierende Solarkraftwerke können nur den direkten Strahlungsanteil der Sonne nutzen. Dieser Strahlungsanteil lässt sich durch Spiegel umlenken und letztendlich konzentrieren. Für nicht konzentrierende Solaranlagen ist die globale Bestrahlungsstärke, also die Summe aus direktem und ungerichtetem diffusem Sonnenlicht von Bedeutung. Der Wirkungsgrad dieser Anlagen wird daher auf die globale Bestrahlungsstärke bezogen. Bei konzentrierenden Anlagen dient die direkt-normale Bestrahlungsstärke auf einer senkrecht zur Sonne ausgerichteten Fläche als Bezugsgröße *(vgl. Abbildung 7.14)*. Diese wird im Fachjargon mit DNI abgekürzt. Das stammt von der englischen Bezeichnung Direct Normal Irradiance. Die DNI-Werte können etwas unter, aber auch etwas über den Werten der Globalstrahlung liegen.

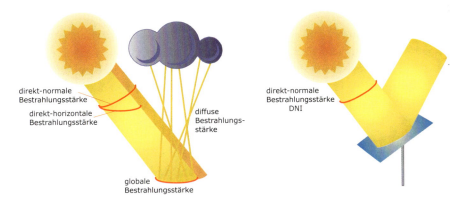

Abbildung 7.14 Unterscheidung von Solarstrahlungsarten

 Jahresertrag eines Solarkraftwerks

Mit Hilfe des mittleren Wirkungsgrads η, der Jahressumme der solaren direkt-normalen Bestrahlung *DNI* und der Aperturfläche bzw. Öffnungsfläche A der Spiegel lässt sich der Jahresertrag eines konzentrierenden solarthermischen Kraftwerks abschätzen:

$$E_{\text{elektrisch}} = \eta \cdot A \cdot DNI .$$

Ein solarthermisches Parabolrinnenkraftwerk mit einer gesamten Aperturfläche von 500 000 m² erreicht bei einem Wirkungsgrad η von 15 % = 0,15 an einem spanischen Standort und einer *DNI* von 2200 kWh/(m² a) einen Jahresertrag von

$$E = 0{,}15 \cdot 500\,000 \text{ m}^2 \cdot 2200 \frac{\text{kWh}}{\text{m}^2\,\text{a}} = 165 \text{ Millionen } \frac{\text{kWh}}{\text{a}}.$$

Damit lässt sich der Strombedarf von rund 50 000 spanischen Haushalten decken.

Interessant ist bei der Planung auch der Landbedarf. Damit sich die Spiegel nicht gegenseitig verschatten und das Licht wegnehmen, kann man nur auf rund einem Drittel einer Landfläche auch Spiegel installieren. Das Grundstück eines konzentrierenden Solarkraftwerks muss daher mindestens dreimal so groß wie die Spiegelfläche sein.

Die Spiegelfläche ist optimal auf den Rest des Kraftwerks abzustimmen. Ist sie zu klein, läuft die Anlage ständig im Teillastbetrieb. Dadurch sinken der Wirkungsgrad und damit auch der Ertrag. Ist die Spiegelfläche zu groß, fällt mehr Solarstrahlung an als letztendlich in Strom umgewandelt werden kann. Dann muss ein Teil der Spiegel aus der Sonne gedreht werden.

Je nach Technologie unterscheiden sich die Wirkungsgrade. Dish-Stirling-Kraftwerke und Solarturmkraftwerke mit Druck-Receivern können Wirkungsgrade von 20 Prozent oder mehr erreichen. Solarturm- oder Rinnenkraftwerke mit Dampfturbine kommen derzeit auf etwa 15 Prozent. Mit zunehmenden DNI-Strahlungswerten steigt auch der Wirkungsgrad an, da dann das Kraftwerk weniger im Teillastbetrieb läuft. Für Deutschland wären bei solarthermischen Kraftwerken daher nur Wirkungsgrade in der Größenordnung von 10 Prozent zu erwarten – und das bei mäßigen DNI-Strahlungswerten von etwa 1000 kWh/m² und Jahr. Der Jahresertrag in Spanien ist bei konzentrierenden Solarkraftwerken also rund dreimal so hoch wie in Deutschland.

7.3.2 Aufwindkraftwerke

Bei Aufwindkraftwerken lässt sich der Jahresertrag analog berechnen. Anstelle der DNI muss jedoch die Globalstrahlung verwendet werden, da ein Aufwindkraftwerk auch diffuses Sonnenlicht nutzen kann. Der Gesamtwirkungsgrad liegt allerdings nur im Bereich von rund einem Prozent – und das auch nur, wenn der Turm eine Höhe von etwa 1000 Metern erreicht. Der Wirkungsgrad des Aufwindkraftwerks hängt direkt von der Turmhöhe ab. Bei halber Turmhöhe halbiert sich auch der Wirkungsgrad. Um dann noch auf den gleichen Ertrag zu kommen, müsste die Kollektorfläche verdoppelt werden. Im Gegensatz zu konzentrierenden Kraftwerken kann ein Aufwindkraftwerk aber die komplette Landfläche nutzen. Ungenutzte Zwischenräume zum Vermeiden von Verschattungen sind nicht nötig.

7.3.3 Konzentrierende Photovoltaikkraftwerke

Der Jahresertrag von konzentrierenden Photovoltaikkraftwerken wird ebenfalls analog berechnet. Im Vergleich zu nicht konzentrierenden Photovoltaikanlagen sind aber Wirkungsgrade von deutlich über 20 Prozent möglich. Da konzentrierende Photovoltaikkraftwerke auch nur den direkt-normalen Strahlungsanteil nutzen können, steigt der Ertrag in sonnenreichen Ländern überproportional an.

7.4 Ökonomie

Bis vor wenigen Jahren konnten solarthermische Kraftwerke im Vergleich zu Photovoltaikanlagen Strom deutlich kostengünstiger produzieren. Durch die starken Kostensenkungen der Photovoltaik ist dieser Vorteil heute nicht mehr gegeben. In Deutschland ist ein wirtschaftlicher Betrieb von solarthermischen Kraftwerken praktisch gar nicht möglich.

Abbildung 7.15 Solarthermische Kraftwerke (links) können wirtschaftliche Vorteile gegenüber der Photovoltaik (rechts) erreichen, wenn Speicher für eine hohe Zuverlässigkeit erforderlich sind.

Der Hauptvorteil solarthermischer Systeme ist die einfache Integration von thermischen Speichern. Kleine Speicher für wenige Stunden erhöhen die Stromerzeugungskosten von solarthermischen Kraftwerken nur unwesentlich. Sie sorgen aber dafür, dass die Leistungsabgabe der Kraftwerke garantiert werden kann und erhöhen damit die Verfügbarkeit und den Wert der elektrischen Energie. In solarthermischen Kraftwerken lassen sich generell Speicher deutlich günstiger als bei der Photovoltaik integrieren. Dadurch sind solarthermische Kraftwerke in sehr sonnigen Ländern wirtschaftlich durchaus interessant, wenn durch thermische Speicher eine hohe Zuverlässigkeit erreicht werden soll.

In Spanien lagen im Jahr 2012 die Stromerzeugungskosten von Parabolrinnen- und Solarturmkraftwerken bei über 20 Cent pro Kilowattstunde, an Topstandorten in Nordafrika bei etwa 15 Cent pro Kilowattstunde. Ebenso wie bei der Photovoltaik erwartet man bei der Erhöhung der installierten Leistung bei solarthermischen Kraftwerken deutliche Kostensenkungen. Durch den Neubau zahlreicher solarer Rinnen- und Turmkraftwerke wurden die Kosten bereits spürbar reduziert. Inzwischen bewegen sich die Kosten für neue Kraftwerke im Bereich von 10 Cent pro Kilowattstunde. Perspektivisch erscheinen sogar Kosten in der Größenordnung von 5 Cent pro Kilowattstunde erreichbar.

Bei Aufwind- und Dish-Stirling-Kraftwerken ist momentan noch keine vergleichbar schnelle Marktentwicklung in Sicht. Verschiedene Studien zeigen, dass auch diese Kraftwerke langfristig das Potenzial haben, konkurrenzfähig Strom zu erzeugen. Ob sie diese Erwartungen erfüllen können, muss sich allerdings noch zeigen.

Bei der konzentrierenden Photovoltaik rechnet man an Standorten mit hoher Solarstrahlung ebenfalls mit ähnlichen Stromerzeugungskosten wie bei gewöhnlichen Photovoltaikanlagen. Verschiedene Anbieter haben in den letzten Jahren interessante Systeme entwickelt. Durch den starken Kostendruck der Standardphotovoltaik mussten die meisten Anbieter von konzentrierenden Systemen allerdings ihre Tätigkeiten wieder einstellen.

Der Vorteil von Photovoltaikanlagen gegenüber solarthermischen Systemen ist die Modularität. Photovoltaikanlagen können in jeder beliebigen Größe gebaut werden, angefangen vom Milliwatt bis hin zu mehreren Quadratkilometer großen Multimegawatt-Anlagen. Für solarthermische Kraftwerke gibt es stets eine Mindestleistung, unter der ein wirtschaftlicher Betrieb nicht möglich ist. Bei Dish-Stirling-Kraftwerken beträgt sie rund 10 Kilowatt. Alle anderen solarthermischen Kraftwerke sollten mindestens eine Leistung von 10 Megawatt haben. Bei Leistungen zwischen 50 und 200 Megawatt verbessert sich die Wirtschaftlichkeit weiter. Wirtschaftlich optimale Systeme haben also eine Größe von einen Quadratkilometer oder mehr.

7.5 Ökologie

Solare Kraftwerke ohne fossile Backup-Einrichtungen setzen während des Betriebes keine direkten Kohlendioxidemissionen frei. Wenn wie bei einigen solarthermischen Parabolrinnenkraftwerken ein fossil befeuerter paralleler Brenner vorhanden ist, sollte der Erdgasanteil unbedingt begrenzt werden. Aufgrund der niedrigeren Temperaturen ist nämlich der Wirkungsgrad solarthermischer Anlagen zur Stromerzeugung kleiner als der von optimierten reinen Erdgaskraftwerken. Beim rein solaren Betrieb des Kraftwerks ist dieser Aspekt unerheblich. Beim zusätzlichen Verbrennen fossiler Brennstoffe bedeutet dies aber, dass höhere Kohlendioxidemissionen entstehen. Zur Erhöhung der Versorgungssicherheit und zum Frostschutz kann eine fossile Zusatzfeuerung durchaus sinnvoll sein. Für einen wirksamen Klimaschutz sollte der fossile Anteil aber nicht mehr als 10 Prozent betragen.

Bei einigen Weltbankprojekten in Entwicklungsländern wird angestrebt, verhältnismäßig kleine Parabolrinnenkollektorfelder in konventionelle mit Erdgas betriebene Gas- und Dampfkraftwerke zu integrieren. Systembedingt liegt hierbei der Solaranteil deutlich unter 10 Prozent. Solche sogenannten ISCCS (Integrated Solar Combined Cycle System) sind für einen wirksamen Klimaschutz nicht geeignet.

Im Vergleich zu herkömmlichen photovoltaischen Anlagen ist der Herstellungsenergiebedarf für thermische Solarkraftwerke geringer. Bereits in deutlich weniger als einem Jahr gibt ein solarthermisches Kraftwerk mehr Energie ab als für seine Herstellung gebraucht wurde.

Im Gegensatz zu kleinen Photovoltaik- oder solarthermischen Anlagen lassen sich solare Kraftwerke nicht in Gebäude integrieren. Vielmehr sind große Freiflächen nötig, die viele Hektar umfassen. Sinnvollerweise sollten solare Kraftwerke daher in wenig besiedelten, wüstenähnlichen Gebieten errichtet werden. Glücklicherweise verfügen die sonnenreichsten Regionen der Erde genau über diese Eigenschaften. Wo fast das ganze Jahr die Sonne scheint, wächst wenig. Mit Ausnahme von sonnenhungrigen Touristen versuchen sich Menschen meist in weniger heißen und fruchtbareren Regionen aufzuhalten. Für solarthermische Kraftwerke geeignete Gebiete sind daher ausreichend vorhanden und könnten den Elektrizitätsbedarf der Erde gleich hundertfach decken.

Ein Hauptproblem thermischer Kraftwerke stellt der Kühlwasserbedarf dar. Oft ist Wasser in sonnenreichen Regionen eine knappe Ressource. Bei den wenigen bislang installierten Kraftwerken ist es immer gelungen, lokale Wasserreserven für die Kühlung zu finden. Im größeren Maßstab ist die Frischwasserkühlung in wasserarmen Regionen aber problematisch. Prinzipiell lässt sich ein solarthermisches Kraftwerk auch mit einer Trockenkühlung realisieren. Hierdurch sinkt jedoch der Wirkungsgrad geringfügig ab und die Kosten steigen leicht an. Langfristig gesehen dürften aber auch solarthermische Kraftwerke mit Trockenkühlung wirtschaftlich interessant sein, sodass die Kühlwasserproblematik lösbar ist. Werden solarthermische Kraftwerke in Meeresnähe aufgestellt, kann Meerwasser eine wirkungsvolle Kühlung gewährleisten. Mit der Abwärme solarthermischer Kraftwerke lässt sich prinzipiell auch Meerwasser entsalzen. Eine gleichzeitige kohlendioxidfreie Gewinnung von elektrischem Strom und Trinkwasser wäre möglich, wurde bislang aber noch nicht im größeren Maßstab realisiert.

7.6 Solarkraftwerksmärkte

Die größten Kraftwerksmärkte befinden sich dort, wo eine hohe solare Bestrahlung und günstige Vergütungsbedingungen zusammentreffen. Die größte installierte Kraftwerkskapazität befindet sich derzeit in Spanien und den USA.

Hauptursache sind jeweils die lokalen ökonomischen Bedingungen. In Spanien gibt es eine erhöhte Vergütung für solarthermische Kraftwerke, die über marktüblichen Preisen für elektrische Energie liegt. In den USA setzt man dagegen auf Renewable Portfolio Standards (RPS). Diese variieren von Staat zu Staat und legen Quoten für regenerative Energieanlagen fest. In einzelnen US-Staaten wie Kalifornien oder Nevada sind Anlagen im Bau oder in Planung. Andere sonnenreiche US-Staaten könnten den Beispielen folgen.

7 Solarkraftwerke – noch mehr Kraft aus der Sonne

- www.solarpaces.org
- https://solarpaces.nrel.gov

englischsprachige Informationsseiten zu solarthermischen Kraftwerksprojekten

Inzwischen gibt es auch größere Kraftwerke in Marokko, Indien, Südafrika, Ägypten, Mexiko oder den Vereinigten Arabischen Emiraten. Weitere Kraftwerksprojekte entstehen unter anderem in China, Australien oder Chile. Bei allen großen Kraftwerksprojekten handelt es sich um Rinnen- oder Turmkraftwerke.

In Deutschland setzt man vor allem auf die Technologieentwicklung. Speziell im Bereich von Komponenten für solarthermische Parabolrinnenkraftwerke zählte Deutschland lange Zeit zu den Weltmarktführern. Ein 2008 errichteter Prototyp für ein Solarturmkraftwerk in Jülich soll deutsche Technologie unter Beweis stellen und weitere Exportmärkte öffnen.

Abbildung 7.16 Aufbau eines Parabolrinnenkollektor-Prototyps in Andalusien: Spanien ist momentan neben den USA einer der größten Märkte für Solarkraftwerke.

7.7 Ausblick und Entwicklungspotenziale

Nachdem der Ausbau solarthermischer Kraftwerke zwischen den Jahren 1991 und 2006 zum Erliegen kam, sind heute etliche neue Kraftwerke in Planung oder im Bau. Die derzeitige Renaissance im Bereich der solarthermischen Kraftwerke sorgt für anhaltende Kostensenkungen. Hauptkonkurrent der solarthermischen Kraftwerke ist die wesentlich günstigere Photovoltaik. Derzeit haben solarthermische Kraftwerke noch Kostenvorteile, wenn ein Speicher integriert werden soll. Aber auch bei photovoltaischen Batteriesystemen gibt es aktuell rapide Kostensenkungen. Momentan erscheint es daher offen, welche Technologie sich in sonnigen Ländern durchsetzen wird, wenn es um eine zuverlässige Stromproduktion mit Hilfe von Speichern ankommt.

7.7 Ausblick und Entwicklungspotenziale

In Nordafrika gibt es enorm große Potenziale für die Errichtung von Solarkraftwerken. Selbst bei großzügigem Ausschluss von ungeeigneten Flächen wie Sanddünen, Naturschutzgebieten oder Gebirgs- und Landwirtschaftsregionen würde rund 1 Prozent der verbleibenden Fläche Nordafrikas ausreichen, um theoretisch den gesamten Elektrizitätsbedarf der Welt zu decken. *Abbildung 7.17* zeigt die dort verfügbaren Flächen.

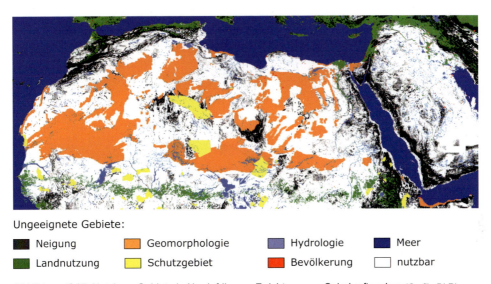

Ungeeignete Gebiete: Neigung, Geomorphologie, Hydrologie, Meer, Landnutzung, Schutzgebiet, Bevölkerung, nutzbar

Abbildung 7.17 Nutzbare Gebiete in Nordafrika zur Errichtung von Solarkraftwerken (Grafik: DLR)

Bleibt die Frage offen, wie uns kostengünstiger Strom aus Ägypten oder Mauretanien bei der Bewältigung unserer Energieproblematik helfen kann. Die Lösung dieser Frage ist einfach. Der billige Strom müsste lediglich zu uns transportiert werden. *Abbildung 7.18* zeigt die Top-Standorte und die infrage kommenden Transportwege.

Sowohl technisch als auch finanziell ist der Transport bereits heute zu bewältigen. Das Zauberwort heißt Hochspannungs-Gleichstromübertragung (HGÜ). Mit einer 5000 Kilometer langen HGÜ-Leitung ist eine Übertragung mit Verlusten von weniger als 15 Prozent realisierbar. Bezogen auf die möglichen Stromerzeugungskosten von 2 bis 3 Cent pro Kilowattstunde bei der Photovoltaik und rund 5 Cent pro Kilowattstunde bei solarthermischen Kraftwerken schlagen diese Verluste mit rund 0,5 Cent pro Kilowattstunde zu Buche. Hinzu kommen die Kosten für die Leitung zwischen 0,5 und 1 Cent pro Kilowattstunde. Insgesamt ließe sich also regenerativer Strom für 3 bis 6 Cent pro Kilowattstunde erzeugen, nach Deutschland transportieren und mit einer Kombination aus Photovoltaik-, Wind- und solarthermischen Kraftwerken mit integrierten Speichern auch eine hohe Versorgungssicherheit garantieren.

7 Solarkraftwerke – noch mehr Kraft aus der Sonne

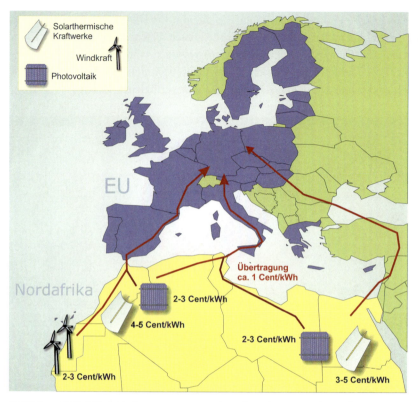

Abbildung 7.18 Möglichkeiten zum regenerativen Stromimport aus Nordafrika in die EU sowie mittelfristig realisierbare Stromerzeugungskosten

Vor längerer Zeit wurde dieses Konzept unter dem Namen DESERTEC bekannt und im Jahr 2009 unter der Beteiligung großer Konzerne vorangetrieben. Inzwischen haben sich viele Unternehmen wieder zurückgezogen. Die Achillesferse des Konzepts ist der Bau langer Leitungen, der nicht nur in Deutschland für Widerstände sorgt und die recht unsichere politische Lage in einigen nordafrikanischen Ländern.

Unabhängig von den DESERTEC-Entwicklungen sind einige Länder wie Marokko dabei, eigene große Solarkraftwerkskapazitäten aufzubauen. Diese dienen aber primär erst einmal der Deckung des stark steigenden Strombedarfs im eigenen Land. Erreichen die Solarkraftwerkskapazitäten künftig Dimensionen, bei denen nennenswerte Überschüsse auftreten, können diese sicher auch in südeuropäische Länder exportiert werden. Der dazu nötige Leitungsneubau wäre noch vergleichbar gering. Inzwischen sind die Kosten für Solar- und Windkraftanlagen so stark gefallen, dass sie aber auch in Deutschland Strom für deutlich unter 5 Cent pro Kilowattstunde erzeugen können. Inwieweit mittelfristig oder langfristig ein Stromimport aus Afrika mit zur Stromversorgung in Deutschlang beitragen wird, bleibt daher abzuwarten.

8 Windkraftwerke – luftiger Strom

Die Windenergie gilt unter den regenerativen Energien als eine Mustertechnologie, denn sie hat es geschafft, sich innerhalb weniger Jahre vom Mauerblümchendasein zu einer Branche mit Milliardenumsatz zu entwickeln. Während noch Mitte der 1980er-Jahre die Windkraft in Deutschland praktisch bedeutungslos war, standen im Jahr 1995 bereits 3655 Anlagen mit einer Gesamtleistung von über 1000 Megawatt. Mitte des Jahres 2019 drehten sich an Land bereits 29 248 Windräder mit einer stolzen Leistung von 53 161 Megawatt und auf See 1 351 Windräder mit einer Leistung von 6 658 Megawatt. Weit über 100 000 neue Arbeitsplätze entstanden dadurch alleine in Deutschland.

Dabei ist die Nutzung der Windkraft eigentlich ein alter Hut und reicht bereits viele Jahrtausende zurück. Schon lange vor Christi Geburt dienten einfache Windräder im Orient zur Bewässerung.

In Europa begann die Nutzung der Windenergie allerdings erst sehr viel später. Im zwölften Jahrhundert kamen in Europa sogenannte Bockwindmühlen zum Getreidemahlen verstärkt zum Einsatz *(Abbildung 8.1)*. Diese mussten per Hand oder mit Hilfe eines Esels in den Wind gedreht werden. Neben dem Mahlen von Getreide hatte der Müller zur damaligen Zeit auch die schwierige Aufgabe der Betriebsführung der Mühle. Bei aufkommendem Sturm musste er die Mühle rechtzeitig anhalten, um die Segeltücher von den Flügeln zu nehmen, damit die Kraft des Windes die Mühle nicht zerstörte. Zum Abbremsen dienten hölzerne Backenbremsen, die jedoch nicht ohne Tücke waren. Manchmal merkte der Müller nämlich zu spät, dass er die Mühle bereits früher hätte anhalten sollen. Versuchte er dann verzweifelt mit der Bremse die Fahrt zu reduzieren, bestand durch die Wärme, die sich an den hölzernen Bremsbacken entwickelte, akute Feuergefahr. Nicht wenige Mühlen brannten seinerzeit so ab. Auch zu wenig Wind konnte auf Dauer für den Müller recht ärgerlich werden, wie ein Gedicht von Wilhelm Busch sehr passend beschreibt.

Wilhelm Busch (1832–1908): „Ärgerlich"

Aus der Mühle schaut der Müller,
Der so gerne mahlen will.
Stiller wird der Wind und stiller,
Und die Mühle stehet still.

So gehts immer, wie ich finde,
Rief der Müller voller Zorn.
Hat man Korn, so fehlts am Winde,
Hat man Wind, so fehlt das Korn.

8 Windkraftwerke – luftiger Strom

Abbildung 8.1 Links: Historische Bockwindmühle in Stade (Foto: STADE Tourismus-GmbH), rechts: Holländerwindmühle auf der dänischen Insel Bornholm

In den folgenden Jahrhunderten entwickelten sich die Mühlen technisch stark weiter, wie beispielsweise die Holländerwindmühle zeigt. Neben dem Getreidemahlen setzte man sie auch zum Wasserpumpen und für andere Antriebsaufgaben ein. Technisch ausgefeilte Mühlen drehten sich automatisch in den Wind und ließen sich gefahrlos abbremsen. Mitte des 19. Jahrhunderts drehten sich alleine in Europa rund 200 000 Windmühlen.

Dampfmaschinen, Diesel- und Elektromotoren ersetzten bis in die erste Hälfte des 20. Jahrhunderts nahezu alle historischen Windkraftanlagen. Erst mit den Erdölkrisen Ende der 1970er-Jahre begann die Wiedergeburt der Windkraftnutzung. Immer ausgereiftere moderne Anlagen zur Stromerzeugung bieten seitdem eine wirkliche Alternative zu fossilen und atomaren Kraftwerken.

8.1 Vom Winde verweht – woher der Wind kommt

Für die Entstehung des Windes ist auch die Sonne verantwortlich. Ständig erreichen uns gigantische Mengen an solarer Strahlungsenergie. Damit sich die Erde nicht kontinuierlich erwärmt und dadurch letztendlich verglüht, muss sie die eintreffende Sonnenenergie wieder ins Weltall abstrahlen. Am Äquator trifft jedoch mehr Sonnenenergie ein als die Erde in das All zurückstrahlt. Der Weg des Sonnenlichts zu den Polen ist länger als zum Äquator. Darum ist an den Polen die Situation genau umgekehrt. Die hier eintreffende Solarstrahlung ist deutlich geringer und es wird mehr Energie ins Weltall abgestrahlt als von der

Sonne eintrifft. Als Folge findet ein gigantischer Energietransport vom Äquator zu den Polen statt.

Dieser Wärmetransport kommt in erster Linie durch globalen Austausch von Luftmassen zustande. Riesige weltweite Luftzirkulationen pumpen die Wärme vom Äquator zu den Polen. Es entstehen gigantische Zirkulationszellen, sogenannte Hadley-Zellen *(Abbildung 8.2)*. Die Erdrotation lenkt diese Strömungen ab. So entstehen relativ gleichmäßige Winde, die lange Zeit für die Segelschifffahrt von großer Bedeutung waren. In den tropischen Seegebieten nördlich des Äquators weht ein relativ gleichmäßiger und beständiger Wind aus Nordost. Daher heißt dieser Wind dort Nordost-Passat. Südlich des Äquators herrscht hingegen der Südost-Passat.

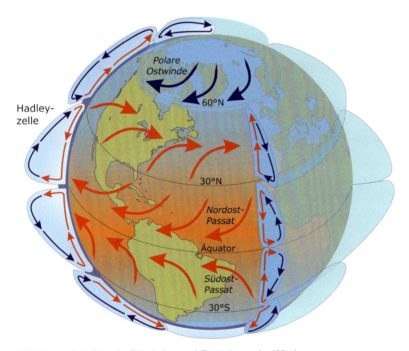

Abbildung 8.2 Globale Zirkulation und Entstehung der Winde

Neben den globalen Strömungen gibt es auch lokale Einflüsse. Lokale Tiefdruck- und Hochdruckgebiete verursachen in Folge der Erddrehung Windbewegungen, die sich um die Tiefdrucksenke drehen. Auf der Nordhalbkugel verläuft diese Drehung gegen und auf der Südhalbkugel im Uhrzeigersinn.

In Küstennähe treten auch sogenannte auflandige oder ablandige Winde auf. Durch die Sonneneinstrahlung erwärmen sich tagsüber das Land und die Luft darüber deutlich mehr als das angrenzende Meerwasser. Die warme Luft steigt über dem Land auf, und kühlere Luft strömt vom Meer nach. Nachts dreht sich dieser Kreislauf um, da das Land wieder schneller abkühlt als das Meer.

In Gebirgen oder Polargebieten treten auch Fallwinde auf, bei denen kalte Luft Berghänge mit zum Teil sehr großen Windgeschwindigkeiten herabströmt.

Rund zwei Prozent der Solarstrahlung werden weltweit in Windbewegung umgesetzt. Somit entspricht auch das Windenergieangebot einem Vielfachen des weltweiten Primärenergiebedarfs der Menschheit. Wie bei der Wasserkraft ist von dieser Energiemenge nur ein kleiner Teil nutzbar. Das größte Angebot an Windenergie gibt es über der offenen See, wo keine Hindernisse den Wind abbremsen. Über dem Land verliert der Wind durch den Einfluss des rauen Geländes sehr schnell seine Geschwindigkeit. Um hier die gleichen Leistungen wie auf der offenen See zu erhalten, muss man in deutlich größere Höhen gehen oder erheblich größere Flächen nutzen. Im Binnenland ist der Einfluss der Oberflächenrauigkeit auf den Wind erst in mehreren Hundert Metern Höhe nicht mehr zu spüren. Dadurch ist die Nutzung des Windes mit zunehmendem Abstand zur Küste schwieriger. Auf Hügeln oder Bergkuppen gibt es aber auch im Binnenland optimale Standorte.

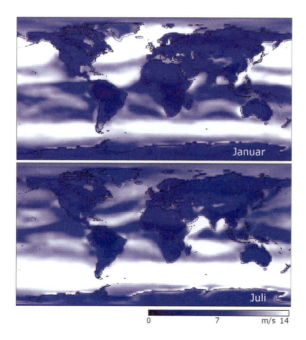

Abbildung 8.3 Weltweite mittlere Windgeschwindigkeit (Quelle: http://visibleearth.nasa.gov)

Das Angebot an Windenergie ist auf der Erde sehr unterschiedlich *(Abbildung 8.3)*. Während man in Deutschland nur knapp den Bedarf an Elektroenergie durch die Windenergie decken kann, sind die Potenziale beispielsweise in Großbritannien so groß, dass es neben der Deckung des gesamten landeseigenen Strombedarfs auch noch große Mengen an Windstrom exportieren könnte. Die besten Standorte finden sich meist dort, wo der Wind ungebremst vom offenen Meer auf Land trifft.

8.2 Nutzung des Windes

Die Seefahrt nutzt die Windkraft bereits seit Jahrtausenden als Antriebsenergie. Eine Eigenschaft der Windenergie ist aber das stark schwankende Angebot. Die Leistung des Windes steigt mit der dritten Potenz der Windgeschwindigkeit. Etwas verständlicher ausgedrückt bedeutet das, dass die Leistung des Windes auf das Achtfache steigt, wenn sich die Windgeschwindigkeit verdoppelt.

Leistung des Windes

Für eine bestimmte Windgeschwindigkeit v lässt sich für eine Luftdichte ρ die Leistung des Windes P_{Wind} durch eine Fläche A berechnen:

$$P_{\text{Wind}} = \tfrac{1}{2} \cdot \rho \cdot A \cdot v^3$$

Bei einer Windgeschwindigkeit von 2,8 Metern pro Sekunde (m/s), das entspricht 10 km/h, erreicht der Wind mit einer Luftdichte $\rho = 1{,}225$ kg/m³ auf einer Fläche von 1 m² nur eine relativ geringe Leistung von

$$P_{\text{Wind}} = \tfrac{1}{2} \cdot 1{,}225\,\tfrac{\text{kg}}{\text{m}^3} \cdot 1\,\text{m}^2 \cdot \left(2{,}8\,\tfrac{\text{m}}{\text{s}}\right)^3 = 13{,}4\,\text{W}\,.$$

Bei einer Windgeschwindigkeit von 27,8 m/s, also 100 km/h steigt die Leistung hingegen auf das Tausendfache und erreicht 13,2 kW, das entspricht rund 18 PS.

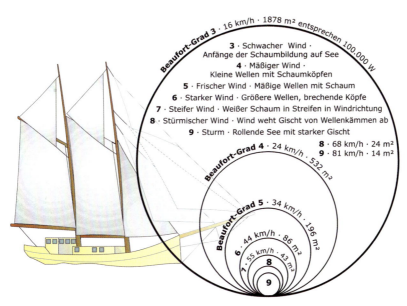

Abbildung 8.4 Fläche, durch die der Wind eine Leistung von 100 Kilowatt bei verschiedenen Windgeschwindigkeiten erreicht

In der Meteorologie gibt man auch heute noch die Windgeschwindigkeit v gerne in sogenannten Beaufort-Graden (bft) an. Die zwölfstufige Beaufort-Skala geht auf den britischen Admiral Sir Francis Beaufort zurück. Er beobachtete das Segelverhalten einer Kriegsfregatte bei unterschiedlichen Winden und unterteilte es im Jahr 1806 in verschiedene Grade. Im Jahr 1838 führte die britische Marine die Beaufort-Skala offiziell ein.

Tabelle 8.1 Die Beaufort-Windskala

bft	v in m/s	Bezeichnung	Auswirkung
0	0 ... 0,2	Windstille	Rauch steigt gerade empor
1	0,3 ... 1,5	leiser Zug	Windrichtung nur am Rauch erkennbar
2	1,6 ... 3,3	leichter Wind	Wind fühlbar, Blätter säuseln
3	3,4 ... 5,4	schwacher Wind	Blätter und dünne Zweige bewegen sich
4	5,5 ... 7,9	mäßiger Wind	Wind bewegt Zweige und dünne Äste, hebt Staub
5	8,0 ... 10,7	frischer Wind	kleine Bäume beginnen zu schwanken
6	10,8 ... 13,8	starker Wind	starke Äste in Bewegung, Pfeifen an Drahtleitungen
7	13,9 ... 17,1	steifer Wind	Bäume in Bewegung, fühlbare Hemmung beim Gehen
8	17,2 ... 20,7	stürmischer Wind	Wind bricht Zweige von den Bäumen
9	20,8 ... 24,4	Sturm	kleine Schäden an Haus und Dach
10	24,5 ... 28,4	schwerer Sturm	Wind entwurzelt Bäume
11	28,5 ... 32,6	orkanartiger Sturm	schwere Sturmschäden
12	$\geq 32,7$	Orkan	schwere Verwüstungen

Anlagen zur Nutzung der Windkraft müssen mit dem stark schwankenden Windangebot zurechtkommen. Einerseits müssen sie bereits bei niedrigen Windgeschwindigkeiten das Leistungsangebot des Windes nutzen, andererseits sollen sie auch bei extremen Windgeschwindigkeiten keinen Schaden nehmen. Bei hohen Windgeschwindigkeiten nehmen daher die meisten Windkraftanlagen eine Sturmstellung ein.

> **Windgeschwindigkeitsrekorde**
>
> Am 12.4.1934 wurde auf dem Mount Washington in den USA bislang die größte Windböe mit einer Windgeschwindigkeit von 412 Kilometer pro Stunde (114 Meter pro Sekunde) gemessen. Am gleichen Tag betrug auf dem Mount Washington der größte Zehnminutenmittelwert 372 Kilometer pro Stunde. Auf der Zugspitze erfolgte am 12.06.1985 die Messung Deutschlands höchster Windgeschwindigkeit von 335 Kilometer pro Stunde (93 Meter pro Sekunde). Noch größere Windgeschwindigkeiten erreichen Tornados. Ein Radar ermittelte bei den bislang stärksten Tornados Windgeschwindigkeiten von rund 500 Kilometer pro Stunde (139 Meter pro Sekunde). Pro Quadratmeter erreicht der Wind dann eine Leistung von mehr als 1,6 Megawatt oder über 2000 PS. Den gleichen Effekt würde man erreichen, wenn vier große Trucks mit 500 PS Leistung bei Vollgas auf eine Fläche von einem einzigen Quadratmeter prallen – so gesehen ist die extrem zerstörerische Wirkung von Tornados nicht verwunderlich.

8.2 Nutzung des Windes

Moderne Windkraftanlagen nutzen einen Teil der Bewegungsenergie des Windes. Dabei verlangsamen sie den Wind. Prinzipiell ist es nicht möglich, die gesamte enthaltene Leistung zu nutzen. Dazu müsste der Wind bis zum Stillstand abgebremst werden und die Windströmung käme zum Erliegen. Dies erkannte auch der deutsche Physiker Albert Betz. Im Jahr 1920 beschrieb er, dass dem Wind die maximale Leistung entnommen werden kann, wenn man ihn auf ein Drittel seiner ursprünglichen Geschwindigkeit abbremst. Nur in diesem einen Fall sind theoretisch 16/27 beziehungsweise 59,3 Prozent der im Wind enthaltenen Leistung nutzbar. Dieser Wert trägt heute zu Ehren seines Entdeckers den Namen Betz'scher Leistungsbeiwert.

Der Leistungsbeiwert gibt also an, welchen Anteil des Windes eine Windkraftanlage nutzt. Optimierte moderne Anlagen können heute bei idealen Betriebsbedingungen bis knapp über 50 Prozent der im Wind enthaltenen Leistung nutzen und in elektrische Energie umwandeln. Sie erreichen also Leistungsbeiwerte von gut 50 Prozent und kommen damit bereits sehr dicht an die physikalischen Grenzen heran. Auf Englisch heißt der Leistungsbeiwert „power factor" und trägt das Formelzeichen c_P. Der Leistungsbeiwert ist eine typische Größe für Windkraftanlagen, die sich auch in vielen Datenblättern bei Herstellern wiederfindet.

Bremst eine Windkraftanlage den Wind ab, ändert sie dadurch auch den Strömungsverlauf des Windes. Der abgebremste Wind durchströmt hinter der Anlage eine größere Fläche. Der Strömungsverlauf weitet sich auf (*Abbildung 8.5*).

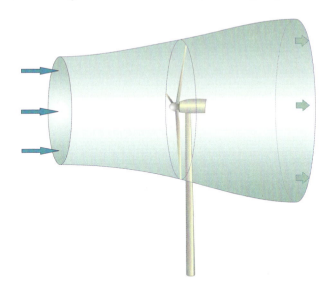

Abbildung 8.5
Strömungsverlauf einer Windkraftanlage

Bei der Nutzung des Windes unterscheidet man zwischen dem
- Widerstandsprinzip und dem
- Auftriebsprinzip.

8 Windkraftwerke – luftiger Strom

Die alten mit Rahsegeln bestückten Wikingerschiffe funktionierten beispielsweise nach dem Widerstandsprinzip. Das Segel setzte dem Wind einen Widerstand entgegen und der Wind drückte das Segel und damit das Schiff nach vorne.

Mit dem Auftriebsprinzip, das auch moderne Segelboote mit Schratsegeln nutzen, lässt sich dem Wind deutlich mehr Leistung als durch das Widerstandsprinzip entnehmen. Daher funktionieren moderne Windkraftanlagen fast ausschließlich nach dem Auftriebsprinzip. Unter den verschiedensten Anlagenkonzepten haben sich die uns geläufigen Rotoren mit horizontaler Achse durchgesetzt.

Bei diesen Anlagen strömt der Wind von vorne auf die Rotornabe. Durch die relativ schnelle Drehung der Rotorblätter kommt zum eigentlichen Wind der Fahrtwind hinzu, der seitlich auf das Rotorblatt strömt (*Abbildung 8.6*). Auf das Rotorblatt selbst trifft dann ein resultierender Wind, der sich aus dem eigentlichen Wind und dem Fahrtwind zusammensetzt.

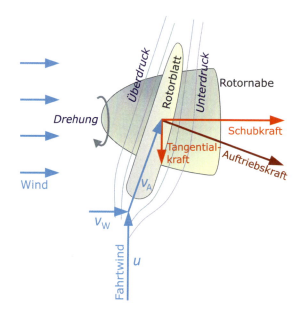

Abbildung 8.6 Funktionsprinzip einer Windkraftanlage mit horizontaler Achse

Das Rotorblatt teilt nun den Wind. Der resultierende Wind strömt am Rotorblatt entlang. Durch die Form des Rotorblatts muss er auf der oberen Seite einen längeren Weg als auf der unteren Seite zurücklegen. Dadurch weitet sich die Strömung auf und der Luftdruck nimmt ab. Auf der Oberseite entsteht ein Unterdruck und auf der Unterseite ein Überdruck. Durch diesen Druckunterschied ergibt sich schließlich eine Auftriebskraft, die senkrecht zum resultierenden Wind wirkt.

Diese Auftriebskraft lässt sich in zwei Komponenten zerlegen: die Schubkraft in Richtung der Rotorachse und die Tangentialkraft in Richtung Umfang. Leider ist die Schubkraft in den meisten Fällen größer als die Tangentialkraft. Die Schubkraft lässt sich aber nicht sinnvoll nutzen. Sie drückt lediglich gegen die Rotorblätter und biegt diese durch. Die Rotorblätter selbst müssen daher sehr stabil gebaut werden, damit sie der Schubkraft widerstehen können. Die Tangentialkraft sorgt letztendlich für die Drehung der Rotoren, denn sie wirkt entlang des Umfangs.

Moderne Windkraftanlagen versuchen stets, die Größe der Tangentialkraft zu optimieren. Hierzu müssen die eigentliche Windgeschwindigkeit und der Fahrtwind ein optimales Verhältnis haben. Die Rotordrehzahl beeinflusst den Fahrtwind. Über eine Verdrehung der Rotorblätter lässt sich schließlich auch der Winkel optimieren, mit dem der resultierende Wind das Blatt anströmt. Die gezielte Verdrehung des Rotorblatts heißt im Fachjargon auch Pitchen.

8.3 Anlagen und Parks

8.3.1 Windlader

Ein Einsatzgebiet für kleinere Windkraftanlagen ist das Laden von Batteriesystemen. Technisch funktioniert ein Inselnetzsystem mit Batterie ähnlich wie ein photovoltaisches Inselnetz, nur dass ein Windgenerator die Photovoltaikmodule ersetzt. Vor allem im maritimen Bereich haben kleine Windkraftanlagen eine relativ große Verbreitung erlangt *(Abbildung 8.7)* und laden dort die Bordbatterie, wenn ein Schiff vor Anker liegt.

Abbildung 8.7 Kleinstwindkraftanlagen zum Laden von Batteriesystemen

8 Windkraftwerke – luftiger Strom

Im Vergleich zu photovoltaischen Inselnetzsystemen ist der Betrieb von Inselnetzen mit Windkraftanlagen technisch aber komplexer. Bei einer vollen Batterie trennt der Laderegler eines Photovoltaiksystems die Photovoltaikmodule von der Batterie, um ein Überladen zu verhindern. Die Photovoltaikmodule vertragen dies problemlos. Anders sieht es bei Windgeneratoren aus, die einfach nur von der Batterie getrennt werden. Ohne angeschlossene Last oder Batterie stellen sich bei einem Windgenerator bei höheren Windgeschwindigkeiten dann sehr große Drehzahlen ein, wodurch der Generator Schaden nehmen kann. Einige Windladeregler schalten daher den Windgenerator bei voller Batterie auf einen Heizwiderstand und begrenzen dadurch die Drehzahl.

Als elektrische Generatoren kommen bei Windkraftanlagen fast immer Wechselstrom- beziehungsweise Drehstromgeneratoren zum Einsatz. Eine Batterie kann aber nur durch Gleichstrom geladen werden. Ein Gleichrichter wandelt dazu den Wechselstrom der Windkraftanlage in Gleichstrom um.

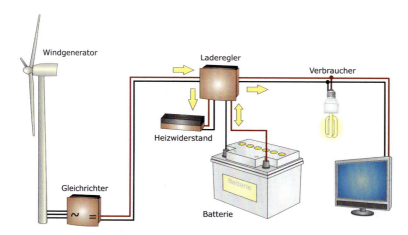

Abbildung 8.8 Prinzip eines einfachen Wind-Inselsystems

Kleine Windkraftanlagen werden meist auf sehr niedrigen Masten montiert. An Standorten, die weit im Binnenland liegen oder bei denen viele Bäume, Häuser oder andere Objekte den Wind abschatten, ist eine Windnutzung meist unrentabel. Vor der Errichtung ist auch zu prüfen, inwieweit das Baurecht dies zulässt.

Bei Sturm droht generell eine Beschädigung des Windgenerators. Große Windkraftanlagen verfügen daher über eine spezielle Sturmstellung. Kleinstwindkraftanlagen haben aus Kostengründen oftmals keinen speziellen Sturmschutz. Hier kann es sinnvoll sein, den Windgenerator als Vorsichtmaßnahme vor großen Stürmen zu demontieren.

Neben einfachen Windladern existieren auch komplexere Inselnetzsysteme, in denen sich Windkraftanlagen mit anderen regenerativen Energieerzeugern kombinieren lassen. In vielen Fällen ergänzen sich Photovoltaikmodule und Windgeneratoren relativ gut. Scheint wenig Sonne, weht oftmals kräftiger Wind oder anders herum.

8.3.2 Große netzgekoppelte Windkraftanlagen

Vor allem große Windkraftanlagen, die in das öffentliche Elektrizitätsnetz einspeisen, haben in den letzten Jahren eine enorme technische Entwicklung vollzogen. In den 1980er-Jahren lag die typische Leistung einer Windkraftanlage bei 100 Kilowatt oder sogar darunter. Die Größe der Rotoren mit Durchmessern von weniger als 20 Metern fiel noch sehr bescheiden aus. Im Jahr 2005 entwickelten etliche Hersteller bereits Prototypen von Anlagen mit Leistungen von 5000 Kilowatt, also 5 Megawatt, und Rotordurchmessern von 110 Metern und mehr. Heute haben diese Anlagen bereits Serienreife erlangt. Verglichen mit heutigen Anlagengrößen wirken historische Windmühlen oder Segelschiffe wie Spielzeuge *(Abbildung 8.9)*. Selbst eine Boeing 747 kommt gerade einmal auf eine Spannweite von rund 60 Metern und der Megaairliner A380 auf vergleichsweise geringe 80 Meter. Außer der Größe ist auch die Leistungsfähigkeit moderner Windkraftanlagen beeindruckend. So kann eine einzige 6-Megawatt-Anlage den gesamten Elektrizitätsbedarf von über 5000 Haushalten in Deutschland decken.

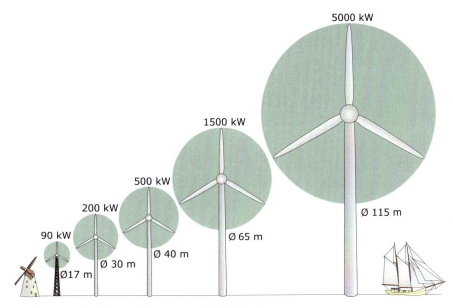

Abbildung 8.9 Größenentwicklung von Windkraftanlagen

Das Größenwachstum von Windkraftanlagen hat jedoch physikalische Grenzen. Mit zunehmender Größe steigt der Materialbedarf für eine Anlage überproportional stark an. Außerdem ergeben sich zunehmend logistische Probleme, Bauteile für derart gigantische Bauwerke zu transportieren. Aus heutiger Sicht sind daher Anlagenleistungen, die deutlich über 10 Megawatt hinausgehen, wenig wahrscheinlich.

Für einen wirksamen Klimaschutz ist derzeit die Windkraft eine der wichtigsten Technologien, die schnell effektive Abhilfe verspricht. Selbst die größten Windkraftanlagen lassen sich in wenigen Tagen aufstellen. Ein Betonfundament sorgt dabei für einen sicheren Stand *(Abbildung 8.10)*. Bei weichen Untergründen müssen Pfähle das Fundament nach unten abstützen.

Für den Turm kommen drei Varianten in Frage: der Stahlrohrturm, der Gitternetzturm oder der Betonturm. Früher kamen meist Gitternetzmasten, die von Hochspannungsleitungen her bekannt sind, zum Einsatz. In den vergangenen Jahren haben sich dann aus ästhetischen Gründen Strahlrohrtürme durchgesetzt. Aufgrund der stark gestiegenen Stahlpreise und zunehmender Transportprobleme bei den großen Rohrsegmenten für die größten Anlagentypen werden heute vermehrt auch Beton- und Gitternetztürme verwendet. Mit zunehmender Anlagengröße wuchsen auch die Ansprüche an die Krantechnik. Heute müssen Kräne viele Tonnen schwere Lasten auf Höhen von mehr als 100 Meter heben.

Abbildung 8.10 Aufbau einer Windkraftanlage (oben links: Fundament, rechts: Turm, unten links: Rotor und Gondel, Fotos: Bundesverband WindEnergie e.V. und ABO Wind AG)

Das Herzstück einer modernen Windkraftanlage bildet die Gondel *(Abbildung 8.11)*. Die Gondel ist drehbar auf dem Turm gelagert. Eine Windmesseinrichtung bestimmt die Windgeschwindigkeit und -richtung. Der sogenannte Azimutantrieb dreht dann die Anlage optimal in den Wind. Die einzelnen Rotorblätter sind an der Nabe aufgehängt. Eine Welle nimmt die Bewegung der Rotorblätter auf und treibt schließlich ein Getriebe und den elektrischen Generator an. Das Getriebe hat die Aufgabe, die langsamere Rotordrehzahl an die schnelle Generatordrehzahl anzupassen. Obwohl ein Rotor einer 5-Megawatt-Anlage mit einem Durchmesser von 126 Metern nur eine Drehzahl von maximal 12 Umdrehungen pro Minute erreicht, bewegt sich die Rotorblattspitze bereits mit Geschwindigkeiten von über 280 Kilometern pro Stunde.

Einzelne Hersteller setzten auch auf Windkraftanlagen ohne Getriebe. Während Elektrogeneratoren von Windkraftanlagen mit Getrieben bei Drehzahlen in der Größenordnung von 1000 Umdrehungen pro Minute arbeiten, drehen sich getriebelose Generatoren mit der Rotordrehzahl. Diese liegt je nach Anlagengröße zwischen 6 und 50 Umdrehungen pro Minute. Um die relativ langsame Rotordrehzahl nutzen zu können, muss der Generator einen deutlich größeren Umfang aufweisen. Das Einsparen des Getriebes wird dann durch einen erheblich schwereren und teureren Generator erkauft. Beide Windkraftanlagenkonzepte mit und ohne Getriebe konnten sich bislang aber gut auf dem Windkraftanlagenmarkt durchsetzen.

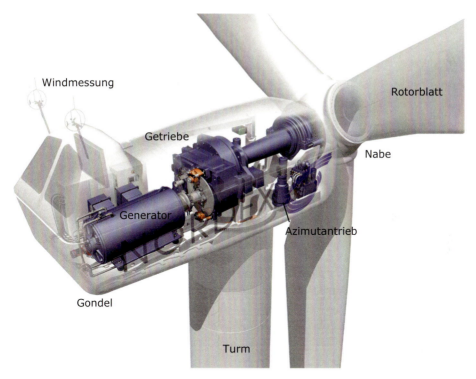

Abbildung 8.11 Aufbau und Komponenten einer Windkraftanlage (Grafik: Nordex AG)

Moderne Windkraftanlagen passen ihre Drehzahl der Windgeschwindigkeit an. Bei geringeren Windgeschwindigkeiten reduzieren sie ihre Drehzahl und können dadurch den Wind deutlich besser ausnutzen. Windgeschwindigkeiten von 2,5 bis 3,5 Meter pro Sekunde, also 9 bis 13 Kilometer pro Stunde, reichen bereits aus, um eine Anlage anlaufen zu lassen. Bei Windgeschwindigkeiten um die 13 Meter pro Sekunde (47 Kilometer pro Stunde) erreichen Windkraftanlagen ihre volle Leistung. Steigt die Windgeschwindigkeit noch weiter, fangen die Anlagen an abzuregeln. Sie drehen ihre Rotorblätter (auf Neudeutsch: sie pitchen) in eine ungünstigere Stellung zum Wind und reduzieren dadurch den Auftrieb. Damit gelingt es, die Leistung konstant zu halten.

Bei sehr großen Windgeschwindigkeiten von mehr als 25 bis 30 Meter pro Sekunde (90 bis 108 Kilometer pro Stunde) nimmt die Anlage eine Sturmstellung ein. Dazu dreht der Azimutantrieb die komplette Anlage aus dem Wind und Bremsen halten den Rotor fest.

Da große Windkraftanlagen bereits eine sehr hohe Leistung abgeben, speisen sie ihren Strom in der Regel direkt in das Mittelspannungsnetz ein. Ein Transformator wandelt dazu die Generatorspannung in die Netzspannung um.

Abbildung 8.12 Wartungsarbeiten bei Windkraftanlagen
(Quelle: REpower Systems AG, Fotos: Jan Oelker, caméléon und Stéphane Cosnard)

Für die Wartung von Windkraftanlagen müssen Techniker einen oft mühsamen Aufstieg hinter sich bringen. Wohl dem, der nicht seinen Schraubenzieher im Wagen vergessen hat. Einige Anlagen verfügen daher auch über einen Fahrstuhl. Die Ausfallzeiten moderner Windkraftanlagen sind relativ gering. Heute geht man von mindestens 20 Jahren Anlagenlebensdauer aus.

8.3.3 Kleinwindkraftanlagen

Während große Windkraftanlagen zur Netzeinspeisung in der Megawattklasse weitgehend ausgereift sind, fristen Kleinwindkraftanlagen dazu noch ein Nischendasein. Prinzipiell lassen sich Windkraftanlagen auch in der Stadt errichten. Große Anlagen sorgen dort aber für zu große Beeinträchtigungen, sodass sie meist nicht in Frage kommen. Werden kleine

8.3 Anlagen und Parks

Windkraftanlagen auf niedrigen Masten montiert, erzielen sie vor allem in städtischen Gebieten wegen Verschattungen durch Gebäude und Bäume recht bescheidene Erträge. Etwas besser ist das Windangebot auf Dächern von hohen Häusern. Eine nachträgliche Montage von Windkraftanlagen auf Dächern ist jedoch nicht immer ganz einfach. Die Statik des Hauses muss die zusätzlichen Lasten aufnehmen können. Auch die Dachhaut darf durch die Windkraftanlage nicht verletzt werden, um keine Feuchtigkeitsschäden zu verursachen. In vielen Bundesländern ist die Errichtung von kleinen Windkraftanlagen direkt auf Gebäuden oder ebenerdig mit Masthöhen von weniger als 10 Metern baugenehmigungsfrei. Unabhängig davon müssen allgemeine Richtlinien zur Errichtung und zum Anschluss von Windkraftanlagen berücksichtigt werden und bei Gebäuden eine statische Prüfung erfolgen.

Abbildung 8.13 Kleinwindkraftanlagen an der HTW Berlin

Kleinwindkraftanlagen auf Masten haben meist die klassische Bauform mit horizontaler Achse. Bei Aufdachanlagen kommen häufig auch andere Rotorprofile zum Einsatz *(Abbildung 8.13 rechts)*. Anlagen mit senkrechter Achse benötigen keine Nachführung. Sie laufen ruhiger und starten bei kleineren Windgeschwindigkeiten. Oftmals haben sie aber etwas schlechtere Leistungszahlen und können damit den Wind nicht so gut ausbeuten wie Anlagen mit horizontaler Achse. Im Vergleich zu großen Windkraftanlagen sind die spezifischen Kosten pro Kilowatt installierter Leistung erheblich höher und die Erträge meist deutlich niedriger. Ein wirtschaftlicher Betrieb von netzgekoppelten Kleinwindkraftanlagen war daher in den vergangenen Jahren in Deutschland kaum möglich.

8.3.4 Windparks

Während in der Pionierzeit auch große Windkraftanlagen oft einzeln errichtet wurden, stellt man sie heute fast nur noch in größeren Windparks auf. Ein Windpark besteht aus mindestens drei Anlagen, kann aber auch wesentlich größer sein. Der im Jahr 2012 in Kalifornien fertig gestellte Alta Windpark besteht beispielsweise aus 390 Windkraftanlagen mit einer Gesamtleistung von 1020 Megawatt. Diese können mehr als 200 000 US-amerikanische Haushalte mit Strom versorgen. Der Gansu Windpark am Rande der Wüste Gobi in China soll bis 2020 sogar eine Leistung von 20 000 Megawatt erhalten.

Der Hauptvorteil von Windparks gegenüber Einzelanlagen ist vor allem die Kosteneinsparung. Die Planung, Errichtung und Wartung erfolgt wesentlich rationeller. Große Windkraftanlagen müssen meist mit einer Hinderniskennzeichnung für den Flugverkehr ausgestattet sein. Diese umfasst eine farbige Kennzeichnung der Rotorblattspitzen und eine Befeuerung, also Signalleuchten, bei schlechter Sicht. Bei Windparks reicht es, die äußeren Anlagen zu kennzeichnen. Dies spart Geld und verbessert die Optik.

Abbildung 8.14 Windparks (Quelle: REpower Systems AG, Fotos: Jan Oelker)

Ein Nachteil von Windparks ist die gegenseitige Anlagenverschattung. Stehen die Anlagen dicht beieinander, können sie sich gegenseitig den Wind wegnehmen. Die Leistung der hinteren Anlagen geht dann zurück. Damit die Ertragseinbußen nicht zu groß werden, muss in Hauptwindrichtung ein möglichst großer Abstand eingehalten werden. Ganz vermeiden lassen sich aber Einbußen durch gegenseitige Verschattungen nicht. Der Windparkwirkungsgrad gibt die Verschattungsverluste an und liegt in der Regel zwischen 85 und 97 Prozent. Das bedeutet, dass Verluste zwischen 3 und 15 Prozent zu erwarten sind.

Werden Windkraftanlagen zu nahe an Siedlungen errichtet, können sie durch Schallemissionen oder störenden Schattenwurf bei tief stehender Sonne negativ auffallen. Bei einem

Abstand von einigen Hundert Metern zu Wohnhäusern lassen sich störende Einflüsse aber weitgehend vermeiden.

Wegen der durchaus sinnvollen Abstandsregelungen sind inzwischen viele Standorte in Deutschland zur Errichtung neuer Windparks schon belegt. Obwohl es an Land immer noch ein nicht unerhebliches Potenzial für neue Windparks gibt, zieht es andere mit ihren Planungen auf das noch vergleichsweise wenig erschlossene offene Meer.

8.3.5 Offshore-Windparks

Bei sogenannten Offshore-Windparks stehen die Anlagen direkt im Meer. Für eine möglichst gute Wirtschaftlichkeit sollten die Wassertiefen dabei nicht zu groß und der Abstand zur Küste nicht zu weit sein. Neben den enormen verfügbaren Flächen verspricht die Offshore-Nutzung noch andere Vorteile: Der Wind ist auf offener See stärker und gleichmäßiger als an Land. Der Ertrag pro Windkraftanlage nimmt an Offshore-Standorten zu und kann gut 50 Prozent über Binnenlandstandorten liegen.

Abbildung 8.15 Offshore-Windpark Nysted in der dänischen Ostsee (Quelle: http://uk.nystedhavmoellepark.dk), links: Aufbau des Windparks (Foto: Gunnar Britse)

Offshore-Windkraftanlagen unterscheiden sich auf den ersten Blick wenig von den Anlagen an Land. Offshore-Anlagen dürfen generell nur wenig wartungsanfällig sein. Bei schlechtem Wetter oder hohem Seegang sind die Anlagen auf hoher See nicht zugänglich. Für größere Wartungsarbeiten sind spezielle Schiffe erforderlich, die aber nur bei relativ ruhiger See arbeiten können. Ein weiteres Problem für Offshore-Anlagen ist das aggressive Salzwasser. Daher müssen alle Komponenten besonders geschützt und korrosionsbeständig sein.

Spezialschiffe mit Kränen führen den Aufbau durch *(Abbildung 8.15)*. Spezielle Gründungen verankern die Windkraftanlagen am Meeresboden. Bei der Monopile-Gründung wird ein großes Stahlrohr viele Meter tief in den Meeresgrund gerammt. Neben der Wassertiefe spielt auch die Tragfähigkeit des Bodens eine Rolle. Ist der Untergrund zu weich, steigt der Aufwand für eine sichere Gründung. Dies kann auch in geringen Wassertiefen Projekte unwirtschaftlich machen.

Der Netzanschluss von Offshore-Windparks ist ebenfalls aufwändiger als an Land. Seekabel verbinden die einzelnen Windkraftanlagen mit einer Transformatorstation. Diese befindet sich ebenfalls auf See innerhalb des Windparks und ähnelt vom Erscheinungsbild her einer kleinen Bohrinsel. Die Transformatorstation wandelt die elektrische Spannung der Windkraftanlagen in Hochspannung um, um die Übertragungsverluste niedrig zu halten. Größere Entfernungen zur Küste können auch eine Gleichstromübertragung erforderlich machen, da die Verluste bei Wechselstrom-Seekabeln relativ hoch sind. Ein spezieller Umrichter wandelt die Wechselspannung in Gleichspannung um. An Land erfolgt wieder die Rückwandlung in Wechselstrom. Normale Hochspannungsleitungen transportieren dann den Strom zu den Verbrauchern.

> **Offshore, Onshore und Nearshore**
>
> Der Begriff *Offshore* stammt aus dem Englischen. *Shore* bedeutet *Küste* und *off* steht für *weg* oder *entfernt*. Auf Deutsch lässt sich der Begriff *offshore* mit *außerhalb der Küstengewässer liegend* oder einfach mit *küstenfern* übersetzen. Im Bereich der Windkraft hat sich der englische Begriff Offshore-Windkraftanlagen für Windkraftanlagen auf offener See durchgesetzt.
>
> Der Begriff *Onshore* ist in der Windkraft noch nicht so lange gebräuchlich. Erst mit der Verbreitung von Offshore-Windparks kam auch der Begriff Onshore-Windpark in Mode. *Onshore* bedeutet *an Land* oder *auf dem Festland*. Insofern sind Onshore-Windparks alle Windparks, die nicht im Wasser stehen. Diese hießen früher übrigens einfach nur Windpark.
>
> Zum Testen für Offshore-Windparks wurden in jüngster Zeit auch einige Windkraftanlagen wenige Meter vor der Küste im Meer errichtet. Technisch handelt es sich bei den Testanlagen eher um Onshore-Windkraftanlagen mit nassen Füßen. Zur Unterscheidung wird daher für diese Anlagen auch der Begriff Nearshore-Windkraftanlage benutzt.
>
> Die Schreibweise der neudeutschen Begriffe ist nicht einheitlich. Manchmal wird im Deutschen auch die Schreibweise Off-Shore, On-Shore oder Near-Shore verwendet.

Schon vor vielen Jahren wurden bereits zahlreiche größere Offshore-Windparks errichtet. Dänemark zählte dabei zu den Pionieren. In Deutschland gingen hingegen die Entwicklungen lange Zeit eher zögerlich voran. Dies liegt unter anderem an den größeren technischen Anforderungen. Die deutschen Offshore-Windparks sollen in vergleichsweise großen Wassertiefen von 20 bis 50 Metern und in Entfernungen von 30 bis 100 Kilometer zur Küste entstehen. Inzwischen wurden aber auch in Deutschland zahlreiche Offshore-Windparks errichtet und weitere sind in Planung oder im Bau.

8.3 Anlagen und Parks

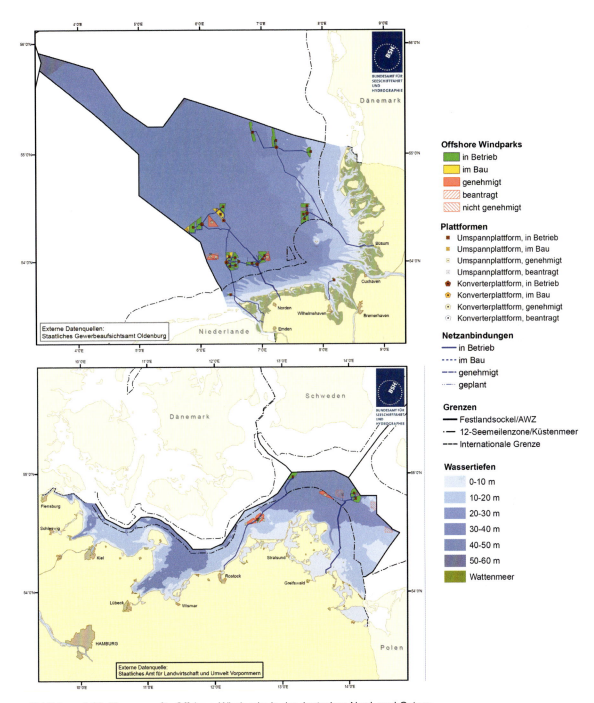

Abbildung 8.16 Planungen für Offshore-Windparks in der deutschen Nord- und Ostsee
(Quelle: Bundesamt für Seeschifffahrt und Hydrographie, www.bsh.de, Stand August 2019)

Rechtlich gesehen kann das deutsche Seegebiet in zwei Bereiche unterteilt werden. Die Hoheitsgewässer erstrecken sich auf das Küstenmeer bis zu einer Entfernung von 12 Seemeilen (22,2 Kilometer) von der Küste. Danach beginnt die ausschließliche Wirtschaftszone (AWZ), die bis zu einer Entfernung von maximal 200 Seemeilen (370,4 Kilometer) reicht. In der Ostsee ist die deutsche AWZ aufgrund der angrenzenden Nachbarstaaten viel kleiner als in der Nordsee.

Innerhalb der deutschen Hoheitsgewässer sind für die Genehmigung von Windparks die jeweiligen Bundesländer zuständig. Wegen der negativen Einflüsse auf das Küstenbild sind in diesem Bereich nur sehr vereinzelt Windparks geplant. In der AWZ sind hingegen Windparks aufgrund der sehr großen Entfernung zur Küste von Land aus praktisch nicht mehr zu sehen. Die Zuständigkeit für die Genehmigung von Windparks in der AWZ liegt beim Bundesamt für Seeschifffahrt und Hydrographie (BSH). Das BSH prüft, ob ein geplanter Windpark die Schifffahrt behindert oder die Meeresumwelt gefährdet. Inzwischen liegt die Genehmigung bereits für eine Vielzahl von Projekten vor. Ein aktueller Überblick findet sich auf den Internetseiten des BSH oder des IWR.

www.offshore-windindustrie.de Offshore-Windinformationen vom IWR
www.bsh.de Bundesamt für Seeschifffahrt und Hydrographie

Die Errichtung von Offshore-Windparks in Deutschland ist nicht unumstritten. Die Hoffnungen zur schnellen Errichtung großer Kapazitäten konnten Offshore-Windparks lange Zeit in Deutschland nicht erfüllen. Probleme und Risiken bei der Anlagenerrichtung, dem Netzanschluss und der Finanzierung haben bei vielen Projekten zu langen Verzögerungen geführt. Die Vergütung für Offshore-Windkraftanlagen wurde daher in der Vergangenheit bereits mehrfach erhöht. Bei den jüngsten Ausschreibungen für neue Offshore-Windkraftanlagen kam es allerdings zu deutlichen Preissenkungen. Das lässt erwarten, dass mittelfristig die Offshore-Windkraft zu ähnlichen Kosten wie die Onshore-Windkraft Strom produzieren wird.

Für große Offshore-Windparks liegen die Investitionskosten schnell in der Größenordnung von einer Milliarden Euro. Zur Errichtung kommen daher im Wesentlichen nur noch größere Energieversorger in Frage. Ein weiterer Nachteil bei der Offshore-Windenergie ist die Konzentration der Stromerzeugung an der Küste. Die großen Stromverbraucher befinden sich aber in der Mitte oder im Süden Deutschlands, wodurch zahlreiche neue Hochspannungstrassen notwendig werden. Prinzipiell ließe sich Offshore-Windstrom auch direkt an der Küste in erneuerbares Gas umwandeln und so auch ohne neue Stromtrassen transportieren. Von Offshore-Windkraftparks sind sehr viel weniger Menschen betroffen als durch Onshore-Windparks, weswegen die Akzeptanz der Offshore-Windkraft deutlich höher ist. Da die Standorte für Onshore-Windkraftanlagen und Photovoltaikanlagen in Deutschland für die Energiewende nicht ausreichen werden, wird eine vollständige Dekarbonisierung der Energieversorgung nicht ohne die Nutzung der Offshore-Windkraft gelingen. Darum muss für einen funktionierenden Klimaschutz sowohl die Windkraftnutzung an Land als auch auf hoher See weiter zügig ausgebaut werden.

8.4 Planung und Auslegung

Wer eine Kleinstwindkraftanlage in seinem Garten errichten möchte, muss hierbei das Baurecht des jeweiligen Bundeslandes berücksichtigen. Bis zu einer Gesamthöhe der Anlage von 10 Metern ist der Bau in den meisten Bundesländern relativ problemlos möglich. Dabei ist aber auch zu berücksichtigen, dass keine Nachbarn durch Lärm oder Schattenwurf gestört werden.

Deutlich komplexer ist die Genehmigung bei großen Windparks. Diese dürfen in erster Linie nur auf Vorranggebieten errichtet werden, die Gemeinden und Kommunen im Rahmen einer Raumplanung ausweisen. Die Planungs- und Genehmigungsregelungen sind in den einzelnen Bundesländern leicht unterschiedlich. Über eine Bauvoranfrage lässt sich die prinzipielle Genehmigungsfähigkeit eines Windparkvorhabens durch die Baubehörden prüfen. Steht dem nichts im Wege, kann das Vorhaben offiziell beantragt werden.

Länderspezifische Anträge mit Formblättern und Erläuterungen sind bei den zuständigen Behörden erhältlich. Neben der Anlagen- und Standsicherheit werden auch die Umweltverträglichkeit und die Auswirkungen von Schallemissionen und Schattenwurf überprüft.

Bevor man jedoch den manchmal steinigen Weg eines Antrags beschreitet, sollte erst einmal überprüft werden, ob der ins Auge gefasste Standort technisch und ökonomisch für die Errichtung eines Windparks geeignet ist.

Für eine optimale Windparkplanung ist die genaue Kenntnis der Windverhältnisse an einem Standort von essenzieller Bedeutung, da der Ertrag auch bei kleinsten Abweichungen des Windangebots erheblich schwanken kann. Liegen keine Messwerte der Windgeschwindigkeit in unmittelbarer Nähe des geplanten Standorts vor, ist zuerst die Errichtung einer Messstation dringend zu empfehlen. Diese zeichnet die Windgeschwindigkeit mindestens über ein Jahr auf. Die Ergebnisse sollten mit langjährigen Messwerten anderer Stationen verglichen und gegebenenfalls auf ein durchschnittliches Jahr korrigiert werden. Für professionelle Windparks sollten renommierte Gutachter die Messungen und Berechnungen durchführen und ein entsprechendes Windgutachten erstellen.

Sind brauchbare Informationen über die Windgeschwindigkeit vorhanden, können Computermodelle die Windverhältnisse auf nahe gelegene Standorte oder für andere Höhen umrechnen. Auch die Verschattungen durch andere Windkraftanlagen lassen sich in derartige Berechnungen mit einbeziehen. Für die weiteren Berechnungen wird schließlich eine Häufigkeitsverteilung der Windgeschwindigkeit in der Nabenhöhe der Windkraftanlage erstellt.

Jahresertrag einer Windkraftanlage

Die Häufigkeitsverteilung $f(v)$ gibt an, wie oft eine Windgeschwindigkeit v im Jahr vorkommt. Meist werden dazu Windgeschwindigkeiten in Intervallen von 1 Meter pro Sekunde (m/s) zusammengefasst. Die Leistungskennlinie einer Windkraftanlage gibt an, welche elektrische Leistung $P(v)$ die Windkraftanlage bei einer Windgeschwindigkeit v abgibt.

Die Leistungskennlinie stellt in der Regel der Hersteller einer Anlage zur Verfügung. Der Jahresertrag E der Windkraftanlage lässt sich anhand beider Kennlinien berechnen, wenn man jeweils für jede Windgeschwindigkeit den entsprechenden Wert der Häufigkeitsverteilung mit der Leistungskennlinie multipliziert und anschließend alle Ergebnisse addiert:

$$E = \sum_i f(v_i) \cdot P(v_i) \cdot 8760 \text{ h} = \left(f(0\tfrac{m}{s}) \cdot P(0\tfrac{m}{s}) + f(1\tfrac{m}{s}) \cdot P(1\tfrac{m}{s}) + \ldots \right) \cdot 8760 \text{ h}$$

Für die Kennlinien aus *Abbildung 8.17* berechnet sich ein Jahresertrag von

$$\begin{aligned}E = &(\ 0\,\% \cdot 0 \text{ kW} + 4{,}3\,\% \cdot 0 \text{ kW} + 8\,\% \cdot 7{,}5 \text{ kW} + 10{,}8\,\% \cdot 62{,}5 \text{ kW} + 12{,}3\,\% \cdot 205 \text{ kW} + \\ &12{,}6\,\% \cdot 435 \text{ kW} + 11{,}9\,\% \cdot 803 \text{ kW} + 10{,}5\,\% \cdot 1330 \text{ kW} + 8{,}6\,\% \cdot 2038 \text{ kW} + \ldots) \cdot 8760 \text{ h} \\ = &11\,685\,000 \text{ kWh}\end{aligned}$$

Für Windparks erfolgen dann noch Abschläge aufgrund gegenseitiger Anlagenverschattung (Parkwirkungsgrad), Anlagenausfälle und Stillstandszeiten (Verfügbarkeit) sowie ein Sicherheitsabschlag für andere nicht berücksichtigte Einbußen. Verschiedene Online-Anwendungen erlauben näherungsweise die Berechnung des Anlagenertrags.

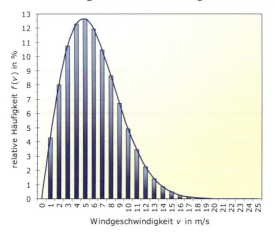 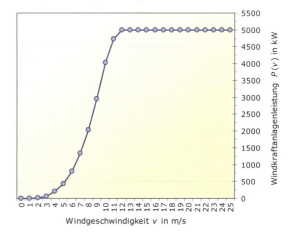

Abbildung 8.17 Links: Häufigkeitsverteilung der Windgeschwindigkeit, rechts: Leistungskennlinie einer Windkraftanlage

Professionelle Planungsbüros führen derartige Berechnungen wesentlich detaillierter mit ausgereiften Computerprogrammen durch. Das Berechnungsprinzip gleicht aber stets den hier vorgestellten Berechnungen. Neben der Ertragsberechnung ist auch die Optimierung des Windparks Gegenstand der Planungen. Dabei umfasst die Optimierung verschiedene Aspekte. Durch höhere Türme und größere Rotoren lässt sich beispielsweise der Anlagenertrag erhöhen. Gleichzeitig steigen aber auch die Anlagenkosten stark an, sodass sich bei einer bestimmten Turmhöhe und Rotorgröße ein wirtschaftliches Optimum ergibt. Weiterhin lassen sich durch eine leichte Änderung der Standorte einzelner Anlagen innerhalb eines Windparks die Verschattungsverluste minimieren.

■ www.volker-quaschning.de/software/windertrag   Online-Ertragsberechnungen für Windkraftanlagen

8.5 Ökonomie

Kleinstwindgeneratoren sind bereits ab wenigen Hundert Euro zu erwerben. Ein einfacher 500-Watt-Windgenerator zum Batterieladen ist ab etwa 300 Euro zu haben. Mast und Montage sind in dem Preis aber noch nicht inbegriffen. Damit übertreffen die Kosten kleiner Windgeneratoren die von Photovoltaikanlagen. Daher rechnen sich Kleinstwindsysteme bestenfalls nur an sehr windreichen Standorten und auch nur dann, wenn der Strom nicht auch noch ins Netz eingespeist werden soll.

Mit zunehmender Größe sinken die spezifischen Kosten in Euro pro Watt für Windgeneratoren. Für netzgekoppelte Windkraftanlagen im Megawattbereich muss man derzeit rund 900 Euro pro Kilowatt (€/kW) also 90 Cent pro Watt einkalkulieren. Turm und Montage sind in diesen Preisen bereits inbegriffen. Auf Turm und Rotorblätter entfallen dabei rund die Hälfte der Kosten *(Abbildung 8.18)*.

Hinzu kommen aber noch sogenannte Investitionsnebenkosten für Planung, Erschließung, Fundament und Netzanschluss in der Größenordnung von 30 Prozent der reinen Windenergieanlagenkosten [DEW02]. Für den schlüsselfertigen Windpark sind dann rund 1200 Euro pro Kilowatt zu veranschlagen. Für einen kleinen Windpark mit vier Anlagen mit je 2,5 Megawatt belaufen sich die Projektkosten bereits auf 12 Millionen Euro. Je nach Standort und Technik sind auch deutliche Abweichungen nach oben oder unten möglich. Für jährliche Betriebs- und Wartungskosten sind rund 5 Prozent der Windenergieanlagenkosten einzuplanen.

In der Vergangenheit wurden Windparks meist durch Betreibergesellschaften errichtet. Eine Vielzahl privater Investoren finanziert dabei den nötigen Eigenanteil von 20 bis 30 Prozent zur Errichtung des Windparks. Der Rest der Finanzierung erfolgt durch Bankkredite. Zur Rückzahlung und Tilgung dient die Einspeisevergütung. Die noch verbleibenden Überschüsse werden dann an die Investoren ausgeschüttet. Läuft alles nach Plan, lassen sich für Privatinvestoren Renditen von 6 bis 10 Prozent erzielen. Erreicht ein Windpark aber aus irgendeinem Grund nicht die prognostizierten Erträge, kann dies im schlimmsten Fall sogar den Totalverlust des investierten Geldes bedeuten.

8 Windkraftwerke – luftiger Strom

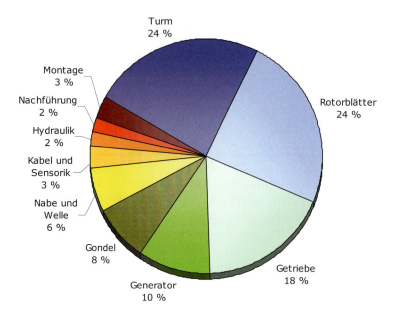

Abbildung 8.18 Aufteilung der Kosten einer 1,2-MW-Windkraftanlage [BWE07]

Bei Offshore-Windparks liegen die spezifischen Investitionskosten derzeit bei gut dem Doppelten wie an Land. Voraussetzung dafür ist jedoch eine Parkmindestgröße von einigen Hundert Megawatt. Je nach Entfernung zur Küste und Wassertiefe können die Kosten aber auch zwischen einzelnen Parks stark variieren.

In Deutschland war über viele Jahre die Einspeisevergütung für Windkraftanlagen durch das Erneuerbare-Energien-Gesetz (EEG) festgelegt. Je nach Standort variierte bis zum Jahr 2016 die Vergütung zwischen 5 und knapp 9 Cent pro Kilowattstunde. Insgesamt wird der eingespeiste Strom über 20 Jahre vergütet. Moderne Windkraftanlagen sind daher auch für eine Lebensdauer von 20 Jahren ausgelegt. Bei Offshore-Anlagen erfolgte die Vergütung analog, nur dass mit einer Anfangsverfügung von bis zu 19 Cent pro Kilowattstunde höhere Sätze galten. Das EEG legte zwar eine Zielgröße für den jährlichen Gesamtzubau fest, eine wirkliche Mengenbegrenzung gab es allerdings nicht.

Im Jahr 2017 wurde das über viele Jahre lang erfolgreiche Förderverfahren mit einer fixen Vergütung durch sogenannte Ausschreibungen ersetzt. Dabei ist die Menge an Anlagen, die gefördert werden können, gedeckelt. In regelmäßigen Abständen von einigen Monaten werden gewisse Mengenkontingente versteigert. Nur die Anbieter mit den niedrigsten gewünschten Vergütungen erhalten einen Zuschlag und dürfen bauen. Die Ausschreibungsmengen waren bereits im Jahr 2017 für eine Realisierung eines wirksamen Klimaschutzes viel zu niedrig. Durch die Ausschreibungen nahm das Risiko für die Projektentwickler zu. Kleine Projektentwickler und Bürgerenergiegesellschaften blieben dadurch größtenteils auf der Strecke. Im Jahr 2019 brach der Windkraftausbau in Deutschland fast vollständig zusammen.

8.5 Ökonomie

In den ersten Ausschreibungen wurden die bisherigen festen Vergütungssätze des EEG deutlich unterboten. Von einigen Seiten werden die angebotenen extrem niedrigen Vergütungen sehr kritisch gesehen. Einige Anbieter wetten auf stark fallende Anlagenpreise. Die Vergütungen könnten daher nicht ausreichend sein, um qualitativ hochwertige Anlagen zu finanzieren, was langfristig Probleme nach sich ziehen wird. Außerdem gibt es bei den sehr niedrigen Vergütungen keine Spielräume mehr, akzeptanzfördernde Maßnahmen bei der Errichtung von Windparks mit zu finanzieren. Das könnte mittelfristig die Akzeptanz für den nötigen Windenergieausbau stark beschädigen und damit die Energiewende erschweren oder gar unmöglich machen.

Wie ertragreich ein Standort ist, lässt sich an den sogenannten Volllaststunden ablesen. Ein guter Binnenlandstandort kommt auf gut 2000 Volllaststunden pro Jahr. Mit anderen Worten: Eine Windkraftanlage erzeugt dort im Jahresverlauf so viel Strom, also ob sie 2000 Stunden am Stück mit voller Last gelaufen wäre.

Windkraftanlagen an schlechten Binnenlandstandorten erzielen weniger als 2000 Volllaststunden. In Gebirgslagen, an der Küste oder mit sehr hohen Windmasten und speziellen Schwachwindkraftanlagen sind auch im Binnenland deutlich bessere Werte erreichbar. Offshore-Windkraftanlagen können 3000 bis 5000 Volllaststunden erreichen.

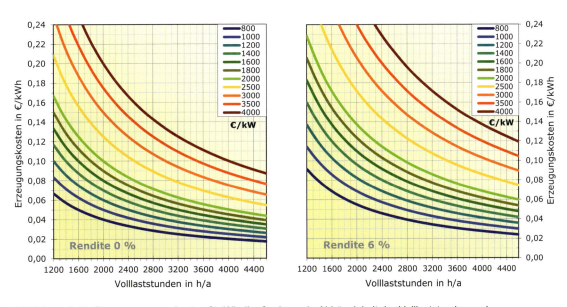

Abbildung 8.19 Stromerzeugungskosten für Windkraftanlagen in Abhängigkeit der Volllaststunden und Investitionskosten in €/kW, Annahme: jährlicher Betriebs- und Wartungskostenanteil 5 % der Investitionskosten

Abbildung 8.19 zeigt die resultierenden Stromerzeugungskosten für Windkraftanlagen bei verschiedenen Volllaststunden. Für alle Berechnungen wurde angenommen, dass die jährlichen Betriebs- und Wartungskosten 5 Prozent der Investitionskosten betragen.

An einem Binnenlandstandort mit 2000 Volllaststunden und Investitionskosten von 1200 Euro pro Kilowatt (€/kW) betragen demnach die Erzeugungskosten gut 8 Cent pro Kilowattstunde (0,08 €/kWh), wenn man eine Gesamtrendite von 6 Prozent erwirtschaften möchte. Ohne Renditeerwartung sinken die Erzeugungskosten auf 0,06 €/kWh.

Bei einem Offshore-Windpark mit 4000 Volllaststunden pro Jahr und Investitionskosten von 3500 €/kW betragen die Erzeugungskosten bei einer Renditeerwartung von 6 Prozent rund 0,12 €/kWh. Durch Senken der Investitions- und Betriebskosten, eine weitere Erhöhung der Volllaststunden und eine Reduzierung der Risiken wird künftig ein deutlicher Rückgang der Stromerzeugungskosten erwartet.

8.6 Ökologie

Durch ihre Größe sind Windkraftanlagen auch über weite Entfernungen oft sehr gut sichtbar. Daher stechen sie vielerorts ins Auge. Ob man Windkraftanlagen schön oder hässlich findet, ist aber eher eine Frage des persönlichen Geschmacks. Und über Geschmack lässt sich bekanntermaßen trefflich streiten. Während Befürworter vom majestätischen Erscheinungsbild der technischen Meisterwerke schwärmen, versuchen Gegner verbissen eine Verspargelung der Landschaft zu verhindern. Es gibt sicher einige Argumente, die berechtigterweise gegen Windkraftanlagen vorgebracht werden können. Man sollte dabei jedoch bedenken, dass Windkraftanlagen meist in sogenannten Kulturlandschaften entstehen, deren Bild der Mensch bereits maßgeblich geprägt hat.

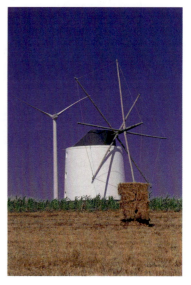

Abbildung 8.20 Windkraftanlagen in Kulturlandschaften
(Quelle links: Bundesverband WindEnergie e.V., Quelle rechts: REpower Systems AG, Foto: Jan Oelker)

Dabei sind Windkraftanlagen in der Landschaft keine neue Erscheinung. Bereits seit vielen Jahrhunderten zählen Zehntausende von Windmühlen zum Landschaftsbild. Viele Nutztiere scheinen sich viel schneller als der Mensch an ihre Erscheinung gewöhnt zu haben *(Abbildung 8.20)*. Manchmal ist es ein wenig verwunderlich, dass die rund 190 000 Hochspannungsmasten und mehr als eine Million Mittel- und Niederspannungsmasten in Deutschland oft weniger Diskussionen hervorrufen als nicht einmal 30 000 Windkraftanlagen. Vermutlich spielt auch der Gewöhnungseffekt in dieser Diskussion eine wichtige Rolle.

Bei sachlicher Betrachtung halten sich die negativen Auswirkungen in Grenzen. Windkraftanlagen in Naturschutzgebieten sind ebenso tabu wie in Wohngebieten. Halten die Anlagen einen Mindestabstand zu Wohngebieten ein, ist die Belästigung durch Lärm oder Schattenwurf gering. Bei der Planung von Windparks sind diese Fragestellungen Teil des Genehmigungsverfahrens.

Einzelne Bundesländer erschweren mit überzogenen Abstandsregelungen den Ausbau der Windkraft erheblich. In Bayern wurde im Jahr 2014 die sogenannte 10-H-Regelung beschlossen. Danach müssen Windkraftanlagen einen Abstand vom 10-fachen der Höhe der Windkraftanlage zu Gebäuden einhalten, wodurch nur noch sehr wenig Flächen zum Errichten von Windkraftanlagen infrage kommen. In der Konsequenz muss mehr Strom durch Offshore-Windkraftanlagen gewonnen werden, was wiederum einen viel größeren Leitungsbedarf nach sich zieht.

Auf die Tierwelt hat die Windkraft einen geringen Einfluss. Die meisten Tiere gewöhnen sich schnell an die Anlagen. Vögel erkennen die relativ langsam drehenden Rotoren meist aus großer Entfernung und umfliegen sie. Der oft zitierte Vogelschlag findet nur in Einzelfällen statt. Die vielen Fensterscheiben von Wohngebäuden stellen daher eine erheblich größere Gefährdung für die Vogelwelt dar als die Windkraft.

Die Klimaschutzbilanz der Windkraft ist sehr positiv. Im Vergleich zur Photovoltaik ist der Energiebedarf zur Herstellung von Windkraftanlagen geringer. Bereits in wenigen Monaten hat eine Windkraftanlage diesen wieder hereingespielt. Verdrängt eine Windkraftanlage Kohlestrom, dann vermeidet sie Emissionen von rund 1000 Gramm Kohlendioxid pro eingespeister Kilowattstunde. Eine einzige 5-Megawatt-Windkraftanlage erzeugt an einem guten Standort in 20 Jahren rund 200 Millionen Kilowattstunden an elektrischer Energie und kann so 200 000 Tonnen Kohlendioxid vermeiden.

8.7 Windkraftmärkte

Dänemark gilt zu Recht als Mutterland der modernen Windkraft. Breits im Jahr 1891 baute der dänische Lehrer Paul la Cour an der Volksschule in Askow eine Windkraftanlage zur Stromerzeugung. Als in den 1980er-Jahren der heutige Windenergieboom begann, zählten dänische Firmen von Anfang an zu den Technologieführern. Im Jahr 2018 deckte die Windkraft bereits 41 Prozent des dänischen Strombedarfs.

Auch deutsche Firmen waren von Anfang an mit dabei. Marktführer in Deutschland ist heute die Firma Enercon mit rund 13 000 Mitarbeitern weltweit. In den vergangenen Jahren konnte China die Führungsrolle eindrucksvoll übernehmen. Durch die gigantischen Installationszahlen im eigenen Land stellen die chinesischen Hersteller inzwischen die größten Windfirmen weltweit. 2015 installierte das größte chinesische Unternehmen Goldwind allein in China deutlich mehr Windkraftanlagen als alle Hersteller insgesamt in Deutschland.

Die USA erlebten ihren ersten Windkraftboom Ende der 1980er-Jahre, als sie in wenigen Jahren bereits Tausende von Anlagen errichteten. Anfang der 1990er-Jahre kam der Windkraftmarkt in den USA dann aber wieder fast vollständig zum Erliegen. Durch eine gesetzlich geregelte Einspeisevergütung entwickelte sich Deutschland in den 1990er-Jahren zum Windkraftmarkt Nummer eins und konnte diese Position bis zum Jahr 2007 halten. Dadurch entstand in Deutschland eine international erfolgreiche Windkraftindustrie mit Milliardenumsätzen und einer hohen Exportquote.

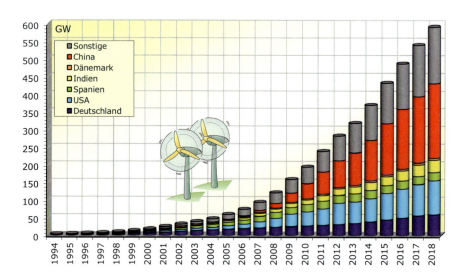

Abbildung 8.21 Entwicklung der weltweit installierten Windkraftleistung

Neben Deutschland zählen heute unter anderem China, die USA, Spanien und Indien zu den wichtigsten Windkraftmärkten. Der Windkraftmarkt in den USA wird von Steuerabschreibungen und Quoten für regenerative Energien getrieben. Da die Bedingungen in den letzten Jahren stark schwankten, erlebte der dortige Markt ein ständiges Stop and Go. In Indien haben sich ebenfalls ein stetiger Windkraftmarkt und damit eine florierende Windkraftindustrie entwickelt. Die indische Suzlon-Gruppe zählt zu den großen Windkraftanlagenherstellern weltweit.

Seit 2009 ist China bei der installierten Windkraftleistung führend und baut seinen Vorsprung kontinuierlich aus. In den Jahren 2014 und 2016 installierte China alleine mehr

Windkraftanlagen als Deutschland zwischen 1990 und 2016 zusammen. Auch zahlreiche andere Länder haben in den letzten Jahren mit dem Ausbau der Windkraftnutzung begonnen, sodass weiterhin hohe jährliche Wachstumsraten in der Windbranche zu erwarten sind. Aktuelle Zahlen zur Marktentwicklung finden sich auch im Internet.

- www.wind-energie.de — Bundesverband WindEnergie
- www.windeurope.org — WindEurope
- www.gwec.net — Global Wind Energy Council

8.8 Ausblick und Entwicklungspotenziale

Während der Windboom der 1990er-Jahre nur durch wenige Länder getragen wurde, setzen mittlerweile viel mehr Länder auf die Windkraft. An guten Standorten kann Windkraft bereits heute mit konventionellen fossilen Kraftwerken konkurrieren. Im Gegensatz zu den unkalkulierbaren Preisen für Kohle, Erdgas und Erdöl bleiben die Erzeugungskosten bei einer einmal errichteten Windkraftanlage ziemlich konstant. Insofern ist zu erwarten, dass die hohen Wachstumsraten der Windkraft weltweit anhalten werden.

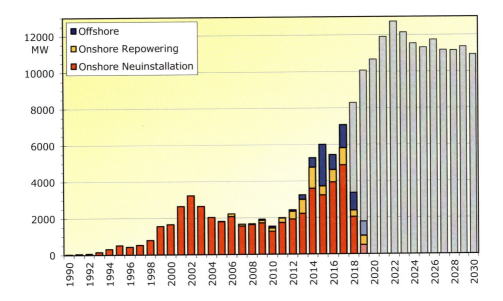

Abbildung 8.22 Entwicklung der neu installierten Windkraftleistung in Deutschland bis 2018, Prognose für 2019 und nötiger Zubau für eine klimaverträgliche Energiewende bis zum Jahr 2030

In Deutschland stagnierte der Markt zwischen den Jahren 2002 und 2012 *(Abbildung 8.22)*. Ab 2013 beschleunigte sich die Entwicklung. Dies wurde vor allem durch die Ankündigungen der Bundes- und verschiedener Landesregierungen getrieben, die Ausbauziele abzusenken, größere Abstandsregeln einzuführen und mit Ausschreibungen neue ungünstigere Rahmenbedingungen für den Windenergieausbau zu schaffen. Im Jahr 2018 kam es dann zu dem erwarteten Einbruch infolge der geänderten Rahmenbedingungen. Mit den niedrigen Zubauzahlen der Jahre 2018 und 2019 hat Deutschland derzeit rein rechnerisch keine Möglichkeit mehr, eine klimaneutrale Energieversorgung aufzubauen. Daher steht bald die Entscheidung an, ob Deutschland sich von allen Klimaschutzzielen verabschiedet oder den Windkraftzubau wieder auf das nötige Maß anhebt. Dazu bedarf es auch einer Erhöhung der Akzeptanz vor Ort, die durch eine bessere Bürgerbeteiligung und finanzielle Anreize hergestellt werden kann.

Für eine schnelle Energiewende und einen wirksamen Klimaschutz müsste der Ausbau der Windenergie stark forciert werden. Nach einer Studie des Bundesverbands Windenergie ließen sich bis zu 2 Prozent der Landesfläche für die Installation von Windkraftanlagen nutzen [BWE11] und dort dann theoretisch bis zu 200 000 Megawatt errichten. Diese Leistung wird auch für die vollständige Dekarbonisierung Deutschlands benötigt. Mitte 2019 lag die installierte Leistung erst bei gut 53 000 Megawatt.

Da Windkraftanlagen eine Lebensdauer von etwa 20 Jahren haben, entsteht in Deutschland sukzessive ein neues Marktsegment: das Repowering. Hierbei ersetzen neue leistungsfähige Anlagen ausgediente kleinere Windkraftanlagen. Dadurch steigt auch die installierbare Windkraftleistung an Land.

Die Erschließung der deutschen Offshore-Standorte ist über viele Jahre sehr schleppend verlaufen. Erst ab dem Jahr 2014 stiegen die Installationszahlen spürbar an. Für eine klimaneutrale Energieversorgung muss auch der Ausbau der Offshore-Windenergie weiter forciert werden.

Insgesamt könnte die Windkraft damit bereits bis zum Jahr 2030 zwischen 40 und 50 Prozent des deutschen Strombedarfs decken und die wichtigste Säule einer klimaverträglichen Elektrizitätswirtschaft werden, wenn die Zubauzahlen wieder auf das nötige Maß gesteigert werden. Dänemark hat diese Größenordnung bereits im Jahr 2018 erreicht. Da andere Länder dabei sind, die Windenergie stark auszubauen und China Deutschland bereits deutlich bei den Installationszahlen überholt hat, könnte die Windenergie bis zum Jahr 2050 durchaus mehr als ein Viertel des weltweiten Strombedarfs sicherstellen.

9 Wasserkraftwerke – nasser Strom

Heute gibt es deutlich weniger Wasserkraftanlagen als in deren Blütezeit Ende des 18. Jahrhunderts. Damals drehten sich zwischen 500 000 und 600 000 Wassermühlen allein in Europa [Köni99]. Die Hauptnutzung fand seinerzeit in Frankreich statt. Aber auch in anderen europäischen Ländern drehten sich Tausende von Mühlen. Wasserräder trieben aber nicht nur Mühlen, sondern auch eine Vielzahl anderer Arbeits- und Werkzeugmaschinen an. Entlang von Wasserläufen war das Bild durch Wassermühlen mit Kehrrädern von bis zu 18 Metern Durchmesser geprägt. Die durchschnittliche Leistung der damaligen Wasserräder war mit fünf bis sieben Pferdestärken noch vergleichsweise bescheiden.

Abbildung 9.1 Historische Wassermühle in den Alpen (Quelle: www.verbund.at)

Die wachsende Mühlendichte an Flüssen und Bächen machte feste Regelungen nötig, die den Mühlenbetreibern die Dauer der Nutzung und die Größe der Anlage vorschrieben. Auch wenn dies ärgerlich für den einzelnen Mühlenbesitzer war, hatte es sein Gutes, denn dadurch wurden technische Weiterentwicklungen vorangetrieben und bestehende Mühlen optimal ausgenutzt. Moderne Turbinen mit hohen Wirkungsgraden, die in verbesserten Varianten bei heutigen Wasserkraftanlagen zum Einsatz kommen, wurden daraufhin im 19. Jahrhundert entwickelt.

Die Einführung der Dampfmaschine verdrängte die Wasserkraftanlagen langsam. Im Gegensatz zur Windkraft verschwand die Wasserkraftnutzung jedoch nicht mit der Erschließung der fossilen Energien in der Versenkung. Als Ende des 19. Jahrhunderts die Elektrifizierung begann, war die Wasserkraft von Anfang an mit dabei. Zu Beginn waren es kleine Turbinen, die einen elektrischen Generator antrieben. Die Größe der Anlagen wuchs jedoch schnell.

9.1 Anzapfen des Wasserkreislaufs

Blau ist die Farbe unseres Planeten, wenn wir ihn aus dem Weltall betrachten – denn 71 Prozent der Erdoberfläche bestehen aus Wasser. Doch ohne die Sonne wäre unser Blauer Planet nicht blau. Das Wasser, das unserer Heimatkugel das charakteristische Aussehen verleiht, wäre komplett zu Eis erstarrt. Durch die Sonnenwärme sind jedoch 98 Prozent des Wassers flüssig, durch den Klimawandel leider mit zunehmender Tendenz.

> **Wasserkraftwerk in der Regenrinne?**
>
> Ein Hausdach sammelt viele Kubikmeter Wasser pro Jahr. Die Regenrinne leitet das Wasser ab, ohne dabei die Energie des Wassers zu nutzen. Ein Wasserkraftwerk pro Regenrinne könnte doch eigentlich eine gute Idee sein.
>
> Rund 600 Liter pro Quadratmeter beträgt beispielsweise der jährliche Niederschlag in Berlin. Auf einem Hausdach mit 100 Quadratmetern kommen immerhin 60 000 Liter oder 6 000 10-Liter-Wassereimer zusammen. Der Inhalt eines 10-Liter-Wassereimers auf einem 10 Meter hohen Dach hat gegenüber dem Erdboden gerade einmal eine Lageenergie von 0,000273 Kilowattstunden. Sechstausend Wassereimer schaffen zusammen gut 1,6 Kilowattstunden, gerade einmal ausreichend, um 80 Tassen Kaffe zu kochen – als Jahresertrag leider zu wenig für eine sinnvolle technische Nutzung. Um ausreichende Energiemengen abschöpfen zu können, sind also deutlich größere Wassermengen als die einer Regenrinne nötig.

Insgesamt gibt es auf der Erde rund 1,4 Milliarden Kubikkilometer Wasser. 97,4 Prozent davon sind Salzwasser in den Meeren und nur 2,6 Prozent Süßwasser. Fast drei Viertel des Süßwassers ist in Polareis, Meereis und Gletschern gebunden, der Rest hauptsächlich im Grundwasser und in der Bodenfeuchte. Nur 0,02 Prozent des Wassers der Erde befindet sich in Flüssen und Seen.

Durch den Einfluss der Sonne verdunsten im Mittel 980 Liter Wasser von jedem Quadratmeter der Erdoberfläche und fallen irgendwo wieder als Niederschlag herunter. Insgesamt kommen so pro Jahr etwa 500 000 Kubikkilometer zusammen. Dieser gigantische Wasserkreislauf setzt rund 22 Prozent der gesamten auf die Erde eingestrahlten Sonnenenergie um *(Abbildung 9.2)*.

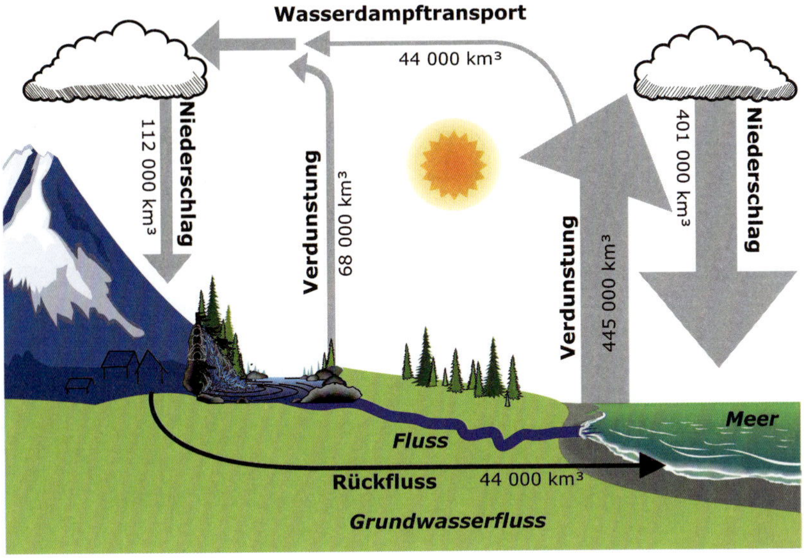

Abbildung 9.2 Wasserkreislauf der Erde

Würde man die Verdunstung auf einen einzigen Quadratkilometer der Erde konzentrieren, käme das Wasser mit einer Geschwindigkeit von über 50 Kilometer pro Stunde herausgeströmt. In weniger als einem Jahr hätte die Wassersäule den Mond erreicht. Zum Glück bleibt das Wasser aber auf der Erde, sonst hätten wir in knapp dreitausend Jahren kein flüssiges Nass mehr.

Die Energie, die von der Sonne im Wasserkreislauf der Erde umgesetzt wird, entspricht fast dem 3000-fachen des Primärenergiebedarfs der Erde. Würden wir in 100 Metern Höhe eine Plane um die Erde spannen, dort sämtliches Regenwasser auffangen und zur Energiegewinnung nutzen, könnte man damit den gesamten Energiebedarf der Erde decken.

Insgesamt kommen aber 80 Prozent des Niederschlags wieder über dem Meer herunter. Aber immerhin 20 Prozent erreichen das Land, wobei ein großer Teil auch hier wieder verdunstet. 44 000 Kubikkilometer erreichen als Rückfluss im Grundwasser oder in Flüssen erneut das Meer. Das sind immer noch über eine Milliarde Liter pro Sekunde. Die Energie des Wassers aus diesem Rückfluss können wir uns nutzbar machen, ohne große Planen über der Erde zu spannen. Das Wasser kann nämlich auf dem Weg zurück zum Meer einen Teil seiner Energie abgeben – Energie, die es zuvor von der Sonne erhalten hat. Die nutzbare Energiemenge, die die Flüsse mit sich führen, umfasst jedoch nur noch einen geringen Bruchteil der Energie des Wasserkreislaufs.

Neben der Menge ist jedoch vor allem die Höhe, in der sich das Wasser befindet, entscheidend. Das Wasser in einem kleinen Gebirgsfluss mit vielen Hundert Metern Höhenunterschied kann unter Umständen mehr Energie mit sich führen als ein großer Strom, der nur noch wenige Meter bis zum Meer zurückzulegen hat. Etwa ein Viertel der Energie des Wassers von Flüssen und Seen lässt sich theoretisch nutzen. Dies entspricht knapp 10 Prozent des derzeitigen weltweiten Primärenergiebedarfs. Auch die Strömungen der Meere oder deren Wellen enthalten Energie, die sich nutzen lässt.

9.2 Wasserturbinen

Wasserturbinen bilden das Herzstück von Wasserkraftanlagen und entziehen dem Wasser seine Energie. Moderne Wasserturbinen haben nur noch wenig mit den Kehrrädern von historischen Wassermühlen gemein. In Abhängigkeit von der Fallhöhe des Wassers und des Wasserdurchflusses kommen für das jeweilige Einsatzgebiet optimierte Turbinen zum Einsatz *(Abbildung 9.3)*. Diese erreichen Leistungen bis über 700 Megawatt.

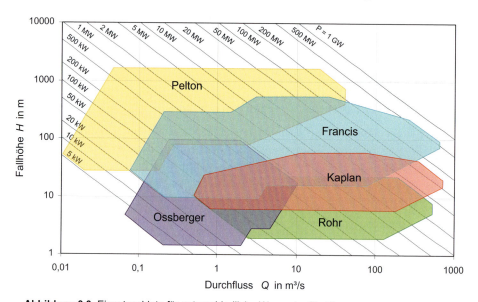

Abbildung 9.3 Einsatzgebiete für unterschiedliche Wasserkraftturbinen

Bei geringen Fallhöhen beispielsweise in Flusskraftwerken ist die durch den österreichischen Ingenieur Viktor Kaplan im Jahr 1912 entwickelte Kaplan-Turbine meist erste Wahl *(Abbildung 9.4)*. Sie nutzt den Druck des Wassers bei Höhenunterschieden von Staustufen. Diese Turbine hat drei bis acht verstellbare Laufradschaufeln und sieht wie eine große Schiffsschraube aus, die das durchströmende Wasser antreibt. Der Wirkungsgrad der Kaplan-Turbine erreicht Werte zwischen 80 und 95 Prozent.

9.2 Wasserturbinen

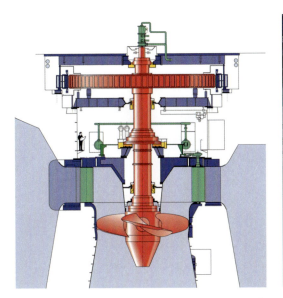

Abbildung 9.4 Zeichnung einer Kaplan-Turbine mit Generator (links) sowie Foto einer Kaplan-Turbine (rechts) (Quelle: Voith Hydro)

Die Rohr-Turbine *(Abbildung 9.5)* ähnelt der Kaplan-Turbine, verfügt aber über eine horizontale Achse und ist damit für noch geringere Fallhöhen geeignet. Der Generator ist in einem birnenförmigen Arbeitsraum hinter der Turbine angeordnet, weshalb die Turbine im Englischen auch die Bezeichnung Bulb-Turbine trägt.

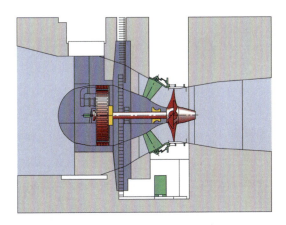

Abbildung 9.5 Rohr-Turbine mit Generator (Quelle: Voith Hydro)

Für größere Fallhöhen von bis zu 700 Metern kommt die Francis-Turbine zum Einsatz, die der gebürtige Brite James Bichemo Francis im Jahr 1848 entwickelte. Auch diese Turbine nutzt den Druckunterschied von Wasser aus. Die Turbine erreicht Wirkungsgrade von über 90 Prozent. Die Francis-Turbine lässt sich prinzipiell auch als Pumpe einsetzen und ist daher als Pumpturbine auch für Pumpspeicherkraftwerke geeignet.

9 Wasserkraftwerke – nasser Strom

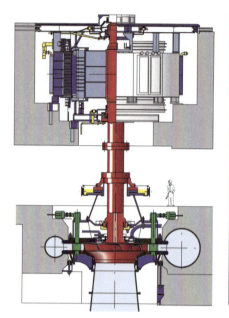

Abbildung 9.6 Francis-Pumpturbine des Pumpspeicherkraftwerks Goldisthal (links) und eine Francis-Turbine des Itaipu-Kraftwerks (rechts) (Quelle: Voith Hydro)

Im Jahr 1880 entwickelte der Amerikaner Lester Allen Pelton die Pelton-Turbine. Sie eignet sich vor allem für große Fallhöhen und damit für den Einsatz im Hochgebirge. Mit 90 bis 95 Prozent kann diese Turbine sehr hohe Wirkungsgrade erreichen. Das Wasser wird der Turbine über Druckfallrohre zugeführt. Durch eine Düse strömt es dann mit sehr hoher Geschwindigkeit auf halbschalenförmige Schaufeln.

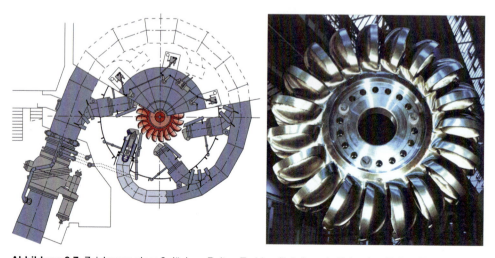

Abbildung 9.7 Zeichnung einer 6-düsigen Pelton-Turbine (links) sowie Foto einer Pelton-Turbine (rechts) (Quelle: Voith Hydro)

Bei kleinen Anlagen kommt die Ossberger-Turbine zum Einsatz, die auch Durchström-Turbine genannt wird. Diese erreicht etwas geringere Wirkungsgrade von rund 80 Prozent. Die Turbine ist in drei Teile unterteilt, die getrennt mit Wasser beaufschlagt werden können. Dies ist vorteilhaft bei Schwankungen des Wasserabflusses von kleinen Flüssen.

9.3 Wasserkraftwerke

Die Leistung, die dem Wasser entnommen werden kann, hängt im Wesentlichen von zwei Parametern ab: der Abflussmenge und der Fallhöhe des Wassers. Fast alle Wasserkraftwerke nutzen natürliche Höhenunterschiede durch technische Einrichtungen.

9.3.1 Laufwasserkraftwerke

Natürliche Flussläufe konzentrieren bereits große Wassermengen. Findet man nun eine Stelle im Fluss, an der ein ausreichender Höhenunterschied vorhanden ist, lässt sich hier ein Laufwasser- oder Flusskraftwerk errichten *(Abbildung 9.8)*. Ein Wehr erzeugt dabei einen Rückstau. Dadurch ergibt sich direkt an der Staustufe ein Höhenunterschied der Wasseroberflächen vor und hinter dem Kraftwerk. An der Staustufe läuft das Wasser durch eine Turbine, die einen elektrischen Generator antreibt. Ein Rechen am Turbineneinlauf verhindert, dass vom Fluss mitgeschwemmte Zivilisationsabfälle und Treibgut die Turbine verstopfen. Ein Transformator wandelt schließlich die Spannung des Generators in die gewünschte Netzspannung um.

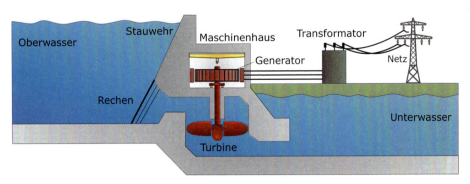

Abbildung 9.8 Prinzip des Laufwasserkraftwerks

Größere Wasserkraftwerke sind meistens so konstruiert, dass mehrere Turbinen parallel laufen. Sinkt der Wasserfluss während trockeneren Perioden des Jahres, lassen sich einzelne Turbinen stilllegen. Die verbliebenen erhalten dann immer noch nahezu ihre volle Wassermenge. Das vermeidet, dass die Turbinen im Teillastbetrieb bei schlechtem Wirkungsgrad arbeiten. Führt der Fluss bei Hochwasser hingegen mehr Wasser mit sich als die

Turbinen verarbeiten können, muss die überschüssige Wassermenge ungenutzt über ein Wehr abgelassen werden.

Staustufen stellen ein Hindernis für Schiffe oder Lebewesen des Flusses dar. Mit Schleusen parallel zur Staustufe können Schiffe den Höhenunterschied überwinden. Über eine sogenannte Fischtreppe neben der Wehranlage fließt eine gewisse Restwassermenge. Durch die Fischtreppe ist eine Wanderung der Fische und anderer Wasserbewohner über die Wehranlage möglich.

Die größten Laufwasserkraftwerke Deutschlands befinden sich am Rhein. Viele Anlagen, wie beispielsweise das Laufwasserkraftwerk Laufenburg *(Abbildung 9.9)*, wurden bereits in der ersten Hälfte des 20. Jahrhunderts errichtet. Vor allem durch Modernisierung bestehender Anlagen lassen sich noch Ertragssteigerungen erzielen. Prominentestes Beispiel in Deutschland ist die Modernisierung des bereits im Jahr 1898 fertiggestellten Kraftwerks Rheinfelden, die im Jahr 2011 abgeschlossen wurde. Der Neubau erhöhte die Leistung von 25,7 auf 100 Megawatt und steigert die Stromproduktion um mehr als das Dreifache. Gleichzeitig verbessern moderne Fischpässe sowie Laich- und Aufstiegsgewässer die ökologische Situation.

Abbildung 9.9 Laufwasserkraftwerk Laufenburg (Foto: Energiedienst AG)

Für den Neubau und die Modernisierung von Wasserkraftanlagen gelten in Deutschland sehr strenge Umweltauflagen. Daher ist nicht zu erwarten, dass die Stromerzeugung aus Flusskraftwerken hier noch wesentlich steigen wird.

Da der Höhenunterschied bei Flusskraftwerken meist nur wenige Meter beträgt, sind Anlagen mit elektrischen Leistungen von deutlich über 100 Megawatt selten. Auch lässt sich ein Flusskraftwerk meist nicht sinnvoll regeln. Es liefert rund um die Uhr Strom. Da sich der Wasserstrom des Flusses nicht drosseln lässt, bleibt überschüssiges Wasser ungenutzt, wenn der Strom nicht benötigt wird.

9.3.2 Speicherwasserkraftwerke

Größere Leistungen findet man bei Speicherwasserkraftwerken. Ein Staudamm staut an geografisch günstig gelegenen Stellen große Wassermassen an. Derartige Talsperren ermöglichen Speicherwasserkraftwerke im Gebirge *(Abbildung 9.10)*. Eine Druckrohrleitung leitet das Wasser ins Maschinenhaus. Durch die große Fallhöhe entsteht ein enormer Wasserdruck von bis zu 200 Bar. Im Maschinenhaus treibt das Wasser Turbinen an, die über einen elektrischen Generator Strom erzeugen.

Staudämme mit Höhen von über 100 Metern sind nicht ungewöhnlich. Die höchsten Staudämme der Erde sind über 300 Meter hoch. Oftmals werden Stauseen auch zur Trinkwasserspeicherung und Hochwasserregulierung genutzt. Die Rappbode-Talsperre im Harz ist mit 106 Metern die höchste Talsperre in Deutschland. Sie dient hauptsächlich der Trinkwasserspeicherung. Die Kraftwerksleistung ist mit 5,5 Megawatt vergleichsweise gering.

Werden Speicherwasserkraftwerke im Wesentlichen für die Stromerzeugung geplant, erreichen sie deutlich größere Leistungen. Kraftwerke mit mehreren Hundert oder gar Tausend Megawatt sind dabei nicht selten *(Tabelle 9.1)*.

Abbildung 9.10 Speicherwasserkraftwerke Malta (links), Kaprun (rechts) (Quelle: www.verbund.at)

Speicherwasserkraftwerke lassen sich auch so konstruieren, dass sich am Maschinenhaus ein zweites unteres Becken befindet. Spezielle Pumpturbinen können dann Wasser vom

Unterbecken zurück ins Oberbecken pumpen. In diesem Fall spricht man von Pumpspeicherkraftwerken.

Tabelle 9.1 Die größten Wasserkraftwerke der Welt

Kraftwerk	Land	Fluss	Fertigstellung	Leistung in MW	Dammlänge in m	Dammhöhe in m
Drei-Schluchten	China	Jangtse	2008	22 400	2 335	181
Itaipú	Brasilien/Paraguay	Paraná	1983	14 000	7 760	196
Xiluodu	China	Jinsha Jiang	2014	13 860	698	286
Guri	Venezuela	Rio Caroni	1986	8 850	7 500	162
Tucuruí	Brasilien	Rio Tocantins	1984	8 370	6 900	106
Grand Coulee	USA	Columbia River	1942	6 809	1 592	168

9.3.3 Pumpspeicherkraftwerke

Pumpspeicherkraftwerke benötigen günstige geografische Gegebenheiten. Für ihren Bau sind zwei Becken notwendig, die einen möglichst großen Höhenunterschied zueinander haben sollten. Es gibt auch Pumpspeicherkraftwerke mit natürlichem Zulauf, bei denen ein Fluss in das Oberbecken mündet. Pumpspeicherkraftwerke ohne natürlichen Zulauf sind reine Speicheranlagen.

Wird Strom benötigt, fließt das Wasser des Oberbeckens über ein Einlaufwerk durch ein Druckrohr zur Turbine, die eine elektrische Maschine als Generator antreibt. Hat die Turbine dem Wasser die Energie entzogen, fließt es ins Unterbecken. Ein Transformator wandelt die Spannung des Generators auf die Netzspannung *(Abbildung 9.11)*.

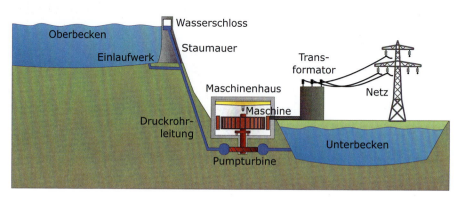

Abbildung 9.11 Prinzip des Pumpspeicherkraftwerks

Bei Elektrizitätsüberschüssen im Netz geht das Pumpspeicherkraftwerk in den Pumpbetrieb über. Die elektrische Maschine arbeitet nun als Motor, der die Pumpturbine antreibt. Diese pumpt das Wasser wieder vom Unter- ins Oberbecken. Beim Umschalten vom Generator- in den Pumpbetrieb können große Druckschwankungen auftreten und im Extremfall sogar die Druckrohre oder Anlagenteile beschädigen. Das sogenannte Wasserschloss reguliert diese Druckänderung.

Pumpspeicherkraftwerke erreichen Wirkungsgrade von 70 bis 80 Prozent. Gut 70 Prozent der elektrischen Energie, die zum Hochpumpen des Wassers benötigt wird, lässt sich im Generatorbetrieb zurückgewinnen. Trotz der Verluste sind Pumpspeicherkraftwerke wirtschaftlich sehr attraktiv. Bei Elektrizitätsüberschüssen lässt sich Strom meist sehr billig beziehen. Wird die Elektrizität hingegen knapp, kann das Kraftwerk den Strom zu deutlich höheren Preisen wieder ins Netz zurückspeisen.

Bereits in den letzten Jahren haben Pumpspeicherkraftwerke an Bedeutung gewonnen. Sie können dazu beitragen, Schwankungen aus regenerativen Kraftwerken wie Photovoltaik- oder Windkraftanlagen auszugleichen. Für eine vollständig regenerative Elektrizitätsversorgung ist aber eine erheblich größere Speicherkapazität nötig als Pumpspeicherkraftwerke in Deutschland liefern könnten.

Abbildung 9.12 Pumpspeicherkraftwerk Goldisthal (Quelle: Vattenfall Europe)

Das größte Pumpspeicherkraftwerk Deutschlands befindet sich in Thüringen. Die vier Generatoren des im Jahr 2003 in Betrieb genommenen Kraftwerks Goldisthal *(Abbildung 9.12)* verfügen insgesamt über eine Leistung von 1060 Megawatt. Das Oberbecken erreicht ein Stauvolumen von 12 Millionen Kubikmetern. Bei einer mittleren Fallhöhe von 302 Metern kann das Kraftwerk damit 8 Stunden volle Leistung liefern und über diese Zeit den Strombedarf von 2,7 Millionen Durchschnittshaushalten decken.

9.3.4 Gezeitenkraftwerke

Die Gezeitenwellen sind auf die Wechselwirkung der Anziehungskräfte zwischen Mond, Sonne und Erde zurückzuführen. Infolge der Erddrehung ändern die Anziehungskräfte kontinuierlich ihre Richtung. Die Wassermassen der Ozeane folgen der Anziehung. Dadurch bildet sich eine Gezeitenwelle aus, die auf offener See einen Höhenunterschied von etwas mehr als 1 Meter hat. Die durch den Mond hervorgerufenen Gezeitenwellen treten ungefähr alle 12 Stunden an einem Punkt der Erde auf. Im Küstenbereich kommt es zum Aufstau der Gezeitenwellen. In Extremfällen erreichen hier die Wasserstandsänderungen mehr als 10 Meter, die sich dann über Gezeitenkraftwerke technisch nutzen lassen.

In Gebieten mit einem großen Tidenhub im Küstenbereich, also einen großen Höhenunterschied des Wasserstands bei Ebbe und bei Flut, trennt ein Damm eine Bucht ab. Bei Flut strömt das Wasser durch eine Turbine in die Bucht, bei Ebbe strömt es zurück. Die Turbine und der angeschlossene Generator wandeln die Energie des Wassers in elektrische Energie um. Die Leistungsabgabe ist dabei nicht kontinuierlich. Bei der Gezeitenumkehr sinkt diese auf null ab.

Bereits im Mittelalter wurden die Gezeiten durch Gezeitenmühlen genutzt. Weltweit existieren heute nur sehr wenige moderne Gezeitenkraftwerke. Das bekannteste Kraftwerk Rance in Frankreich wurde im Jahr 1967 in Betrieb genommen. Es hat eine Leistung von 240 Megawatt. Die Dammlänge zum Absperren eines 22 Quadratkilometer großen Bassins beträgt 750 Meter. Die Auswirkungen auf das Ökosystem der vom Meer abgeteilten Bucht sind erheblich. Auch die korrosiven Eigenschaften des salzigen Meerwassers haben einige Probleme bereitet.

Gezeitenkraftwerke sind vergleichsweise teuer. Viele Neubauten sind daher nicht zu erwarten. In Deutschland gibt es wegen der relativ geringen Unterschiede von Ebbe und Flut keine geeigneten Standorte für Gezeitenkraftwerke.

9.3.5 Wellenkraftwerke

Große Hoffnungen werden seit Jahrzehnten in die Entwicklung von Wellenkraftwerken gesetzt. Betrachtet man das Potenzial der Wellenenergie, kommen beachtliche Energiemengen zusammen. Als Gebiete zur Nutzung der Wellenenergie kommen jedoch nur küstennahe Regionen mit niedrigen Wassertiefen in Frage. Aufgrund der vergleichsweise kleinen nutzbaren Meeresflächen sind die Potenziale in deutschen Gewässern relativ gering.

Bei den Funktionsprinzipien unterscheidet man zwischen

- Schwimmersystemen,
- Kammersystemen und
- TapChan-Anlagen

Schwimmersysteme nutzen die potenzielle Energie der Welle. Ein Schwimmer folgt den Wellenbewegungen. Ein feststehender Teil ist mit dem Grund verankert. Die Bewegung des Schwimmers lässt sich beispielsweise durch einen Kolben oder eine Turbine nutzen.

9.3 Wasserkraftwerke

Bei Kammersystemen schließt eine Kammer Luft ein. Durch die Wellen schwankt der Wasserstand in der Kammer. Der oszillierende Wasserstand drückt die Luft zusammen. Über eine Öffnung entweicht die verdrängte Luft und treibt eine Turbine und einen Generator an. Beim Rückgang der Wassersäule strömt die Luft ebenfalls über die Turbine wieder zurück in die Kammer *(Abbildung 9.13)*.

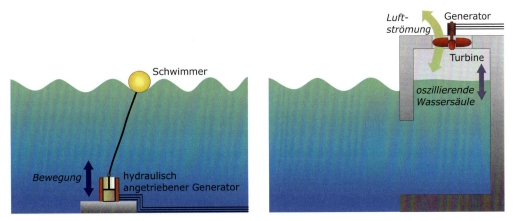

Abbildung 9.13 Prinzip von Wellenkraftwerken (links: Schwimmersystem, rechts: Kammersystem)

Die Bezeichnung TapChan ist die Kurzform vom Englischen „Tapered Channel", was auf Deutsch spitz zulaufender Kanal heißt. Bei diesen Anlagen laufen Wellen im Küstenbereich oder auf einer schwimmenden Anlage in einen spitz zulaufenden und ansteigenden Kanal. Ein Oberbecken fängt die Wellen auf. Beim Zurückströmen ins Meer treibt das Wasser eine Turbine an.

Zwar wurden in den letzten Jahrzehnten zahlreiche Prototypen für Wellenkraftwerke errichtet. Eine große Verbreitung konnten diese Anlagen aber bislang noch nicht erreichen. Das Hauptproblem bilden die stark unterschiedlichen Bedingungen auf See. Einerseits müssen technische Anlagen materialsparend und damit kostengünstig sein. Andererseits stellen Stürme mit meterhohen Wellen extreme Anforderungen an die Anlagenhaltbarkeit. Nicht wenige Prototypen sind bereits Stürmen zum Opfer gefallen. Da inzwischen auch große Konzerne in die Entwicklung von Wellenkraftwerken eingestiegen sind, erscheinen diese Probleme aber lösbar.

9.3.6 Meeresströmungskraftwerke

Meeresströmungskraftwerke haben einen ähnlichen Aufbau wie Windkraftanlagen, nur dass sich der Rotor unter Wasser dreht. Eine eingebaute Hubeinrichtung hebt den Rotor zu Wartungszwecken an die Wasseroberfläche. Der erste Prototyp wurde im Jahr 2003 vor der Küste des englischen Nord-Devon erfolgreich errichtet [Bar04].

9 Wasserkraftwerke – nasser Strom

Abbildung 9.14 Links: Prototypanlage im Projekt Seaflow vor der britischen Westküste (Foto: ISET), rechts: Wartungsschiff in einem geplanten Meeresströmungskraftwerkspark (Grafik: MCT)

Vom Prinzip her lassen sich die physikalischen Eigenschaften der Windkraftanlagen auf die Meeresströmungskraftwerke übertragen. Der Hauptunterschied ist die deutlich höhere Dichte des Wassers im Vergleich zur Luft. Daher können Meeresströmungskraftwerke bereits bei deutlich geringeren Strömungsgeschwindigkeiten als Windkraftanlagen hohe Leistungsausbeuten erzielen.

Der Einsatz von Meeresströmungskraftwerken ist auf Regionen mit einer relativ gleichmäßig hohen Strömungsgeschwindigkeit bei mäßigen Wassertiefen bis etwa 25 Meter begrenzt. Diese Bedingungen treten vor allem an Landspitzen, Meeresbuchten, zwischen Inseln und in Meeresengen auf. Obwohl Schifffahrtstraßen hier die Nutzung oftmals einschränken, verbleiben große Potenziale. In Deutschland wäre eine Nutzung beispielsweise an der Südspitze von Sylt sinnvoll. Da sich durch Entwicklungsfortschritte und Serienfertigung sehr schnell Kostenreduktionen erreichen ließen, können Meeresströmungskraftwerke mittelfristig ein weiterer Baustein für eine klimaverträgliche Elektrizitätsversorgung sein.

9.4 Planung und Auslegung

Für alle verschiedenen Wasserkraftwerksarten sind unterschiedliche und zum Teil komplexe Planungen und Auslegungen nötig. Hier können nur grob Planungsaspekte für Laufwasserkraftwerke erläutert werden. Um ein Laufwasserkraftwerk planen zu können, müssen zuerst Informationen über das Gewässer zusammengetragen werden. Wichtigste Größe ist hierbei der Verlauf des Wasserabflusses über ein Jahr, also die über den Fluss abfließende Wassermenge. Jeder Fluss hat seinen typischen Jahresverlauf, den vor allem Regen und Schneeschmelze prägen. Für die weitere Auslegung sortiert man nun die Abflussmengen und erhält die sogenannte Jahresdauerlinie. Diese gibt an, an wie vielen Tagen im Jahr der Fluss eine bestimmte Abflussmenge erreicht oder überschreitet *(Abbildung 9.15)*.

Nun wird ein Ausbauabfluss festgelegt. Das ist die Wassermenge, bei der das Kraftwerk seine volle Leistung erreicht. Steigt die Abflussmenge des Flusses über den Ausbauabfluss an, muss das überschüssige Wasser ungenutzt über das Wehr geleitet werden. Soll eine möglichst hohe Stromerzeugung erreicht werden, sind Turbinen mit einem hohen Ausbauabfluss zu wählen. Sinkt allerdings die Abflussmenge des Flusses unter den Ausbauabfluss, steht nicht mehr ausreichend Wasser für die volle Kraftwerksleistung zur Verfügung. Die Turbinen arbeiten dann entweder bei schlechtem Wirkungsgrad in Teillast oder einzelne Turbinen werden abgeschaltet und bleiben ungenutzt. Sollen die Turbinen optimal ausgenutzt werden, ist ein niedrigerer Ausbauabfluss zu wählen. In der Praxis bestimmt meist ein Kompromiss aus maximaler Stromerzeugung und optimaler Turbinenausnutzung den Ausbauabfluss.

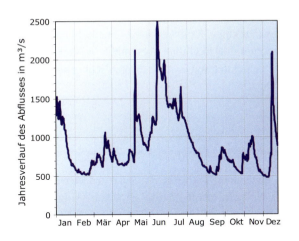 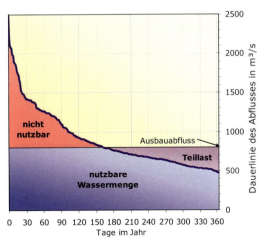

Abbildung 9.15 Jahresverlauf und Jahresdauerlinie des Rheinabflusses bei Rheinfelden

 Leistungsabgabe eines Wasserkraftwerks

Sind die Wasserabflussmenge Q und die Fallhöhe H des Wassers am Kraftwerk bekannt, lässt sich mit dem Wirkungsgrad η des Wasserkraftwerks, der Dichte von Wasser ρ_W ($\rho_W \approx 1000$ kg/m³) und der Fallbeschleunigung g ($g = 9{,}81$ m/s²) relativ einfach die elektrische Leistungsabgabe des Wasserkraftwerks berechnen:

$$P_{el} = \eta \cdot \rho_W \cdot g \cdot Q \cdot H$$

Für das Wasserkraftwerk Laufenburg am Rhein berechnet sich bei einer Ausbauabflussmenge von 1355 m³/s, einer Fallhöhe von 10,1 m sowie einem Wirkungsgrad von 79 Prozent = 0,79 eine Leistung bei Volllast von

$$P_{el} = 0{,}79 \cdot 1000 \tfrac{\text{kg}}{\text{m}^3} \cdot 9{,}81 \tfrac{\text{m}}{\text{s}^2} \cdot 1355 \tfrac{\text{m}^3}{\text{s}} \cdot 10{,}1 \text{ m} = 106 \text{ MW}.$$

Bei 5940 Volllaststunden im Jahr gibt das Kraftwerk 106 MW · 5940 h = 630 000 MWh = 630 Millionen kWh ab. Dies ist ausreichend, um den Durchschnittsstromverbrauch von 180 000 Haushalten in Deutschland zu decken.

Um ein Wasserkraftwerk errichten zu können, ist eine wasserrechtliche Bewilligung erforderlich. Üblicherweise wird eine Bewilligung über 30 Jahre erteilt. Sie kann aber auch länger gewährt werden. Das Verfahren zur Erteilung einer Bewilligung kann 3 Jahre, in deutschen Grenzgebieten sogar bis zu 10 Jahren dauern. Diese Bewilligung umfasst für größere Kraftwerke unter anderem auch eine Umweltverträglichkeitsprüfung. Die sogenannte Wasserrahmenrichtlinie der EU schreibt vor, dass alle Gewässer in Europa einen „guten Zustand" erreichen müssen. Gewässer dürfen zwar genutzt werden, deren ökologische Funktion muss aber erhalten bleiben. Hierbei ist auch der aktuelle Zustand eines Gewässers ausschlaggebend. Eine Modernisierung eines Kraftwerks an einem bereits erheblich veränderten Gewässer ist daher genehmigungsrechtlich wesentlich einfacher durchzusetzen als der Neubau von Anlagen. Die Genehmigung von Neubauten sehr großer Wasserkraftwerke hat dabei sehr schlechte Chancen.

9.5 Ökonomie

Wasserkraftwerke zählen heute zu den kostengünstigsten Möglichkeiten der regenerativen Stromerzeugung. Dies gilt vor allem für ältere Anlagen, deren Baukosten schon weitgehend abgeschrieben sind. Relativ hohe Baukosten und lange Amortisationszeiten erhöhen die Stromerzeugungskosten für Neuanlagen erheblich.

Für Kleinanlagen unter 5 Megawatt liegen die Investitionskosten bei einer Modernisierung zwischen 2500 und 4000 Euro pro Kilowatt und bei einer Reaktivierung oder einem Neubau zwischen 5000 und 13000 Euro pro Kilowatt. Für größere Anlagen sind die Kosten um einiges niedriger, hängen aber stark von den örtlichen Gegebenheiten ab. Neben den Investitions- und Betriebskosten fallen in einigen Bundesländern noch Wassernutzungsentgelte an.

Bei mittelgroßen Altanlagen im Leistungsbereich zwischen 10 und 100 Megawatt liegen die Stromerzeugungskosten unter 2 Cent pro Kilowattstunde. Für Neubauten können sie hingegen auf 4 bis 10 Cent pro Kilowattstunde ansteigen [Fic03]. Für Kleinanlagen können die Kosten sogar noch höher ausfallen.

Die Vergütung für Strom aus neuen Wasserkraftwerken regelt in Deutschland das Erneuerbare-Energien-Gesetz (EEG). Danach erhält Strom bei einer Wasserkraftleistung von weniger als 500 Kilowatt eine Vergütung von 12,4 Cent pro Kilowattstunde und von 500 Kilowatt bis 2 Megawatt 8,17 Cent pro Kilowattstunde jeweils für 20 Jahre. Für größere Leistungen sind geringere Vergütungen vorgesehen, sodass diese ab 50 Megawatt nur noch 3,47 Cent pro Kilowattstunde beträgt. Ab dem Jahr 2018 ist außerdem eine jährliche Absenkung der Vergütung von 1,5 Prozent vorgesehen.

9.6 Ökologie

Wasserkraftanlagen zählen zu den umstrittensten regenerativen Energieanlagen. Vor allem klassische Fluss-, Speicher- und Gezeitenkraftwerke haben einen besonders großen Eingriff in die Natur zur Folge.

Abbildung 9.16 Links: Umgebungsbach am Donaukraftwerk Freudenau (Quelle: www.verbund.at), rechts: Fischtreppe am Weserkraftwerk Bremen (© Weserkraftwerk Bremen GmbH)

Durch die Stauanlage entsteht ein stehendes Gewässer an der Stelle, wo zuvor meist überströmter Kies- und Geröllgrund die Lebensgrundlage vieler Fische bildete. Durch den veränderten Lebensraum sterben hier zahlreiche Fische und Pflanzen aus. Ein weiteres Risiko für Fische sind die Wasserkraftturbinen selbst. Zwar verhindert ein Rechen, dass größere Tiere in die Anlage geraten. Kleine können aber durch die Maschen des Rechens schlüpfen und in der Turbine verletzt oder getötet werden. Für wandernde Fische stellen die Stauanlagen nicht selten ein nicht überwindbares Hindernis dar. Fischtreppen, die parallel zu den Stauanlagen verlaufen, verbessern die Durchlässigkeit erheblich *(Abbildung 9.16)*. Sie bleiben aber für einige Arten dennoch ein Hindernis.

Große Stauseen überfluten ganze Landstriche und zerstören dort die Lebensräume von Menschen und Tieren. Die versunkene Biomasse zersetzt sich im Wasser und setzt erhebliche Mengen von klimaschädlichem Methan frei. Ein sorgfältiges Roden des Staubeckens vor der Flutung kann diese Problematik aber erheblich reduzieren.

Ein Dammbruch ist ein weiteres Risiko großer Staudämme. In der Regel werden Staudämme weitgehend erdbebensicher konstruiert. Gegen gezielte terroristische Anschläge ist aber selbst die beste Konstruktion machtlos. Ergießen sich die aufgestauten Wassermassen auf einmal ins Tal, sind erhebliche Verwüstungen zu erwarten.

Ein gerne angeführtes Beispiel für die Umweltschädlichkeit von Wasserkraftwerken ist der Neubau des Dreischluchtenstaudamms in China. Für dessen Bau opferte man 20 Städte und mehr als zehntausend Dörfer, in denen über eine Million Menschen lebten. Die ökologischen Folgen im Überflutungsgebiet sind noch nicht überschaubar. Man erwartet, dass sich zahlreiche Umweltsünden der Vergangenheit rächen, indem das Wasser beispielsweise Giftstoffe aus dem Boden auswäscht. Es ist zu befürchten, dass sich der 600 Kilometer lange Stausee in eine Kloake aus Abwässern und Industrieabfällen verwandelt.

Auf der anderen Seite soll der Dreischluchtenstaudamm 84 Milliarden Kilowattstunden an Elektrizität pro Jahr erzeugen. Dies entspricht mehr als einem Achtel des deutschen Strombedarfs. Erzeugte man die gleiche Strommenge mit modernen Kohlekraftwerken, würden diese über 70 Millionen Tonnen an Kohlendioxid pro Jahr in die Atmosphäre blasen. Das entspricht in etwa den gesamten Kohlendioxidemissionen von Österreich.

Insofern gilt es, für alle Wasserkraftwerke Nutzen und Schaden abzuwägen. Es ist durchaus möglich, ökologisch vertretbare Anlagen zu errichten. Es dürfen nur im Hinblick auf Klimaschutz und eine kostengünstige Energieversorgung nicht andere ökologische Aspekte außer Acht gelassen werden.

9.7 Wasserkraftmärkte

Knapp 16 Prozent der weltweiten Stromerzeugung stammt aus Wasserkraftwerken. Spitzenreiter in der Stromerzeugung aus Wasserkraft war im Jahr 2004 noch Kanada, wurde aber mittlerweile von China eindrucksvoll überholt *(Abbildung 9.17)*. Der Anteil der Wasserkraft an der Stromversorgung ist dabei in den einzelnen Ländern stark unterschiedlich. Während in Norwegen fast 100 Prozent des Stroms aus Wasserkraftwerken stammen, sind es in Brasilien 66 Prozent, in Kanada 59 Prozent und in Österreich 55 Prozent. China und die USA haben nur einen Wasserkraftanteil von 17 beziehungsweise 6 Prozent. Deutschland ist mit 3 Prozent wasserkrafttechnisch relativ unbedeutend. In Europa haben Norwegen und Island den höchsten Wasserkraftanteil, gefolgt von den Alpenländern und Schweden.

9.7 Wasserkraftmärkte

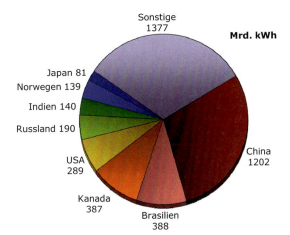

Abbildung 9.17 Stromerzeugung aus Wasserkraftwerken in verschiedenen Ländern (Stand 2018, Daten: [BP19])

Vor allem Großkraftwerke sorgen für einen hohen Beitrag der Stromerzeugung aus Wasserkraft. Das Itaipu-Kraftwerk in Brasilien ist das Kraftwerk mit der weltweit größten Stromerzeugung *(Abbildung 9.18)*. Dieses Kraftwerk generiert deutlich mehr Strom als alle Wasserkraftwerke in Deutschland und Österreich zusammen.

In Deutschland selbst erfolgt die Wasserkraftnutzung weitgehend in den südlichen Bundesländern, wo die Flüsse ein deutlich größeres Gefälle als im Norden aufweisen. Im flachen Norden existieren nur wenige kleine Anlagen.

Abbildung 9.18 Luftbild des Itaipu-Kraftwerks (Foto: Itaipu Binacional, www.itaipu.gov.br)

9.8 Ausblick und Entwicklungspotenziale

Die Wasserkraft ist die am meisten ausgebaute Methode zur regenerativen Stromerzeugung. In den Industrienationen sind die verfügbaren Potenziale weitgehend erschlossen. Große Neubauten sind vor allem noch in Entwicklungs- und Schwellenländern möglich. In vielen Industrieländern gibt es zudem noch große Potenziale bei der Modernisierung oder Ertüchtigung von Staustufen und -dämmen. Insgesamt lässt sich die Stromerzeugung aus klassischen Laufwasser- oder Speicherwasserkraftwerken weltweit bestenfalls verdoppeln. Damit wird langfristig ihr Anteil an der weltweiten Stromversorgung abnehmen, da der Strombedarf deutlich höher steigen dürfte.

Heute noch nicht genutzte Wasserkraftwerksarten wie Wellen- oder Meeresströmungskraftwerke weisen aber ebenfalls vielversprechende Möglichkeiten auf. Um jedoch große Marktanteile zu erlangen, müssen bei diesen Kraftwerken die Kosten noch deutlich sinken.

Der größte Vorteil der Wasserkraft ist die im Vergleich zur Solarenergie oder Windkraft relativ gleichmäßige Leistungsabgabe. Das erhöht die Planbarkeit in einem Energiemix aus unterschiedlichen regenerativen Energien. Bei einem steigenden Anteil von regenerativen Energien an der Stromversorgung nimmt auch die Bedeutung von Speicher- und Pumpspeicherkraftwerken zu, da diese zur Vergleichmäßigung des Stromangebots beitragen.

10 Geothermie – tiefgründige Energie

Als unser Heimatplanet vor gut 4 Milliarden Jahren entstanden ist, unterschied sich seine Gestalt erheblich von der heutigen. Damals befand sich die Erde in einem teilweise geschmolzenen Zustand. Erst vor etwa 3 Milliarden Jahren sank die Temperatur der Oberfläche unter 100 Grad Celsius und die Erdkruste verfestigte sich zunehmend.

Auch wenn es uns im Winter bei frostigen Außentemperaturen nicht so vorkommt: Unser Sonnentrabant ist auch heute noch alles andere als eine kalte Kugel. 99 Prozent unserer Erde sind heißer als 1000 Grad Celsius, und 90 Prozent des Rests haben immer noch mehr als 100 Grad. Zum Glück für uns finden sich die hohen Temperaturen fast nur im Erdinneren. Vulkanausbrüche fördern aber immer wieder eindrucksvoll geschmolzenes Material aus Tiefen von bis zu 100 Kilometern zu Tage. Mit verschiedenen Techniken der Tiefengeothermie ist es möglich, die Wärme des Erdinneren kontrolliert für uns anzuzapfen und damit einen Teil unseres Wärme- oder Strombedarfs zu decken.

Abbildung 10.1 Vulkanausbrüche bringen die Energie aus dem Erdinneren eindrucksvoll ans Tageslicht (Fotos: D.W. Peterson und R.T. Holcomb, US Geological Survey).

10 Geothermie – tiefgründige Energie

10.1 Anzapfen der Erdwärme

Die Erde selbst hat einen schalenförmigen Aufbau *(Abbildung 10.2)*. Sie besteht aus einem Erdkern, dem Erdmantel und der Erdkruste. Der Kern hat einen Durchmesser von rund 6900 Kilometern. Man unterscheidet zwischen dem äußeren flüssigen Erdkern und dem inneren Erdkern aus festem Material. Die maximalen Temperaturen im Kern erreichen 6500 Grad Celsius und sind damit höher als auf der Oberfläche der Sonne.

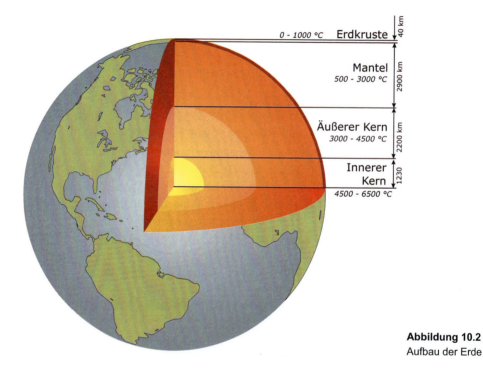

Abbildung 10.2
Aufbau der Erde

> **Warum der innere Erdkern nicht flüssig ist**
>
> Im inneren Erdkern, der im Wesentlichen aus Eisen und Nickel besteht, herrschen Temperaturen von bis zu 6500 Grad Celsius. Unter normalen Umgebungsbedingungen bei einem Umgebungsdruck von einem Bar wären Eisen und Nickel bei diesen Temperaturen gasförmig. Mit zunehmender Tiefe steigt im Erdinneren aber auch der Druck an. Dieser erreicht Maximalwerte von 4 Millionen Bar. Dieser extrem hohe Druck sorgt dafür, dass der äußere Erdkern flüssig und der innere Erdkern schließlich fest ist.

Der Erdkern besteht zu etwa 80 Prozent aus Eisen. Die Wärme im Erdinneren stammt zu einem geringeren Teil aus Restwärme aus der Zeit der Erdentstehung, zum überwiegenden Teil aber aus radioaktiven Zerfallsprozessen. Der Erdmantel hat eine Dicke von rund 2900 Kilometern. Für uns erreichbar ist aber lediglich der obere Teil der Erdkruste.

10.1 Anzapfen der Erdwärme

Die Erdkruste und der oberste Teil des Erdmantels bilden die sogenannte Lithosphäre. Sie hat eine Dicke zwischen wenigen Kilometern und mehr als 100 Kilometern. Sie setzt sich aus sieben großen und etlichen kleineren Lithosphärenplatten zusammen *(Abbildung 10.3)*. Diese recht spröden Platten schwimmen auf der Asthenosphäre, in der das Material nicht mehr fest ist. Die Platten befinden sich in ständiger Bewegung. Vor allem in Gebieten, in denen zwei Platten zusammenstoßen, gibt es häufig Erdbeben und Vulkane. Auch thermische Anomalien sind hier häufig zu beobachten. Hohe Temperaturen können dort schon in geringen Tiefen auftreten, wodurch sich die Erdwärme besonders effektiv nutzen lässt.

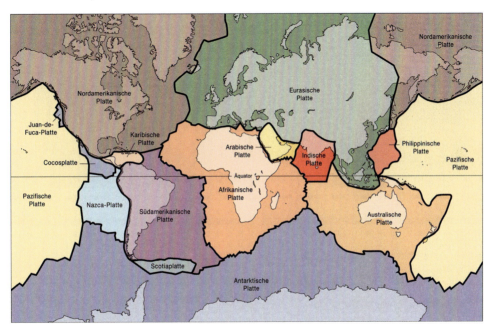

Abbildung 10.3 Tektonische Platten der Erde (Quelle: US Geological Survey)

Deutschland verfügt nicht über optimale geothermische Ressourcen. Das bedeutet nicht, dass im Untergrund Deutschlands keine hohen Temperaturen existieren. Doch im Vergleich zu einer geothermisch begünstigten Region wie Island, sind in Deutschland deutlich größere Bohrtiefen erforderlich, um auf die gleichen Temperaturen zu stoßen.

Die besten Bedingungen in Deutschland finden sich im Bereich der Rheintiefebene *(Abbildung 10.4)*. Hier sind bereits in 3000 Metern Tiefe Temperaturen von 150 Grad Celsius oder mehr anzutreffen. Der durchschnittliche thermische Tiefengradient beträgt etwa drei Grad Celsius pro 100 Meter. Danach wäre in 3000 Metern Tiefe etwa eine Temperaturzunahme von 90 Grad Celsius zu erwarten. In Island erreicht man solche Temperaturen bereits in wenigen Hundert Metern Tiefe.

10 Geothermie – tiefgründige Energie

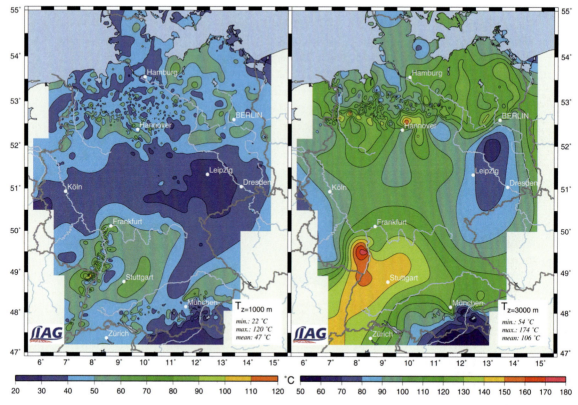

Abbildung 10.4 Temperaturen in Deutschland in 1000 und 3000 Metern Tiefe
(Grafiken: www.liag-hannover.de [Sch02])

Um die hohen Temperaturen erschließen zu können, sind Tiefbohrungen nötig. Die Technik ist bereits seit langem beispielsweise aus der Erdölförderung bekannt. Beim sogenannten Dreh- oder Rotarybohrverfahren treiben Motoren einen diamantbesetzten Meißel in die Tiefe. Bei großen Tiefen lässt sich der Bohrer nicht mehr über ein Gestänge antreiben, da die Belastungen durch die Verwindung und Reibung zu groß werden. Daher treibt hier ein Elektromotor oder eine Turbine direkt den Bohrkopf an.

Auf der Oberfläche ist nur der eigentliche Bohrturm zu sehen *(Abbildung 10.5)*, der das Bohrgestänge hält. Durch das Innere des Bohrers wird Wasser mit Drücken von bis zu 300 Bar in das Loch gepresst. Diese Spülung treibt zerkleinertes Gesteinsmaterial im Außenraum zwischen Meißel und Bohrloch an die Oberfläche und kühlt zugleich den Bohrer. Durch den Bohrantrieb ist es auch möglich, die Bohrung gezielt aus der Senkrechten abzulenken. Damit lässt sich mit an der Oberfläche dicht zusammenliegenden Bohrungen im Untergrund ein größeres Gebiet erschließen.

Je nach Untergrund kann die Wand eines Bohrloches instabil sein. Um ein Einstürzen zu verhindern, wird in größeren Abschnitten ein Stahlrohr hinuntergelassen und mit Spezialzement befestigt. Danach wird die Bohrung mit einem kleineren Bohrmeißel fortgesetzt.

10.1 Anzapfen der Erdwärme

Lange Zeit hat der sehr hohe Salzgehalt von Thermalwassern bei vielen Bohrungen große Probleme bereitet. Das Salz greift Metall an und führt sehr schnell zu Korrosion. Heute lässt sich das Problem durch speziell beschichtete Materialien beheben.

Abbildung 10.5 Links: neuer und gebrauchter Bohrkopf, rechts: Aufbau eines Bohrturms (Fotos: Geopower Basel AG)

Die tiefste jemals durchgeführte Bohrung fand zu Forschungszwecken auf der russischen Halbinsel Kola statt. Die Bohrung hatte eine Tiefe von 12 Kilometern. In Deutschland erreichte die sogenannte kontinentale Tiefenbohrung in der Oberpfalz eine Tiefe von 9,1 Kilometern. Diese Bohrtiefen stellen heute die technische Grenze dar. In Tiefen von etwa 10 Kilometern herrschen extreme Bedingungen mit Temperaturen von über 300 Grad Celsius und Drücken von 3000 Bar. Diese Bedingungen lassen Gestein bereits plastisch und zähflüssig werden.

Für die geothermische Nutzung sind jedoch deutlich geringere Tiefen ausreichend. Für große Anlagen plant man derzeit maximale Bohrtiefen von rund 5 Kilometern. Dennoch ist auch bei diesen Tiefen die Technik bereits sehr aufwändig und damit teuer.

Beim Erschließen geothermischer Vorkommen unterscheidet man zwischen

- Heißdampfvorkommen
- Thermalwasservorkommen
- trockenen heißen Gesteinen (HDR, Hot Dry Rock)

Vorkommen an Heißdampf- und Thermalwasser lassen sich direkt für Heizzwecke oder zur Stromerzeugung nutzen. Besteht der Untergrund nur aus heißem Gestein, kann dieses kaltes in die Tiefe gepresstes Wasser erhitzen.

10.2 Geothermieheizwerke und Geothermiekraftwerke

10.2.1 Geothermische Heizwerke

Sind in einem Thermalwassergebiet die Bohrlöcher erst einmal vorhanden, ist eine geothermale Wärmeversorgung vergleichsweise einfach zu realisieren. Bei einem geothermischen Heizwerk holt eine Förderpumpe aus einer Produktionsbohrung heißes Thermalwasser an die Oberfläche *(Abbildung 10.6)*. Da Thermalwasser oft einen hohen Salzgehalt und auch gewisse natürliche radioaktive Verunreinigungen aufweist, dient es nicht direkt zur Wärmeversorgung. Ein Wärmetauscher entzieht dem Thermalwasser seine Wärme und gibt sie an ein Fernwärmenetz ab. Eine Reinjektionsbohrung entsorgt das abgekühlte Thermalwasser wieder in die Erde.

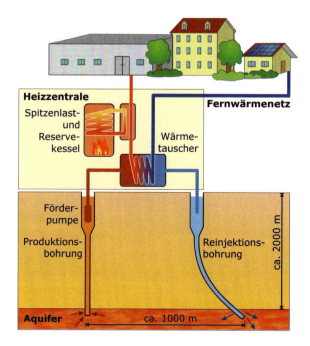

Abbildung 10.6 Prinzip eines geothermischen Heizwerks

Für Heizzwecke reichen relativ niedrige Temperaturen von unter 100 Grad Celsius aus. Dadurch sind nicht zu große Bohrtiefen erforderlich. Tiefen von etwa 2000 Metern sind in Deutschland in geothermisch geeigneten Regionen oftmals ausreichend.

Die Heizzentrale steuert die Fördermenge abhängig vom Wärmebedarf. Ein Spitzenlastkessel kann bei einem extremen Heizwärmebedarf die Wärmespitzen abdecken. Ein Reservekessel ist ebenfalls sinnvoll, um im Fall von Problemen, beispielsweise mit der Förderpumpe oder dem Bohrloch, auch noch eine sichere Wärmeversorgung garantieren zu können.

10.2.2 Geothermische Kraftwerke

Die geothermische Stromerzeugung ist etwas komplexer als die Bereitstellung von Heizwärme. Vor allem die für die Kraftwerkstechnik relativ niedrigen Temperaturen bei der Geothermie erfordern neue Kraftwerkskonzepte wie:

- Direktdampfnutzung,
- Flash-Kraftwerke,
- ORC-Kraftwerke (Organic Rankine Cycles),
- Kalina-Kraftwerke

An geothermisch optimalen Standorten mit Temperaturen zwischen 200 und 300 Grad Celsius lassen sich normale Dampfturbinenkraftwerke antreiben. Sind unter der Erde Heißdampfvorkommen vorhanden, können diese direkt eine Turbine antreiben.

Steht heißes Thermalwasser unter Druck, lässt es sich über eine Entspannungsstufe verdampfen. Der immer noch heiße Wasserdampf kann wiederum direkt in eine Dampfturbine geleitet werden. Diese Technik heißt auch Flash-Prozess.

Bei Temperaturen um 100 Grad Celsius oder darunter reicht die geothermale Wärme nicht mehr aus, um Wasser zu verdampfen. Eine gewöhnliche Dampfturbine mit Wasser als Arbeitsmedium lässt sich dann nicht mehr einsetzen. In diesem Fall kommen sogenannte ORC-Kraftwerke zum Einsatz *(Abbildung 10.7)*.

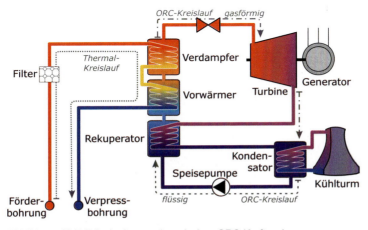

Abbildung 10.7 Prinzip des geothermischen ORC-Kraftwerks

ORC steht für Organic Rankine Cycle. Herzstück dieses Kraftwerks ist ebenfalls eine Dampfturbine. Anstatt Wasser kommt aber ein organisches Arbeitsmittel wie Isopentan oder PF5050 zum Einsatz. Ein Wärmetauscher gibt die Wärme des geothermischen Thermalkreislaufs an das organische Arbeitsmittel ab. Dieses verdampft auch unter hohem Druck bereits bei Temperaturen von deutlich unter 100 Grad Celsius. Der Dampf des Arbeitsmittels treibt eine Turbine an und entspannt sich dabei. In einem Kondensator verflüssigt sich das Arbeitsmittel wieder. Ein Kühlturm führt die Restwärme ab. Eine Speisepumpe bringt das Arbeitsmittel wieder auf Druck und der Wärmetauscher schließt den Kreislauf.

Nachteil des ORC-Kraftwerks ist der relativ niedrige Wirkungsgrad. Bei Temperaturen von 100 Grad Celsius liegt dieser deutlich unter 10 Prozent. Das heißt, bestenfalls 10 Prozent der geothermischen Wärmeenergie lassen sich dann in elektrische Energie umwandeln. Einen geringfügig höheren Wirkungsgrad verspricht der sogenannte Kalina-Prozess. Hierbei dient eine Mischung aus Wasser und Ammoniak als Arbeitsmittel. Aber die Physik kann auch diese Kraftwerksvariante nicht überwinden. Wegen der niedrigen Wirkungsgrade ist prinzipiell die thermische Nutzung der geothermischen Stromerzeugung vorzuziehen.

Das erste geothermische Kraftwerk in Deutschland befand sich in Neustadt-Glewe zwischen Hamburg und Berlin *(Abbildung 10.8)*. Die ORC-Anlage aus dem Jahr 2003 verfügte über eine elektrische Leistung von 230 Kilowatt. Am gleichen Standort befindet sich ein geothermisches Heizwerk, das im Jahr 1995 mit einer geothermischen Heizleistung von 4 Megawatt in Betrieb genommen wurde. Nach einem technischen Defekt im Jahr 2010 wurde die Stromerzeugung wieder eingestellt. Seitdem liefert die Anlage nur noch Heizwärme.

Abbildung 10.8 Geothermisches Heizkraftwerk Neustadt-Glewe: erstes Kraftwerk zur Stromerzeugung aus Geothermie in Deutschland

Ende des Jahres 2007 ging dann in Landau das zweite Geothermiekraftwerk in Deutschland in Betrieb. Es nutzt über zwei Bohrungen 155 Grad Celsius heißes Thermalwasser aus einer Tiefe von 3300 Metern. Ein ORC-Prozess, der auf eine durchgehende ganzjährige Stromerzeugung ausgelegt ist, erzeugt damit eine elektrische Leistung von rund 3 Megawatt.

In Unterhaching folgte kurze Zeit später das nächste Kraftwerk. Aus einer Tiefe von 3350 Metern wird hier 122 Grad Celsius heißes Thermalwasser gefördert. Das geothermische Heizkraftwerk mit einer elektrischen Leistung von 3,36 Megawatt nutzt erstmals einen Kalina-Prozess. Außerdem speist die Anlage mit einer thermischen Leistung von 38 Megawatt Wärme in ein Fernwärmenetz ein.

Inzwischen sind zahlreiche weitere Projekte entstanden oder in Planung und im Bau. Informationen dazu liefern die angegebenen Internetadressen.

- www.geotis.de — Geothermisches Informationssystem
- www.geothermie.de — Bundesverband Geothermie
- www.tiefegeothermie.de — Informationsportal Tiefengeothermie

10.2.3 Geothermische HDR-Kraftwerke

Ziel von Bohrungen in Tiefen von bis zu 5000 Metern ist fast immer die geothermische Stromerzeugung. In diesen Tiefen finden sich auch in geothermisch nicht optimalen Regionen wie Deutschland Temperaturen in der Größenordnung von 200 Grad Celsius. Damit sind bei der Stromerzeugung bereits recht passable Wirkungsgrade erreichbar.

In diesen großen Tiefen lassen sich kaum noch Thermalwasservorkommen erschließen. Hier finden sich vor allem heiße trockene Gesteine (Hot Dry Rocks, kurz HDR). Um dem Gestein die Wärme entziehen zu können, sind künstliche Hohlräume notwendig, in denen sich Wasser erwärmen kann. Um diese Hohlräume zu schaffen, wird Wasser mit einem hohen Druck in eine Bohrung verpresst. Durch die Hitze dehnt es sich aus, erzeugt neue Risse und erweitert vorhandene Spalten. So entsteht ein unterirdisches Kluftsystem, das mehrere Kubikkilometer erschließen kann. Eine Horchbohrung überwacht die Aktivitäten.

Das direkte Anzapfen von Heißwasservorkommen wird auch als hydrothermale Geothermie bezeichnet, während die Hot-Dry-Rock-Technologie auch petrothermale Geothermie heißt.

Für die geothermische Stromerzeugung bringt eine Pumpe dann kaltes Wasser über eine Injektionsbohrung in die Tiefe. Dort verteilt es sich in den Ritzen und Kluften des kristallinen Gesteins und erwärmt sich dabei auf Temperaturen von 200 Grad Celsius. Über Produktionsbohrungen gelangt das heiße Wasser wieder an die Oberfläche und gibt dort die Wärme über einen Wärmetauscher an einen Kraftwerksprozess und ein Fernwärmenetz ab *(Abbildung 10.9)*.

In den 1970er-Jahren fanden in Los Alamos in den USA erste Tests zum HDR-Verfahren statt. In Soultz-sous-Forêts im Elsass wird seit 1987 ein europäisches Forschungsprojekt zur HDR-Technik vorangetrieben. Im Jahr 2008 nahm das Kraftwerk den Probebetrieb auf.

Im Jahr 2004 wurde in der Schweiz das Unternehmen Geopower Basel AG gegründet. Ziel dieses Unternehmens ist die Errichtung eines ersten kommerziellen HDR-Kraftwerks. Kleine Beben, die bei der Erzeugung der unterirdischen Spalten hervorgerufen wurden, sorgten im Jahr 2007 aber für den Abbruch der Arbeiten.

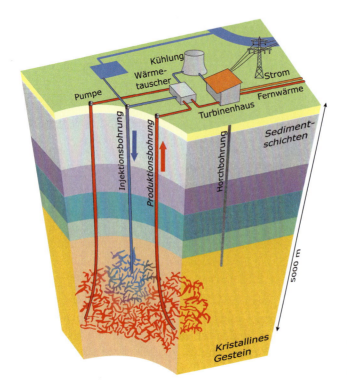

Abbildung 10.9
Schema eines HDR-Kraftwerks

10.3 Planung und Auslegung

Bei der Planung geothermischer Kraftwerke sind die erreichbaren Temperaturen oft der wichtigste Faktor. Die Auslegung der Wärmetauscher, Fernwärmenetze und Kraftwerksprozesse basiert auf den prognostizierten Temperaturen. Geologen versuchen dazu bereits im Vorfeld zu bestimmen, in welchen Tiefen die gewünschten Temperaturen vorzufinden sind. Hierbei können sie zum Teil auf Erkenntnisse aus vorhandenen Bohrungen zurückgreifen.

Neben den erreichbaren Temperaturen ist auch die förderbare Wassermenge entscheidend. Für größere Leistungen sind höhere Massenströme erforderlich. Der Durchmesser des

Bohrlochs und die Pumpen müssen darauf ausgelegt sein. Nicht zuletzt darf die Temperatur des Thermalwassers durch die Förderung nicht zu stark sinken. Große Kraftwerke entziehen aber der Tiefe meist mehr Wärme als regulär in den erschlossenen Bereich wieder nachströmt. Eine langsame Auskühlung des erschlossenen Bereichs ist daher nicht wirklich zu verhindern. Ziel ist es, bei der Planung den Abstand der Bohrungen so zu wählen, dass sich die gewünschten Temperaturen über einen Zeitraum von etwa 30 Jahren entnehmen lassen. Nach diesem Zeitraum sinken dann die Temperaturen unter die geplanten Sollwerte, und damit nimmt dann auch die Leistung der geothermischen Anlage ab. Zur weiteren Nutzung muss dann ein neuer Standort erschlossen werden, der aber nur wenige Kilometer vom bestehenden Standort entfernt liegen kann.

10.4 Ökonomie

Der mit Abstand größte Kostenfaktor bei der Tiefengeothermie ist die Bohrung. Dabei sind nicht nur die Kosten der Bohrung selbst das Problem. Auch das Bohrrisiko ist vor allem für kommerzielle Projekte nicht zu unterschätzen. Auch die besten Geologen können niemals präzise voraussagen, wie der Untergrund beschaffen ist. Trifft man unerwartet schnell auf kristallines Festgestein anstatt auf weiches Sedimentgestein, treibt dies die Bohrkosten nach oben. Wenn dann auch noch die Temperaturen im Untergrund deutlich niedriger als bei der Prognose sind, kann dies bereits zum Scheitern eines Geothermieprojekts in der Bohrphase führen. In Bad Urach wurde beispielsweise ein recht aussichtsreiches Geothermieprojekt aus finanziellen Gründen mehrfach wieder eingestellt.

Oft ist der Untergrund auch für weitere Überraschungen gut. Bei einer Bohrung in Speyer stieß man beispielsweise bei einem geplanten Geothermieprojekt nicht auf das erhoffte Thermalwasser, sondern entdeckte in über 2000 Metern Tiefe ein Erdölfeld. Nun wird dort Erdöl statt der geothermischen Wärme gefördert.

Geht bei der Bohrung alles gut, entstehen aber dennoch bis zur Hälfte aller Kosten eines Geothermiekraftwerks bereits durch diese selbst. Daher liegen in Deutschland derzeit die Kosten für geothermischen Strom noch deutlich höher als bei Strom aus Wind- und Wasserkraftanlagen.

In Deutschland fördert das Erneuerbare-Energien-Gesetz (EEG) auch die geothermische Stromerzeugung. Im Jahr 2018 betrug die gesetzliche Vergütung für geothermische Kraftwerke 25,2 Cent pro Kilowattstunde. Die Vergütung soll bei Neuanlagen ab dem Jahr 2021 um fünf Prozent pro Jahr fallen.

In geothermisch begünstigten Regionen liegen die Kosten deutlich unter denen in Deutschland. Bei einer Bohrtiefe von wenigen Hundert Metern fallen dort die Bohrkosten nur noch gering ins Gewicht. Wenn dann auch noch hohe Temperaturen dicht unter der Oberfläche vorhanden sind, kann man es sich sogar wie in Island leisten, die Bürgersteige im Winter durch geothermische Wärme eisfrei zu halten.

Abbildung 10.10 Geothermisches Kraftwerk Nesjavellir in Island (Foto: Gretar Ívarsson)

10.5 Ökologie

Geothermische Heiz- und Kraftwerke zeichnen sich durch eine gute ökologische Verträglichkeit aus. Ein Großteil der Anlage befindet sich nicht sichtbar unter der Erde, ohne direkte negative Einflüsse auf Lebewesen oder auf die Landschaft. Über der Erde steht lediglich der Kraftwerkskomplex. Dieser benötigt wie andere Wärmekraftwerke auch Kühlwasser für den Kraftwerksprozess. An den meisten geothermischen Standorten ist die Verfügbarkeit von Wasser aber kein Problem.

Problematisch sind einige Arbeitsmittel, die bei der Stromerzeugung zum Einsatz kommen. Das in ORC-Prozessen verwendete Arbeitsmittel PF5050 hat beispielsweise ein sehr hohes Treibhauspotenzial. Gelangt ein Kilogramm dieses Arbeitsmittels in die Atmosphäre, entwickelt es dort die gleiche Treibhauswirkung wie 7,5 Tonnen an Kohlendioxid. Es existieren aber auch Alternativen wie beispielsweise Isopentan.

Geothermische Anlagen sorgen langfristig für eine gewisse, lokal sehr begrenzte Auskühlung des Untergrunds. Diese hat aber nach heutigem Wissensstand keine Auswirkungen auf der Oberfläche.

Relativ unerforscht ist derzeit noch das Risiko seismischer Aktivitäten. Nachdem bei einer geothermischen Bohrung in Basel Ende des Jahres 2006 für ein HDR-Kraftwerk Wasser in die Tiefe von etwa 5000 Metern verpresst wurde, kam es zu kleineren Beben, die eine Stärke von bis zu 3,4 auf der Richterskala erreichten. Als Folge traten vor allem kleinere

Risse an Gebäuden in der Region auf. Daraufhin wurden die Arbeiten an der Bohrung eingestellt. Die Schäden wurden inzwischen über die Geothermiefirma weitgehend beglichen.

Solange Wissenschaftler nicht in der Lage sind, mit einer hohen Präzision vorauszusagen, ob und wann beim Verpressen von Wasser Beben auftreten können, stellen HDR-Projekte in dicht besiedelten Regionen ein gewisses Risiko dar. Hydrothermale Geothermieprojekte bei denen keine unterirdischen Risse und Spalten erzeugt werden müssen, sind hinsichtlich des Erdbebenrisikos aber weniger kritisch.

10.6 Geothermiemärkte

China, die USA, Island und die Türkei sind bei der geothermischen Wärmenutzung mit Abstand führend. Bei der geothermischen Stromerzeugung verfügen die USA und die Philippinen über die größte Kraftwerksleistung *(Abbildung 10.11)*. In Island erreicht die Geothermie mit über 60 Prozent den größten relativen Anteil an der gesamten Primärenergieversorgung eines Landes. Da Island mit gut 300 000 Einwohnern aber nicht gerade extrem bevölkerungsreich ist, fällt die absolute installierte Leistung dennoch kleiner als bei anderen Ländern aus.

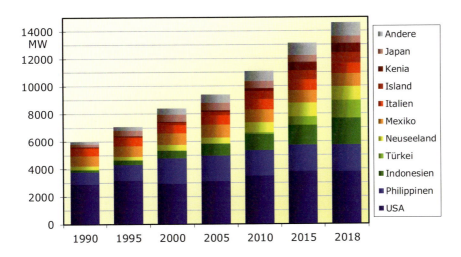

Abbildung 10.11 Weltweit installierte geothermische Kraftwerksleistung (Daten: [BP19])

Die Nutzung der Geothermie ist in Deutschland deutlich bescheidener als in den bereits erwähnten Ländern. Hauptursache sind die vergleichsweise geringen geothermischen Ressourcen und die damit verbundenen großen Bohrtiefen zur Erschließung geeigneter Temperaturen. Dieser Nachteil ist aber auch ein Ansporn für technologische Entwicklungen.

Bei der geothermischen Stromerzeugung im Niedertemperaturbereich zwischen 100 und 200 Grad Celsius zählt Deutschland technologisch mit zu den führenden Nationen.

10.7 Ausblick und Entwicklungspotenziale

Eine Vielzahl von Ländern baut die Nutzung der Geothermie zwar kontinuierlich aus. Die jährlichen Wachstumsraten der Geothermie sind aber im Vergleich zu anderen regenerativen Energietechnologien wie beispielsweise der Windkraft oder der Photovoltaik noch recht bescheiden.

Der Anteil der Geothermie an der weltweiten Energieversorgung bewegt sich momentan nur im Promillebereich. Die Geothermie verfügt jedoch über sehr große Potenziale. Ein weiterer Vorteil ist die ständige Verfügbarkeit. Im Gegensatz zu fluktuierenden regenerativen Energiequellen wie Sonnenenergie, Wind- oder Wasserkraft unterliegt das Angebot an geothermischer Energie keinen täglichen oder jährlichen Schwankungen. Somit ist die Geothermie ein sicherer Baustein für eine kohlendioxidfreie Energieversorgung. Mit zunehmendem Anteil regenerativer Energien am Gesamtenergiebedarf wird auch die Bedeutung der Versorgungssicherheit zunehmen und damit auch das Interesse an der Errichtung neuer Geothermieanlagen weiter ansteigen.

Aus Gründen der Wirtschaftlichkeit werden dabei Länder mit hohen geothermischen Ressourcen führend bleiben. Durch kontinuierlich steigende Preise für fossile Energieträger wird die Geothermie aber auch zunehmend in Ländern mit mäßigen geothermischen Ressourcen interessant. So könnte Deutschland nicht nur von der Nutzung der Geothermie im eigenen Land profitieren, sondern auch vom Export hierzulande entwickelter Technologien.

11 Wärmepumpen – aus kalt wird heiß

Durch den Anstieg der Öl- und Gaspreise in den vergangenen Jahren und durch die gestiegene öffentliche Aufmerksamkeit für die Klima- und Schadstoffproblematik geht der Trend im Heizungsbereich mehr und mehr zu Alternativen wie Holzpelletsheizungen, solarthermischen Anlagen und Wärmepumpen. Hersteller von Wärmepumpenanlagen in Deutschland verzeichnen seit dem Jahr 2000 ein starkes Wachstum.

Dabei ist das Prinzip der Wärmepumpe schon wesentlich länger bekannt. Bereits im Jahr 1852 wies der britische Physikprofessor Lord Kelvin dieses Prinzip nach. Er erkannte auch, dass eine Wärmepumpe zum Heizen weniger Primärenergie benötigt als eine Anlage zum direkten Heizen. Hierzu nutzt die Wärmepumpe eine Wärmequelle mit niedrigen Temperaturen und bringt diese auf ein höheres Temperaturniveau *(Abbildung 11.1)*. Für diesen Prozess ist ein elektrischer, mechanischer oder thermischer Antrieb erforderlich.

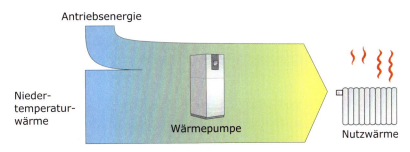

Abbildung 11.1 Energieflüsse beim Wärmepumpenprozess

11.1 Wärmequellen für Niedertemperaturwärme

Allgemein versteht man demnach unter einer Wärmepumpe eine Maschine, bei der eine mechanische oder elektrisch angetriebene Pumpe Heizwärme aus einer Niedertemperaturwärmequelle erzeugt. Diese Wärme dient dann zum Heizen oder zur Erzeugung von Warmwasser. Damit eine Wärmepumpe überhaupt funktionieren kann, muss aber erst einmal eine Niedertemperaturwärmequelle vorhanden sein. Je höher das Temperaturniveau der Wärmequelle ist, desto effizienter arbeitet die Wärmepumpe.

Prinzipiell bieten sich für Wohnhäuser folgende Wärmequellen an *(Abbildung 11.2)*:

- Grundwasser (Wasser/Wasser),
- Erdreich, Erdwärmetauscher/Erdkollektor (Sole/Wasser),
- Erdreich, Erdsonde (Sole/Wasser),
- Umgebungsluft (Luft/Wasser oder Luft/Luft)

Auch Abwärme beispielsweise von Industriebetrieben ist nutzbar.

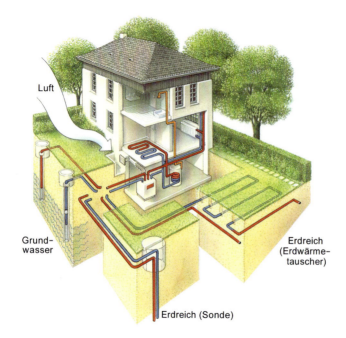

Abbildung 11.2
Wärmequellen für Wärmepumpen
(Abbildung: Viessmann Werke)

Abhängig von der Wärmequelle unterteilt man Wärmepumpen in Luft/Luft-, Luft/Wasser-, Sole/Wasser- oder Wasser/Wasser-Systeme. Vor dem Schrägstrich steht dabei das zugeführte Wärmemedium. Bei Umgebungsluft ist es Luft. Bei stets frostfreiem Grundwasser ist es Wasser. Wegen der Frostgefahr fließt in Leitungen im Erdreich eine Mischung aus Wasser und Frostschutzmittel, die sogenannte Sole.

Hinter dem Schrägstrich steht das abgegebene Wärmemedium. In den meisten Fällen erhitzen Wärmepumpen Heizungs- oder Brauchwasser. Seltener erwärmen sie Luft für Luftheizungssysteme.

Je höher die Temperatur der Wärmequelle und je niedriger die benötigte Temperatur der Heizwärme ist, desto weniger elektrische Energie ist zum Antrieb einer Wärmepumpe erforderlich. Eine Fußbodenheizung ist also wegen der niedrigeren Heizungstemperaturen herkömmlichen Heizkörpern vorzuziehen.

Leistungszahl und Jahresarbeitszahl

Das Verhältnis vom momentan abgegebenen Heizwärmestrom $\dot{Q}_{ab}$ zur momentan aufgewendeten, meist elektrischen Antriebsleistung P heißt Leistungszahl ε:

$$\varepsilon = \frac{\dot{Q}_{ab}}{P} = \frac{\dot{Q}_{ab}}{\dot{Q}_{ab} - \dot{Q}_{zu}}$$

Die englische Bezeichnung für Leistungszahl ist Coefficient Of Performance. Die Abkürzung COP ist auch im Deutschen als Abkürzung für die Leistungszahl gebräuchlich.

Die Antriebsleistung P und die Kälteleistung $\dot{Q}_{zu}$ der Niedertemperaturwärmequelle ergeben zusammen den Heizwärmestrom $\dot{Q}_{ab}$:

$$\dot{Q}_{ab} = P + \dot{Q}_{zu}$$

Erzeugt eine Wärmepumpe mit einer elektrischen Antriebsleistung von $P = 3$ kW beispielsweise einen Heizwärmestrom von $\dot{Q}_{ab} = 9$ kW beträgt die Leistungszahl $\varepsilon = 3$. Die Differenz von $\dot{Q}_{zu} = 6$ kW stammt aus der Niedertemperaturwärmequelle.

Die Leistungszahl gilt nur für Momentanwerte. Interessant ist der Jahresmittelwert. Dieser heißt Jahresarbeitszahl, kurz JAZ.

Eine hohe Jahresarbeitszahl ist für einen ökologischen und ökonomischen Betrieb einer Wärmepumpe essenziell. Bei einer Jahresarbeitszahl von 4 lässt sich zum Beispiel ein Heizwärmebedarf von 10000 Kilowattstunden pro Jahr mit 2500 Kilowattstunden an elektrischer Energie durch eine Wärmepumpe decken. Bei einer Jahresarbeitszahl von 2 steigt der Bedarf an elektrischer Energie auf 5000 Kilowattstunden an.

Sehr gute Systeme erreichen Jahresarbeitszahlen von etwa 4. In der Praxis liegen die Werte aber oft darunter. *Tabelle 11.1* zeigt typische Jahresarbeitszahlen für verschiedene Wärmepumpentypen aus einem Feldtest im Schwarzwald.

Tabelle 11.1 Typische Jahresarbeitszahlen für Elektro-Wärmepumpen [Lok07]

Wärmepumpe	Wärmequelle	Jahresarbeitszahl mit Fußbodenheizung	Jahresarbeitszahl mit Radiatorheizkörpern
Sole/Wasser	Erdreich	3,6	3,2
Wasser/Wasser	Grundwasser	3,4	3,0
Luft/Wasser	Luft	3,0	2,3

Am besten schnitten Wärmepumpen ab, die ihre Wärme aus dem Erdreich beziehen. Etwas geringer waren die Jahresarbeitszahlen von Grundwasser-Wärmepumpen. Dies liegt daran, dass zum Fördern des Grundwassers ein höherer Pumpaufwand erforderlich ist als in einem geschlossenen Sole-Kreislauf im Erdreich. Außerdem setzen sich Schmutzfänger in der Grundwasserförderbohrung mit der Zeit zu, was den Pumpenergiebedarf weiter erhöht. Da im Winter die Umgebungslufttemperaturen niedriger als die Boden- oder Grundwassertemperaturen sind, arbeiten Luft-Wärmepumpen dann am ineffizientesten.

11.2 Funktionsprinzip von Wärmepumpen

Alle Wärmepumpen benötigen ein Kältemittel, das sich in einem geschlossenen Kreislauf befindet. Das Kältemittel nimmt die Niedertemperaturwärme auf. Die Wärmepumpe bringt es dann auf ein höheres Temperaturniveau, dessen Wärme genutzt wird. Nach ihrem Funktionsprinzipien unterscheidet man zwischen

- Kompressionswärmepumpen,
- Absorptionswärmepumpen und
- Adsorptionswärmepumpen.

11.2.1 Kompressionswärmepumpen

Mit Abstand am weitesten verbreitet ist die Kompressionswärmepumpe *(Abbildung 11.3)*. Das Prinzip dieser Wärmepumpe basiert auf einem Kältemittel mit niedrigem Siedepunkt, das bei sehr tiefen Temperaturen verdampft und unter Druck hohe Temperaturen erreicht *(Tabelle 11.2)*. Zum Verdampfen reicht die zugeführte Wärme der Niedertemperaturquelle im Verdampfer aus.

Tabelle 11.2 Temperaturbereiche gängiger Kältemittel

Abk.	Name	Siedepunkt bei 1 bar	Verflüssigungstemperatur bei 26 bar
R12	Dichlordifluormethan	−30 °C	86 °C
R32	Difluormethan	−52 °C	42 °C
R134a	1,1,1,2-Tetrafluorethan	−26 °C	80 °C
R290	Propan	−42 °C	70 °C
R404A	Gemisch aus verschiedenen H-FKW	−47 °C	55 °C
R407C	Gemisch aus verschiedenen H-FKW	−45 °C	58 °C
R410A	Gemisch aus verschiedenen H-FKW	−51 °C	43 °C
R600a	Butan	−12 °C	114 °C
R717	Ammoniak	−33 °C	60 °C
R744	Kohlendioxid	−57 °C	−11 °C
R1234yf	2,3,3,3-Tetrafluorpropen	−30 °C	82 °C
R1270	Propen	−48 °C	61 °C

11.2 Funktionsprinzip von Wärmepumpen

Ein meist elektrisch angetriebener Verdichter bringt das dampfförmige Kältemittel auf einen hohen Betriebsdruck. Hierdurch erwärmt es sich stark. Dieser Vorgang lässt sich auch an einer Fahrradluftpumpe beobachten, wenn man bei kräftigem Pumpen mit dem Daumen den Luftauslass abdichtet. Die Wärme des erhitzen Kältemittels dient dann als Nutzwärme, beispielsweise zur Raumheizung oder Wassererwärmung. Das Abführen der Wärme erfolgt in einem Kondensator, der das Kältemittel wieder verflüssigt. Über ein Expansionsventil entspannt sich das unter Druck stehende Kältemittel wieder, kühlt ab und gelangt erneut zum Verdampfer.

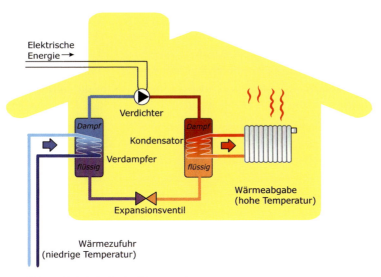

Abbildung 11.3 Prinzip der Kompressionswärmepumpe

Der umgedrehte Kühlschrank

Auch im Kühlschrank kommt die Wärmepumpe zum Einsatz. Sie arbeitet dort aber als Kältemaschine. Der Verdampfer entzieht dem Kühlschrankinneren die Wärme. Die Wärmeabgabe erfolgt über Kühlrippen auf der Geräterückseite. Die dort abgegebene Wärmemenge umfasst die dem Kühlschrank entzogene Wärme und die elektrische Antriebsenergie des Kühlschrankkompressors. Darum lässt sich ein Raum mit offener Kühlschranktür im Sommer nicht herunterkühlen, da der Kühlschrank mehr Wärme auf der Rückseite abgibt als er im Inneren entzieht.

Die erste Kompressionskältemaschine entwickelte der US-Amerikaner Jacob Perkins im Jahr 1834. Für seine Eismaschine diente Ether als Kältemittel, das heute aber nicht mehr verwendet wird. Das Kältemittel Ether hatte nämlich den Nachteil, dass es mit Luftsauerstoff eine hochexplosive Mischung bildet, wodurch die Ethereismaschinen zuweilen explodierten.

11.2.2 Absorptionswärmepumpen und Adsorptionswärmepumpen

Die Absorptionswärmepumpe nutzt wie die Kompressionswärmepumpe Niedertemperaturwärme zur Verdampfung eines Kältemittels. Bei der Absorptionswärmepumpe ersetzt jedoch ein thermischer Verdichter den elektrisch angetriebenen Verdichter der Kompressionswärmepumpe *(Abbildung 11.4)*.

Der thermische Verdichter hat die Aufgabe, das Kältemittel zu komprimieren und zu erhitzen. Dies geschieht durch den chemischen Vorgang der Sorption, beispielsweise durch Lösen von Ammoniak in Wasser, wie es bereits in *Abschnitt 6.3.4 „Kühlen mit der Sonne" in Kapitel 6* beschrieben wurde. Die bei der Sorption freiwerdende Wärme lässt sich als Heizwärme nutzen.

Eine Lösungsmittelpumpe transportiert die Lösung zum Austreiber. Da die Lösungsmittelpumpe im Gegensatz zur Kompressionswärmepumpe keinen hohen Druck aufbaut, ist die benötigte elektrische Antriebsenergie relativ gering. Der Austreiber muss nun die Lösung aus Wasser und dem Kältemittel Ammoniak wieder trennen, damit die Sorption erneut stattfinden kann. Zum Austreiben wird Hochtemperaturwärme benötigt. Hierfür kann beispielsweise Solarwärme oder Biogas dienen.

Die zugeführte Hochtemperaturwärme ist dabei deutlich geringer als die abgeführte Nutzwärmemenge. Der Hauptvorteil der Absorptionswärmepumpe ist der wesentlich geringere Bedarf an wertvoller elektrischer Energie. Absorptionswärmepumpen kommen vor allem bei größeren Leistungen zum Einsatz. Als Kältemaschinen kommen sie auch in propangasbetriebenen Kühlschränken vor. Das Kältemittel Ammoniak ist giftig und brennbar. Es ist aber eine sehr häufig verwendete Chemikalie und gilt als gut beherrschbar.

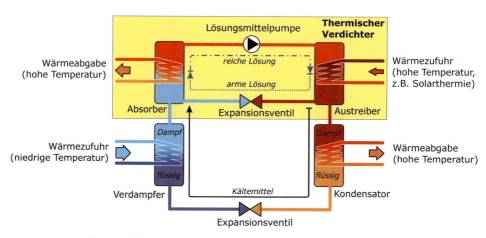

Abbildung 11.4 Prinzip der Absorptionswärmepumpe

Adsorptionswärmepumpen, die sich von der Schreibweise her nur durch den zweiten Buchstaben von Absorptionswärmepumpen unterscheiden, nutzen ebenfalls thermische Energie als Antriebsenergie.

Unter Adsorption versteht man das Anlagern eines Gases wie Wasserdampf an einen Feststoff wie Aktivkohle, Silicagel oder Zeolith. Bei der Adsorption, also der Bindung des Wasserdampfes durch den Feststoff entstehen hohe Temperaturen, die sich durch eine Wärmepumpe nutzen lassen. Adsorptionswärmepumpen befinden sich aber noch im Forschungsstadium und werden deshalb hier nicht näher beschrieben.

11.3 Planung und Auslegung

Heute existieren für nahezu alle gewünschten Wärmeleistungen entsprechende Wärmepumpen. Die Herstellerfirmen beraten meist bei Auslegung und Auswahl. Die Hauptaufgabe der Planung ist die Wahl der Niedertemperaturwärmequelle und deren Erschließung.

Soll eine Wärmepumpe in einem Grundwasserschutzgebiet errichtet werden, kommt eine Entnahme von Grundwasser nicht in Frage. Auch eine Tiefensonde zur Nutzung der Wärme aus dem Erdreich ist nur in Sonderfällen genehmigungsfähig, da die Sole als problematisch angesehen wird. In der Schweiz gibt es aber beispielsweise Erdsonden in Grundwasserschutzgebieten, bei denen Kohlendioxid (R744) die Sole ersetzt.

Am einfachsten und kostengünstigsten ist die Nutzung der Umgebungsluft. Dies ist auch in Grundwasserschutzgebieten problemlos möglich. Für den Einbau und den Betrieb von Luft/Wasser- oder Luft/Luft-Wärmepumpen sind keine Genehmigungen erforderlich. Für diese Wärmepumpe reichen im Prinzip zwei Öffnungen an der Hauswand, durch die Umgebungsluft an der Wärmepumpe vorbeigeführt wird. Bei sehr kalter Außenluft kann sich Kondensat bilden, das kontrolliert ablaufen sollte. Die Wärmepumpe lässt sich auch problemlos außen aufstellen. Luft/Wasser-Wärmepumpen funktionieren bis zu Umgebungstemperaturen von –20 Grad Celsius. Eine elektrische Zusatzheizung sichert meist die Wärmeversorgung bei noch extremeren Temperaturen. Ein kleiner Pufferspeicher kann die Betriebszeiten der Wärmepumpe optimieren. Ein Nachteil der Nutzung von Umgebungsluft sind die relativ schlechten Jahresarbeitszahlen und der damit im Vergleich zu anderen Wärmequellen deutlich höhere Strombedarf.

Den vergleichsweise geringsten Strombedarf haben Sole/Wasser-Wärmepumpen, also Wärmepumpen, die dem Erdreich die Wärme entziehen. Dies kann entweder durch sogenannte Erdkollektoren oder Erdsonden erfolgen. Den Erdkollektor bilden meist Kunststoffrohre, die schlangenförmig im Garten verlegt werden. Die optimale Verlegetiefe beträgt 1,2 bis 1,5 Meter, der Abstand zwischen den Rohren etwa 80 Zentimeter.

 Größe des Erdwärmekollektors

Die Länge l und die Fläche A des Erdkollektors berechnen sich aus der erforderlichen Kälteleistung $\dot{Q}_{zu}$ der Niedertemperaturwärmequelle und der Entzugsleistung $\dot{q}$ pro Meter Rohr sowie dem Rohrabstand d_A:

$$l = \frac{\dot{Q}_{zu}}{\dot{q}} \quad \text{und} \quad A = l \cdot d_A.$$

Beträgt die gewünschte Wärmeleistung beispielsweise $\dot{Q}_{ab}$ = 10 kW und die Leistungszahl ε = 4, ergibt sich eine benötigte Kälteleistung von $\dot{Q}_{zu}$ = 7,5 kW. Bei trockenem Sandboden beträgt die Entzugsleistung etwa $\dot{q}$ = 0,01 kW/m, bei trockenem Lehmboden 0,02 kW/m. Damit ergibt sich bei diesem Beispiel für Lehmboden eine Rohrlänge von

$$l = \frac{7,5 \text{ kW}}{0,02 \text{ kW/m}} = 375 \text{ m}$$

und bei einen Rohrabstand von d_A = 0,8 m eine Kollektorfläche von

$$A = 375 \text{ m} \cdot 0,8 \text{ m} = 300 \text{ m}^2.$$

Im Zweifelsfall empfiehlt es sich, die Werte großzügig aufzurunden. Da einzelne Rohrstränge Längen von 100 Meter nicht überschreiten sollten, empfehlen sich hier beispielsweise 4 Rohrkreise mit je 100 Meter Länge.

Abbildung 11.5 Wärmepumpenanlage (Quelle: © Bosch Thermotechnik GmbH)

Steht im Garten nicht genügend Platz zur Verfügung oder möchte man nicht das komplette Grundstück durchwühlen, lässt sich die Erdwärme auch über Erdsonden nutzen. Hierzu dienen senkrechte Bohrungen, die bis in Tiefen von 100 Metern reichen. Hier herrschen das ganze Jahr konstante Temperaturen von rund +10 Grad Celsius. In die Bohrungen werden U-förmige Rohrsonden eingebracht, durch die dann die Sole der Wärmepumpe strömt. Die Tiefe der Bohrung und die Zahl der Sonden hängen vom Wärmebedarf und der Beschaffenheit des Untergrundes ab. Geologen und spezialisierte Bohrfirmen können bei der Auslegung helfen. Die mögliche Entzugsleistung liegt je nach Untergrundbeschaffenheit zwischen 20 und 100 Watt pro Meter. Für eine grobe Abschätzung lässt sich mit etwa 55 Watt pro Meter rechnen. Aus einer 100 Meter tiefen Sonde lassen sich dann rund 5,5 Kilowatt Kälteleistung entziehen. Für größere Leistungen sind mehrere parallele Sonden erforderlich, die untereinander einen Abstand von mindestens 5 bis 6 Meter haben sollten.

Neben der Erdwärme lässt sich auch die Wärme des Grundwassers nutzen. Hierzu sind ein Förder- und ein Schluckbrunnen erforderlich. Der Schluckbrunnen führt das abgekühlte Grundwasser wieder in die Erde zurück. Damit das abgekühlte Wasser nicht erneut zum Förderbrunnen gelangt, sollte der Schluckbrunnen mindestens 10 bis 15 Meter in Grundwasserfließrichtung hinter der Förderbohrung liegen.

Abbildung 11.6 Luft/Wasser-Wärmepumpe ohne erforderliche Bohrung in Außenaufstellung (links), Herstellung einer Tiefenbohrung für eine Wasser/Wasser-Wärmepumpe (rechts) (Fotos: STIEBEL ELTRON)

Bei der Entnahme von Grundwasser ist prinzipiell eine Genehmigung der zuständigen Wasserbehörde erforderlich. Außerhalb von Grundwasserschutzgebieten wird diese meist unter gewissen Auflagen erteilt. Auch für die Bohrung von Erdsonden von geschlossenen Sole/Wasser-Anlagen ist eine wasserrechtliche Genehmigung erforderlich. In Deutschland erteilt diese bei Bohrtiefen von bis 100 Metern das Wasser-Wirtschaftsamt. Für tiefer reichende Bohrungen ist zusätzlich eine Genehmigung des zuständigen Bergbauamtes erforderlich. In der Regel holt das Bohrunternehmen die entsprechenden Genehmigungen ein.

11 Wärmepumpen – aus kalt wird heiß

 Von der Idee der Wärmepumpe zur eigenen Anlage

- Mögliche Wärmequellen ermitteln:
  Erdsonde – Ist eine Tiefenbohrung genehmigungsfähig?
  Erdkollektor – Kann der Garten großflächig aufgegraben werden?
  Grundwasser – Liegt das Haus im Grundwasserschutzgebiet?
  Luft – Letzte Lösung, wenn andere Quellen nicht verfügbar oder zu teuer sind.
- Wärmebedarf und Heizleistung bestimmen.
- Lässt sich Wärmebedarf durch Dämmung senken?
  Lassen sich die benötigten Temperaturen durch Fußbodenheizung oder große Heizkörper senken?
- Angebote für Wärmepumpen und ggf. Bohrung einholen.
  Hinweis: Nur FKW-freie Wärmepumpen sind optimal für den Klimaschutz.
- Ggf. Genehmigung für Bohrung über Bohrfirma einholen.
- Optimalen Stromtarif bestimmen, ggf. Pufferspeicher einplanen.
  Hinweis: Nur grüner Strom ist optimal für den Klimaschutz.
  Eine Photovoltaikanlage kann einen Teil des Strombedarfs günstig decken.
- Günstige Finanzierung z.B. über KfW im Rahmen weiterer Klimaschutzmaßnahmen prüfen.
- Anlage vom Fachbetrieb installieren lassen.

11.4 Ökonomie

Für eine typische Wärmepumpenanlage für Einfamilienhäuser liegen die Investitionskosten bei 8 000 bis 12 000 Euro. Hinzu kommen die Kosten für die Erschließung der Wärmequelle, die für Erdkollektoren oder Erdsonden in der Größenordnung von 3 000 bis 6 000 Euro liegen.

Bei einem Neubau mit Wärmepumpe entfallen die Kosten des konventionellen Heizungssystems. Bei einer Gasheizung umfassen diese beispielsweise neben dem Gasbrenner auch die Kosten für den Gasanschluss und den Schornstein. Dennoch liegen die Investitionskosten für Wärmepumpenanlagen meist deutlich über denen einer konventionellen Gas- oder Ölheizung.

Durch die stark gestiegenen Stromkosten beim Netzbezug konnte die Wärmepumpe ihre wirtschaftlichen Vorteile, die zwischen den Jahren 2000 und 2013 gegeben waren, nicht weiter ausbauen. Vor allem die nach dem Jahr 2013 stark gefallen Ölpreise erschwerten die Konkurrenz der Wärmepumpe *(Abbildung 11.7)*. Während Haushaltskundenstrom sehr stark mit Abgaben belastet ist, sind die Steuern auf Heizöl und Erdgas vergleichsweise niedrig, obwohl beide Energieträger importiert werden müssen und auch aus umweltpolitischer Sicht bedenklich sind. Hier ist zu hoffen, dass der Gesetzgeber diese Entwicklung korrigiert und die Ökonomie der Wärmepumpe zu Lasten der klimaschädlichen Öl- und Gasheizung wieder verbessert.

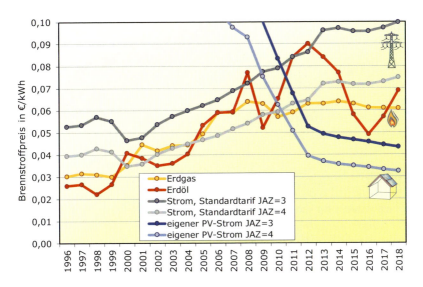

Abbildung 11.7 Entwicklung der Haushaltspreise für Erdgas, Erdöl und Strom zum Betrieb von Wärmepumpen für verschiedene Jahresarbeitszahlen (JAZ) in Deutschland

Durch die enorm gefallenen Kosten für Photovoltaikanlagen ist seit dem Jahr 2012 der Betrieb einer Wärmepumpe mit Strom einer eigenen Photovoltaikanlage die kostengünstigste Art der Wärmeversorgung. Da es in Deutschland wegen des niedrigen Solarstrahlungsangebots im Winter in der Regel nicht gelingt, den gesamten Wärmebedarf durch Photovoltaikstrom abzudecken, ergibt sich in der Praxis eine Mischkalkulation aus teurerem Netzbezugsstrom und günstigem Photovoltaikstrom. Bei effizienten Wärmepumpen mit Jahresarbeitszahlen von mehr als 3 liegen die Betriebskosten auch dann noch oft unter denen von Öl- und Gasheizungen. Im Gegensatz zu den stark schwankenden Ölpreisen, sorgt die Kombination einer Wärmepumpe mit einer Photovoltaikanlage für eine dauerhafte Stabilisierung der Wärmepreise.

Bei großen Photovoltaikanlagen ab einer Leistung von 10 Kilowatt, die etwa ab einer Photovoltaikfläche von 60 Quadratmetern erreicht wird, belastet der Gesetzgeber in Deutschland den Eigenverbrauch von klimafreundlichem Solarstrom seit dem Jahr 2014 zusätzlich mit einer Eigenverbrauchsabgabe. Das verschlechtert die Ökonomie von photovoltaisch versorgten Wärmepumpensystemen im Vergleich zur Öl- und Gasheizung weiter.

Ist die Wärmepumpe Bestandteil einer Modernisierungsmaßnahme oder trägt sie mit zum Erreichen des Niedrigenergiehausstandards bei, lassen sich zinsgünstige Kredite über die KfW-Förderbank erhalten. Darüber hinaus fördert auch das Bundesamt für Wirtschaft und Ausfuhrkontrolle (BAFA) die Errichtung von effizienten Wärmepumpen.

- www.klima-sucht-schutz.de/neubau.0.html Heizkostenvergleich im Neubau
- www.kfw.de KfW-Förderbank
- www.bafa.de BAFA-Förderung

11.5 Ökologie

Mit der Wärmepumpe verbindet man allgemein eine positive Wirkung auf die Umwelt. Dies ist aber nicht immer der Fall. Die Achillesferse der Wärmepumpe ist das Kältemittel. Die Palette an Kältemitteln für Kompressionswärmepumpen ist breit. In der ersten Boomphase der Wärmepumpen wurden oftmals Fluorchlorkohlenwasserstoffe (FCKW) eingesetzt. Wegen ihres negativen Einflusses auf die Ozonschicht sind diese jedoch seit 1995 in Neuanlagen verboten.

Heute werden meist Hydrogenfluorkohlenwasserstoffe (HFKW) eingesetzt, die oft auch als FCKW-Ersatzstoffe bezeichnet werden. Diese sind zwar für die Ozonschicht harmlos, haben aber eine weitere für die Umwelt negative Eigenschaft mit den FCKW gemeinsam: Beide Stoffe weisen ein extrem hohes Treibhauspotenzial auf. Dadurch entwickeln sich auch die kleinen Kältemittelmengen zwischen einem und drei Kilogramm bei Wärmepumpen für Einfamilienhäuser als ökologisches Problem. Darum hat die EU mit langen Übergangsfristen die Verwendung klimaschädlicher Kältemittel eingeschränkt.

Tabelle 11.3 Treibhauspotenziale verschiedener Kältemittel relativ zu Kohlendioxid

Abk.	Name	Stoffgruppe	Treibhauspotenzial
R12	Dichlordifluormethan	FCKW	6 640
R32	Difluormethan	HFKW	675
R134a	1,1,1,2-Tetrafluorethan	HFKW	1 300
R404A	Gemisch aus verschiedenen HFKW	HFKW	3 260
R407C	Gemisch aus verschiedenen HFKW	HFKW	1 530
R410A	Gemisch aus verschiedenen HFKW	HFKW	1 730
R290	Propan	FKW-frei	3
R600a	Butan	FKW-frei	3
R744	Kohlendioxid	FKW-frei	1
R717	Ammoniak	FKW-frei	0
R1234yf	2,3,3,3-Tetrafluorpropen	FKW-frei	4
R1270	Propen	FKW-frei	3

Gelangen 2 Kilogramm des HFKW R404A in die Atmosphäre, entwickeln diese dort den gleichen Einfluss auf das Klima wie 6,5 Tonnen Kohlendioxid. Diese Menge Kohlendioxid entsteht bei der Verbrennung von 32 500 Kilowattstunden an Erdgas. Damit kann

man ein Standard-Neubauhaus knapp drei Jahre, ein 3-Liter-Haus sogar rund neun Jahre komplett beheizen. Der Strombedarf der Wärmepumpe ist in dieser Bilanz noch nicht einmal berücksichtigt.

Kommt es bei einer Wärmepumpenanlage zu einer Leckage, entweichen die Kältemittel schnell, da sie bei normalen Umweltbedingungen verdampfen. Für FKW spricht, dass diese Stoffe ungiftig und nicht brennbar sind. In punkto Klimaverträglichkeit erweist sich aber die schnelle Flüchtigkeit von Kältemitteln als Problem. Zwar muss es nicht bei jeder Wärmepumpenanlage zum GAU kommen, bei dem durch eine Leckage das gesamte Kältemittel in die Atmosphäre entweicht. Beim Befüllen und Entsorgen der Anlage sowie durch kontinuierliche Verluste beim regulären Betrieb sind aber Kältemittelverluste unvermeidbar. Klimaunkritische Kältemittel werden von gängigen Wärmepumpenanbietern momentan noch relativ selten eingesetzt. Dabei zeigen Wärmepumpen mit R290 beziehungsweise Propan als Kältemittel keine schlechteren Leistungsdaten als bei Verwendung von FKW-haltigen Kältemitteln. Wegen der Brennbarkeit der Kältemittel R290, R600a, R1234yf und R1270 müssen jedoch besondere sicherheitstechnische Maßnahmen getroffen werden, die aber in der Praxis weitgehend problemlos umsetzbar sind. Da der Druck der Kunden zur Verwendung FKW-freier Kältemittel bei Kühl- und Gefriergeräten in der Vergangenheit offensichtlich größer als bei Wärmepumpen war, gehören die klimafreundlichen Kältemittel trotz der Brennbarkeit dort bereits seit Jahren zum Standardsortiment.

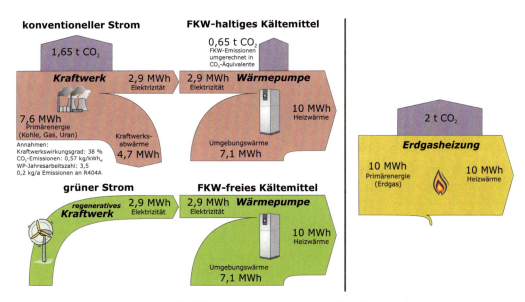

Abbildung 11.8 Umweltbilanz zweier Wärmepumpenheizungen und einer Erdgasheizung

Im Wärmepumpenbereich wird hingegen die FKW-Problematik derzeit immer noch wenig diskutiert. Die meisten Hersteller preisen die von ihnen verwendeten FKW als umweltfreundlich an. Ein Hersteller bezeichnete auf seiner Homepage das Kältemittel R407C dreisterweise sogar als FKW-frei. Für den Laien wird es damit nahezu unmöglich, FKWhaltige und FKW-freie Geräte zu unterscheiden. *Tabelle 11.3* soll hierbei weiterhelfen, solange FKW noch als Kältemittel zugelassen sind.

Bei den Anbietern von Heizungssystemen wird die Wärmepumpe oftmals in der Kategorie „erneuerbare Energien" aufgelistet. Dies ist aber nur bedingt korrekt. Ein Großteil der Nutzenergie der Wärmepumpe kommt zwar in Form von regenerativer Niedrigtemperaturwärme aus der Umgebung, der Strom kommt aber fast immer aus der Steckdose. Diese wird von den normalen Energieversorgern beliefert, die nicht selten wegen der großen Stromabnahmemengen für Wärmepumpenanlagen Sonderkonditionen einräumen. In Deutschland stammt dann der Strom aber häufig noch aus Kohle- oder Erdgaskraftwerken. In Norwegen erzeugen hingegen Wasserkraftwerke nahezu den gesamten Strom des Landes. Hier ist eine Wärmepumpe dann tatsächlich ein komplett regeneratives System. In Deutschland besteht die Möglichkeit, auf grüne Stromanbieter zu wechseln. Außerdem lässt sich die Wärmepumpe zumindest teilweise durch Strom aus einer eigenen Photovoltaikanlage versorgen. Auch dann ist das Wärmepumpensystem vollständig regenerativ und damit frei von direkten Kohlendioxidemissionen.

Wird statt grünen Stroms herkömmlicher Strom für den Betrieb von Wärmepumpen verwendet, sind die Kohlendioxideinsparungen aufgrund der schlechten Wirkungsgrade fossiler thermischer Kraftwerke im Vergleich zu modernen Erdgasheizungen nur noch relativ gering *(Abbildung 11.8)*. Kommen noch Umweltbelastungen durch FKW-Kältemittel hinzu, kann die Umweltbilanz im Extremfall sogar schlechter als bei einer modernen Heizungsanlage auf Erdgasbasis ausfallen.

11.6 Wärmepumpenmärkte

In den 1970er-Jahren nach den ersten Ölkrisen erlebte die Wärmepumpe schon einmal in Deutschland einen kleinen Boom. Doch technische Probleme, zurückgehende Ölpreise und mangelnde Umweltverträglichkeit führten bis Ende der 1980er-Jahre nahezu zu einem vollständigen Zusammenbruch des Markts.

Erst Mitte der 1990er-Jahre kam der Wärmepumpenmarkt in Deutschland wieder in Schwung *(Abbildung 11.9)*. In anderen Ländern hat die Wärmepumpe einen größeren Stellenwert als in Deutschland. Innerhalb der Europäischen Union wurden im Jahr 2016 rund eine Millionen Wärmepumpen installiert. Die Märkte in Schweden und der Schweiz erreichten deutlich vor Deutschland eine große Bedeutung. Da in der Schweiz und in Schweden die durchschnittlichen Kohlendioxidemissionen bei der Stromerzeugung deutlich geringer sind als derzeit in Deutschland, haben Wärmepumpen in diesen Ländern eine deutlich bessere Umweltbilanz. Derzeit kommen Wärmepumpen vor allem bei Wohnungsneubauten zum Einsatz. Inzwischen werden auch in Deutschland knapp 30 Prozent aller Neubauten und 2 Prozent des Wohnungsbestandes mit Wärmepumpen beheizt.

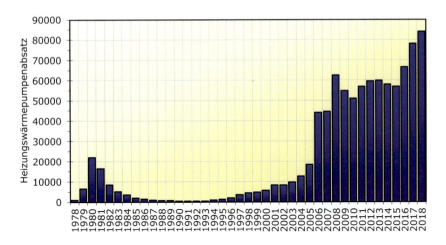

Abbildung 11.9 Absatz von Heizungswärmepumpen in Deutschland

11.7 Ausblick und Entwicklungspotenziale

Mit dem ständig zunehmenden Anteil regenerativer Energien an der Elektrizitätserzeugung verbessert sich auch die Umweltbilanz der Wärmepumpe kontinuierlich. Wenn demnächst auch noch FKW-freie Alternativen die klimaproblematischen FKW-haltigen Kältemittel ersetzen, entwickelt sich die Wärmepumpe unter ökologischen Gesichtspunkten zu der wichtigsten Alternative zu konventionellen Heizungssystemen.

Da in Deutschland regenerative Heizungssysteme wie Solarthermieanlagen oder Biomasseheizungen (*vgl. Kapitel 12*) jeweils nur einen Teil des Wärmebedarfs decken können, ist die Wärmepumpe der wichtigste Baustein für eine kohlendioxidfreie Wärmeversorgung. Mit Hilfe eines Pufferspeichers lassen sich auch die Betriebszeiten der Wärmepumpe verschieben. Dann könnten Wärmepumpen teilweise zentral gesteuert werden und zur Reduzierung von Leistungsspitzen im Stromnetz beitragen. Bei einem hohen Angebot an Windstrom würden Wärmepumpen dann beispielsweise die Wärmespeicher füllen und die Wärme bei geringerem Stromangebot wieder entnehmen. Wegen dieser Möglichkeiten ist zu erwarten, dass der Wärmepumpenmarkt weiter expandieren wird. Soll Deutschland zum Einhalten des Pariser Klimaschutzabkommens bis spätestens 2040 klimaneutral werden, müsste der Wärmepumpenmarkt allerdings in wenigen Jahren vervielfacht werden.

12 Biomasse – Energie aus der Natur

Bereits seit 790 000 Jahren – also seit der Entdeckung des Feuers durch den Steinzeitmenschen – wird vermutlich die Energie von Brennholz genutzt. Damit ist die Biomasse der mit Abstand am längsten genutzte regenerative Energieträger. Bis weit ins 18. Jahrhundert war die Biomasse weltweit der wichtigste Energieträger überhaupt. Auch heute decken noch einige Länder wie Mozambique oder Äthiopien rund 90 Prozent ihres Primärenergiebedarfs durch sogenannte traditionelle Biomasse.

In den Industrienationen ist die Biomasse mit der Nutzung fossiler Energieträger bis zum 20. Jahrhundert nahezu bedeutungslos geworden. Im Jahr 2000 betrug in Deutschland der Anteil der Biomasse an der Primärenergieversorgung nicht einmal mehr 3 Prozent.

Abbildung 12.1 Seit Jahrtausenden wird die Energie von Brennholz durch den Menschen genutzt.

Mit dem starken Ansteigen der Ölpreise zu Beginn des 21. Jahrhunderts kam aber auch in den Industrieländern die Nutzung der Biomasse wieder in Mode. Neben der traditionellen Verwendung in Form von Brennholz werden zunehmend moderne Formen der Biomassenutzung erschlossen. Mit Biomasse lässt sich nämlich nicht nur ein simples offenes Feuer entfachen, sondern auch moderne Heizungsanlagen oder Kraftwerke zur Stromerzeugung betreiben sowie Brenngas oder Treibstoffe herstellen.

12.1 Entstehung und Nutzung von Biomasse

Der Begriff Biomasse bezeichnet die Masse an organischem Material. Er umfasst also alle Lebewesen, abgestorbene Organismen und organische Stoffwechselprodukte. Pflanzen können über die Photosynthese Biomasse in Form von Kohlenhydraten aufbauen. Die dazu nötige Energie stammt von der Sonne. Diesen Prozess beherrschen ausschließlich Pflanzen. Tiere können ihre Biomasse nur aus anderer Biomasse aufbauen. Deshalb würden alle Tiere ohne Pflanzen auch verhungern.

Abbildung 12.2 Die Sonne ist der Ursprung für das Biomassewachstum auf der Erde.

 Entstehung von Biomasse

Bei der Photosynthese wandeln Pflanzen Kohlendioxid (CO_2), Wasser (H_2O) und Hilfsstoffe wie Mineralien in Biomasse ($C_k H_m O_n$) und Sauerstoff (O_2) um:

$$H_2O + CO_2 + \text{Hilfsstoffe} + \text{Energie} \longrightarrow \underbrace{C_k H_m O_n}_{\text{Biomasse}} + H_2O + O_2 + \text{Stoffwechselprodukte}.$$

Bei der sogenannten oxygenen Photosynthese entsteht beispielsweise im einfachsten Fall Traubenzucker ($C_6 H_{12} O_6$):

$$12\,H_2O + 6\,CO_2 + \text{Sonnenenergie} \longrightarrow C_6H_{12}O_6 + 6\,H_2O + 6\,O_2\,.$$

Fast der gesamte in der Erdatmosphäre vorkommende Sauerstoff wird durch oxygene Photosynthese gebildet. Der für uns zum Atmen lebensnotwendige Sauerstoff ist also ein reines Abfallprodukt der Biomasseproduktion.

Die Biomassevorkommen sind auf der Erde höchst unterschiedlich verteilt. Neben Sonnenenergie ist Wasser für das Biomassewachstum essenziell. Zum Entstehen von Biomasse ist selbst in den nördlichsten Regionen die vorhandene Sonnenenergie noch ausreichend. Somit gibt es vor allem in Regionen mit Wassermangel ein deutlich reduziertes Biomassewachstum.

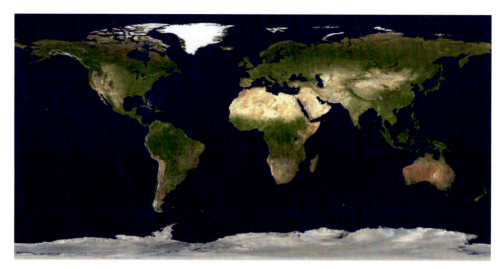

Abbildung 12.3 Blick aus dem All – der blaue Planet ist ganz schön grün (Quelle: NASA).

Pflanzen wandeln also durch natürliche chemische Vorgänge das Sonnenlicht in Biomasse um. Für diesen Vorgang lässt sich auch ein Wirkungsgrad bestimmen. Damit wird beispielsweise die Flächennutzung beim Biomasseanbau mit anderen regenerativen Energietechniken wie Solaranlagen vergleichbar. Den Wirkungsgrad einer Pflanze bestimmt man, indem man den Heizwert der getrockneten Biomasse durch die Sonnenenergie teilt, die die Pflanze während ihrer Wachstumsphase erreicht hat.

Im Mittel, das auch Wüsten und Ozeane umfasst, beträgt der Wirkungsgrad der Biomasseproduktion auf der Erde 0,14 Prozent [Kle03]. Trotz des verhältnismäßig geringen Wirkungsgrades entsteht weltweit immerhin noch Biomasse mit einem Energiegehalt, der knapp dem Zehnfachen unseres gesamten Primärenergiebedarfs entspricht.

Dabei lässt sich aber nicht sämtliche Biomasse energetisch einsetzen. Der Mensch nutzt derzeit rund vier Prozent der neu entstehenden Biomasse. Zwei Prozent gehen in die Nahrungs- und Futtermittelproduktion, ein Prozent endet als Holzprodukt, Papier- oder Faserstoff. Rund ein Prozent der neu entstehenden Biomasse wird energetisch – meist in Form von Brennholz – genutzt und deckt damit rund ein Zehntel des weltweiten Primärenergiebedarfs.

Den höchsten Wirkungsgrad bei der Umwandlung von Sonnenlicht in Biomasse erzielen sogenannte C4-Pflanzen. Diese zeichnen sich durch eine schnelle Photosynthese aus und nutzen damit die Sonnenenergie besonders effektiv. Zu den C4-Pflanzen gehören Amarant, Hirse, Mais, Zuckerrohr und Chinaschilf. Unter optimalen Bedingungen erreichen diese Wirkungsgrade von zwei bis fünf Prozent.

Bei der Nutzung der Biomasse unterscheidet man zwischen der Nutzung von Reststoffen aus der Land- und Forstwirtschaft und dem gezielten Anbau von sogenannten Energiepflanzen. Für Deutschland gehen Untersuchungen von einem gesamten Potenzial von rund 1200 Petajoule pro Jahr aus *(Tabelle 12.1)*. Dies entspricht gut 8 Prozent des deutschen Primärenergiebedarfs aus dem Jahr 2005. Selbst bei Umsetzung umfangreicher Energiesparmaßnahmen lässt sich daher in Deutschland nur ein Teil des Energiebedarfs durch Biomasse decken.

Tabelle 12.1 Biomassepotenziale in Deutschland [Kal03]

	Nutzbare Menge in Millionen Tonnen	Energetisches Potenzial in PJ/a
Halmgutartige Biomasse (Stroh, Gräser)	10 … 11	140 … 150
Holz und Holzreststoffe	38 … 40	590 … 622
Biogassubstrate (Biomasseabfälle und -rückstände)	20 … 22	148 … 180
Klär- und Deponiegas	2	22 … 24
Energiepflanzenmix	22	298
Summe Biomassepotenzial	92 … 97	1198 … 1274

Die Möglichkeiten der Biomassenutzung sind dabei vielfältig *(Abbildung 12.4)*. Die größten Potenziale bestehen bei der Nutzung von Holz- und Holzprodukten. Auch Reststoffe aus der Land- und Forstwirtschaft und biogene Abfälle sind für die Energiewirtschaft von Bedeutung. Neben der Nutzung von Reststoffen lassen sich auch spezielle Energiepflanzen anbauen. Da Energiepflanzen aber um die Ackerflächen zur Nahrungsmittelproduktion konkurrieren, ist der extensive Anbau von Energiepflanzen umstritten.

Als nächster Schritt folgt die Aufbereitung der soeben aufgezählten Biomasserohstoffe. Dabei werden sie beispielsweise getrocknet, gepresst, zu Alkohol vergoren, zu Biogas umgewandelt, pelletiert oder in chemischen Anlagen zu Treibstoffen verarbeitet. Ziel der Aufbereitung ist die Gewinnung gut nutzbarer Biomassebrennstoffe.

Die so gewonnenen Biomassebrennstoffe haben faktisch das gleiche Einsatzspektrum wie die fossilen Brennstoffe Kohle, Erdöl und Erdgas. Biomassekraftwerke können aus den

Biobrennstoffen Elektrizität erzeugen, mit Biomasseheizungen lässt sich der Wärmebedarf decken, und Biotreibstoffe dienen als Sprit für Autos und andere Fahrzeuge.

Da die Biomasse derartig vielfältig einsetzbar ist, hat ein wahrer Run auf die alternativen Brennstoffe eingesetzt. In vielen Industrieländern wie Deutschland reichen aber die Potenziale der Biomassevorkommen bei weitem nicht aus, um fossile Brennstoffe vollständig ersetzen zu können. Dennoch werden Biomassebrennstoffe eine sehr wichtige Rolle in einer zukünftigen regenerativen Energiewirtschaft einnehmen.

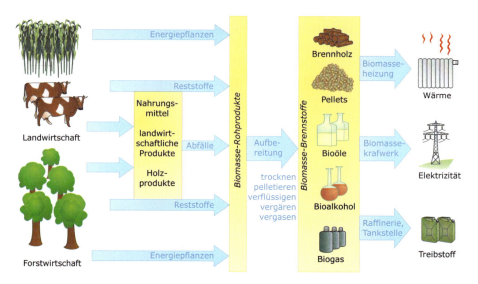

Abbildung 12.4 Möglichkeiten der Biomassenutzung

12.2 Biomasseheizungen

Bei der traditionellen Nutzung der Biomasse stand die Erzeugung von Wärme zum Kochen oder Heizen im Vordergrund. Auch heute ist die Verwendung von Biomasse zum Heizen eines der wichtigsten Einsatzgebiete. Als Brennstoffe kommen beispielsweise Holz, Getreidestroh oder Biogas infrage. Auch Pflanzenöle und Bioalkohole sind in einigen Heizungsanlagen im Einsatz.

12.2.1 Brennstoff Holz

Mit deutlichem Abstand ist Holz der vorherrschende Brennstoff für Biomasseheizungen. Holz kommt dabei in verschiedenen Verarbeitungsformen vor *(Abbildung 12.5)*. Gefällte Bäume und Äste werden in einem ersten Schritt auf eine gemeinsame Länge gebracht. Dadurch erhält man Rundholz. Hochwertige Hölzer enden aber meist nicht als Brennstoff, sondern werden von der Holzindustrie weiterverarbeitet.

Durch Spalten von Rundhölzern, das durch traditionelles Holzhacken oder maschinell erfolgt, entsteht Scheitholz. Häcksler zerkleinern Holz zu Holzhackschnitzeln und können auch Holzreste und minderwertiges Holz verarbeiten. Säge- oder Hobelspäne lassen sich zu Holzbriketts oder Holzpellets weiterverarbeiten. Spezielle Pressen bringen sie dazu bei hohem Druck ohne Zugabe von Bindemitteln in Form. Das Holz verbindet sich durch das holzeigene Lignin und bleibt dadurch auch nach dem Pressen formstabil.

Abbildung 12.5 Verschiedene Verarbeitungsformen von Brennholz
(von links oben nach rechts unten: Rundholz, Scheitholz, Holzbriketts, Holzpellets)

Holzpellets sind aufgrund ihrer genormten Form ein extrem vorteilhafter Brennstoff. Sie lassen sich problemlos in Tanklastern anliefern und dann in den entsprechenden Vorratsraum einblasen. Ein aufwändiges Verladen von Hand ist dadurch nicht mehr nötig. Durch automatische Förderanlagen können Holzpelletsheizungen den gleichen Heiz- und Bedienungskomfort wie beispielsweise Erdgas- oder Erdölheizungen erreichen.

In der Anfangszeit der Holzpelletsherstellung kam es vereinzelt zu Qualitätsproblemen. Pellets, die die geforderten Abmessungen nicht einhalten, können sich in der Förderanlage verklemmen. Sind die Pellets nicht ausreichend gepresst, können sie vorzeitig zerfallen und Förderanlagen verstopfen. Darum sollte darauf geachtet werden, dass die Pellets der aktuellen Norm entsprechen. Seit dem Jahr 2010 gilt dafür die EU-Norm EN 14961-2. Darüber hinaus können Pellets beispielsweise mit dem ENplus-Siegel zertifiziert werden. Das Zertifikat stellt nicht nur die Qualität bei der Pelletproduktion sicher, sondern überprüft auch Handel und Logistik. Danach gelten für Holzpellets unter anderem die folgenden Bedingungen:

- Durchmesser: 6 ±1 mm oder 8 ±1 mm, Länge: 3,15…40 mm
- Heizwert: H_i: 16,5…19 MJ/kg oder 4,6…5,3 kWh/kg
- Schüttraumdichte: größer 600 kg/m³
- Wassergehalt: kleiner als 10 %, Aschegehalt: kleiner als 0,7 % bzw. 1,5 %
- Grenzwerte für Schwefel, Stickstoff, Chlor und Schwermetalle

Eine Tonne aufgeschütteter Holzpellets nimmt einen Raum von 1,54 Kubikmetern ein und hat einen Heizwert von rund 5000 Kilowattstunden. Das entspricht in etwa dem Heizwert von 500 Litern Heizöl. Zwei Kilo Holzpellets können also einen Liter Heizöl ersetzen.

> **Weltrekordhalter Baum**
>
> Eine 80-jährige Buche erreicht eine Höhe von 25 Metern. Ihre Baumkrone hat einen Durchmesser von 15 Metern und umfasst rund 800 000 Blätter. Nebeneinander auf den Boden gelegt würden sie eine Fläche von rund 1600 Quadratmetern einnehmen. Diese Buche deckt den Sauerstoffbedarf von zehn Menschen und bindet dabei große Mengen an Kohlendioxid. Die 15 Kubikmeter Holz dieser Buche haben eine Trockenmasse von 12 Tonnen, worin rund 6 Tonnen an reinem Kohlenstoff gebunden sind. Das entspricht dem Kohlenstoffgehalt von 22 Tonnen Kohlendioxid.
>
> Im Vergleich zu anderen Baumexemplaren wirkt diese Buche aber nur wie Spielzeuggestrüpp. Prachtexemplare von Riesenmammutbäumen erreichen Höhen von bis zu 115 Metern, Durchmesser von 11 Metern mit einem Umfang von über 30 Metern und Volumina von 1500 Kubikmetern. Beeindruckend ist auch das Alter langlebiger Kiefern von bis zu 5000 Jahren. Bei einer speziellen Kiefernart überdauern die Wurzelstöcke sogar über 10 000 Jahre. Aus ihnen sprießen dann immer neue Triebe, die ein Alter von „nur" 2000 Jahren erreichen. Damit sind Bäume vermutlich die ältesten und höchsten Lebewesen der Erde.

Würde man Sägespäne zu einem ein Kubikmeter großen Würfel pressen, wären die Masse und der Heizwert deutlich größer als bei einem Kubikmeter Holzpellets. Dies liegt daran, dass sich zwischen aufgeschütteten Holzpellets auch relativ viel Luft befindet.

Das Raummaß für einen Kubikmeter fester Holzmasse ohne Zwischenräume heißt im Fachjargon auch Festmeter (Fm). Wird Rund- oder Scheitholz fein säuberlich aufgestapelt, ergeben sich wiederum Zwischenräume. Das Raummaß heißt dann Raummeter (Rm). Kreuzworträtselfans kennen den Raummeter auch unter dem Begriff Ster. Werden Holzscheite lose auf einen Haufen geschüttet, nehmen die Luftzwischenräume erneut zu. Beim Raummaß spricht man dann von einem Schüttraummeter (Srm). Die verschiedenen Raummaße lassen sich näherungsweise ineinander umrechnen, wobei die exakten Faktoren von der Holzart und der Holzform abhängen:

- 1 Festmeter (Fm) = 1,4 Raummeter (Rm) = 2,5 Schüttraummeter (Srm)

12.2 Biomasseheizungen

Nasses Holz brennt bekanntlich schlecht, denn der Heizwert von Holz hängt entscheidend vom Wassergehalt ab. Feuchtes Holz ist auch schwerer. Hier muss neben dem Holz noch das darin enthaltene Wasser transportiert werden. Beim Verbrennen verdampft das Wasser. Zum Verdampfen benötigt es aber Energie, die wiederum vom Holz stammt. Als Folge sinkt der Heizwert.

Zur Angabe des Trocknungsgrades dienen entweder die Holzfeuchte oder der Wassergehalt. Da beide Größen unterschiedliche Bezugsgrößen haben und sich darum ihre Werte stark unterscheiden, kann das zu Verwirrungen führen. Der Wassergehalt beschreibt den Gewichtsanteil von Wasser im feuchten Holz. Die Holzfeuchte hingegen gibt an, welche Masse an Wasser im Verhältnis zur Masse des völlig trockenen Holzes enthalten ist. Besteht Holz genau zur Hälfte seines Gewichts aus Wasser, beträgt der Wassergehalt 50 Prozent, die Holzfeuchte hingegen 100 Prozent.

Bei völlig trockenem Holz mit einem Wassergehalt von 0 Prozent spricht man auch von darrtrockenem Holz. Darrtrockene Buche hat beispielsweise einen Heizwert von 5 Kilowattstunden je Kilogramm (kWh/kg). Beim Trocknen von Holz im Freien sinkt der Wassergehalt auf 12 bis 20 Prozent. Hierzu sollte das Holz möglichst früh in kleine Scheite gespalten und für mindestens ein Jahr, optimalerweise zwei Jahre überdacht an der Luft getrocknet werden. Durchgetrocknetes Holz in geschlossenen Räumen kann sogar einen Wassergehalt von unter 10 Prozent erreichen. Bei einem Wassergehalt von 15 Prozent beträgt der Heizwert von Buche noch 4,15 kWh/kg. Bei waldfrischem Holz mit einem Wassergehalt von 50 Prozent sinkt der Heizwert gerade einmal auf 2,16 kWh/kg *(Abbildung 12.6)*. Er beträgt damit deutlich weniger als die Hälfte des Heizwerts von darrtrockenem Holz.

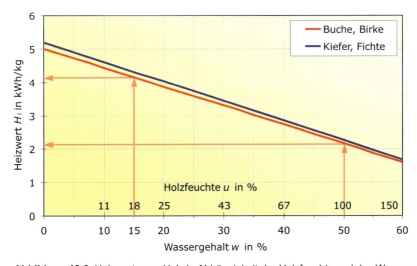

Abbildung 12.6 Heizwerte von Holz in Abhängigkeit der Holzfeuchte und des Wassergehalts

Dieses Beispiel zeigt, dass Brennholz vor der Verbrennung gut getrocknet sein sollte, um den optimalen Energieinhalt zu entziehen. Der massebezogene Heizwert pro Kilogramm unterscheidet sich bei verschiedenen Holzarten nur wenig. Dagegen variiert der volumenbezogene Heizwert, also der Heizwert eines Fest- oder Raummeters erheblich *(Tabelle 12.2)*. Schweres Holz wie Buche brennt länger als leichtes Fichtenholz.

Neben dem schlechten Heizwert hat eine zu große Holzfeuchte auch noch andere unerwünschte Auswirkungen. Bei hohem Wassergehalt findet die Verbrennung unter ungünstigen Bedingungen statt. Als Folge kommt es zu einem höheren Schadstoffausstoß und zu einer stärkeren Qualm- und Geruchsbelästigung.

Tabelle 12.2 Eigenschaften verschiedener Brennholzarten

	Heizwert darrtrocken H_{i0} in kWh/kg	Dichte darrtrocken in kg/Fm	Heizwert H_i bei w = 15 %		
			in kWh/kg	in kWh/Fm	in kWh/Rm
Buche	5,0	558	4,15	2 720	1 910
Birke	5,0	526	4,15	2 570	1 800
Kiefer	5,2	431	4,32	2 190	1 530
Fichte	5,2	379	4,32	1 930	1 350

- www.carmen-ev.de   Informationen zu nachwachsenden Rohstoffen
- www.depv.de   Deutscher Energie-Pellet-Verband e.V.

12.2.2 Kamine und Kaminöfen

Der Klassiker unter den Biomasseheizungen ist der Kamin. Offene Kamine dienen seit Jahrhunderten zur Beheizung einzelner Räume. Die Ausnutzung des Brennholzes erfolgt dabei relativ ineffizient. Der Wirkungsgrad offener Kamine erreicht meist nur 20 bis 30 Prozent. Das bedeutet: 70 bis 80 Prozent der Energie des Brennholzes entweicht ungenutzt durch den Schornstein. So romantisch alte Burgen und Schlösser auch sein mögen, das Erreichen von dauerhaft angenehmen Raumtemperaturen in zugigen Burghallen durch offene Kamine war seinerzeit ein nahezu aussichtsloses Unterfangen.

Deutlich besser sind die Wirkungsgrade von geschlossenen Kaminen und Kaminöfen. Mit 70 bis 85 Prozent liegen sie erheblich über denen offener Kamine. Eine Glasscheibe begrenzt den Feuerraum zum Kaminzimmer. Diese lässt sich zum Bestücken des Ofens öffnen und wird nach dem Anfeuern geschlossen. Prinzipiell ist es auch möglich, Brauchwasser durch Kamine zu erhitzen.

Meist dienen Kamine oder Kaminöfen aber nur als ergänzendes Heizungssystem. Da sie manuell bestückt und angefeuert werden müssen und im Gegensatz zu alten Burgen und

Schlössern diese Aufgaben heute kein Hauspersonal mehr übernimmt, ist der Bedienungskomfort im Vergleich zu herkömmlichen Zentralheizungen deutlich eingeschränkt.

Ein Hauptproblem von Kaminen ist der relativ hohe Luftbedarf. Neben der Verbrennungsluft entweichen auch größere Mengen ungenutzter Luft durch den Schornstein. In besonders gut isolierten und luftdichten Häusern ist eine Brennluftzufuhr von außen erforderlich.

Abbildung 12.7 Kaminofen und geschlossener Kamin (Quelle: © Bosch Thermotechnik GmbH)

12.2.3 Scheitholzkessel

Wer mit preisgünstigem Scheitholz heizen möchte und auf einen etwas größeren Bedienkomfort Wert legt, kann einen Scheitholzkessel nutzen *(Abbildung 12.8)*. Da dieser meist im Keller aufgestellt wird, hat er nicht die optische Eleganz von Kaminöfen. Dafür verfügt er aber über einen größeren Holzvorratsbehälter. Dieser wird manuell bestückt und erreicht Brenndauern von einigen Stunden.

Im Gegensatz zum oberen Abbrand bei Kaminen, wo die Flamme nach oben aufsteigt, arbeiten viele Kessel mit einem unteren oder seitlichen Abbrand. Hier wird die Luft im Kessel so geführt, dass die Flamme nach unten oder zur Seite zeigt. Dadurch erhöht sich die Brenndauer und die Emissionen sinken. Eine Regelung, die meist die Luftzufuhr beeinflusst, sorgt für eine möglichst optimale Verbrennung und eine Anpassung an den Wärmebedarf. Scheitholzkessel existieren in verschiedenen Leistungsklassen und erreichen Spitzenwirkungsgrade von über 90 Prozent. Bei kleineren Kesseln liegen die Wirkungsgrade meist etwas niedriger.

Da sich Scheitholzkessel nicht beliebig herunterregeln lassen, empfiehlt sich meistens der Einbau eines Pufferspeichers. Dadurch kann der Kessel immer bei optimalen Betriebsbedingungen arbeiten. Der Speicher nimmt dann überschüssige Wärme auf und deckt nach dem Abbrennen des Brennholzes weiter den Wärmebedarf. Die Kombination mit einer solarthermischen Anlage ist ebenfalls sinnvoll, da dann der Kessel im Sommer bei niedrigem Wärmebedarf komplett abgeschaltet bleiben kann.

Abbildung 12.8 Festbrennstoffkessel zur Scheitholzfeuerung (Quelle: © Bosch Thermotechnik GmbH)

12.2.4 Holzpelletsheizungen

Den mit Abstand größten Bedienkomfort bieten Holzpelletsheizungen. Ein spezieller Pelletslagerraum bevorratet den Brennstoff. Eine automatische Fördereinrichtung transportiert die Pellets direkt zum Brenner. Dazu kommt entweder eine Förderschnecke beziehungsweise Spirale oder eine Ansaugvorrichtung in Frage. Eine Schnecke fördert die Pellets aus dem unteren Teil des Lagerraums. Bei einer Ansaugvorrichtung, die an einen großen Staubsauger erinnert, werden die Pellets auch von unten abgesaugt. Die Ansaugschläuche sind sehr flexibel, sodass sich auch größere Abstände zwischen Lagerraum und Brenner überbrücken lassen. Da die Pelletsansaugung den Geräuschpegel eines Staubsaugers entwickelt, verfügen moderne Pelletskessel über einen kleinen Vorratsbehälter, von dem aus die Pellets per Schwerkraft oder über eine kleine Förderschnecke in den Brenner gelangen.

Der Vorratsbehälter wird dann über eine Zeitschaltuhr aus dem Lagerraum befüllt, sodass einen nachts die Pelletsförderanlage nicht aus dem Schlaf reißt.

Der Lagerraum befindet sich optimalerweise im Keller. Die Größe sollte ausreichen, um mindestens den Brennstoffbedarf eines Jahres decken zu können. Wenn kein Keller vorhanden ist, lassen sich Pellets auch in speziellen Silos in einem größeren Hauswirtschaftsraum oder in einem angrenzenden Schuppen lagern. Auch wasserundurchlässige Erdtanks eignen sich zur Pelletsbevorratung. In der Regel verfügt der Lagerraum über zwei Öffnungen *(Abbildung 12.9)*. Durch eine Öffnung werden die Pellets direkt vom Tanklaster eingeblasen. Durch die andere Öffnung entweicht beim Einblasen die verdrängte Luft. Da das Pelletseinblasen mit einer größeren Staubentwicklung verbunden ist, hält ein Filter vor dem Luftauslass den Holzstaub zurück.

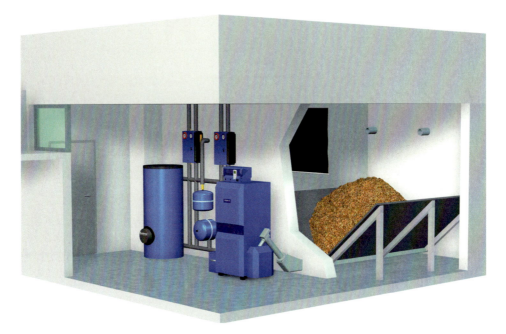

Abbildung 12.9 Holzpelletsheizung mit Pelletslagerraum (Quelle: © Bosch Thermotechnik GmbH)

Die Steuerung des Pelletskessels sorgt stets für ausreichenden Pelletsnachschub, um einen vollautomatischen Betrieb zu gewährleisten. Das Anfeuern erfolgt ebenfalls automatisch über ein elektrisches Heißluftgebläse. Ist der Wärmebedarf gedeckt, schaltet die Heizung wieder selbstständig ab. Eine weitere Förderschnecke transportiert die anfallende Asche in einen speziellen Aschebehälter. Damit sind bei einer Pelletsheizung für den täglichen Betrieb keine manuellen Eingriffe mehr nötig. Um ein zu häufiges Anfeuern zu vermeiden ist wie beim Scheitholzkessel auch der Einbau eines Pufferspeichers empfehlenswert.

Die Pelletsheizung erfordert vom Nutzer nur noch einen sehr geringen Zeitaufwand. Im Abstand von einigen Wochen muss der Pelletsraum von Ruß und Ascheresten befreit werden. Außerdem ist bestenfalls ein- bis zweimal jährlich der Aschebehälter zu entleeren. Die Asche lässt sich auch zum Düngen im Garten verwenden.

Außer Heizkesseln in Kellerdesign gibt es auch repräsentative Pellets-Wohnraumkessel *(Abbildung 12.10)*. Diese lassen sich beispielsweise im Wohnzimmer installieren und zeigen dort ein schönes Flammbild. Eine Ansaugvorrichtung fördert wiederum die Pellets aus dem Lagerraum, der sich weiterhin im Keller befinden kann.

Abbildung 12.10 Pellets-Wohnraumkessel mit Pelletslager im Keller (Quelle: Windhager Zentralheizung)

12.3 Biomasseheizwerke und Biomassekraftwerke

Außer in Öfen oder Kesseln für Heizungsanlagen in Ein- und Mehrfamilienhäusern lässt sich die Biomasse auch in größeren Heizwerken verbrennen. Ein zentrales Heizwerk besteht aus einem Heizkessel größerer Leistung und einem Brennstofflager. Das Brennstofflager ist meist so dimensioniert, dass ein unabhängiger Betrieb über einige Tage oder gar Wochen gewährleistet ist. Ein Fernwärmenetz transportiert dann die Wärme zu den angeschlossenen Verbrauchern *(Abbildung 12.11)*.

Die einzelnen Verbraucher müssen sich bei zentralen Heizwerken nicht mehr um die Brennstoffbeschaffung und Anlagenwartung kümmern. Dies übernimmt der Betreiber des Heizwerks. Oftmals liegt der Wirkungsgrad von großen Heizkesseln auch etwas höher als der von kleinen dezentralen Anlagen. Dafür steigen die Wärmeverluste wegen der längeren Rohre im Fernwärmenetz. Deutlich besser schneiden große Heizwerke in Hinblick auf den Schadstoffausstoß ab. Moderne Filtertechnik und deutlich strengere Emissionsauflagen als beispielsweise bei Heizungen in Einfamilienhäusern sorgen für einen wesentlich geringeren Schadstoffgehalt der Verbrennungsabgase.

Die Stromerzeugung ist ein weiterer wichtiger Einsatzbereich der Biomasse. Dient eine zentrale Anlage ausschließlich zur Stromerzeugung, spricht man von einem Kraftwerk. Biomassekraftwerke funktionieren ähnlich wie Kohlekraftwerke. Als Brennstoffe dienen beispielsweise Holzreste, Hackschnitzel oder Stroh. Ein Dampfkessel verbrennt die Biomasse und erzeugt Wasserdampf, der eine Dampfturbine und einen elektrischen Generator antreibt. Das Prinzip eines Dampfkraftwerks wurde bereits bei den solarthermischen Parabolrinnen-Kraftwerken in *Kapitel 7* beschrieben.

Im Gegensatz zu Photovoltaik- oder Windkraftanlagen ist die Stromerzeugung von Biomassekraftwerken nicht von den jeweiligen Wetterbedingungen abhängig. Biomassebrennstoffe lassen sich optimal lagern und dann bei Bedarf nutzen. Dadurch sind Biomassekraftwerke eine optimale Ergänzung zu anderen regenerativen Kraftwerken. Sie können die Stromversorgung sicherstellen, wenn beispielsweise das Angebot an Wind und Sonne gleichzeitig gering ist.

Abbildung 12.11 Biomasseheizkraftwerk Altenmarkt und Fernwärmeverteiler (Quelle: Salzburg AG)

Im Gegensatz zu Kohlekraftwerken, die Leistungen von über 1000 Megawatt erreichen können, ist die Leistung von Biomassekraftwerken meist deutlich geringer. Sie liegt oftmals in der Größenordnung von 10 bis 20 Megawatt. Ein Grund dafür ist die Versorgung mit Biomassebrennstoffen. Diese stammen häufig aus der Region in der Nähe des Kraftwerks. Wird die Leistung der Biomassekraftwerke zu groß, muss die Biomasse zum Teil über relativ große Entfernungen angeliefert werden.

In den vergangenen Jahren wurden in Deutschland zahlreiche neue Biomassekraftwerke gebaut. Ein Beispiel ist das Biomassekraftwerk Königs Wusterhausen bei Berlin *(Abbildung 12.12)*. Das Kraftwerk hat eine Leistung von 20 Megawatt und deckt mit 160 Millionen Kilowattstunden pro Jahr den Strombedarf von rund 50 000 Haushalten. Als Brennstoff dienen jährlich 120 000 Tonnen Alt- und Restholz aus der Region Berlin/Brandenburg. Der Wirkungsgrad dieses Kraftwerks beträgt rund 35 Prozent.

Außer in reinen Kraftwerken lässt sich Biomasse auch in Heizkraftwerken nutzen. Diese erzeugen neben elektrischem Stroms auch noch Wärme, die dann beispielsweise ein Fernwärmenetz zu den Verbrauchern verteilt. Da Heizkraftwerke Strom und Wärme erzeugen, spricht man hier von der Kraft-Wärme-Kopplung. Meistens nutzen Heizkraftwerke den Biomassebrennstoff besser aus als reine Kraftwerke, die nur Strom erzeugen. Wichtig ist dazu aber, dass die Wärme auch kontinuierlich einen Abnehmer findet. Gerade im Sommer wird die Wärme oftmals nicht benötigt. Dann kann ein Heizkraftwerk auch unter ungünstigeren Bedingungen arbeiten als ein reines auf Stromerzeugung optimiertes Kraftwerk.

Abbildung 12.12 Biomassekraftwerk Königs Wusterhausen und Radlader zum Brennstofftransport
(Quelle: MVV-Pressebild)

Heizkraftwerke werden auch in deutlich kleineren Leistungsklassen gebaut, sodass sie sich für Industriegebäude oder sogar für Ein- und Mehrfamilienhäuser eignen. Da diese Anlagen meist modular in Blockbauweise angeboten werden, spricht man dann von einem Blockheizkraftwerk (BHKW). Oftmals ist der Wirkungsgrad kleiner Anlagen aber schlechter als der von größeren zentralen Anlagen. Als Brennstoffe für BHKW dienen neben Festbrennstoffen wie Hackschnitzeln oder Pellets auch Biotreibstoffe und Biogas.

12.4 Biotreibstoffe

Im Gegensatz zu Holz lassen sich flüssige oder gasförmige Biotreibstoffe flexibler einsetzen. Neben der Wärme- und Stromerzeugung lassen sie sich auch direkt als Kraftstoffe für den Transportbereich nutzen und können dort Benzin und Dieselkraftstoffe ersetzen. Verschiedene Herstellungsverfahren wandeln unterschiedliche Biomasserohprodukte in Biotreibstoffe um. Die Vorsilbe „Bio" steht dabei jedoch nicht wie bei der Nahrungsmittelproduktion für einen kontrolliert biologischen Anbau mit möglichst geringen Umweltauswirkungen. Im Gegenteil: Meist werden die Rohstoffe für Biotreibstoffe durch konventionelle Landwirtschaft erzeugt.

12.4.1 Bioöl

Der mit am einfachsten herzustellende Biotreibstoff ist Bioöl. Für die Ölherstellung kommen über 1000 verschiedene Ölpflanzen infrage. Am meisten verbreitet ist die Herstellung von Rapsöl, Sojaöl oder Palmöl. Ölmühlen stellen das Pflanzenöl direkt durch Pressung oder Extraktion her. Die Pressrückstände lassen sich als Tierfutter weiterverwenden.

Abbildung 12.13 Rohstoff für Pflanzenöle sind ölhaltige Pflanzen wie Raps oder Sonnenblumen
(Foto links: Günter Kortmann, Landwirtschaftskammer Nordrhein-Westfalen).

Ohne Umrüstung lassen sich nur wenige ältere Vorkammerdieselmotoren problemlos mit Pflanzenöl betreiben. Speziell für den Betrieb mit Pflanzenöl entwickelte Motoren wie der Elsbett-Motor konnten bislang keine relevanten Marktanteile erreichen. Pflanzenöl ist etwas zäher als Dieselkraftstoff und zündet erst bei höheren Temperaturen. Durch Anpassungen und Umbauten lassen sich aber auch normale Dieselmotoren für die direkte Nutzung von Pflanzenöl umrüsten.

12.4.2 Biodiesel

Biodiesel kommt den Eigenschaften von herkömmlichen Dieselkraftstoffen deutlich näher als reine Pflanzenöle. Der Rohstoff für Biodiesel sind ebenfalls Pflanzenöle oder tierische Fette. Bereits im Jahr 1937 meldete der Belgier Chavanne das Verfahren zur Herstellung von Biodiesel zum Patent an. Chemisch gesehen handelt es sich bei Biodiesel um Fettsäure-Methylester (FAME).

In Mitteleuropa dient meist Raps zur Herstellung von Biodiesel. Ölmühlen gewinnen aus der Rapssaat den Rohstoff Rapsöl. Das Nebenprodukt Rapsschrot wandert meist in die Futtermittelindustrie. Aus dem Rapsöl entsteht dann in einer Umesterungsanlage Rapsöl-Methylester (RME).

Herstellung von Rapsöl-Methylester (RME)

Zur Herstellung von RME kommen Rapsöl und Methanol gemeinsam mit einem Katalysator wie Natronlauge bei Temperaturen von etwa 50 bis 60 Grad Celsius in ein Reaktionsgefäß. Dort entstehen der gewünschte Rapsöl-Methylester sowie Glycerin:

$$\text{Rapsöl} + \text{Methanol} \xrightarrow{\text{Katalysator}} \text{Glycerin} + \text{RME (Biodiesel)}$$

Biodiesel kann als Ersatzstoff für fossile Dieseltreibstoffe auf Erdölbasis dienen. Zahlreiche Tankstellen bieten in Deutschland Biodiesel an. Für das Tanken von reinem Biodiesel sollte der Motor vom Hersteller dafür freigegeben sein. Bei untauglichen Motoren besteht die Gefahr, dass der Biodiesel Schläuche und Dichtungen zersetzt und zu Motorschäden führt. Kleinere Mengen lassen sich aber auch ohne Herstellerfreigabe problemlos mit herkömmlichem Diesel mischen. Im Jahr 2016 betrug der Biodieselanteil an am Endenergieverbrauch des Verkehrs 3,2 Prozent. Die positive Umweltbilanz von Biodiesel ist aber nicht unumstritten.

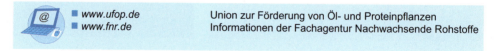
- www.ufop.de — Union zur Förderung von Öl- und Proteinpflanzen
- www.fnr.de — Informationen der Fachagentur Nachwachsende Rohstoffe

12.4.3 Bioethanol

Zur Herstellung von Bioethanol dienen Zucker beziehungsweise Glukose oder Stärke und Zellulose. Als Rohstoffe kommen dafür beispielsweise Zuckerrüben, Zuckerrohr oder Getreide in Frage. Zucker lässt sich direkt zu Alkohol vergären. Stärke und Zellulose müssen hingegen erst aufgespalten werden.

Herstellung von Ethanol aus Glukose

Die Glukose lässt sich unter Luftabschluss durch Fermentation mit Hefe direkt zu Ethanol umwandeln:

$$C_6H_{12}O_6 \text{ (Glukose)} \xrightarrow{\text{Fermentation}} 2\,CH_3CH_2OH \text{ (Ethanol)} + 2\,CO_2 \text{ (Kohlendioxid)}$$

Ein Abfallprodukt dieser Reaktion ist Kohlendioxid. Da die Pflanzen bei ihrem Wachstum aber wieder Kohlendioxid binden, setzt diese Reaktion praktisch keine Treibhausgase frei.

Das Ergebnis der Fermentation ist eine Maische mit einem Ethanolgehalt von rund 12 Prozent. Durch Destillation lässt sich Rohalkohol mit einer Konzentration von bis über 90 Prozent gewinnen. Eine Dehydrierung über Molekularsiebe ergibt schließlich Ethanol mit einem hohen Reinheitsgrad. Die Reststoffe der Ethanolherstellung lassen sich als Futtermittel weiterverarbeiten. Der Energieaufwand für die Alkoholgewinnung ist aber relativ hoch. Stammt die benötigte Energie aus fossilen Brennstoffen, sieht die Klimabilanz von Bioethanol sehr mager aus. In Extremfällen kann sie sogar negativ sein.

Bioethanol lässt sich problemlos mit Benzin mischen. Eine E-Nummer gibt dabei das Mischungsverhältnis an. E85 bedeutet, dass der Kraftstoff zu 85 Prozent aus Bioethanol und 15 Prozent aus Benzin besteht. In Deutschland mischt man Bioethanol in geringen Mengen dem Benzin bei. Bis zu einem Ethanolanteil von 5 Prozent ist dies problemlos möglich. Normale Benzinmotoren können sogar bis zu einem Ethanolanteil von 10 Prozent (E10) meist ohne Modifikationen betrieben werden, sollten dafür aber vom Hersteller freigegeben sein. Für höhere Ethanolanteile müssen die Motoren für die Verwendung von Ethanol modifiziert sein.

Abbildung 12.14 Mais und andere Getreidesorten sind Rohstoffe für die Bioethanolherstellung
(Fotos: Günter Kortmann, Landwirtschaftskammer Nordrhein-Westfalen).

In Brasilien haben sogenannte Flexible Fuel Vehicles eine große Verbreitung. Diese Autos lassen sich mit unterschiedlichen Gemischen mit einem Ethanolanteil zwischen 0 und 85 Prozent betanken. Auch in Deutschland sind in den vergangenen Jahren etliche Anlagen zur Herstellung von Bioethanol entstanden, die Roggen, Mais oder Zuckerrüben als Rohstoff verwenden. Durch die in jüngster Zeit stark gestiegenen Lebensmittelpreise hat sich die Wirtschaftlichkeit der Bioethanolherstellung jedoch deutlich verschlechtert.

12.4.4 BtL-Kraftstoffe

Bei der Verwendung von reinem Pflanzenöl, Biodiesel oder Bioethanol lassen sich nur öl-, zucker- oder stärkehaltige Teile von Pflanzen zur Treibstoffgewinnung nutzen. Diesen Nachteil soll die zweite Generation der Biotreibstoffe überwinden. Die Abkürzung BtL steht dabei für Biomass-to-Liquid und beschreibt die synthetische Herstellung von Biotreibstoffen. Hierzu lassen sich verschiedene Rohstoffe wie Stroh, Bioabfälle, Restholz oder spezielle Energiepflanzen komplett nutzen. Dadurch erhöhen sich das Potenzial und der mögliche Flächenertrag für die Herstellung von Biotreibstoffen enorm.

Die Herstellung von BtL-Treibstoffen ist verhältnismäßig komplex. In der ersten Stufe erfolgt die Vergasung der Biomasserohstoffe. Unter Zugabe von Sauerstoff und Wasserdampf entsteht bei hohen Temperaturen ein Synthesegas aus Kohlenmonoxid (CO) und Wasserstoff (H_2). Verschiedene Gasreinigungsstufen trennen Kohlendioxid (CO_2), Staub und andere Störstoffe wie Schwefel- oder Stickstoffverbindungen ab. Ein Syntheseverfahren wandelt das Synthesegas in flüssige Kohlenwasserstoffe um.

Das bekannteste Syntheseverfahren ist die im Jahr 1925 entwickelte Fischer-Tropsch-Synthese. Dieses Verfahren ist nach ihren Entwicklern Franz Fischer und Hans Tropsch benannt und erfolgt bei einem Druck von rund 30 Bar und Temperaturen oberhalb von 200 Grad Celsius mit Hilfe von Katalysatoren. Im zweiten Weltkrieg war dieses Verfahren im erdölarmen Deutschland verbreitet, um aus Kohle begehrte flüssige Treibstoffe zu gewinnen. Ein anderes Verfahren erzeugt aus dem Synthesegas Methanol und verarbeitet es dann weiter zu Treibstoffen. In der letzen Produktaufbereitungsstufe werden die flüssigen Kohlenwasserstoffe in verschiedene Treibstoffprodukte getrennt und veredelt.

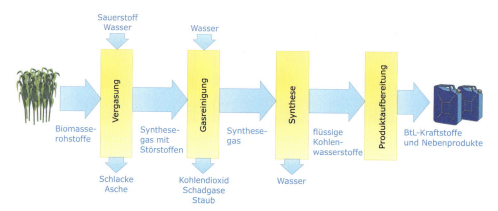

Abbildung 12.15 Prinzip der Herstellung von BtL-Kraftstoffen

BtL-Kraftstoffe haben bislang noch nicht die volle Serienreife erlangt. Momentan experimentieren verschiedene Firmen mit Prototypanlagen zur Herstellung synthetischer Biotreibstoffe. Der Hauptvorteil der BtL-Kraftstoffe ist, dass sie direkt herkömmliche Kraftstoffe ohne Motoranpassungen ersetzen können. Durch die aufwändige Herstellung sind BtL-Kraftstoffe allerdings vergleichsweise teuer.

12.4.5 Biogas

Aus Biomasse lässt sich neben flüssigen Kraftstoffen in einer Biogasanlage auch Biogas herstellen. Dazu vergären Bakterien Biomasserohstoffe in feuchter Umgebung unter Luftabschluss. Das Herzstück einer Biogasanlage ist der beheizte Fermenter *(Abbildung 12.16)*. Eine Rührvorrichtung mischt dabei das Substrat und sorgt für homogene Bedingungen. Der biologische Zersetzungsprozess wandelt die Biomasse hauptsächlich in Wasser, Kohlendioxid und Methan um. Die Biogasanlage fängt die gasförmigen Bestandteile auf. Das so gewonnene Biogas besteht zu 50 bis 75 Prozent aus brennbarem Methan und zu 25 bis 45 Prozent aus Kohlendioxid. Weitere Bestandteile sind Wasserdampf, Sauerstoff, Stickstoff, Ammoniak, Wasserstoff und Schwefelwasserstoff.

Abbildung 12.16 Biogasanlage im Maisfeld und Innenansicht mit Rührwerk (Quelle: Schmack Biogas AG)

In weiteren Schritten wird das Biogas gereinigt und entschwefelt. Ein Gasspeicher speichert es dann zwischen. Je nach Art des Biomassesubstrates ist die Biogasausbeute höchst unterschiedlich. Während bei Rindergülle die Gasausbeute rund 45 Kubikmeter je Tonne beträgt, sind bei einer Maissilage gut 200 Kubikmeter je Tonne zu erwarten.

Die Nutzung von Biogas erfolgt hauptsächlich in Verbrennungsmotoren. Als Technik kommen Gas-Ottomotoren oder modifizierte Dieselmotoren in Frage. Treibt der Motor einen elektrischen Generator an, kann dieser aus dem Biogas elektrischen Strom erzeugen. Zusätzlich ist auch die Motorenabwärme nutzbar.

Nach einer weiteren Aufbereitung lässt sich Biogas direkt in das Erdgasnetz einspeisen. Hierzu müssen enthaltene Spurengase, Wasser und Kohlendioxid abgetrennt werden. Grüne Gasanbieter vermarkten inzwischen eingespeistes Biogas in einigen Gebieten Deutschlands. Durch einen Wechsel zu einem solchen Gasanbieter lässt sich aktiv der Ausbau der Biogaserzeugung fördern.

12.5 Planung und Auslegung

Die Nutzungsmöglichkeiten der Biomasse sind extrem vielfältig. Im Rahmen dieses Buches kann nur auf ausgewählte Planungsaspekte eingegangen werden. Daher beschränkt sich dieser Abschnitt auf die Planung und Auslegung von Scheitholzkesseln und Pelletsheizungen, die vor allem für Einfamilienhäuser relevant sind.

12.5.1 Scheitholzkessel

Vor der Entscheidung für den Einbau eines Scheitholzkessels sollten einige Randbedingungen geklärt werden. Da Holzfeuerungsanlagen zwar Kohlendioxid einsparen, dafür aber auch Schadstoffe wie Staub oder Kohlenmonoxid freisetzen, ist die Nutzung von festen Brennstoffen in einigen Gemeinden und Städten reglementiert. Ein Gespräch mit dem zuständigen Schornsteinfeger kann hierbei Klarheit schaffen. Zum Betrieb eines Scheitholzkessels sind auch eine ausreichende Lagerfläche für Brennholz und ein geeigneter Schornstein erforderlich.

Spricht nichts gegen den Einbau eines Scheitholzkessels, folgt als nächster Schritt die Dimensionierung der Anlage. Die Kesselleistung sollte mindestens der Nenn-Gebäudeheizlast entsprechen, also dem maximal zu erwartenden Heizleistungsbedarf. Bei extrem tiefen Außentemperaturen muss der Kessel dann ständig laufen. Besser ist es, den Kessel darauf auszulegen, dass er bei durchschnittlichen Heizbedingungen nur einmal täglich bestückt werden muss.

 Kesselleistung und Pufferspeichergröße bei Scheitholzkesseln

Die minimale Kessel-Nennleistung $\dot{Q}_K$ ergibt sich aus der Nenn-Abbrandperiode T_B einer Bestückung und der Nenn-Gebäudeheizlast $\dot{Q}_N$:

$$\dot{Q}_K = \dot{Q}_N \cdot \frac{6{,}4}{T_B}.$$

Bei einer Gebäudeheizlast von 10 kW, die in etwa der von einem energetisch modernisierten Einfamilienhausaltbau entspricht, ergibt sich bei einer Nenn-Abbrandperiode von 2,5 h eine Kessel-Nennleistung von

$$\dot{Q}_K = 10\ \text{kW} \cdot \frac{6{,}4\ \text{h}}{2{,}5\ \text{h}} = 25{,}6\ \text{kW}.$$

Das nötige Volumen V_{Sp} des Pufferspeichers lässt sich näherungsweise aus der Kessel-Nennleistung $\dot{Q}_K$ und der Nenn-Abbrandperiode T_B bestimmen:

$$V_{Sp} = \dot{Q}_K \cdot T_B \cdot 13{,}5 \tfrac{l}{kWh}\,.$$

Damit kann der Pufferspeicher die gesamte Wärmemenge des Heizkessels bei einem voll gefüllten Brennraum aufnehmen. Bei einer Kessel-Nennleistung von 29 kW und einer Nenn-Abbrandperiode von 2,5 h ergibt sich ein Speichervolumen von

$$V_{Sp} = 29\text{ kW} \cdot 2{,}5\text{ h} \cdot 13{,}5 \tfrac{l}{kWh} = 979\text{ l}\,.$$

12.5.2 Holzpelletsheizung

Die generellen Hinweise zur Scheitholzheizung lassen sich auch auf die Holzpelletsheizung übertragen. Da Pelletsheizungen in der Regel den Brennstoff automatisch zum Brenner befördern, bedeutet ein mehrmaliges tägliches Anfeuern keinen Komfortverlust. Die Kessel-Nennleistung kann daher direkt auf den Heizenergiebedarf des Gebäudes ausgelegt werden. Ein Pufferspeicher ist dennoch sinnvoll. Er verhindert ein zu häufiges Anfeuern und sorgt dafür, dass die Heizung überwiegend bei Nennlast arbeitet. Dann erfolgt eine optimale Verbrennung mit möglichst niedrigem Schadstoffausstoß.

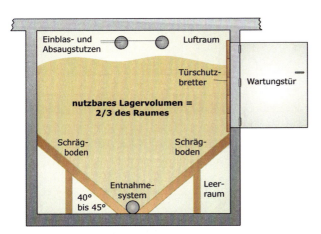

Abbildung 12.17 Querschnitt durch einen Holzpelletslagerraum

Im Gegensatz zu Scheitholz werden Holzpellets meist in einem speziellen Raum innerhalb des Gebäudes gelagert. Eine Lagerung im Freien ist wenig zweckmäßig, da die Pellets dort Feuchtigkeit ziehen und Schaden nehmen können. Bei einem Standard-Einfamilienhausneubau ist eine Raumgrundfläche von drei bis fünf Quadratmetern für einen Pelletslagerraum in der Regel ausreichend. Bei Altbauen kann eine größere Fläche, bei gut gedämmten Häusern auch deutlich weniger nötig sein.

Das Entnahmesystem für die Pellets befindet sich am Lagerraumboden *(Abbildung 12.17)*. Schrägböden sorgen dafür, dass die Pellets auch bei niedrigem Füllstand zum Entnahmesystem rutschen. Unter den Schrägböden entsteht ein Leerraum, der das nutzbare Lagervolumen auf etwa zwei Drittel des Raumvolumens reduziert. Da die Holzpelletspreise über das Jahr variieren, sollte der Lagerraum mindestens die Brennstoffvorräte für ein Jahr fassen. Dann lassen sich Pellets während Niedrigpreisperioden einkaufen.

Größe des Holzpelletslagerraum

Sind der jährliche Wärmebedarf $Q_{\text{Wärme}}$ des Hauses und der Kesselwirkungsgrad η_{Kessel} bekannt, lässt sich damit das Lagerraumvolumen V_{Lager} inklusive Leerraum berechnen:

$$V_{\text{Lager}} = \frac{Q_{\text{Wärme}}}{\frac{2}{3} \cdot \eta_{\text{Kessel}} \cdot 600\,\frac{\text{kg}}{\text{m}^3} \cdot 5\,\frac{\text{kWh}}{\text{kg}}}.$$

Ist der jährliche Heizwärmebedarf nicht bekannt, können bei einem Durchschnittsgebäude 200 kWh pro Quadratmeter Wohnfläche, bei einem Standardneubau nach EnEV 2009 rund 70 kWh/m², nach EnEV 2013 rund 50 kWh/m² und bei einem Dreiliterhaus 30 kWh/m² veranschlagt werden. Hinzu kommt der Wärmebedarf für die Warmwassererzeugung.

Bei einem Neubau nach EnEV 2009 mit 130 m² Wohnfläche ergibt sich damit beispielsweise ein jährlicher Heizwärmebedarf von 9 100 kWh. Kommen 2 000 kWh für die Warmwasserbereitung hinzu, beträgt der gesamte Wärmebedarf 11 100 kWh. Dann berechnet sich bei einem mittleren Kesselwirkungsgrad η_{Kessel} von 80 % = 0,8 ein Lagervolumen von

$$V_{\text{Lager}} = \frac{11\,100\,\text{kWh}}{\frac{2}{3} \cdot 0{,}8 \cdot 600\,\frac{\text{kg}}{\text{m}^3} \cdot 5\,\frac{\text{kWh}}{\text{kg}}} = 6{,}9\,\text{m}^3.$$

Ein Lagerraum mit einer Grundfläche von 2 Meter mal 2 Meter bei einer Höhe von 1,73 Meter wäre hier also ausreichend. Dieser Lagerraum fasst Pellets mit einem Pelletsvolumen von 2/3 · 6,9 m³ = 4,6 m³. Die Masse der Pellets beträgt 4,6 m³· 600 kg/m³ = 2760 kg. Steht mehr Platz zur Verfügung, kann ein Lagerraum prinzipiell auch größer ausgelegt werden. Ab einer Liefermenge von 5 Tonnen lassen sich oft günstigere Konditionen erzielen. Um diese Menge lagern zu können ist ein Lagerraumvolumen von 12,5 m³ nötig. Wichtig sind dann aber optimale Lagerbedingungen, damit die Pellets beispielsweise nicht durch zu hohe Luftfeuchtigkeit langfristig Schaden nehmen.

■ www.depv.de — Weiterführende Informationen des Deutschen Energie-Pellet-Verbands e.V.

12.6 Ökonomie

Von der Idee der Biomasseheizung zur eigenen Anlage

- Brennstoffart festlegen.
  Stückholz/Scheitholz – bei der Mitnutzung von eigenem Holz
  Holzpellets – für eine vollautomatische Betriebsweise.

- Wärmebedarf und Heizleistung bestimmen,
  ggf. an alter Heizungsanlage orientieren.

- Lässt sich Wärmebedarf durch Dämmung senken?

- Lagerraum dimensionieren – Ist ein ausreichender Lagerraum vorhanden?
  Ist genügend Raum auch für den Pufferspeicher vorhanden?
  Eignet sich der Schornstein zum Anschluss der Biomasseheizung?

- Regelungen für den Anlagenbetrieb und die Abnahme z.B. über den Schornsteinfeger klären.

- Angebote für Biomasseheizungen einholen.

- Günstige Finanzierung z.B. über KfW im Rahmen weiterer Klimaschutzmaßnahmen prüfen bzw. Zuschüsse über BAFA prüfen und beantragen.

- Anlage vom Fachbetrieb installieren lassen.

12.6 Ökonomie

Der Versuch, Aussagen über die langfristige ökonomische Entwicklung von Biomassebrennstoffen im Vergleich zu fossilen Brennstoffen zu treffen, gleicht einer Kaffeesatzleserei. Dies zeigt beispielsweise ein Blick auf die Entwicklung der Holzpelletspreise der letzten Jahre *(Abbildung 12.18)*. Während im Jahr 2003 die Preise für Heizöl und Holzpellets bei vergleichbarem Heizwert praktisch gleichauf lagen, schnellten die Ölpreise im Jahr 2005 um 50 Prozent empor. Dies verursachte einen Nachfrageboom für Holzpellets, dem die Industrie nur mit Verzögerung folgen konnte. Ende 2006 lagen die Holzpelletspreise sogar kurzfristig wieder über den vergleichbaren Erdölpreisen. Wenige Monate später normalisierten sie sich allerdings wieder und der Ölpreis zog erneut kräftig an. Eine ähnliche Entwicklung gab es erneut während der Wirtschaftskrise Anfang 2009 und im Jahr 2015.

Die Potenziale zur Herstellung von Holzpellets reichen bei Weitem nicht aus, um den gesamten aktuellen deutschen Heizungsmarkt zu versorgen. Steigen immer mehr Kunden auf Holzpellets als Brennstoff um, wird dies zwangsläufig zu einem Anstieg der Preise führen. Da aber auch die Erdölpreise langfristig weiter nach oben gehen werden, könnte der Preisvorteil von Pellets auf steigendem Niveau erhalten bleiben.

Ob sich eine Holzpelletsheizung rechnet, hängt aber entscheidend vom Preisunterschied zu Erdöl oder Erdgas ab. Rund 15 000 Euro muss man für den Einbau einer Holzpelletsheizung veranschlagen. Dies ist deutlich mehr als für eine Erdöl- oder Erdgasheizung. Bei einem Neubau entfallen im Vergleich zu Erdgas aber die Kosten für den Erdgasanschluss. Durch den Kostenvorteil der Holzpellets gegenüber Erdgas oder Erdöl sind die laufenden Kosten der Pelletsheizung niedriger. Abhängig vom Verbrauch und der Preisentwicklung der Brennstoffe ist eine Amortisation der Holzpelletsheizung in einigen Jahren möglich. Die Brennstoffpreise für Stückholzheizungen sind niedriger als für Pelletsheizungen. Sie haben daher noch niedrigere Betriebskosten.

Abbildung 12.18 Vergleich der Endverbraucherpreise für Erdöl, Erdgas und Holzpellets
(Daten: Statistisches Bundesamt und Deutscher Energie-Pellet-Verband e.V.)

Das Bundesamt für Wirtschaft und Ausfuhrkontrolle (BAFA) fördert in Deutschland den Einbau von automatisch beschickten Biomassekesseln und Scheitholzvergaserkesseln. Die aktuellen Förderbedingungen variieren jedoch relativ häufig und sind über das Internet zu erfahren. Ist die Biomasseheizung Teil einer energetischen Sanierung oder eines ökologischen Neubauprojekts, kann in bestimmten Fällen für die Finanzierung auch ein zinsgünstiger KfW-Kredit in Anspruch genommen werden.

■ www.bafa.de — Bundesamt für Wirtschaft und Ausfuhrkontrolle
■ www.kfw.de — KfW-Förderbank
■ www.carmen-ev.de — Aktuelle Preise für Biomassebrennstoffe

Die Preisentwicklung von Biotreibstoffen weist in Deutschland klar nach oben. Bis zum Jahr 2006 waren Biotreibstoffe wie Pflanzenöle oder Biodiesel von der Mineralölsteuer befreit. Dadurch lag ihr Preis an der Zapfsäule deutlich unter dem von herkömmlichem Diesel oder Benzin. Mit zunehmender Verbreitung der Biotreibstoffe stiegen aber auch die Steuerausfälle an. Bis zum Jahr 2012 wurden daher die Steuersätze für Biotreibstoffe und fossile Treibstoffe angeglichen. Bis dahin stieg der Steuersatz für Pflanzenöl und Biodiesel auf 45 Cent pro Liter. Ein Kostenvorteil dieser Treibstoffe ist daher nicht mehr gegeben. Um den Markt für Biotreibstoffe nicht komplett zum Erliegen zu bringen, gilt in Deutschland seit dem Jahr 2007 eine Beimischungspflicht für Biokraftstoffe zu Benzin und Diesel.

Durch hohe Ölpreise und gleichzeitig steigenden Energiebedarf steigt weltweit die Nachfrage nach Biotreibstoffen deutlich an. Dies erhöht auch den Druck auf Lebensmittelpreise. Die Getreide- und Maispreise erreichten in den vergangenen Jahren neue Rekordwerte. Diese Entwicklung wirft auch ethische Fragen auf. Darf man zunehmend Lebensmittel zu Biotreibstoffen verarbeiten, wenn dadurch immer mehr Menschen Probleme haben, sich überhaupt Grundnahrungsmittel zu leisten? Eine Alternative bieten hierbei Biotreibstoffe der zweiten Generation wie BtL-Treibstoffe oder Biogas. Diese lassen sich auch aus nicht essbaren Pflanzenbestandteilen herstellen.

Das Erneuerbare-Energien-Gesetz regelt die Vergütungssätze für Biomassekraftwerke. Dabei gibt es große Unterschiede bei der Vergütungshöhe, abhängig vom eingesetzten Biomassebrennstoff und der Kraftwerksleistung. Im Jahr 2012 reichte die Spannweite der Vergütung von 3,98 Cent pro Kilowattstunde bei 10-Megawatt-Kraftwerken zur Nutzung von Grubengas bis zu 14,3 Cent pro Kilowattstunde für ein 150-Kilowatt-Biomasse-Kraftwerk. Für kleine Anlagen zur Vergärung von Gülle waren sogar 25 Cent pro Kilowattstunden vorgesehen. Die Höhe der Vergütung richtet sich nach dem Jahr der Inbetriebnahme und gilt dann 20 Jahre. Pro Jahr reduzieren sich die Vergütungssätze für neu errichtete Deponie-, Klär- und Grubengas-Kraftwerke um 1,5 Prozent und für Biomasse-Kraftwerke um 2,0 Prozent. Seit 2017 gibt es Ausschreibungen für Biomassekraftwerke. Die erste Ausschreibung im Jahr 2017 ergab einen Durchschnittspreis von 14,3 und die erste Ausschreibung im Jahr 2019 einen Durchschnittspreis von 12,34 Cent pro Kilowattstunde.

12.7 Ökologie

Zu Recht ist die verstärkte Nutzung der Biomasse auch aus ökologischen Gründen unter Beschuss geraten. Wer zum Beispiel in Indonesien einen Hektar Regenwald anzünden lässt, um dort eine Palmölplantage anzubauen, die dann den Rohstoff für Biodieselfahrzeuge in Europa liefert, trägt damit sicher nicht zum Klimaschutz bei. Der nachhaltigen Gewinnung von Biomasserohstoffen gebührt erste Priorität, wenn Biomasse wirklich langfristig eine ökologische Alternative zu fossilen Brennstoffen bieten soll.

12.7.1 Feste Brennstoffe

Wie bereits zuvor erläutert, ist die Biomassenutzung kohlendioxidneutral. Beim Wachstum nimmt die Biomasse genauso viel Kohlendioxid auf, wie sie bei der Verbrennung wieder freisetzt. Voraussetzung ist allerdings, dass die Nutzung der Biomasse nachhaltig erfolgt. Dazu darf nicht mehr Biomasse genutzt werden als wieder nachwächst.

Feste Biomassebrennstoffe wie Holz oder Stroh stammen in Deutschland meist aus der Forstwirtschaft oder dem Getreideanbau der näheren Umgebung. Zwar kommt es beim

Schlagen von Holz, dessen Transport oder der Weiterverarbeitung zu Brennstoffen auch zu indirekten Kohlendioxidemissionen. Diese sind aber vergleichsweise gering. Bei Stückholz aus der direkten Umgebung sind sie fast null. Bezieht man die indirekten Kohlendioxidemissionen bei der Herstellung und dem Transport von Holzpellets in die Gesamtbilanz mit ein, liegen die Kohlendioxidemissionen einer Holzpelletsheizung immer noch rund 70 Prozent unter denen einer Erdgasheizung und mehr als 80 Prozent unter denen einer Erdölheizung.

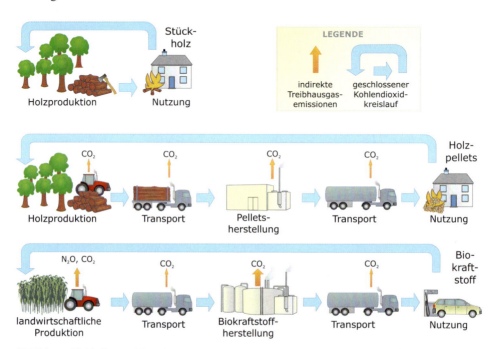

Abbildung 12.19 Umweltbilanz bei der Nutzung von Biomassebrenn- und -treibstoffen

Deutlich problematischer als die indirekten Kohlendioxidemissionen sind hingegen die bei der Verbrennung entstehenden Schadstoffe. Während große Biomassekraftwerke über ausgeklügelte Filteranlagen verfügen, erfolgt die Verbrennung in Einfamilienhäusern derzeit weitgehend ungefiltert. Mancher Schornstein eines Kamins hinterlässt dann eher den Eindruck, als ob der Besitzer Rauchzeichen für die nächste Papstwahl trainiert anstatt eine Heizungsanlage zu betreiben. Auch wenn die Kohlendioxidbilanz positiv ausfällt, kann eine Biomasseheizung bei einer schlechten Verbrennung jede Menge anderer Schadstoffe in die Umgebung pusten. Bereits heute kommen die Emissionen an gesundheitsschädlichem Feinstaub aus Holzfeuerungsanlagen in Deutschland in die gleiche Größenordnung wie die des motorisierten Straßenverkehrs. Dabei gibt es je nach Feuerungsart deutliche Unterschiede. Offene Kamine verursachen wegen ihres schlechten Wirkungsgrades generell besonders hohe Emissionen. Ihr Betrieb ist daher nur gelegentlich erlaubt.

Bei der Verwendung von durchgetrocknetem Brennholz oder genormten Holzpellets in einem modernen Heizkessel können die Emissionswerte bei gleicher Heizleistung um mehr als 90 Prozent unter denen eines Kamins liegen. Verschiedene Firmen arbeiten derzeit auch an Filtern zur Staubrückhaltung für kleine Anlagen.

12.7.2 Biotreibstoffe

Sehr umstritten ist die Ökobilanz von Biotreibstoffen. Bereits beim Antrieb von Traktoren und anderen landwirtschaftlichen Maschinen entsteht Kohlendioxid. Hinzu kommt der Energieaufwand für die Herstellung von Dünger und Schädlingsbekämpfungsmitteln. Der Einsatz von Stickstoffdüngemitteln erhöht die klimaschädlichen Lachgasemissionen. Auch die Weiterverarbeitung von Biomasserohstoffen zu Biotreibstoffen ist energieintensiv. Stammt die benötigte Energie aus fossilen Energieträgern, entstehen auch hierbei nicht unerhebliche Mengen an Kohlendioxid.

Wie schwierig eine ökologische Bewertung von Biomassetreibstoffen ist, zeigt das Beispiel des Biomasseanbaus in Tropenwaldregionen, der in jüngster Zeit ins Fadenkreuz der Kritik gelangt ist. Wird für den Anbau von Biomasse Tropenwald brandgerodet, setzt dies erhebliche Mengen an Kohlendioxid frei. Der nachfolgende Anbau von Rohstoffen für die Gewinnung von Biotreibstoffen hat dann über viele Jahre eine negative Umweltbilanz. In anderen Worten: Aus Umweltgesichtspunkten wäre es besser, hier gleich Erdöl zu verbrennen.

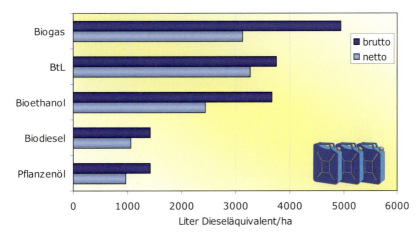

Abbildung 12.20 Kraftstoffertrag je Hektar für verschiedene Biotreibstoffe (Daten: [FNR06])

Andererseits ist die Klimabilanz bei der Herstellung von Bioethanol in Brasilien auf bereits vorhandenen landwirtschaftlichen Flächen deutlich besser als beispielsweise in Deutschland oder den USA. Brasilianische Fabriken verbrennen nämlich meist die zuckerlosen Rückstände des Zuckerrohrs und gewinnen so die Energie zur Ethanolherstellung. Damit ist die Ethanolherstellung dort weitgehend kohlendioxidneutral. Andere Länder nutzen dafür nicht unerhebliche Mengen fossiler Brennstoffe. Dies kann die Klimavorteile von Bioethanol gänzlich zunichtemachen.

Ein weiterer Kritikpunkt bei Biomassetreibstoffen sind die begrenzten Anbaupotenziale. Die verfügbaren Flächen werden weltweit kaum ausreichen, um den gesamten Erdölbedarf durch Biotreibstoffe zu ersetzen. Durch Treibstoffe der zweiten Generation ließe sich dieses Argument zwar nicht völlig entkräften, aber zumindest entschärfen. Zieht man den Eigenenergiebedarf zur Treibstoffherstellung ab, ist der Nettoertrag pro Hektar bei BtL-Treibstoffen rund dreimal so hoch wie von Biodiesel *(Abbildung 12.20)*. Deutlich effizienter ist jedoch die Flächennutzung von Solaranlagen. Auf einem Hektar in Deutschland kann eine Photovoltaikanlage mit einem Wirkungsgrad von 15 Prozent rund 495 000 Kilowattstunden an elektrischer Energie pro Jahr erzeugen. Das entspricht umgerechnet einem Dieseläquivalent von über 50 000 Litern pro Hektar.

12.8 Biomassemärkte

Weltweit ist die Nutzung der Biomasse höchst unterschiedlich verteilt. In den ärmsten Ländern der Erde ist Biomasse der mit Abstand wichtigste Energieträger und erreicht in einzelnen Ländern sogar über 90 Prozent Anteil am Primärenergiebedarf *(Abbildung 12.21)*.

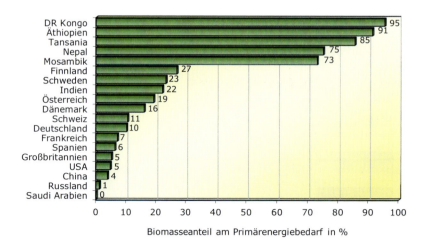

Abbildung 12.21 Anteil der Biomasse an der Primärenergieversorgung in verschiedenen Ländern inkl. Müll (Stand: 2016, Daten: [IEA19])

Die Ursachen hierfür sind aber vor allem wirtschaftlicher Natur. Ein Großteil der Bevölkerung dieser Länder kann sich Erdöl, Erdgas oder Strom aus Kohlekraftwerken schlichtweg gar nicht leisten. In den meisten Industrieländern wie Großbritannien oder den USA liegt der Biomasseanteil hingegen oft unter 10 Prozent. Ausnahmen bilden hier waldreiche und dünner besiedelte Länder wie Finnland oder Schweden.

Die Art der Biomassenutzung von Industrie- und Entwicklungsländern ist jedoch sehr verschieden. In vielen Entwicklungs- und Schwellenländern erfolgt die Nutzung noch auf traditionelle Weise.

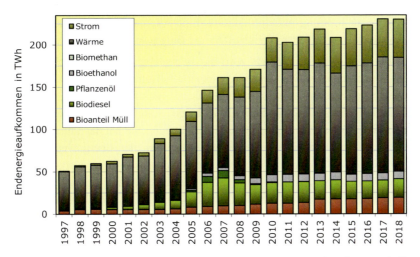

Abbildung 12.22 Entwicklung der Biomassenutzung am Endenergieaufkommen in Deutschland (Daten: [BMWi19])

Darunter versteht man beispielsweise die Nutzung von Brennholz als Feuerholz zum Kochen. Industrieländer setzen hingegen auf sogenannte moderne Formen der Biomassenutzung. Hierzu zählen komfortable Biomasseheizungen, -kraftwerke oder -treibstoffe. Der Anteil der modernen Biomasse nimmt auch in Industrieländern stark zu. So hatte Schweden sich beispielsweise das Ziel gesetzt, vor allem durch die verstärkte Nutzung von Biomasse bis zum Jahr 2020 unabhängig von Erdöl zu werden, dieses Ziel aber dann doch verfehlt.

In Deutschland sind die Potenziale zwar kleiner. Ein Anteil von mehr als 10 Prozent am Primärenergiebedarf ist aber mittelfristig auch hierzulande erreichbar. Zwischen den Jahren 1997 und 2010 hat sich der Biomasseanteil am Endenergieaufkommen rund vervierfacht und liegt inzwischen bei fast 10 Prozent des Gesamtendenergieaufkommens *(Abbildung 12.22)*.

12.9 Ausblick und Entwicklungspotenziale

Mit der zunehmenden wirtschaftlichen Entwicklung der Schwellenländer wird dort der Anteil der traditionellen Biomasse an der Energieversorgung schwinden. Andererseits werden hohe Ölpreise und Handlungsdruck zum Umsetzen von Klimaschutzmaßnahmen die moderne Biomassenutzung vorantreiben. Biomasse ist in der Lage, direkt fossile Energieträger zu ersetzen, ohne dass dafür andere Techniken nötig werden. Im Automobilbereich wurde die Entwicklung innovativer Konzepte wie Effizienzsteigerungen mit regenerativ betankten Elektroautos verschlafen oder auf die lange Bank geschoben. Biotreibstoffe sollen das ökologische Feigenblatt für eine ganze Industrie liefern. Die Potenziale für Biotreibstoffe reichen aber nicht aus, um Erdöl vollständig zu ersetzen. Außerdem ist die Ökobilanz einiger Biotreibstoffe höchst umstritten. Ethisch bedenklich ist auch die zunehmende Konkurrenz zur Nahrungsmittelproduktion. Eine Alternative in beschränktem Umfang könnte die Herstellung von BtL-Treibstoffen und Biogas sein.

Für die Deckung des Elektrizitätsbedarfs wird die Bedeutung von Biomassekraftwerken zunehmen. Sie können nämlich das stark schwankende Leistungsangebot von Windkraft- und Photovoltaikanlagen teilweise wieder ausgleichen. Auch bei der Bereitstellung von Heizenergie wird die Biomasse an Bedeutung gewinnen. Somit bleibt die Biomasse auch künftig einer der interessantesten regenerativen Energieträger. Sie hat das Potenzial, in Industrieländern flächendeckend einen zweistelligen Anteil an der Energieversorgung zu erreichen. Die Weiterentwicklung moderner Filteranlagen ist dabei wichtig, um die Schadstoff- und Feinstaubproblematik bei der Biomasseverbrennung zu entschärfen. Ein besonderes Augenmerk ist aber auf die nachhaltige Nutzung von Biomasserohstoffen zu legen. Denn nur dann kann sie auch wirklich einen spürbaren Beitrag zum Klimaschutz leisten.

13 Erneuerbare Gase und Brennstoffzellen

Wer kennt sie nicht: die Knallgasreaktion aus dem Chemieunterricht. Bei der Oxidation von Wasserstoff mit Luftsauerstoff setzt das Wasserstoffgas explosionsartig seine gespeicherte Energie frei. Ein Funke reicht aus, um eine Mischung aus Wasserstoff und normaler Luft zu entzünden. Im Gegensatz zu vielen anderen Verbrennungsprozessen ist das Reaktionsprodukt unter Umweltgesichtspunkten absolut unbedenklich. Wasserstoff und Sauerstoff reagieren lediglich zu reinem Wasser.

Der Anteil der Elektrizität an der Energieversorgung nimmt kontinuierlich zu. Brennstoffzellen oder Gaskraftwerke können aus Wasserstoff den begehrten elektrischen Strom erzeugen. Dabei entsteht als Abfallprodukt ebenfalls nur Wasser. Kein Wunder, dass viele in der Vision einer globalen Wasserstoffwirtschaft eine Lösung für unsere heutige Klimaproblematik sehen. Wasserstoff als alleiniger Energieträger könnte gleichzeitig noch der Feinstaubproblematik, dem sauren Regen und anderen energiebedingten Umweltproblemen den Garaus machen.

Bereits Jules Verne träumte im Jahr 1874 von einer Wasserstoffwirtschaft. Dies drängt die Frage auf, warum diese Vision bis heute nicht realisiert wurde. Die Antwort ist einfach: Wasserstoff kommt auf der Erde in der Natur praktisch nicht in reiner Form vor. Er muss energetisch und technisch aufwändig hergestellt werden, bevor er sich wieder verbrennen lässt. Dies macht Wasserstoff teuer und bei einigen Produktionswegen entstehen sogar hohe Treibhausgasemissionen. Mit Hilfe von Wind- und Solarenergie lassen sich jedoch Wasserstoff und andere Gase kohlendioxidneutral herstellen.

Jules Verne (1828–1905): „Die geheimnisvolle Insel"

„Was werden wir später einmal statt Kohle verbrennen?", fragte der Seemann. „Wasser", antwortete Smith. „Wasserstoff und Sauerstoff werden für sich oder zusammen zu einer unerschöpflichen Quelle von Wärme und Licht werden, von einer Intensität, die die Kohle überhaupt nicht haben könnte; das Wasser ist die Kohle der Zukunft."

Die Herstellung von Wasserstoff aus erneuerbaren Energien nennt man heute auch Power-to-Gas-Technologie. Das klingt faszinierend. Technisch ist die Herstellung von Wasserstoff aus erneuerbaren Energien allerdings nichts wirklich Aufregendes. Die dafür nötige Elektrolyse ist manchem bereits aus dem Chemieunterricht bekannt. Das Hauptproblem ist die Nutzung des Wasserstoffs. Große Wasserstoffspeicher oder Transportpipelines sind praktisch nicht vorhanden.

> **Gib Gas**
>
> *Erdgas* ist nicht nur in Deutschland weit verbreitet und daher vielen bekannt. Erdgas ist allerdings ein fossiler Energieträger, bei dessen Verbrennung Kohlendioxid entsteht. Erdgas besteht zu über 90 Prozent aus *Methan*. Aus dem Campingbereich sind auch noch *Propan-* oder *Butangas* bekannt. Beide Gase stammen aus der Erdgasförderung oder Erdölverarbeitung und haben daher ebenfalls einen fossilen Ursprung.
>
> Bevor Erdgas auch in Deutschland seinen Siegeszug angetreten hat, war *Stadtgas* weit verbreitet. Stadtgas wird aus Kohle hergestellt und besteht nur zu rund 20 Prozent aus Methan und zu 50 Prozent aus Wasserstoff. Stadtgas hat einen geringeren Brennwert als Erdgas. Bei der Umstellung von Stadtgas auf Erdgas mussten daher auch die angeschlossenen Gasgeräte angepasst werden. In West-Berlin wurden erst im Jahr 1996 die letzten Verbraucher auf Erdgas umgestellt.
>
> *Biogas* besteht nur zu 50 bis 70 Prozent aus Methan und hat ebenfalls einen geringeren Brennwert als Erdgas. Soll Biogas ins Erdgasnetz eingespeist werden, muss es entsprechend aufbereitet werden.
>
> Eine neue Kategorie an Gasen stellen die *EE-Gase* dar. EE-Gase werden mit Hilfe von Strom aus erneuerbaren Kraftwerken gewonnen. Je nach Ursprung des Stroms spricht man auch von *Windgas* oder *Solargas*. Chemisch handelt es sich dabei entweder um *Wasserstoff*, der mit Hilfe von Elektrolyse aus dem erneuerbaren Strom erzeugt wird oder um Methan, das über einen weiteren Prozessschritt aus dem Wasserstoff hergestellt wird. Der wesentliche Vorteil der Methanherstellung ist, dass das Methan Erdgas direkt ersetzen kann. Bei der Verbrennung von EE-Methan entsteht ebenfalls Kohlendioxid – allerdings nur genau so viel, wie bei der Gaserzeugung vorher aus der Atmosphäre entnommen wurde. Die Nutzung von EE-Gasen ist daher kohlendioxidneutral.

Unsere heutige Gaswirtschaft basiert auf Erdgas. Theoretisch kann Wasserstoff auch direkt ins Erdgasnetz beigemischt werden. Das Problem dabei ist allerdings, dass der Brennwert von Wasserstoff pro Kubikmeter deutlich kleiner als der von Erdgas ist. Würde man einen Gasherd, der auf Erdgas eingestellt ist, mit Wasserstoff betreiben, würde die Leistung rapide abnehmen und das Kochen einer Suppe eine gefühlte Ewigkeit dauern. Noch problematischer wird das bei Industrieprozessen, die mit Erdgas funktionieren. Eine unkontrollierte Beimischung von Wasserstoff könnte hier große Schäden verursachen. Daher ist der mögliche Anteil bei der Wasserstoffbeimischung auf 2 bis 5 Prozent begrenzt.

Bei dem früher üblichen Stadtgas war bereits einmal rund 50 Prozent Wasserstoff im Gasnetz enthalten. Stadtgas wurde mit Hilfe von Kohlevergasung aus fossiler Kohle hergestellt. Seit den 1960er-Jahren wurde Stadtgas sukzessive durch Erdgas ersetzt. In den 1990er-Jahren endete die Stadtgasnutzung in Deutschland. Bei der Umstellung mussten alle Düsen der Verbraucher auf den geänderten Brennwert neu eingestellt werden. Aus heutiger Sicht ist die Umstellung durchaus bedauernswert, da ein Gasnetz auf Basis von Stadtgas viel einfacher regenerativen Wasserstoff aufnehmen könnte. Eine erneute Umstellung aller Verbraucher auf ein Gasgemisch mit höherem Wasserstoffanteil ist wegen der damit verbundenen hohen Kosten keine ernste Alternative.

Möchte man nicht parallel zum Erdgasnetz eine Wasserstoffinfrastruktur aufbauen, lässt sich aus dem erneuerbaren Wasserstoff mit Hilfe eines weiteren chemischen Prozesses Methangas herstellen. Da Erdgas fast vollständig aus Methan besteht, kann erneuerbares Methan dann zu 100 Prozent ins Erdgasnetz eingespeist werden. Sämtliche Erdgasspeicher, Leitungen und Verbraucher lassen sich ohne Umrüstung direkt für das regenerative Methan nutzen. Da in Deutschland riesige Erdgasspeicher existieren, gibt es damit auch schlagartig eine Option, diese Speicher für eine regenerative Energiewirtschaft zu nutzen. Kein Wunder, dass die Power-to-Gas-Technologie zu einem wichtigen Hoffnungsträger für eine kohlendioxidfreie Energieversorgung aufgestiegen ist.

13.1 Energieträger Wasserstoff

Wasserstoff ist der mit Abstand häufigste Baustein unseres Sonnensystems und macht rund 75 Prozent der Masse und über 90 Prozent aller Atome aus. Unsere Sonne und die großen Gasplaneten Jupiter, Saturn, Uranus und Neptun bestehen überwiegend aus Wasserstoff.

Abbildung 13.1 Wasserstoff ist das mit Abstand häufigste Element unseres Sonnensystems. Beim Start eines Space Shuttles wurde bereits Wasserstoff als Energieträger genutzt (Grafik/Foto: NASA).

Bei uns auf der Erde ist Wasserstoff deutlich seltener. Er hat nur etwa 0,12 Prozent Anteil am Gesamtgewicht der Erde. In der Erdkruste gibt es Wasserstoff zwar häufiger, kommt aber auch hier praktisch nie als reines Gas vor. Wasserstoff ist fast immer chemisch gebunden. Die häufigste Verbindung ist Wasser.

Wasserstoff ist das kleinste und leichteste Atom. Als extrem leichtes Gas füllte Wasserstoff in der Luftschifffahrt der ersten Hälfte des 19. Jahrhunderts die Traghülle von Zeppelinen. Mit dem Unglück des Zeppelins Hindenburg, bei dem sich vermutlich durch eine elektrostatische Entladung der Wasserstoff entzündete, kam diese Episode der Wasserstoffnutzung aber jäh zum Ende.

Heute kommt Wasserstoff vor allem in der chemischen Industrie zum Einsatz. Eine energetische Nutzung erfolgt im großen Stil derzeit vor allem in der Luft- und Raumfahrt. Vereinzelt wurde Wasserstoff zum Antrieb von Strahltriebwerken von Flugzeugen verwendet. In der Raumfahrt dient flüssiger Wasserstoff als Raketentreibstoff. Der Start eines Space Shuttles verbrauchte beispielsweise 1,4 Millionen Liter Flüssigwasserstoff mit einem Gewicht von über 100 Tonnen. Dieser wurde mit 0,5 Millionen Litern mitgeführtem Flüssigsauerstoff verbrannt. Die Brenntemperatur betrug dabei bis zu 3200 Grad Celsius.

Um die Energie des Wasserstoffs nutzen zu können, muss er aber erst einmal in reiner Form erzeugt werden. Dazu ist ein leicht verfügbarer, preiswerter wasserstoffhaltiger Rohstoff nötig. Außer Wasser (H_2O), das aus Wasserstoff (H) und Sauerstoff (O) besteht, kommen sogenannte Kohlenwasserstoff-Verbindungen infrage. Das ist in erster Linie Erdgas, beziehungsweise Methan (CH_4). Auch Heizöl oder Kohle bestehen aus Wasserstoff (H) und Kohlenstoff (C), haben aber einen deutlich höheren Kohlenstoffanteil als Erdgas.

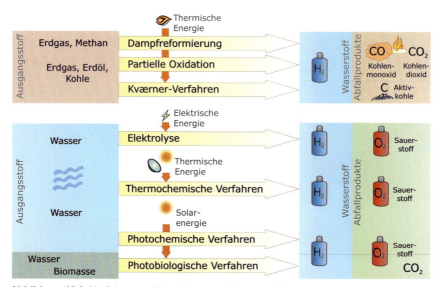

Abbildung 13.2 Verfahren zur Herstellung von Wasserstoff

Industrielle Verfahren zur Herstellung von Wasserstoff verwenden derzeit fast ausschließlich fossile Energieträger wie Erdgas, Erdöl oder Kohle als Rohstoff. Verfahren wie die Dampfreformierung oder die partielle Oxidation zur Herstellung von Wasserstoff aus fossilen Kohlenwasserstoffen trennen chemisch den enthaltenen Kohlenstoff ab. Dieser reagiert dann zu Kohlenstoffmonoxid (CO), das sich energetisch nutzen lässt. Das Endprodukt ist dabei Kohlendioxid (CO_2). Für einen aktiven Klimaschutz sind daher diese Verfahren zur Herstellung von Wasserstoff keine wirkliche Alternative.

Auch das Kværner-Verfahren nutzt Kohlenwasserstoffe als Ausgangsstoff. Als Abfallprodukt entsteht dabei jedoch Aktivkohle, also reiner Kohlenstoff. Wird dieser nicht weiter verbrannt, lässt sich die direkte Entstehung von Kohlendioxid bei diesem Verfahren vermeiden.

Prinzipiell laufen aber alle erwähnten Verfahren zur Herstellung von Wasserstoff aus fossilen Energieträgern bei hohen Prozesstemperaturen ab. Dazu benötigen sie große Mengen an Energie. Stammt diese aus fossilen Energieträgern, sind damit wiederum Kohlendioxidemissionen verbunden. Für den Klimaschutz ist es dann meist besser, Erdgas oder Erdöl direkt zu verbrennen, als daraus erst aufwändig Wasserstoff zu erzeugen und diesen dann vermeintlich umweltfreundlich zu nutzen.

Für eine klimaverträgliche Herstellung von Wasserstoff sind daher andere Verfahren nötig. Als ein Königsweg gilt hierbei die Elektrolyse. Bereits im Jahr 1800 erzeugte der deutsche Chemiker Johann Wilhelm Ritter erstmals auf diese Weise Wasserstoff. Die Elektrolyse zersetzt mit Hilfe von elektrischem Strom Wasser direkt in Wasserstoff und Sauerstoff. Stammt der Strom aus regenerativen Energieanlagen lässt sich damit Wasserstoff kohlendioxidfrei gewinnen.

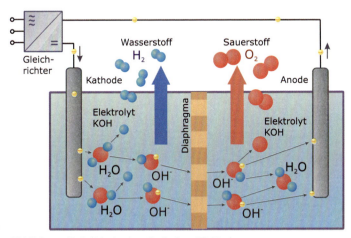

Abbildung 13.3 Prinzip der alkalischen Elektrolyse

Ein Beispiel ist die alkalische Elektrolyse *(Abbildung 13.3)*. Dabei sind zwei Elektroden in einen leitfähigen wässrigen Elektrolyten getaucht. Das ist beispielsweise eine Mischung aus Wasser und Schwefelsäure oder Kalilauge (KOH). Die Anode und Kathode leiten Gleichstrom in den Elektrolyten. Dort zersetzen sie Wasser in Wasserstoff und Sauerstoff.

Während die Elektrolyse als eine klimaverträgliche Option zur Wasserstoffherstellung bereits heute einen hohen technischen Stand erreicht hat, befinden sich andere alternative Verfahren noch in der Entwicklung.

Ein Beispiel sind thermochemische Verfahren. Bei Temperaturen oberhalb von 1700 Grad Celsius zersetzt sich Wasser direkt in Wasserstoff und Sauerstoff. Für diese Temperaturen sind aber sehr teure hitzebeständige Anlagen erforderlich. Durch verschiedene gekoppelte chemische Reaktionen kann die erforderliche Temperatur auf unter 1000 Grad Celsius abgesenkt werden. Diese Temperaturen lassen sich dann beispielsweise durch konzentrierende solarthermische Anlagen erzeugen, was bereits erfolgreich nachgewiesen wurde.

Weitere Verfahren sind die photochemische und die photobiologische Herstellung von Wasserstoff. Dabei werden spezielle Halbleiter, Algen oder Bioreaktoren verwendet, die mit Hilfe von Licht Wasser oder Kohlenwasserstoffe zersetzen können. Auch diese Verfahren befinden sich noch im Forschungsstadium. Hauptprobleme sind dabei, langzeitstabile und preisgünstige Anlagen zu entwickeln.

13.2 Methanisierung

Um fossiles Erdgas direkt durch ein erneuerbares Gas ersetzen zu können, muss aus dem mit regenerativem Strom erzeugten Wasserstoff Methan hergestellt werden *(Abbildung 13.4)*. Methan hat die chemische Formel CH_4 und besteht neben vier Wasserstoffatomen aus einem Kohlenstoffatom. Als Kohlenstofflieferant kann Kohlendioxid dienen. Dies kann beispielsweise von fossilen Kraftwerken, Biogasanlagen oder Biomassekraftwerken stammen. Prinzipiell ist es auch möglich, das Kohlendioxid aus der Umgebungsluft zu nutzen. Da hier die Konzentration allerdings sehr gering ist, muss das Kohlendioxid separiert werden. Hierzu werden verschiedene Technologien entwickelt, die derzeit aber noch energieaufwändig und teuer sind.

 Methanisierung von Wasserstoff

Mit dem nach dem französischen Chemiker Paul Sabatier benannten Sabatier-Prozess lässt sich Wasserstoff und Kohlendioxid zu Methan umwandeln:

$4\ H_2$ (Wasserstoff) + CO_2 (Kohlendioxid) → CH_4 (Methan) + $2\ H_2O$ (Wasser)

Dabei ist ein Katalysator auf Basis von Nickel oder Ruthenium erforderlich. Bei der Reaktion wird Abwärme frei, die sich ebenfalls nutzen lässt.

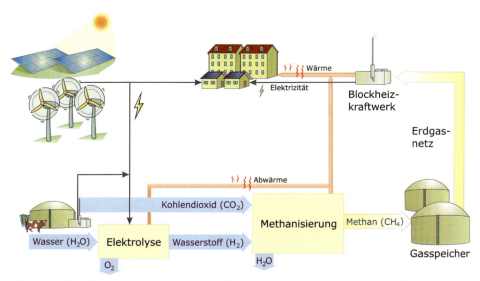

Abbildung 13.4 Erzeugung, Speicherung und Rückverstromung von regenerativem Methan [Qua13]

Eine 25-Kilowatt-Prototypanlage, die mit Kohlendioxid aus der Umgebungsluft arbeitet wurde im Jahr 2009 vom Zentrum für Sonnenenergie- und Wasserstoff-Forschung Baden-Württemberg realisiert. Im Jahr 2012 folgte eine 250-Kilowatt-Versuchsanlage. Mit rund 40 Prozent war der Wirkungsgrad bei der Umwandlung von erneuerbaren Strom zu Methan bei der ersten Anlage aber noch sehr niedrig. Eine 6-Megawatt-Anlage mit einem Wirkungsgrad von 54 Prozent ging im Jahr 2013 bei der Audi AG in Betrieb. Im Jahr 2016 wurde in Haßfurt von den städtischen Betrieben und Greenpeace Energy eine 1,25-Megawatt-Anlage errichtet, die überschüssigen Strom aus erneuerbaren Energien in Wasserstoff umwandelt und ins öffentliche Gasnetz einspeist.

13.3 Transport und Speicherung von EE-Gasen

13.3.1 Transport und Speicherung von Wasserstoff

Ist reiner Wasserstoff erst einmal erzeugt und soll nicht sofort in Methan umgewandelt werden, muss er gespeichert und zum Verbraucher transportiert werden. Im Prinzip sind uns die Speicherung und der Transport von brennbaren Gasen aus der Erdgasnutzung bereits bestens bekannt. Wasserstoff ist ein extrem leichtes Gas mit einer sehr geringen Dichte, verfügt aber über einen relativ hohen Heizwert. Im Vergleich zu Erdgas ist zur Speicherung von Wasserstoff mit dem gleichen Energiegehalt ein größerer Speicher notwendig, wobei der gespeicherte Wasserstoff aber leichter ist.

Um das notwendige Speichervolumen zu verringern, lässt sich Wasserstoff entweder verdichten und unter hohem Druck speichern oder verflüssigen. Bei Normaldruck kondensiert Wasserstoff aber erst bei extrem tiefen Temperaturen von minus 253 Grad Celsius. Flüssiger Wasserstoff trägt auch die Abkürzung LH2 (liquid hydrogen). Zum Erreichen derart niedriger Temperaturen ist ein hoher Energieaufwand erforderlich. Zur Verflüssigung von Wasserstoff werden 20 bis 40 Prozent der im Wasserstoff gespeicherten Energie benötigt.

Für die Verflüssigung, den Transport und die Speicherung von Wasserstoff lassen sich im Prinzip die von der Erdgaswirtschaft bekannten Technologien übertragen. Der Transport kann entweder über Pipelines oder spezielle Tanklaster und -schiffe erfolgen. Während Pipelines meistens den gasförmigen Energieträger transportieren, bevorzugt man bei Tankern die flüssige Variante, um Volumen einzusparen. Im Gegensatz zu Wasserstoff wird Erdgas bereits bei minus 162 Grad Celsius flüssig und trägt dann die Abkürzung LNG (liquid natural gas).

Abbildung 13.5 Für die Speicherung und den Transport von Wasserstoff lassen sich die Erfahrungen aus der Erdgaswirtschaft nutzen (links: Flüssiggastanker, rechts: Pipeline, Quelle: BP, www.bp.com).

Zur Speicherung kleiner Mengen dienen Druckgas- oder Flüssiggastanks. Ein weiterer Nachteil des Wasserstoffs ist die sehr kleine Atomgröße. Dadurch ist Wasserstoff extrem flüchtig. Bei Metalltanks entstehen bei der Lagerung über längere Zeiten vergleichsweise große Verluste, da Wasserstoff durch die Speicherwand hindurchdiffundieren kann. Für die Speicherung großer Mengen eignen sich auch die vom Erdgas her bekannten Untertagespeicher. In unterirdischen Hohlräume wird dorthin Wasserstoff bei hohem Druck verpresst und bei Bedarf wieder entnommen.

13.3.2 Transport und Speicherung von erneuerbarem Methan

Erneuerbares Methan kann direkt ins Erdgasnetz eingespeist werden. Damit wird schlagartig die bereits bestehende Erdgasinfrastruktur nutzbar. Der Transport über weite Strecken erfolgt dort über Hochdruckleitungen mit einem Durchmesser von ein bis zwei Metern. Alle 100 bis 200 Kilometer halten Verdichterstationen den hohen Druck von bis zu 100 bar aufrecht. Kleinere Mittel- und Niederdruckversorgungsleitungen verteilen das Gas vor Ort bis zu den Endkunden. Der Druck bei den Endgeräten beträgt dann nur noch rund 20 Millibar. Insgesamt sind in Deutschland Gasleitungen mit einer Länge von über 400 000 Kilometern verlegt.

Abbildung 13.6 Untertage-Erdgasspeicher in Deutschland
(Deutschlandkarte: NordNordWest www.wikipedia.de, Daten zu Speichern: LBEG Niedersachsen [LBEG12])

Die Speicherung großer Erdgasmengen erfolgt untertage *(Abbildung 13.6)*. Hierbei wird zwischen Porenspeichern und Kavernenspeichern unterschieden. Als Porenspeicher dienen bereits ausgebeutete Erdgas- oder Erdöllagerstätten. Poren und Klüfte unterirdischer Kalk- und Sandsteinschichten nehmen dabei das Gas auf. Bei Porenspeichern ist die geologische

Beschaffenheit im Allgemeinen gut bekannt und die Dichtigkeit durch das ursprünglich über Millionen Jahre eingelagerte Erdgas oder -öl sicher bewiesen.

Für Kavernenspeicher werden künstliche Hohlräume in Salzstöcken erzeugt. Über eine Bohrung wird mit Wasser Salz in mehreren Hundert Metern Tiefe ausgewaschen und damit große Hohlräume von bis zu 100 Millionen Kubikmetern erzeugt. Die unterirdischen Hohlräume erreichen Höhen von bis zu 500 Metern. Mehrere Einzelkavernen können zu einem noch größeren Kavernenspeicher kombiniert werden. Durch das Salz über dem Hohlraum ist der Speicher natürlich dicht und kann nur über die vorhandenen Bohrlöcher befüllt und entladen werden. Dabei lässt sich nicht das gesamte Gas wieder entnehmen. Rund ein Drittel des Hohlraums muss mit sogenanntem Kissengas gefüllt bleiben, um den Druck und die Stabilität des Speichers zu gewährleisten. Das restliche Speichervolumen kann mit dem Arbeitsgas kontinuierlich be- und entladen werden.

Tabelle 13.1 Speicherkapazitäten für Wasserstoff und Methan in Deutschland [LBEG18]

	Arbeitsgas-volumen in Mrd. m²	Speicherkapazität in Mrd. kWh für	
		Wasserstoff	Methan
17 Porenspeicher in Betrieb	9,3	---	93
32 Kavernenspeicher in Betrieb	15,0	46	150
4 Kavernenspeicher in Planung oder Bau	2,4	7	24
53 Speicher in Betrieb, Planung oder Bau	26,7	53	267

Insgesamt existieren in Deutschland 51 Poren- und Kavernenspeicher mit einem Arbeitsgasvolumen von 24,3 Milliarden Kubikmetern. Weitere 4 Speicher mit einem Speichervolumen von 2,4 Milliarden Kubikmetern sind in Planung oder Bau *(Tabelle 13.1)*. Kavernenspeicher lassen sich auch für die Speicherung von Wasserstoff nutzen. Alle existierenden oder geplanten Kavernenspeicher könnten dann Wasserstoff mit einem Energiegehalt von 53 Milliarden Kilowattstunden aufnehmen. Bei Methan ist die Speicherkapazität noch größer. Hier gibt es insgesamt sogar ein Speicherpotenzial von 267 Milliarden Kilowattstunden.

Der gesamte Erdgasverbrauch in Deutschland betrug im Jahr 2018 rund 934 Milliarden Kilowattsunden. Damit könnten die Speicher dann rund drei Monate den derzeitigen deutschen Erdgasbedarf decken. Sollen die Gasspeicher künftig verstärkt zur längerfristigen Speicherung von Überschüssen aus Solar- und Windkraftanlagen dienen, könnte der Gasbedarf noch weiter ansteigen. Doch selbst dann gibt es mit den bestehenden und geplanten Gasspeichern ausreichend Kapazitäten, um eine sichere Versorgung auf Basis erneuerbarer Energien zu gewährleisten.

13.4 Hoffnungsträger Brennstoffzelle

Die Brennstoffzelle gilt als große Hoffnungsträgerin bei der künftigen energetischen Nutzung von Wasserstoff. Sie kann Wasserstoff direkt in elektrische Energie umwandeln. Dabei lassen sich zumindest theoretisch bessere Wirkungsgrade erreichen als bei der Verbrennung in einem herkömmlichen thermischen Kraftwerk.

Das Prinzip der Brennstoffzelle ist bereit sehr lange bekannt. Wer nun wirklich als ihr Erfinder gelten kann, ist umstritten. Im Jahr 1838 führte der deutsch-schweizerische Chemiker Christian Friedrich Schönbein erste Versuche zur Brennstoffzellentechnik durch. Im Jahr 1839 baute der englische Physiker Sir William Robert Grove die erste Brennstoffzelle. In der Folgezeit befassten sich namhafte Wissenschaftler wie Becquerel oder Edison mit der Weiterentwicklung. Erst Mitte des zwanzigsten Jahrhunderts waren die Entwicklungen jedoch so weit fortgeschritten, dass der erste längere Einsatz im Jahr 1963 durch die NASA erfolgen konnte.

Seit den 1990er-Jahren wird die Weiterentwicklung der Brennstoffzelle mit Hochdruck vorangetrieben. Automobilkonzerne und Heizungsfirmen haben die Technologie für sich entdeckt und möchten mittelfristig vom positiven Image profitieren.

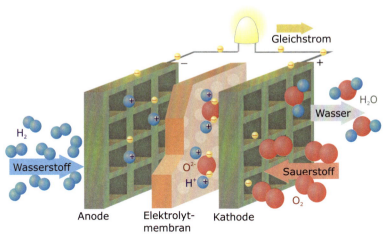

Abbildung 13.7 Funktionsprinzip der Brennstoffzelle

Bei der Brennstoffzelle handelt es sich im Prinzip um die Umkehrung der Elektrolyse. Eine Brennstoffzelle enthält stets zwei Elektroden. An der Anode wird je nach Brennstoffzellentyp reiner Wasserstoff (H_2) oder ein kohlenwasserstoffhaltiges Brenngas zugeführt, an der Kathode reiner Sauerstoff (O_2) oder Luft als Oxidationsmittel. Ein Elektrolyt trennt Anode und Kathode *(Abbildung 13.7)*. Hierdurch läuft die chemische Reaktion kontrolliert ab. Elektronen fließen dabei über einen äußeren Stromkreis und geben elektrische Energie ab. Die zurückbleibenden positiv geladenen Ionen diffundieren durch den Elektrolyten. Als Abfallprodukt entsteht Wasser.

Es gibt verschiedene Brennstoffzellentypen, die sich im Wesentlichen durch den Elektrolyten, die zulässigen Brenngase und die Betriebstemperaturen unterscheiden. In der Praxis dienen zur Bezeichnung des Brennstoffzellentyps die folgenden Abkürzungen, die aus den englischen Bezeichnungen abgeleitet sind:

- AFC   alkaline fuel cell (alkalische Brennstoffzelle)
- PEFC   polymer electrolyte fuel cell (Polymerelektrolyt-Brennstoffzelle)
- PEMFC   proton exchange membrane fuel cell (Membran-Brennstoffzelle)
- DMFC   direct methanol fuel cell (Direktmethanol-Brennstoffzelle)
- PAFC   phosphoric acid fuel cell (Phosphorsäure-Brennstoffzelle)
- MCFC   molten carbonate fuel cell (Karbonatschmelzen-Brennstoffzelle)
- SOFC   solid oxide fuel cell (oxidkeramische Brennstoffzelle)

Abbildung 13.8 zeigt für die verschiedenen Brennstoffzellentypen die jeweiligen Brenngase und Oxidationsmittel sowie den Elektrolyten und die Betriebstemperaturbereiche.

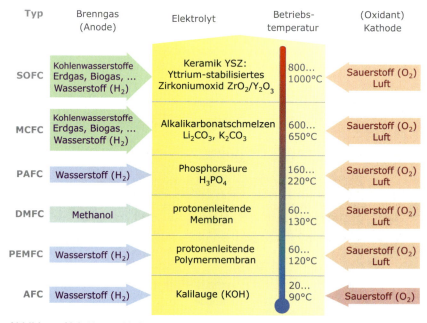

Abbildung 13.8 Unterschiede verschiedener Brennstoffzellentypen

Die am häufigsten verwendete Brennstoffzelle ist heute die Membran-Brennstoffzelle (PEMFC). Bei ihr besteht der Elektrolyt aus einer protonenleitenden Polymerfolie. Kohle- oder Metallträger, die mit Platin als Katalysator beschichtet sind und durch die die Brenngase strömen können, dienen als Elektroden. Die typische Betriebstemperatur liegt bei etwa 80 Grad Celsius. Für den Betrieb benötigt diese Zelle keinen reinen Sauerstoff, sondern kann auch mit normaler Luft arbeiten.

Da heute Wasserstoff als Energieträger nur sehr eingeschränkt zur Verfügung steht, möchte man Brennstoffzellen auch direkt mit anderen derzeit verhältnismäßig gut verfügbaren

Energieträgern wie Erdgas oder Methanol betreiben. Ein Reformer spaltet dazu in einer Vorstufe Kohlenwasserstoffe wie beispielsweise Erdgas chemisch in Wasserstoff und andere Bestandteile auf. Dabei entsteht ein wasserstoffreiches Reformatgas, aus dem eine Gasreinigungsstufe noch das für die Brennstoffzelle schädliche Kohlenmonoxid (CO) beseitigen muss.

Die Karbonatschmelzen-Brennstoffzelle (MCFC) und die oxidkeramische Brennstoffzelle (SOFC) arbeiten bei deutlich höheren Temperaturen. Dadurch lassen sich kohlenwasserstoffhaltige Gase wie Erdgas oder Biogas ohne vorherige Reformierung direkt nutzen. Ein Nachteil der hohen Temperatur ist dagegen die lange Anfahr- und Abschaltzeitdauer.

Da die elektrische Spannung einer Einzelzelle mit Werten von rund einem Volt für die meisten Anwendungen zu niedrig ist, wird in der Praxis eine Vielzahl von Zellen zu einem sogenannten Stack in Reihe geschaltet *(Abbildung 13.9)*.

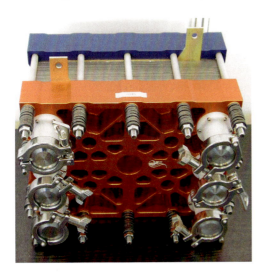

Abbildung 13.9 Brennstoffzellenprototypen

Der elektrische Wirkungsgrad heutiger Brennstoffzellen liegt meist in der Größenordnung von 40 bis 60 Prozent. In Einzelfällen lassen sich auch Werte von über 60 Prozent erreichen. Die Brennstoffzelle kann also nur einen Teil der im Wasserstoff enthaltenen Energie in elektrische Energie umwandeln. Prinzipiell lässt sich auch die Abwärme der Brennstoffzellen nutzen. Durch die Kraft-Wärme-Kopplung, also die gleichzeitige Erzeugung von Strom und Wärme, erhöht sich der Gesamtwirkungsgrad der Brennstoffzelle und kann bis über 80 Prozent steigen.

In den letzten Jahren wurden große Fortschritte bei der Entwicklung der Brennstoffzellentechnik erreicht. Zahlreiche Firmen bieten bereits kommerzielle Einheiten an. Die derzeit verkauften Stückzahlen sind aber noch verhältnismäßig gering. Der Preis von heutigen Brennstoffzellensystemen ist im Vergleich zu anderen Energieversorgungseinheiten noch verhältnismäßig hoch. Außerdem muss für einen breiten Einsatz die zum Teil recht geringe Lebensdauer von Brennstoffzellen weiter erhöht werden.

13.5 Ökonomie

Rund 4 Cent kostet derzeit die Herstellung einer Kilowattstunde Wasserstoff durch Dampfreformierung von Erdgas – verhältnismäßig günstige Erdgaspreise vorausgesetzt. Ein Liter Benzin hat ungefähr einen Heizwert von 10 Kilowattstunden. Damit käme das Äquivalent von Wasserstoff zu einem Liter herkömmlichen Benzin auf etwa 40 Cent. Der Wasserstoff wäre dann aber noch nicht im Tank des Endverbrauchers. Durch Verflüssigung, Transport und Lagerung verdreifacht sich in etwa der angegebene Preis auf deutlich über einen Euro. Damit ist er mehr als doppelt so hoch wie der Benzinpreis ohne Steuern und Abgaben im Jahr 2019.

Die klimaverträgliche Herstellung von Wasserstoff über die Elektrolyse durch regenerativ erzeugten Strom ist noch deutlich teurer. Über 5 Euro würde derzeit das Äquivalent von Wasserstoff zu einem Liter herkömmlichen Benzin bei einer Prototypanlage zur Elektrolyse mit Windstrom kosten. Bei großtechnischen Anlagen wäre ein Preis von gut 2 Euro an der Zapfsäule erreichbar. Hinzu kämen dann auch wieder Steuern und Abgaben.

Mittelfristig besteht die Hoffnung, dass Wasserstoff an regenerativen Top-Standorten mit Windkraftanlagen, Wasserkraftanlagen oder Solarkraftwerken für umgerechnet unter 2 Euro pro Liter Benzin lieferbar ist. Steigt der Benzinpreis dann noch deutlich über 2 Euro pro Liter, käme Wasserstoff an der Zapfsäule damit in den Bereich der Konkurrenzfähigkeit. Bis dahin wird aber vermutlich noch einige Zeit verstreichen.

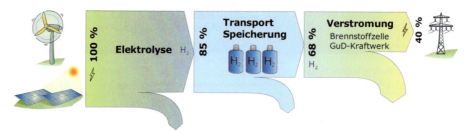

Abbildung 13.10 Verluste bei der Nutzung von Wasserstoff zur Speicherung von elektrischer Energie bei heutigem Stand der Technik

Neben dem Einsatz als Kraftstoff gilt Wasserstoff oder Methan auch als Option zur großtechnischen Speicherung von elektrischer Energie. Bei der Elektrolyse, Speicherung und Rückverstromung von Wasserstoff oder Methan entstehen jeweils relativ große Verluste *(Abbildung 13.10)*. Daher ist dieser Nutzungsweg nur sinnvoll, wenn der Strom beispielsweise durch ein zeitweise sehr hohes Angebot an Solar- und Windstrom sehr preisgünstig zur Verfügung steht. Eine Nutzung der Abwärme bei der Wasserstoff- oder Methanerzeugung und der Rückverstromung könnte die Wirtschaftlichkeit deutlich verbessern. Aus heutiger Sicht sind noch einige technologische Fortschritte und vor allem ein Ausbau der Kraft-Wärme-Kopplung erforderlich, damit der Einsatz von erneuerbarem Wasserstoff oder Methan in der Elektrizitätswirtschaft unter ökonomischen Gesichtspunkten sinnvoll wird. Da die saisonale Speicherung innerhalb der nächsten zehn Jahr noch nicht im großen Maßstab erforderlich sein wird, ist davon auszugehen, dass die nötigen Fortschritte noch rechtzeitig erzielt werden können.

13.6 Ökologie

Wasserstoff als Energieträger und Brennstoffzellen gelten in der breiten öffentlichen Wahrnehmung weithin als Saubermänner schlechthin. Kein Wunder, denn bei der Nutzung von Wasserstoff entsteht am Ende als Abfallprodukt lediglich Wasser.

Für eine Umweltbilanz ist aber nicht entscheidend, was am Ende hinten rauskommt, sondern was am Anfang vorne hineingesteckt wird. Bei der Herstellung von Wasserstoff aus Erdgas durch Dampfreformierung entstehen rund 300 Gramm Kohlendioxid pro Kilowattstunde Wasserstoff (g CO_2/kWh$_{H2}$), bei der partiellen Oxidation von Schweröl sogar gut 400 g CO_2/kWh$_{H2}$ [Dre01]. Das ist deutlich mehr als bei der direkten Nutzung von Erdgas oder Erdöl. Wird Wasserstoff per Elektrolyse mit Durchschnittsstrom aus Deutschland gewonnen, fallen sogar über 600 g CO_2/kWh$_{H2}$ an. Das macht Wasserstoff als Energieträger ebenfalls zu einer Belastung für den Klimaschutz. Für die Klimabilanz ist es dann beispielsweise besser, weiter Benzin- oder Erdgasautos zu fahren als auf Wasserstoffautos umzusteigen.

Nur bei der Gewinnung von Wasserstoff mit Hilfe von rein regenerativen Energieträgern, wie beispielsweise durch Elektrolyse mit Strom aus Windkraft- oder Solaranlagen, bietet Wasserstoff eine wirkliche Alternative. Solange Wasserstoff aber überwiegend mit Kohlendioxid belasteten Verfahren hergestellt wird, eignet er sich bestenfalls für die Erprobung von Prototypen.

Die meisten derzeit entwickelten Produkte, die auf angeblich sauberen Wasserstoff als Energieträger und Brennstoffzellen zur Stromerzeugung setzen, bleiben eine Antwort schuldig, wie sie zeitnah preisgünstigen kohlendioxidfreien Wasserstoff in ausreichend großen Mengen zur Verfügung stellen wollen.

In den vergangenen Jahren sind die Preise für Solar- und Windkraftanlagen deutlich gefallen und der Trend setzt sich weiter fort. Damit sinken auch die Erzeugungskosten für regenerativ erzeugten Wasserstoff. In absehbarer Zeit bieten daher auch Wasserstoff und Brennzellen einen interessanten Baustein für eine nachhaltige Energieversorgung. Deshalb ist es durchaus sinnvoll, bereits heute deren Entwicklung weiter voranzutreiben.

Die Erzeugung von Methan ist nur klimaneutral, wenn die dafür benötige Energie aus regenerativen Kraftwerken stammt. Außerdem muss streng darauf geachtet werden, dass auf der ganzen Prozesskette kein Methan ungenutzt in die Atmosphäre entweicht, da

Methan ein deutliches größeres Treibhauspotenzial als Kohlendioxid besitzt. Hier ist das Risiko bei der direkten Nutzung von Wasserstoff erheblich geringer.

13.7 Märkte, Ausblick und Entwicklungspotenziale

Gut 45 Millionen Tonnen umfasst derzeit die weltweite Wasserstoffproduktion. Im Vergleich dazu lag der weltweite Erdölverbrauch im Jahr 2018 mit 4529 Millionen Tonnen um Größenordnungen höher. Da die chemische Industrie einen Großteil des Wasserstoffs verwendet, ist ein Markt in der Energiewirtschaft heute praktisch noch nicht vorhanden. Die Kapazitäten der Wasserstofferzeugung mit Hilfe regenerativer Energien sind sehr gering und eine Wasserstoffinfrastruktur zum Transport und zur Speicherung großer Mengen an Wasserstoff fehlt ebenfalls.

Für die Betankung von Wasserstoffversuchsfahrzeugen existiert bislang nur eine kleine Anzahl von Wasserstofftankstellen. Die Kosten für den Aufbau eines umfassenden Wasserstofftankstellennetzes werden allein für Deutschland auf einen zweistelligen Milliardenbetrag geschätzt. Solange Wasserstoff aber noch deutlich teurer als herkömmliche Treibstoffe ist, bleiben solche Investitionen erst einmal unwahrscheinlich.

Abbildung 13.11 Viele Automobilhersteller und Energiekonzerne setzten auf Wasserstoff. Das Wasserstofftankstellennetz ist aber noch extrem dünn und dient nur zum Auftanken von wenigen Prototypen (Fotos: BP, www.bp.com).

Während für den Automobilbereich Elektroantriebe auf der Basis von mit regenerativen Energien aufgeladenen Batterien eine Alternative bieten, fehlt es für den Antrieb von Flugzeugen derzeit noch an klimaneutralen Konzepten. Hier könnte Wasserstoff eine Lösung bieten. Da wasserstoffbetriebene Flugzeuge ebenfalls Wasserdampf abgeben und Kondensstreifen erzeugen, was wiederum den Treibhauseffekt fördert, wäre ein Flugverkehr auf Basis von Wasserstoff jedoch auch nicht ganz klimaneutral.

Für die Herstellung von erneuerbarem Methan sind in den vergangenen Jahren einige wenige Prototypanlagen gebaut worden. Die damit erzeugbaren Methanmengen sind allerding so gering, dass sie energiewirtschaftlich unbedeutend sind.

Wenn der Anteil von Solar- und Windenergie an der Stromversorgung spürbar über 50 Prozent ansteigt, wird auch die Bedeutung von Langzeitspeichern zunehmen. Auch wenn erneuerbarer Wasserstoff oder Methan dafür eine sehr vielversprechende Option bieten, werden bis zum Einsatz im größeren Stil voraussichtlich noch mindestens 10 Jahre vergehen.

Auch bei der Brennstoffzellentechnik geht die technische Entwicklung deutlich langsamer voran als die Ankündigungen der 1990er-Jahre vermuten ließen. Momentan existieren einige wenige kommerzielle Produkte. Die verkauften Stückzahlen sind aber noch relativ gering. Für die Erschließung eines größeren Marktes sind auch bei der Brennstoffzelle technische Weiterentwicklungen nötig. Vor allem bedarf es aber einer funktionierenden regenerativen Wasserstoff- oder Methanversorgung, um Brennstoffzellen zu einer wirklichen klimaverträglichen Alternative zu machen.

14 Sonnige Aussichten – Beispiele für eine nachhaltige Energieversorgung

Die vorangegangenen Kapitel haben die große Bandbreite der erneuerbaren Energien vorgestellt. Regenerative Energien müssen in den nächsten 20 Jahren die herkömmlichen Energieträger zum Großteil ablösen, um die Folgen des Klimawandels in überschaubaren Grenzen zu halten. Die moderne Nutzung regenerativer Energien kann noch nicht auf eine jahrzehntelange Tradition zurückblicken. Oftmals ist deren Einsatz neu und ungewöhnlich.

Dabei ist eine klimaverträgliche Energieversorgung gar keine Zukunftsmusik. Ein Leben jenseits fossiler oder nuklearer Energieträger ist heute bereits möglich. Dieses Kapitel zeigt das an einigen zum Teil recht eindrucksvollen Beispielen aus den verschiedensten Bereichen.

14.1 Klimaverträglich wohnen

Dreiliterhäuser oder Passivhäuser, die dem KfW-Effizienzhaus-55 oder KfW-Effizienzhaus-40-Standard genügen, gehören immer noch zu den Ausnahmen. Für einen wirksamen Klimaschutz hätten eigentlich seit vielen Jahren keine anderen Gebäude mehr neu errichtet werden dürfen. Auch bei der Gebäudesanierung bleiben die meisten Gebäude hinter diesem Standard zurück.

Gerade im Neubaubereich ist eine kohlendioxidarme oder -neutrale Energieversorgung sowohl technisch als auch ökonomisch besonders einfach zu erreichen. Neue Häuser, die hinter den technischen Möglichkeiten zurückbleiben, entwickeln sich zu den Altlasten der nächsten Jahrzehnte. Mit Maßnahmen zur Senkung des Energiebedarfs wird meistens so lange gewartet, bis ohnehin eine Sanierung der Fenster, Dächer oder Außenwände ansteht. Dies wird aber bei ordentlich ausgeführten Neubauten sehr viele Jahre dauern. Steigen die Energiepreise in den nächsten Jahren weiter an, macht sich dann auch bei Neubauten der unnötig hohe Energiebedarf negativ im Geldbeutel bemerkbar. Wer hingegen bereits bei der Gebäudeerrichtung oder einer anstehenden Sanierung etwas mehr in eine hochwertige

Dämmung und in eine regenerative Energieversorgung investiert, kann auch künftigen Energiepreiserhöhungen gelassen entgegensehen.

14.1.1 Kohlendioxidneutrales Standardfertighaus

Die meisten Maßnahmen zum Klimaschutz im Gebäudebereich sind verhältnismäßig unspektakulär. Das erste Beispiel zeigt darum auch ein gewöhnliches Einfamilienhaus mit einer Wohnfläche von rund 150 Quadratmetern. Es wurde im Jahr 2005 als Fertighaus in Holzständerbauweise im Südosten Berlins errichtet. Eine Holzständerbauweise erreicht gegenüber einer Massivbauweise bereits bei geringeren Wandstärken gute Dämmwerte. Eine um acht Zentimeter verstärkte Außendämmung bei einer Gesamtwandstärke von 32 Zentimeter verringert bei diesem Haus die Wärmeverluste durch die Wand. Die Standard-Wärmeschutzfenster wurden durch dreifachverglaste Fenster mit hohem Dämmwert ersetzt. Eine kontrollierte Wohnraumbe- und -entlüftungsanlage mit Wärmerückgewinnung reduziert die Lüftungsverluste und erhöht den Wohnkomfort. Allein durch diese Maßnahmen erreicht das Gebäude bereits den Dreiliterhausstandard.

Abbildung 14.1 Links: Einfamilienhaus in Berlin mit kohlendioxidneutraler Energieversorgung, rechts: Heizungskeller mit Pufferspeicher, Solarkreispumpe, kontrollierter Wärmerückgewinnungsanlage und Holzpelletskessel

Die Deckung des Restwärme- und Warmwasserbedarfs erfolgt durch eine Pelletsheizung und eine 4,8 Quadratmeter große Solarthermieanlage. Der gut 5 Quadratmeter große Pelletslagerraum im Keller speichert knapp 6 Tonnen an Holzpellets. Damit lassen sich der Heizenergiebedarf für knapp 3 Jahre decken und auch größere Hochpreisperioden für Brennstoffe problemlos aussitzen. Eine Photovoltaikanlage mit einer Leistung von einem Kilowatt peak, die später auf 10,7 Kilowatt peak erweitert wurde, erzeugt im Jahr rund doppelt so viel Strom wie im Haus verbraucht wird.

Die Mehrkosten für die beschriebenen Maßnahmen im Vergleich zum Neubaumindeststandard im Jahr 2005 beliefen sich auf rund 30 000 Euro. Die Nachrüstung der Photovoltaikanlage kostete noch einmal rund 15 000 Euro. Die Kosten für Holzpellets betragen gut 500 Euro pro Jahr. Die Vergütung des eingespeisten Solarstroms liegt deutlich darüber, sodass dieses Haus so gut wie keine Heiz- und Strombezugskosten mehr verursacht.

Ein grüner Stromanbieter deckt den elektrischen Strombedarf in sonnenärmeren Zeiten kohlendioxidfrei. Da die Photovoltaikanlage deutlich mehr Elektrizität erzeugt als im Haus verbraucht wird, ist das Haus im Betrieb nicht nur kohlendioxidneutral, sondern sorgt sogar noch für eine zusätzliche Reduktion an Treibhausgasen.

14.1.2 Plusenergie-Solarhaus

Wird bei einem optimal gedämmten Haus die gesamte Dachfläche mit Solaranlagen bestückt, lässt sich ein kohlendioxidneutrales Haus in ein Plusenergie-Solarhaus verwandeln. Ein Beispiel dafür ist das Haus der Familie Malz in Fellbach bei Stuttgart. Eine optimale Wärmedämmung auf Zellulosebasis, eine Dreischeiben-Solarverglasung und eine Lüftungsanlage mit Wärmerückgewinnung sowie einer Zuluftvorwärmung durch das Erdreich reduzierten den Heizenergiebedarf gegenüber einem Standard-Neubau um rund 80 Prozent.

Abbildung 14.2 Plusenergie-Solarhaus in Fellbach: Die Photovoltaikanlage speist pro Jahr mehr in das öffentliche Netz ein als das Haus an Heiz- und Elektroenergie benötigt (Fotos: Reinhard Malz, www.fellbach-solar.de).

Eine Sole-Wasser-Wärmepumpe mit einer elektrischen Leistung von 1,1 Kilowatt deckt den restlichen Heizenergiebedarf des Hauses. Die Niedertemperaturwärme stammt aus zwei senkrechten, 40 Meter tiefen Erdsonden. Eine 0,5-Kilowatt-Wärmepumpe hätte zwar auch ausgereicht, war aber am Markt nicht verfügbar.

Die Photovoltaikanlage mit einer Leistung von 8 Kilowatt peak speist pro Jahr gut 8 000 Kilowattstunden in das öffentliche Netz ein. Diese Strommenge überschreitet den Strombedarf des Hauses inklusive Lüftungsanlage und Wärmepumpe. Damit ist die Energieversorgung dieses Hauses nicht nur kohlendioxidneutral, sondern spart durch den eingespeisten Solarstrom an anderer Stelle sogar noch Kohlendioxid ein.

14.1.3 Plusenergiehaus-Siedlung

Häuser, die über das Jahr gesehen Energieüberschüsse erzeugen und ins Netz einspeisen, müssen kein Einzelfall sein. Das zeigt die Solarsiedlung Schlierberg in Freiburg. In dieser Siedlung plante der Architekt Rolf Disch 50 Plusenergiehäuser. Seit mehr als 30 Jahren integriert der Architekt ökologische Aspekte und regenerative Energien in seine Projekte.

Alle Häuser dieser Reihenhaussiedlung sind nach Süden ausgerichtet. Die Abstände sind so gewählt, dass auch im Winter die Wärme der Sonne durch große Südfenster in die Häuser gelangen kann. Überstehende Balkone verhindern, dass sich die Gebäude im Sommer bei hoch stehender Sonne zu sehr aufheizen. Diese simplen und kostenlosen Maßnahmen könnten bereits bei vielen Neubauten den Energiebedarf senken.

Eine optimale Dämmung, die weit über den Standard hinausgeht, und eine kontrollierte Wohnraumbelüftung mit Wärmerückgewinnung gehören auch bei dieser Solarsiedlung zum Standard, um den Heizenergiebedarf auf ein absolutes Minimum zu drücken.

Abbildung 14.3 Solarsiedlung am Schlierberg in Freiburg im Breisgau mit 50 Plusenergiehäusern
(Fotos: Architekturbüro Rolf Disch, www.solarsiedlung.de)

Ein Holzhackschnitzel-Heizkraftwerk deckt den verbleibenden Heizenergiebedarf und sorgt bereits für eine klimaneutrale Energieversorgung. Ein Nahwärmenetz transportiert die Wärme zu den einzelnen Häusern. Die Photovoltaikanlagen speisen ins öffentliche

Elektrizitätsnetz ein. Die erzeugten Solarenergieüberschüsse machen die Häuser schließlich zu Plusenergiehäusern.

Nicht nur im Bereich der Energietechnik, sondern auch bei den Baumaterialen wurde in der Solarsiedlung auf Ökologie und Nachhaltigkeit geachtet. Holz ohne chemischen Holzschutz, Farben und Lacke ohne Lösungsmittel und der Verzicht auf PVC bei Wasser- und Elektroleitungen machen die Siedlung vollends zu einem ökologischen Vorzeigeobjekt.

14.1.4 Heizen nur mit der Sonne

Viele Häuser nutzen solarthermische Anlagen nur zur Warmwasserbereitung im Sommer und bestenfalls noch zur Heizungsunterstützung in den Übergangszeiten. In unseren Breiten ist es schwer vorstellbar, dass es auch bei trübem Winterwetter und frostigen Außentemperaturen möglich sein soll, ein Haus komplett nur mit Solarenergie zu beheizen.

Zahlreiche bereits realisierte Einfamilienhäuser haben in den letzten Jahren jedoch bewiesen, dass es durchaus möglich ist, auch in Mitteleuropa den Wärmebedarf vollständig durch die Sonne zu decken. Im Jahr 2007 wurde in Burgdorf in der Nähe von Bern in der Schweiz schließlich das erste zu 100 Prozent solarbeheizte Mehrfamilienhaus Europas fertiggestellt.

Abbildung 14.4 Links: Erstes zu 100 Prozent solarbeheiztes Mehrfamilienhaus in Europa, rechts: Aufbau des 276 m² großen dachintegrierten Solarkollektors (Fotos: Jenni Energietechnik AG, www.jenni.ch)

Eine hochwertige Wärmedämmung und eine Lüftungsanlage mit Wärmerückgewinnung sorgen bei diesem Haus für relativ geringe Wärmeverluste. Das 276 Quadratmeter große Süddach des Hauses ist komplett mit Solarkollektoren eingedeckt. Im Zentrum des Hauses befindet sich ein riesiger Warmwasserspeicher mit einem Inhalt von 205 000 Litern. Der

Saisonspeicher reicht vom Keller bis zum Dachboden. Die Kollektoren heizen im Sommer den Speicher mit Solarwärme auf. Im Winter, wenn die Wärme der Kollektoren nicht für die Heizung ausreicht, hält die Wärme aus dem Speicher das Haus mollig warm. Eine Zusatzheizung ist nicht nötig.

Weniger als 10 Prozent der gesamten Baukosten von rund 1,8 Millionen Euro entfielen bei dem Haus auf die Solaranlage. Dafür gibt es außer den sehr geringen Aufwendungen für den Strom der Solar- und Heizungskreispumpen praktisch keinerlei Heizkosten mehr. Die Bewohner der 8 Mietwohnungen des Mehrfamilienhauses können sich darüber freuen: Die Heizkosten sind bereits in der Miete enthalten. Ständige Heizkostenerhöhungen wie bei Mietwohnungen mit herkömmlichen Heizungen gehören hier der Vergangenheit an. Da das Haus alle Erwartungen im Betrieb sogar übertroffen hat, wurden an gleicher Stelle zwei weitere rein solar beheizte Mehrfamilienhäuser errichtet.

14.1.5 Null Heizkosten nach Sanierung

Bei Neubauten sind praktisch alle technischen Möglichkeiten problemlos einsetzbar. Deutlich komplexer ist die Situation bei bestehenden Gebäuden, die aus Zeiten stammen, in denen Umwelt- und Klimaschutz noch unbekannt waren oder gerade erst einen Platz in der öffentlichen Wahrnehmung eroberten.

Wenn eine Gebäudesanierung ansteht oder die Heizung erneuert werden muss, lassen sich auch hier enorme Einsparungen an Kohlendioxid erzielen. Ein Beispiel dabei ist das Nullheizkostenhaus der Luwoge im Ludwigshafener Stadtteil Pfingstwalde. Hierzu wurde im Jahr 2007 ein Gebäude aus den 1970er-Jahren auf heutigen technischen Stand getrimmt.

Abbildung 14.5 Beim Nullheizkostenhaus in Ludwigshafen gehören ständig steigende Heizkosten der Vergangenheit an (Fotos: LUWOGE, www.luwoge.de).

Das Resultat ist ein um rund 80 Prozent reduzierter Heizenergiebedarf, der nun nur noch rund 20 Kilowattstunden pro Quadratmeter Wohnfläche und Jahr beträgt. Eine 30 Zentimeter starke Außendämmung und dreifach verglaste Wärmeschutzfenster sorgen für eine optimale Gebäudedämmung. Eine kontrollierte Wohnraumbelüftung mit Wärmerückgewinnung reduziert die Lüftungswärmeverluste. Solarthermische Fassadenkollektoren übernehmen die Warmwassererzeugung und auf dem Dach befindet sich eine große netzgekoppelte Photovoltaikanlage. Der geringe Restheizbedarf wird elektrisch gedeckt. Die Erträge der Photovoltaikanlage sollen dabei in etwa den Heizstromkosten entsprechen. Die Mieter zahlen keinerlei Heizkosten. Ständig steigende Heizkosten gehören damit bei diesem Haus ebenfalls der Vergangenheit an. Auch für den Investor war die Modernisierungsmaßnahme nach Berücksichtigung aller Kosten einschließlich Instandhaltung und Leerstandsquote höchst rentabel. Klimaschutz rechnet sich also für beide Seiten.

14.2 Klimaverträglich arbeiten und produzieren

14.2.1 Büros und Läden im Sonnenschiff

In direkter Nachbarschaft zur bereits vorgestellten Solarsiedlung in Freiburg befindet sich auch das Sonnenschiff. Hierbei handelt es sich um ein solares Dienstleistungszentrum, das Ladengeschäfte, Büros, Praxen und Penthauswohnungen beherbergt. Der Architekt Rolf Disch plante auch diesen Gebäudekomplex in Plusenergiebauweise. Eine optimale Isolierung, die moderne Vakuumdämmstoffe einsetzt, und eine intelligente Lüftung mit Wärmerückgewinnung reduzieren den Wärmebedarf. Im Winter dringt die Sonne durch große Fenster tief ins Gebäude ein und trägt damit zur Erwärmung bei. Im Sommer verhindern Vordächer und Jalousien eine Überhitzung des Gebäudes.

Abbildung 14.6 Das Sonnenschiff in Freiburg beherbergt zwei Ladengeschäfte, ein Bistro sowie Büro- und Praxisräume (Foto: Architekturbüro Rolf Disch, www.solarsiedlung.de).

Ein Holzhackschnitzel-Heizkraftwerk deckt den geringen Restheizenergiebedarf. Photovoltaikmodule sind bei dem Gebäudekomplex nicht einfach aufs Dach montiert, sie ersetzen das herkömmliche Dach. Somit erzeugt die komplette Dachfläche elektrischen Strom.

Auch die Verkehrsanbindung ist intelligent gelöst. Eine eigene Straßenbahnhaltestelle und günstig gelegene Fahrradstellplätze bieten Alternativen zum Auto. Elektrofahrzeuge eines Car-Sharing-Betriebs erhalten bevorzugte Stellplätze und werden mit dem durch das Sonnenschiff erzeugten Solarstrom betrieben. Somit verwirklicht das Sonnenschiff bereits heute kohlendioxidfreies Wohnen und Arbeiten sowie einen Beitrag zur klimaverträglichen Mobilität.

14.2.2 Nullemissionsfabrik

Auch kohlendioxidfreie Fabriken lassen sich verhältnismäßig problemlos realisieren. Das zeigt das Beispiel der Nullemissionsfabrik des Solar- und Pelletsanlagenherstellers Solvis in Braunschweig. Gegenüber einer herkömmlichen Bauweise sorgen hier eine hochwertige Wärmedämmung und eine Abluftrückgewinnung für Energieeinsparungen in Höhe von 70 Prozent. Der optimierte Einsatz von Tageslicht und stromsparende Bürogeräte halbieren den Strombedarf. Solarkollektoren und Photovoltaikanlagen erzeugen 30 Prozent des Strom- und Wärmebedarfs. Ein Rapsöl-Blockheizkraftwerk deckt den gesamten Restenergiebedarf und ermöglicht eine absolut kohlendioxidfreie Energieversorgung.

Durch offene Hallentore entweichen bei Fabriken oft große Wärmemengen beim Be- und Entladen von LKWs. Um die Wärmeverluste gering zu halten, befinden sich bei diesem Fabrikgebäude die Be- und Entladezonen im Inneren. Eine direkte Anbindung an den öffentlichen Personennahverkehr, eine Parkanlage für Fahrräder und Duschen für Fahrradnutzer erleichtern schließlich den Mitarbeitern den klimaverträglichen Weg zur Arbeit.

Abbildung 14.7 Nullemissionsfabrik der Firma Solvis in Braunschweig (Foto: SOLVIS, www.solvis.de)

14.2.3 Kohlendioxidfreie Schwermaschinenfabrik

Die im Mai 2000 fertiggestellte Zukunftsfabrik der Wasserkraft Volk AG ist die erste energieautarke kohlendioxidfreie Schwermaschinenfabrik in Deutschland. Das Verwaltungsgebäude ist hauptsächlich mit Holz aus dem Schwarzwald gebaut. Das gesamte Gebäude einschließlich der Produktionshalle ist sehr gut gedämmt. Die Büroräume sind nach Süden ausgerichtet. Die Produktionshalle verfügt über großzügige Oberlichter.

So ist eine optimale Tageslichtnutzung möglich und eintreffendes Sonnenlicht deckt bereits einen Teil des Wärmebedarfs. Ein 30 Quadratmeter großer Sonnenkollektor auf dem Verwaltungsgebäude nutzt aktiv die Sonnenenergie. Herzstück der Energieversorgung ist jedoch die fabrikeigene Wasserkraftanlage mit einer Leistung von 320 Kilowatt. Die ins Gebäude integrierten Turbinen nutzen naturverträglich Wasser der nahe gelegenen Elz. Die Generatorabwärme deckt über 10 Prozent des Wärmebedarfs. Drei Wärmepumpen mit einer Heizleistung von 130 Kilowatt entziehen dem Grundwasser Wärme und liefern die restliche Heizenergie.

Die Wasserkraftanlage erzeugt pro Jahr einen Überschuss von rund 900 000 Kilowattstunden an elektrischer Energie, den die Fabrik nicht benötigt. Die Fabrik speist den überschüssigen Strom ins öffentliche Netz ein. Damit ist sie nicht nur kohlendioxidfrei, sondern liefert als Plusenergiefabrik sogar noch zusätzlichen Ökostrom.

Abbildung 14.8 Verwaltungsgebäude der Zukunftsfabrik der Wasserkraft Volk AG in Gutach mit eigener Wasserkraftanlage zur kohlendioxidfreien Stromversorgung (Fotos: WKV AG, www.wkv-ag.de)

14.2.4 Plusenergie-Firmenzentrale

Die Gebäude der Juwi AG im rheinhessischen Wörrstadt beweisen, dass auch große Firmenzentralen bereits heute komplett mit erneuerbaren Energien versorgt werden können. Der Firmenkomplex wurde 2008 in Betrieb genommen und später mehrfach erweitert.

Für die Gebäude wurde überwiegend Holz als umweltverträglicher Baustoff verwendet. Eine optimale Dämmung und eine ausgeklügelte Lüftungsanlage mit Wärmerückgewinnung reduzieren den Energiebedarf der Gebäude. Eine solarthermische Dachanlage, zwei Holzpelletskessel mit einer Gesamtleistung von 590 kW, ein Biogas-Blockheizkraftwerk sowie mehrere Geothermiebohrungen decken den Wärmebedarf kohlendioxidneutral. Die Kälteversorgung erfolgt über eine Absorptionskältemaschine.

Abbildung 14.9 Energieeffiziente, rein regenerativ versorgte Firmenzentrale der Juwi AG in Wörrstadt mit gebäudeintegrierter Photovoltaikanlage und Batteriespeicher (Fotos: Mosler für JUWI, www.juwi.de)

Bei der Anschaffung der elektrischen Geräte wurde stets auf höchste Effizienz geachtet, sodass auch der elektrische Energiebedarf erheblich reduziert werden konnte. Zahlreiche ins Gebäude integrierte Photovoltaikanlagen sowie solar-überdachte Carports liefern einen Großteil des Strombedarfs. Zusammen mit dem Biogas-BHKW erzeugt der Firmenkomplex mehr elektrische Energie als er verbraucht.

Ein firmeneigener Shuttleservice sowie zahlreiche Elektrofahrzeuge im Firmenfuhrpark reduzieren die Kohlendioxidemissionen im Transportbereich. Die firmeneigene Kantine setzt auf regionale Nahrungsmittel aus biologischem Anbau und rundet damit das nachhaltige Firmenkonzept ab.

14.3 Klimaverträglich Auto fahren

Wer die bunten Hochglanzprospekte der führenden Automobilhersteller studiert, wird von den Beteuerungen zum Umweltschutz nahezu erschlagen. Wirkliche Innovationen hin zu kohlendioxidfreien Transportmitteln sind aber auch heute bei vielen Herstellern immer noch dünn gesät. Erdgasautos oder Hybridfahrzeuge reduzieren den Kohlendioxidausstoß nur geringfügig und brauchbare Elektrofahrzeuge, die sich mit grünem Strom aufladen lassen, kommen nur zögerlich auf den Markt. Für Biomassetreibstoffe sind die nachhaltigen Anbaupotenziale zu gering und für die Innovationen des Wasserstoffautos fehlt schlicht der kohlendioxidfrei hergestellte Wasserstoff. Nachdem lange Zeit praktisch nur der US-amerikanische Pionier Tesla reine Elektroautos mit alltagstauglicher Reichweite im Luxussegment auf den Markt brachte, ziehen inzwischen auch andere Hersteller nach.

Kurzfristig können nur Plugin-Hybridfahrzeuge oder reine Elektroautos für den Klimaschutz eine Alternative bieten. Plugin-Hybridfahrzeuge werden in der Regel über die Steckdose betankt und verfügen für den Notfall noch über einen Verbrennungsmotor, der auch durch Biosprit mit angetrieben werden kann. Reine Elektrofahrzeuge fahren nur mit Strom. Stammt dieser aus regenerativen Kraftwerken, entstehen für die Fortbewegung keine direkten Kohlendioxidemissionen mehr. Welches Potenzial Elektroautos haben, zeigen einige beeindruckende Beispiele.

14.3.1 Weltumrundung im Solarmobil

Solarautos haben den Ruf, bestenfalls für die Fahrt zum Briefkasten geeignet zu sein. Lange Strecken unter extremen Bedingungen traut man ihnen oft nicht zu.

Abbildung 14.10 Im Juli 2007 startete der Schweizer Louis Palmer mit einem solarenergiebetriebenen Fahrzeug seine Tour einmal rund um die Erde (Fotos: www.solartaxi.com).

Um ein Zeichen gegen die voranschreitende Klimaveränderung zu setzen, startete der Schweizer Louis Palmer am 3. Juli 2007 die erste Reise in einem solarbetriebenen Taxi rund um die Erde. Bereits im Jahr 1986 träumte Palmer von der Idee des Solartaxis. 2005 gelang es schließlich mit der Hilfe zahlreicher Sponsoren und der technischen Unterstützung der Eidgenössischen Technischen Hochschule Zürich das Projekt umzusetzen.

Seine Strecke führte ihn über 50 000 Kilometer in 15 Monaten durch 50 Länder auf fünf verschiedenen Kontinenten. Auf seiner Strecke nutzten er und sein Team zahlreiche Stopps und Events, um die Solartechnik vorzustellen und Anstöße für den Einsatz neuer klimafreundlicher Technologien zu geben. Der Name Taxi war dabei Programm. Eine Vielzahl an Interessenten in den durchquerten Ländern ließ sich durch eine Probefahrt von der Technologie begeistern.

Das Solartaxi ist als Elektrofahrzeug konzipiert. Es hat einen 5 Meter langen Anhänger der mit 6 Quadratmeter Solarzellen belegt ist. Eine neuartige Batterie speichert die Elektrizität und ermöglicht so Fahrten auch nachts und bei fehlender Sonne. Die tägliche Reichweite beträgt etwa 100 Kilometer.

14.3.2 In dreiunddreißig Stunden quer durch Australien

Dass Solarautos bereits heute Extremleistungen erbringen können, beweist die World Solar Challenge. Dies ist das härteste Rennen für Solarautos, das seit dem Jahr 1987 regelmäßig in Australien stattfindet. Die Rennstrecke führt auf öffentlichen Straßen über rund 3000 Kilometer von Darwin im Norden nach Adelaide an der Südküste quer durch Australien. Dabei versuchen die Rennteams zwischen 8 und 17 Uhr eine möglichst große Strecke zurückzulegen.

Abbildung 14.11 Berits 2007 erreichte das Solarauto der Hochschule Bochum auf der 3000 km langen Rennstrecke quer durch Australien eine Durchschnittsgeschwindigkeit von 73 km/h (Fotos: Hochschule Bochum, www.hs-bochum.de/solarcar.html).

Die Fahrzeuge, die bei dem Rennen um die ersten Plätze kämpfen, sind technische Meisterwerke. Die Größe der Batterie ist durch die Reglements begrenzt und die Energie darf nur von Solarmodulen stammen, die direkt auf dem Auto montiert sind. Hocheffiziente Solarzellen mit Wirkungsgraden von deutlich über 20 Prozent liefern dabei die nötige Antriebsenergie. Die Autos sind aerodynamisch optimiert und auf geringes Gewicht getrimmt. Durch ständige technische Weiterentwicklungen und leistungsfähigere Solarzellen nahm die Durchschnittsgeschwindigkeit der Sieger kontinuierlich zu. Im Jahr 2005 betrug diese 102,7 Kilometer pro Stunde. Da in Australien auf öffentlichen Straßen ein Tempolimit gilt, lässt sich diese Geschwindigkeit praktisch kaum mehr steigern. Daher wurden im Jahr 2007 die Reglements geändert, unter anderem die Größe des Solargenerators begrenzt und eine sitzende Fahrerposition vorgeschrieben.

Seit vielen Jahren nehmen auch deutsche Teams an dem Wettbewerb teil. Am erfolgreichsten war hierbei bislang die Hochschule Bochum. Im Jahr 2007 erreichte ihr Rennfahrzeug Solarworld No.1 den vierten Platz. Rund 41 Stunden reine Fahrzeit brauchte das Team aus Bochum für die 3000 Kilometer lange Stecke.

Im Jahr 2012 umrundeten die Bochumer mit ihrem optimierten Solarauto nach der World Solar Challenge wie zuvor Louis Palmer die Erde und legten dabei knapp 30 000 Kilometer zurück. Durch die optimierte Solartechnik brauchen sie dafür schon keinen Solaranhänger und keine Steckdose mehr.

14.3.3 Abgasfrei ausgeliefert

Es gibt eigentlich nichts Ungeeigneteres für den innerstädtischen Lieferverkehr als ein Fahrzeug mit Dieselmotor. Er mag keine häufigen Starts und Stopps, trägt erheblich zur Luftverschmutzung in den Städten bei und sorgt zudem für eine hohe Lärmbelästigung. Mit täglichen Fahrtstrecken in der Größenordnung von 100 Kilometern sind Endkunden-Lieferfahrzeuge daher geradezu prädestiniert für den Einsatz von Elektrofahrzeugen. Das dachte sich auch die Deutsche Post. Aber sie fand keinen Automobilhersteller, der geeignete Fahrzeuge liefern konnte oder wollte.

Daraufhin kaufte die Deutsche Post im Dezember 2014 kurzerhand die StreetScooter GmbH. Das Unternehmen hatte zuvor als eine privatwirtschaftlich organisierte Forschungsinitiative an der Rheinisch-Westfälischen Technischen Hochschule Aachen einen Prototyp für einen elektrisch angetriebenen Transporter entwickelt. Im Jahr 2016 nahm ScreetScooter die Serienfertigung auf und baute bis zum Jahr 2018 die jährliche Produktionskapazität auf 20 000 Fahrzeuge aus.

Die Grundvariante hat eine Nutzlast von 650 Kilogramm und erreicht mit einer 20-Kilowattstunden-Lithium-Ionenbatterie eine Nennreichweite von 118 Kilometern und eine Höchstgeschwindigkeit von 85 Kilometern pro Stunde. Inzwischen kooperiert StreetScooter auch mit klassischen Automobilherstellern bei der Vermarktung der Fahrzeuge und der Entwicklung von größeren Transportern.

Abbildung 14.12 Umweltfreundliche Elektrofahrzeuge sind prädestiniert für den innerstädtischen Lieferverkehr (Fotos: StreetScooter GmbH, www.streetscooter.eu).

Die großen Automobilhersteller haben inzwischen erkannt, dass sie sich der sauberen Mobilität nicht auf Dauer verweigern können. Sie haben aber mit ihrer Geschäftspolitik viel an Glaubwürdigkeit verspielt. Und letztendlich kann man auch nur den Kopf schütteln, dass ein ehemaliger Staatsbetrieb den Einstieg in den klimaverträglichen Lieferverkehr regelrecht erzwingen musste.

14.3.4 Elektroautos für Alle

Wenn man verstehen möchte, warum klassische Automobilhersteller sich lange Zeit der Elektromobilität verweigert haben und stattdessen mit unlauteren Mitteln auf Biegen und Brechen am Verbrennungsmotor festhalten wollten, liefert vielleicht das Münchener Start-up Sono Motors die beste Erklärung.

Anfang 2016 gründeten drei junge Münchener das Unternehmen, weil ihnen der Abschied vom Erdöl im Verkehrsbereich zu langsam ging. Über Crowdfunding sammelten sie das nötige Geld, um einen Prototypen mit dem Namen Sion zu bauen, den sie 2017 der Öffentlichkeit präsentierten. Der Produktionsbeginn erfolgte im Jahr 2020. Mit dem Fahrzeug konnten sie viele Testfahrer begeistern. Das Auto bietet eine Nennreichweite von 320 Kilometern und verfügt neben vielen anderen technischen Finessen über eine in die Karosserie integrierte Photovoltaikanlage. Damit kann das Auto pro Tag bis zu 30 Kilometern an zusätzlicher Reichweite direkt von der Sonne tanken, ohne an eine Steckdose angeschlossen werden zu müssen. Als Verkaufspreis sind 16 000 Euro zuzüglich der Kosten für die Batterie veranschlagt, die noch einmal mit etwa 9 500 Euro zu Buche schlagen dürfte.

Ob das Unternehmen langfristig Erfolg haben wird, muss sich noch zeigen. Aber allein die Tatsache, dass es drei Newcomern gelingt, ein voll funktionstüchtiges, serientaugliches Auto zu entwerfen, ist beeindruckend. Die wesentlichen Komponenten für ein Auto sind auf dem Zuliefermarkt für jeden frei verfügbar. Und im Gegensatz zu der komplizierten Motorentechnik von Autos mit Benzin- und Dieselmotoren ist die Integration von Batterien und Elektromotoren simpel. Wenn ein Elektroauto also im Prinzip von Jedermann entwickelt und gebaut werden kann, stellt es die großen Automobilhersteller vor enorme Probleme. Mit dem Verbrennungsmotor verlieren sie ihr wesentliches Know-How und ihr Alleinstellungsmerkmal.

Abbildung 14.13 Elektroautos sind viel einfacher zu bauen als Autos mit Verbrennungsmotoren
(Fotos: Sono Motors, www.sonomotors.com).

Und weil Elektroautos erheblich wartungsärmer sind, da sie viel weniger Verschleißteile haben und auch keinen Ölwechsel mehr brauchen, bricht auch gleich noch das lukrative Werkstattgeschäft zusammen. Kein Wunder, dass die Automobilkonzerne viele Jahre lang das Elektroauto wie die Pest gemieden haben. Aufhalten können sie dessen Siegeszug aber nicht mehr. Schon in sehr kurzer Zeit werden Elektroautos billiger sein als vergleichbare Autos mit Verbrennungsmotoren. Sie sind umweltfreundlicher und bieten zudem noch erheblich mehr Fahrspaß. Damit haben sie einfach auch mehr Sexappeal. Das Smartphone hat uns vorgemacht, was für schnelle Umbrüche uns im Automobilbereich bevorstehen. In einigen Jahren werden wir uns fragen, warum wir so lange mit Fahrzeugen gefahren sind, die noch Feuer unter der Motorhaube machen mussten. Beschleunigen wir gleichzeitig den Ausbau der Stromerzeugung mit erneuerbaren Energien, ist es aber auch die Chance für einen schnellen Aufbau eines klimaneutralen Straßenverkehrs.

14.4 Klimaverträglich Schiff fahren und fliegen

14.4.1 Moderne Segelschifffahrt

Infolge der Globalisierung legen die Güter immer längere Strecken zurück. Einen großen Teil der zunehmenden Transporte wickelt die Handelsschifffahrt ab. Zwar sind die Kohlendioxidemissionen der Schifffahrt im Vergleich zum Flugverkehr pro Transportkilometer deutlich geringer. Dennoch trägt auch der Schiffsverkehr spürbar zum Treibhauseffekt bei. Rund 3 Prozent der globalen Kohlendioxidemissionen gehen allein auf das Konto der Schifffahrt – Tendenz steigend.

Bis Mitte des 19. Jahrhunderts dominierten Segelschiffe den Transport- und Personenverkehr auf See. Dampfschiffe brachten den Vorteil, dass sie unabhängig von den Windbedingungen ihre Fahrpläne einhalten konnten und drängten die Segelschiffe immer mehr zurück. Heute sind Segelschiffe fast nur noch im Freizeit- und Sportbereich im Einsatz.

Abbildung 14.14 Automatisch gesteuerte Zugdrachen können den Treibstoffbedarf herkömmlicher Schiffe um bis zu 50 Prozent senken und sie in Kombination mit Biotreibstoffen sogar CO_2-frei machen (Fotos © SkySails, www.skysails.de).

Dabei existieren verschiedene neuartige Konzepte, die die Windkraft in Kombination mit herkömmlichen Schiffsantrieben nutzbar machten. Bereits in den 1920er-Jahren entwickelte der deutsche Erfinder Anton Flettner einen zylindrischen Rotor zum Antrieb von Schiffen. Seinerzeit konnte sich dieser Antrieb jedoch nicht durchsetzen. Momentan sind neue Schiffsprototypen in Entwicklung, bei denen der Flettner-Rotor in Kombination mit einem herkömmlichen Schiffsdieselantrieb für eine Reduktion des Treibstoffbedarfs von 30 bis 40 Prozent sorgen soll.

Ein weiteres interessantes Konzept baut auf moderne Zugdrachen. Ein Start- und Landesystem übernimmt dabei das automatische Ausbringen und Einholen des Zugdrachens und des Zugseils. Der Drachen fliegt in einer Höhe zwischen 100 und 300 Metern. Hier herrschen höhere und konstantere Windbedingungen als auf Deck von konventionellen Segelschiffen. Das aus modernen Kunstfasern bestehende Zugseil ist auf dem Vorschiff befestigt und überträgt dort die Antriebskräfte auf das Schiff. Die Steuerung des Drachens erfolgt ebenfalls vollautomatisch. Durch Verkürzen oder Verlängern von Steuerleinen lässt sich der Zugdrachen wie ein Gleitschirm lenken und in Abhängigkeit von Windrichtung, Windstärke und Schiffskurs optimal ausrichten. Mit einer Segelfläche von bis zu 5000 Quadratmetern soll eine Antriebsleistung von bis zu 5000 Kilowatt beziehungsweise 6800 PS erreicht werden. Im Jahresdurchschnitt soll der Zugdrachen den Treibstoffbedarf und damit auch die Kohlendioxidemissionen um 10 bis 35 Prozent senken. Bei optimalen Bedingungen sind sogar zeitweise Einsparungen von bis zu 50 Prozent möglich.

Damit können moderne Windantriebe erheblich zur Reduktion der Kohlendioxidemissionen beitragen. Wird der verbleibende Kraftstoffbedarf der herkömmlichen Schiffsantriebe dann noch durch Biotreibstoffe oder regenerativ erzeugten Wasserstoff gedeckt, lassen sich die Kohlendioxidemissionen der Schifffahrt sogar vollständig zurückfahren.

14.4.2 Solarfähre am Bodensee

Solarboote ermöglichen auch ohne Wind vor allem im Kurzstreckenbereich eine klimaverträgliche Fortbewegung auf dem Wasser. Die Solarfähre mit dem Namen Helio verbindet beispielsweise seit Mai des Jahres 2000 auf dem Bodensee das deutsche Gaienhofen mit Steckborn in der Schweiz.

 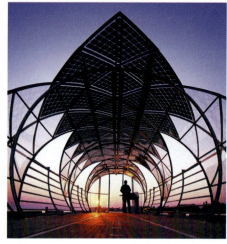

Abbildung 14.15 Seit dem Jahr 2000 verkehrt die Solarfähre Helio auf dem Bodensee (Fotos: Bodensee-Solarschifffahrt, www.solarfaehre.de).

Das 20 Meter lange Schiff kann 50 Personen befördern. Zwei Elektromotoren mit einer Leistung von jeweils 8 Kilowatt sorgen für eine Maximalgeschwindigkeit von 12 Kilometern pro Stunde. Die Batterien des Bootes stellen eine Reichweite von 60 bis 100 Kilometern sicher. Das Dach des Bootes besteht aus einer optisch sehr gelungenen Photovoltaikanlage mit einer Leistung von 4,2 Kilowatt, die für eine weitestgehende Aufladung der Batterien sorgt.

Das Solarboot zeichnet sich neben seiner Klimaverträglichkeit noch durch weitere Umweltvorteile aus. Es bewegt sich geräuscharm und emittiert im Vergleich zu herkömmlichen Dieselmotorschiffen auch keine unangenehm riechenden Abgase. Die Konstruktion des Schiffes verursacht nur einen geringen Wellengang und reduziert damit Erosionen an den Uferzonen.

14.4.3 Höhenweltrekord mit Solarflugzeug

Heißluftballons waren die ersten von Menschen benutzen Fluggeräte. Ein Feuer aus Brennholz oder Stroh erzeugte die zum Auftrieb nötige Heißluft kohlendioxidneutral. Ein Erdgasbrenner treibt hingegen heute meist moderne Heißluftballons an. Für den Fracht- oder Linientransport sind Heißluftballons aber schlecht geeignet. Propeller- oder düsengetriebene Flugzeuge beherrschen ausnahmslos die kommerzielle Luftfahrt. Das dabei verwendete Kerosin wird aus Erdöl gewonnen. Klimaverträgliches Fliegen ist damit auch in den nächsten Jahren noch eine Utopie.

Abbildung 14.16 Das nur durch Solarzellen angetriebene Flugzeug Helios der NASA erreichte im Jahr 2001 einen neuen Höhenweltrekord (Fotos: NASA, www.dfrc.nasa.gov).

Dass fossile Treibstoffe und Fliegen nicht untrennbar zusammengehören, zeigte beispielsweise das unbemannte Leichtflugzeug Helios. Das von der NASA und der kalifornischen

Firma AeroVironment entwickelte Flugzeug trug symbolhaft den Namen des griechischen Sonnengottes. Auf den Flügeln mit einer Spannweite von 75,3 Metern und einer Tiefe von 2,4 Metern befanden sich 62 130 Siliziumsolarzellen mit einem Wirkungsgrad von 19 Prozent. Sie lieferten die Energie für 14 Elektromotoren mit einer Gesamtleistung von 21 Kilowatt. Leistungsfähige Lithiumbatterien ermöglichten den Weiterflug auch nach Sonnenuntergang.

Durch die geringe Leistung betrug die Fluggeschwindigkeit in niedrigen Höhen nicht einmal 45 Kilometer pro Stunde. Die Leistungsfähigkeit dieses Flugzeugs lag aber nicht in der Geschwindigkeit, sondern in der Flughöhe. Am 13. August 2001 stellte es über Hawaii mit einer erreichten Höhe von 29 524 Metern einen Weltrekord für nichtraketengetriebene Flugzeuge auf.

Der Jungfernflug von Helios fand im Jahr 1999 statt. Das Flugzeug mit dem göttlichen Namen ereilte schließlich aber ein irdisches Schicksal. Es brach bei einem Probeflug auseinander und stürzte am 29. Mai 2003 bei Hawaii in den Pazifik.

14.4.4 Mit dem Solarflugzeug um die Erde

Mehr Glück mit seinem Solarflugzeug erhoffte sich der Schweizer Psychiater, Wissenschaftler und Abenteurer Bertrand Piccard. Er wurde vor allem durch seine Weltumrundung mit einem Heißluftballon im Jahr 1999 bekannt. Mit seinem Nachfolgeprojekt mit dem Namen Solar Impulse wollte er mit einem Segelflugzeug, das alleine durch Solarenergie angetrieben wird, die Welt umrunden. Anders als beim Helios-Flugzeug der NASA sollte es sich dabei aber um einen bemannten Flug handeln.

Nach dem Projektbeginn im Jahr 2003 wurde ein Prototyp entwickelt und im Jahr 2009 erstmals getestet. Im Jahr 2011 startete der Bau eines zweiten Flugzeugs, das neben einigen Verbesserungen auch über eine Druckkabine verfügte. Mit 72 Metern Spannweite ist es breiter als eine Boeing 747. Dabei wiegt es gerade einmal 2300 Kilogramm und ist für eine Durchschnittsgeschwindigkeit von 60 bis 90 Kilometern pro Stunde ausgelegt. Die Flügel sind mit 17 000 Solarzellen bestückt. Diese liefern genügend Energie, um das Flugzeug vollständig ohne weitere Zusatzenergie anzutreiben. Damit das Flugzeug auch nachts fliegen kann, speichern tagsüber Hochleistungsbatterien einen Teil der Sonnenenergie.

Wegen der niedrigen Geschwindigkeit waren auf der Weltumrundung einige mehrtätige Etappen zurückzulegen, um beispielsweise den Pazifik zu überqueren. Tagsüber brachte der Solarantrieb dazu das Flugzeug auf Höhen von bis zu 12 000 Metern. Angetrieben durch die in den Batterien gespeicherte Sonnenenergie konnte das Flugzeug dann bis zu den Morgenstunden eine Höhe von rund 3000 Metern halten.

Nach zahlreichen Probeflügen startete im März 2015 die Weltumrundung in Abu Dhabi. Nach dem 4 Tage dauernden und über 8000 Kilometer langen Flug von Japan nach Hawai wurden die Batterien durch Überhitzung beschädigt. Die Reparatur dauerte einige Monate, sodass die erfolgreiche Weltumrundung erst im Juli 2016 in Abu Dhabi gefeiert werden konnte.

Durch technische Weiterentwicklungen der Batterien und der damit erhofften Gewichtsreduktion könnten ähnliche Flugzeuge für zwei Piloten auch Langzeitflüge ermöglichen. Dann käme sogar eine Nonstop-Weltumrundung im Solarflugzeug in den Bereich des Möglichen und auch Passagiermaschinen sind langfristig denkbar.

Abbildung 14.17 Mit dem Flugzeug Solar Impulse hat der Schweizer Bertrand Piccard die Welt umrundet (Fotos © Solar Impulse/EPFL Claudio Leonardi).

14.4.5 Fliegen für Solarküchen

Aus heutiger Sicht erscheint es jedoch wenig wahrscheinlich, dass Solarflugzeuge irgendwann einmal auch Großraumflugzeuge ersetzen können. Die verfügbare Fläche auf den Tragflügeln ist selbst bei extrem leistungsfähigen Solarzellen zu gering, um genügend Antriebsenergie für Flugzeuge mit mehreren Hundert Tonnen an Lasten direkt zur Verfügung zu stellen. Kurzfristig gibt es mit Ausnahme eines sehr begrenzt möglichen Einsatzes von Biotreibstoffen keine Optionen für ein umfassendes klimaverträgliches Fliegen. Langfristig bietet regenerativ erzeugter Wasserstoff eine Alternative zu fossilen Treibstoffen.

Bis dahin bleibt die einzige kohlendioxidfreie Alternative, ganz auf das Fliegen zu verzichten. Moderne Kommunikationstechnologien und immer interessantere Freizeiteinrichtungen im näheren Umfeld sind dabei hilfreich. Das Solarium um die Ecke kann aber nicht wirklich die Winterflugreise in den sonnigen Süden ersetzen. Wenn diese dann auch noch als Billigflug zu S-Bahn-Tarifen angeboten wird, fällt es schwer, die guten Vorsätze einzuhalten.

Bereits in *Abschnitt 3.5* wurde gezeigt, dass übergangsweise Investitionen an anderer Stelle soviel Kohlendioxid reduzieren können, wie beispielsweise durch einen nicht vermeidbaren Flug entsteht. Für rund 100 Euro lassen sich derzeit die Kohlendioxidemissionen eines Fluges von Berlin nach New York und zurück kompensieren. Die gemeinnützige Gesellschaft Atmosfair bietet neben anderen entsprechende Ausgleichsmaßnahmen an und empfiehlt dabei gleichzeitig, stets auch Videokonferenzen und Bahnreisen als Alternativen zu berücksichtigen.

Abbildung 14.18 Durch Klimaschutzabgaben finanzierte Solarspiegelanlagen ersetzen in indischen Großküchen herkömmliche Dieselbrenner (Fotos: atmosfair, www.atmosfair.de).

In verschiedenen Projekten ließ Atmosfair beispielsweise in Indien an 18 Standorten große solarthermische Anlagen in Tempeln, Krankenhäusern und Schulen errichten. Eines der Projekte ist eine Solarküche für den hinduistischen Wallfahrtsort Sringeri Mutt. Dieselbrenner lieferten dort die Energie zum Zubereiten der Mahlzeiten für Tausende von Pilgern, bis moderne Solarspiegel sie im Rahmen des Projektes ersetzten. Die Spiegel bündeln das Sonnenlicht auf eine Röhre und erhitzen dort Wasser, das dann in die Küche geleitet wird. Ein ausgeklügeltes Dampfsystem sorgt dafür, dass die Küchen auch nach Sonnenuntergang noch funktionieren. Ziel der Projekte ist auch ein Technologietransfer an lokale Unternehmen. Die Anlagen für alle 18 Projekte wurden durch einen indischen Hersteller gefertigt und haben bis zum Jahr 2012 insgesamt rund 4000 Tonnen an Kohlendioxidemissionen von Flugreisen wieder eingespart.

14.5 Alles wird erneuerbar

14.5.1 Ein Dorf wird unabhängig

Die Energieversorgung in ganz Deutschland ist immer noch stark von fossilen Energieträgern abhängig. In ganz Deutschland? Nein! Ein von unbeugsamen Brandenburgern bevölkertes Dorf hat es geschafft, eine autarke Strom- und Wärmeversorgung vollständig auf Basis erneuerbarer Energien aufzubauen.

Das Dorf Feldheim, genauer gesagt der Ortsteil Feldheim der Stadt Treuenbrietzen mit 145 Einwohnern und 37 Haushalten befindet sich rund 60 Kilometer südwestlich von Berlin. Hier haben sich Haushalte, Unternehmen und die Stadt zusammengeschlossen und betreiben ein eigenes Strom- und Wärmeversorgungsnetz, das auch durch Mittel des Landes Brandenburg und der EU unterstützt wurde. Über das eigene Netz wird die vor Ort erzeugte Wärme und Elektrizität direkt an die Verbraucher geleitet. Traditionelle Energieversorger und damit die Abhängigkeit von fossilen Energieträgern sind damit außen vor.

Abbildung 14.19 Biogasanlage, Windpark und Besucherzentrum des ersten energieautarken Dorfs, dem Ortsteil Feldheim der Stadt Treuenbrietzen in Brandenburg
(Fotos: Förderverein des Neue Energien Forum Feldheim e.V., www.nef-feldheim.info).

Die benötigte Wärme stammt aus einer Biogasanlage, die 560 Kilowatt an Wärme liefern kann und gleichzeitig bis zu 526 Kilowatt an Elektrizität ins öffentliche Stromnetz einspeist. Bei besonders hohem Wärmebedarf wird eine Holzhackschnitzelheizung zugeschaltet. Ein großer Wärmespeicher gleicht Schwankungen aus.

55 Windkraftanlagen mit einer Leistung von 122,6 Megawatt liefern einen Großteil des in Feldheim benötigten Stroms. Da der Windpark insgesamt 65 000 Haushalte mit Strom beliefern kann, ist er eigentlich viel zu groß und speist 99 Prozent des Windstroms ins öffentliche Netz ein. Das Dorf versorgt sich also nicht nur selbst, sondern leistet auch einen wichtigen Beitrag zur Energiewende für andere Orte.

Eine 2,25-Megawatt-Photovoltaikanlage auf einem ehemaligen Militärgelände liefert seit 2008 Strom für 600 Haushalte. Im Jahr 2015 wurde ein Batteriespeicher auf Basis von Lithium-Ionen-Batterien mit einer Speicherkapazität von 10 500 Kilowattstunden ergänzt.

Der Batteriespeicher stellt Regelenergie für das öffentliche Netz zur Verfügung und kann damit Aufgaben übernehmen, die zuvor fossile Kraftwerke geleistet haben. Durch die Kombination der verschiedenen regenerativen Anlagen und Speicher zeigt Feldheim eindrucksvoll, dass bereits heute erneuerbare Energien alleine unsere Wärme- und Stromversorgung klimaneutral sicherstellen können.

14.5.2 Hybridkraftwerk für die sichere regenerative Versorgung

Das Ende 2011 in der Nähe vom brandenburgischen Prenzlau eröffnete Hybridkraftwerk stellt erstmals in Deutschland unter Beweis, dass eine sichere Energieversorgung mit Hilfe von Windkraft und Wasserstoffspeicherung funktionieren kann.

Abbildung 14.20 Hybridkraftwerk bei Prenzlau (Fotos: ENERTRAG/Tom Baerwald, www.enertrag.com)

Dabei speisen drei 2-Megawatt-Windkraftanlagen ihren Strom ins Netz. Entstehen Überschüsse, die im Netz nicht gebraucht werden, erzeugt eine Elektrolyseanlage Wasserstoff, der in Drucktanks gespeichert wird. Liefern die Windkraftanlagen zu wenig Strom, schließen zwei Blockheizkraftwerke die Lücke. Diese nutzen zur Stromerzeugung den gespeicherten Wasserstoff oder Biogas aus der ebenfalls angeschlossenen Biogasanlage. Eine integrierte Wasserstofftankstelle ermöglicht außerdem das klimaneutrale Auftanken von Wasserstoffautos.

Das Hybridkraftwerk in Prenzlau zeigt, dass eine Kombination von fluktuierenden regenerativen Energien wie der Solar- oder Windkraft in Kombination mit Speichern und regelbaren regenerativen Energien wie Biogas, eine sichere Stromversorgung leisten kann. Weitere Hybridkraftwerke in Deutschland sind bereits geplant. Was hier in kleinem Maßstab demonstriert wird, lässt problemlos auf unsere gesamte Energieversorgung übertragen. Eine nachhaltige und sichere Energieversorgung auf Basis erneuerbarer Energien bis zum Jahr 2040 ist damit alles andere als eine Utopie.

14.6 Happy End

Die Vielfalt der in diesem Buch beschriebenen Möglichkeiten zur Nutzung regenerativer Energien und nicht zuletzt die Beispiele dieses Kapitels haben gezeigt: Es ist eigentlich unnötig, durch hemmungslosen Einsatz von Erdöl, Erdgas, Kohle oder Atomenergie unsere künftigen Lebensgrundlagen zu zerstören. Die Auswirkungen der Nutzung fossiler Energieträger auf das Weltklima sind bereits heute spürbar. Ziehen wir nicht schnell die Reißleine und bauen wir nicht umgehend unsere Energieversorgung radikal um, werden die Folgen des Klimawandels bald unkontrollierbar sein.

Abbildung 14.21 Die Zukunft gehört den erneuerbaren Energien. Sie könnten schon im Jahr 2040 unsere gesamte Energieversorgung klimaneutral sicherstellen und so die Lebensgrundlagen künftiger Generationen sichern.

Bereits heute sind aber regenerative Energien in der Lage, eine vollständige, bezahlbare und klimaverträgliche Deckung unseres Energiebedarfs sicherzustellen. Horrorszenarien, dass ohne Erdöl, Erdgas, Kohle und Atomkraft bei uns die Lichter ausgehen, entbehren jeglicher Grundlage. Im Gegenteil: Der verstärkte Einsatz regenerativer Energien macht uns zunehmend unabhängig von immer knapper und teurer werdenden herkömmlichen Energieressourcen. Damit tragen regenerative Energien auch zur Reduzierung weltweiter Konflikte bei.

Neben der Energieversorgung müssen wir auch in vielen anderen Bereichen umsteuern, um katastrophale Veränderungen des Klimas und der Natur zu vermeiden. Es bleibt die Frage, warum wir nicht kompromisslos eine klimaneutrale Lebensweise bis spätestens zum Jahr 2040 realisieren. Die Gründe sind vielfältig. Viele haben Angst vor den dafür nötigen Veränderungen, denn bei fast jeder Veränderung gibt es Gewinner und Verlierer.

Dabei haben die meisten noch gar nicht realisiert, dass wir mit unserer heutigen Energieversorgung, unserer Wirtschaftsweise und unseren Ernährungsmustern immer mehr zu Verlierern werden. Viele freuen sich über die günstigen Fleischpreise beim Discounter um die Ecke. Dabei fördern sie mit ihrem Einkauf immer extremere Auswirkungen einer intensiven Landwirtschaft. Der Klimawandel wird durch die Zerstörung des Regenwalds zum Anbau von Futtermitteln, dem immer stärkeren Einsatz von Kunstdüngern und den stetig steigenden Methanemissionen aus der Rinderzucht angeheizt. Unser Trinkwasser ist inzwischen extrem mit Nitrat belastet und das Insektensterben ist allerorts sichtbar.

Abbildung 14.22 Unser Fleischkonsum heizt den Klimawandel an. Eine nachhaltige und fleischarme Ernährungsweise erhält unseren Kindern eine intakte Natur und reduziert ernährungsbedingte Erkrankungen und Todesfälle.

Wir bezahlen für unser billiges Essen einen immer höheren Preis: Eine zunehmend zerstörte Umwelt, das Anheizen des Klimawandels und eine starke Zunahme ernährungsbedingter Krankheiten. Spötter meinen, die Deutschen hätten die teuersten Küchen in

Europa, gäben aber am wenigsten für Essen aus. Wir müssen dafür sorgen, dass sich hier die Prioritäten verschieben und die Politik die nötigen Rahmenbedingungen vorgibt. Wenn wir alle den Konsum von tierischen Lebensmitteln und Produkten der intensiven Landwirtschaft deutlich reduzieren, profitieren wir am Ende auch alle sehr stark. Jeder einzelne gewinnt sofort eine bessere Gesundheit und zusätzliche Lebensjahre durch eine Ernährung, die uns nicht mehr krankmacht. Und wir können im hohen Alter unseren Kindern stolz eine intakte Natur zeigen, die wir durch unser Handeln erhalten haben.

Auch durch unsere Mobilitätsmuster werden wir immer mehr zu Verlierern. Auto und Flugzeug bekommen als Verkehrsmittel immer größere Bedeutung. Das Luxusauto und die Fernreise zählen immer noch zu den Statussymbolen, mit denen viele versuchen, Anerkennung zu erhaschen. Dafür reihen sie sich in lange Schlangen am Flughafen ein, lassen Leibeskontrollen über sich ergehen und quetschen sich in enge Flugzeuge, um am Ende mit einem Jetlag in einem überfüllten Urlaubsort anzukommen. Das Auto nimmt in den Städten immer mehr Raum ein. Kinder, die vor Jahrzehnten in Innenstädten noch auf Straßen spielen konnten, werden in kleine Spielplatzreservate verbannt. Flug- und Verkehrslärm sowie Verbrennungsabgase lösen immer mehr Krankheiten und Todesfälle aus. Der Verkehr ist nach wie vor einer der Hauptverursacher klimaschädlicher Treibhausgase.

Abbildung 14.23 Der Autoverkehr nimmt immer mehr Platz in den Städten ein und verschlechtert die Lebensqualität. Eine starke Reduktion des Autoverkehrs wirkt sich positiv auf Städte und Menschen aus und reduziert die negative Klimawirkung.

Auch hier müssen wir bei allen die Wahrnehmung und Handlungsmuster verändern und die Politik muss endlich die richtigen Rahmenbedingungen setzen. Wir brauchen eine konsequente Verkehrsvermeidung, eine starke Reduktion des Flugverkehrs, autofreie Innenstädte, eine Stärkung des Fuß- und Radverkehrs sowie einen deutlich besseren und emissionsfreien öffentlichen Verkehr. Auch dann verlieren wir nichts. Stattdessen profitieren alle einzelnen durch eine Umwelt, bei wir alle anstelle von Verkehrslärm das Vogelgezwitscher genießen können und anstatt Angst vor gesundheits- und lebensgefährlichen Abgasen zu haben, frische und gesunde Luft tief einatmen können.

Auch das Streben nach immer mehr Konsum und Wachstum führt schon lange nicht mehr zu einer besseren und zufriedeneren Gesellschaft. All unsere vermeintlichen Errungenschaften basieren großteils auf der Ausbeutung anderer und der Natur. Am Ende beuten wir auch uns selbst aus, wenn wir gestresst und vom Burn-out bedroht durch die Arbeitswelt hetzen, um noch mehr Geld für noch mehr Konsum zu verdienen.

Blind vor der Angst vor Veränderungen vertrauen nicht wenige auf populistische Versprechungen: Es gäbe gar keinen Klimawandel, er wäre gar nicht so schlimm oder man wird schon etwas erfinden, um es am Ende wieder zu richten. Dabei sind alle nötigen Erfindungen zum erfolgreichen Stoppen des Klimawandels bereits gemacht und sie sind bezahlbar. Natürlich kann die Forschung und der Fortschritt die nötige Transformation weiter erleichtern und beschleunigen. Aber es ist nicht nötig, auf irgendwelche Erfindungen zu warten, die uns irgendwann einmal wie durch Zauberhand retten. Das Warten auf die vermeintliche Supererfindung ist fatal. Es behindert den Einsatz der vorhandenen Technologien, die in diesem Buch beschrieben sind. Und neue Erfindungen haben in der Vergangenheit immer eine gewisse Zeit bis zur flächendeckenden Nutzung gebraucht. Genau diese Zeit haben wir beim Kampf gegen den Klimawandel nicht mehr. Da der nötige Umbau nicht in beliebig schneller Geschwindigkeit stattfinden kann, ist es allerhöchste Zeit, nun mit einem ambitionierten Tempo den nötigen Weg zu gehen. Wir brauchen jetzt den Mut dazu und nicht irgendwann in ferner Zukunft.

In dem Spannungsfeld von Populisten, verängstigten Bürgern und Lobbyisten, die noch bis zu allerletzt den maximalen Profit aus einer nicht mehr zukunftsfähigen Energiewelt herausholen wollen, erleben wir auch ein Totalversagen der Politik. Es wäre ihre Aufgabe, die nötigen Veränderungen im nötigen Tempo einzuleiten und klare Regeln für einen funktionierenden Klimaschutz durchzusetzen. Natürlich muss sie dabei auch möglicherweise auftretende Lasten fair verteilen und für einen sozialen Ausgleich sorgen.

Am Ende geht es beim nötigen Wandel auch um einen Generationenkonflikt. Es ist die ältere Generation, zu der auch der Buchautor zählt, die uns erst die schwer lösbaren Probleme beschert haben. Viele lassen sich von materiellem Wohlstand blenden und merken gar nicht, dass die negativen Veränderungen auf der Welt früher oder später existenzbedrohend werden. Sie sind dadurch vollkommen unfähig, die richtigen Weichen zu stellen und ihr Verhalten entsprechend anzupassen. Und wenn sie bereits Veränderungen in Angriff genommen haben, sind diese oftmals hinsichtlich der nötigen Klimaschutzerfordernisse völlig unzureichend. Darum flüchten sie sich in leere Ausreden und Versprechungen. Am Ende werden es zwei oder drei Generationen sein, die unseren Planeten an die Belastungsgrenze und ohne schnelle Gegenmaßnahmen womöglich auch weit darüber hinaus gebracht haben. Die vollen Konsequenzen wird erst die junge Generation in der der zweiten Hälfte ihres Lebens zu spüren bekommen.

14.6 Happy End

Abbildung 14.24 Greta Thunberg bei ihrem Klimastreik und Fridays-For-Future-Demonstration in Berlin
(Fotos links: Anders Hellberg)

Doch genau die junge Generation zeigt, dass wir eine berechtigte Hoffnung haben können, den nötigen Wandel in der kurzen, noch verbleibenden Zeit zu schaffen. Die schwedische Schülerin Greta Thunberg hat uns vor Augen geführt, dass jeder Mensch in der Lage ist, große Veränderungen anzustoßen. Als sie im Alter von 15 Jahren am 20. August 2018 vor dem Schwedischen Reichstag ihren Schulstreik begann, rief sie damit eine internationale Klimaschutzbewegung ins Leben. Im Herbst 2019 beteiligten sich allein in Deutschland weit mehr als eine Millionen Menschen am internationalen Klimastreik der Jugendbewegung Fridays for Future.

Bereits im Frühjahr 2019 hatten sich rund 27 000 Wissenschaftlerinnen und Wissenschaftler in Deutschland, Österreich und der Schweiz unter dem Namen Scientists for Future hinter die jungen Menschen von Fridays for Future gestellt. In einer gemeinsamen Stellungnahme erklärten sie die Anliegen der jungen Menschen für berechtigt und forderten weitgehende Veränderungen unserer Ernährungs-, Mobilitäts- und Konsummuster sowie den schnellen Ersatz fossiler Energieträger durch erneuerbaren Energien. Viele weitere Gruppen schlossen sich danach der For-Future-Bewegung an.

Die Geschichte wird zeigen, ob diese Bewegung den nötigen Druck zum Einleiten der erforderlichen Klimaschutzmaßnahmen erzeugen kann. Die Geschichte hat uns aber immer wieder vor Augen geführt, dass schnelle Veränderungen möglich sind.

14 Sonnige Aussichten – Beispiele für eine nachhaltige Energieversorgung

Abbildung 14.25 Links: Vorstellung der Scientists-for-Future-Stellungnahme von 26 800 Wissenschaftlerinnen und Wissenschaftlern am 15. März 2019 in der Bundespressekonferenz, rechts: Demonstration von Wissenschaftlerinnen und Wissenschaftlern beim weltweiten Klimastreik (Fotos links: Janine Escher, rechts: Felix Raulf)

Am 9. Januar 2007 präsentierte Steve Jobs das iPhone von Apple und leitete damit eine Revolution im Kommunikationsbereich ein. Heute hat das Smartphone die Welt verändert. Im Jahr 2018 wurden weltweit mehr als 1,4 Milliarden Smartphones verkauft und damit über 500 Milliarden Dollar umgesetzt. Innerhalb von sechs Jahren werden weltweit so viele Smartphones produziert, dass jeder Mensch auf der Erde ein neues Gerät erhalten kann. Die meisten Menschen geben für Kommunikation und den Kauf immer neuer Mobilfunkgeräte mehr Geld pro Jahr aus wie für ihre gesamte Stromrechnung. Im gleichen Atemzug beschweren sich viele, dass der Ausbau erneuerbarer Energien ihre Stromrechnung fast unbezahlbar gemacht habe. Das Beispiel zeigt eindeutig, dass es in wenigen Jahren möglich ist, eine Technologie von null auf hundert Prozent zu bringen und dass wir uns das auch leisten können. Es fehlt momentan allein am Willen, die nötigen Technologien für den Klimaschutz ausreichend schnell durchzusetzen. Wir investieren momentan lieber in Unterhaltungselektronik als in den Erhalt der Lebensgrundlagen der künftigen Generationen.

Uns muss es gelingen, die Weltrettung sexy zu machen und die Menschen dafür zu begeistern. Dass das gelingen kann, hat uns der amerikanische Präsident John F. Kennedy gezeigt. Er wandte sich am 12. September 1962 mit seiner berühmten Moon-Speech im Rice-Stadion in Houston an die amerikanische Nation. Dort verkündete er die Vision der Regierung, auf den Mond zu fliegen und dabei alle technischen Herausforderungen zu meistern. Er kündigte an, alle nötigen finanziellen Mittel zur Verfügung zu stellen und dafür auch die Steuern zu erhöhen. Die Amerikaner folgten begeistert der Vision. Rund sieben Jahre später betrat der erste Mensch den Mond. Die Amerikaner investierten dafür in heutige Preise umgerechnet weit mehr als 100 Milliarden Euro und gewannen ein Wettrennen gegen Russland.

Was hindert uns daran, erfolgreichen Klimaschutz und den Aufbau einer nachhaltigen und klimaneutralen Energieversorgung mit erneuerbaren Energien zu unserem Man-to-the-Moon-Projekt zu machen?

Abbildung 14.26 Links: Moon-Speech von John F. Kennedy am 12. September 1962 in Houston, rechts: Am 21. Juli 1969 betreten die ersten Menschen den Mond.

Das Schöne an dieser Vision ist, dass wir alle an der Mondladung mitwirken können. In diesem Buch haben Sie, liebe Leserinnen und Leser, die nötigen Informationen erhalten, sich an der Reise zum Mond zu beteiligen. Setzen Sie das für Sie machbare um und informieren Sie andere über die unglaublichen Möglichkeiten der erneuerbaren Energien. Wenn wir das alle machen, haben wir noch eine realistische Chance, bis 2040 eine Energieversorgung aufzubauen, die weltweit ganz ohne Erdöl, Erdgas und Kohle auskommt. Damit werden wir eine Energieversorgung realisieren, die ausschließlich mit erneuerbaren Energien unseren Energiebedarf klimaverträglich deckt und damit unsere Erde in einem lebenswerten Zustand für unsere Kinder hinterlässt. Zögern Sie nicht länger, sondern fangen Sie heute noch an. Schließlich haben wir einen Planeten zu retten – einen phantastischen Planeten. Ihn müssen wir in einem lebenswerten Zustand für die Menschen erhalten, die wir über alles lieben.

14 Sonnige Aussichten – Beispiele für eine nachhaltige Energieversorgung

Abbildung 14.27 Ein Blick aus dem All zeigt, dass unser Planet und unsere Atmosphäre, die unser Klima bestimmt, klein und zerbrechlich sind. Für das Überleben der jungen Generation müssen wir beides schützen. Und zwar jetzt!

Anhang

A.1 Energieeinheiten und Vorsatzzeichen

Die gesetzliche Einheit der Energie lautet Wattsekunde (Ws) oder Joule (J). Gängige Energiemengen werden meist in Kilowattstunden (kWh) gemessen. *Tabelle A.1* fasst andere in der Energiewirtschaft gebräuchliche Einheiten zusammen. *Tabelle A.2* zeigt Vorsätze und Vorsatzzeichen für Energieeinheiten.

Tabelle A.1 Umrechnungsfaktoren zwischen verschiedenen Energieeinheiten

	kJ	kcal	kWh	kg SKE	kg RÖE	m³ Erdgas
1 Kilojoule (1 kJ = 1000 Ws)	1	0,2388	0,000278	0,000034	0,000024	0,000032
1 Kilokalorie (kcal)	4,1868	1	0,001163	0,000143	0,0001	0,00013
1 Kilowattstunde (kWh)	3 600	860	1	0,123	0,086	0,113
1 kg Steinkohleeinheit (SKE)	29 308	7 000	8,14	1	0,7	0,923
1 kg Rohöleinheit (RÖE)	41 868	10 000	11,63	1,428	1	1,319
1 m³ Erdgas	31 736	7 580	8,816	1,083	0,758	1

Tabelle A.2 Vorsätze und Vorsatzzeichen

Vorsatz	Abkürzung	Wert		Vorsatz	Abkürzung	Wert	
Kilo	k	10^3	(Tausend)	Milli	M	10^{-3}	(Tausendstel)
Mega	M	10^6	(Million)	Mikro	µ	10^{-6}	(Millionstel)
Giga	G	10^9	(Milliarde)	Nano	N	10^{-9}	(Milliardstel)
Tera	T	10^{12}	(Billion)	Piko	P	10^{-12}	(Billionstel)
Peta	P	10^{15}	(Billiarde)	Femto	F	10^{-15}	(Billiardstel)
Exa	E	10^{18}	(Trillion)	Atto	A	10^{-18}	(Trillionstel)

A.2 Geografische Koordinaten von Energieanlagen

Die meisten Energieanlagen sind so groß, dass sie problemlos in Satellitenbildern zu erkennen sind. Die kostenlose Software Google Earth ermöglicht die Darstellung hoch aufgelöster Satellitenbilder auch am heimischen Computer. Die folgende Aufstellung zeigt einige Koordinaten interessanter Anlagen und Kraftwerke. In Google Earth lassen sich die Koordinaten direkt eingeben, sie müssen dabei folgendem Format entsprechen:

+51° 23' 23", +30° 05' 58"

steht für 51°23'23" N und 30°05'58" O. Bei S und W sind negative Vorzeichen zu verwenden. Das Hochkomma für das Minuten- und Sekundenzeichen findet sich auf der deutschen Tastatur über dem Doppelkreuz (#).

■ http://earth.google.de — Google Earth-Startseite und freier Download

Konventionelle Energieanlagen

Koordinaten	Beschreibung
51°23'23" N 30°05'58" O	Stillgelegtes Atomkraftwerk in **Tschernobyl** mit 4 Blöcken mit je 1000 MW. Im Block IV kam es am 26.4.1986 zu einem Reaktorunfall. Heute umschließt ein Betonsarkophag den havarierten Reaktor.
37°25'13" N 141°01'58" O	Ruinen des Atomkraftwerks in **Fukushima** mit 6 Blöcken mit insgesamt 4696 MW. Am 11.3.2011 kam es nach einem Erdbeben und einem Tsunami zu einem schweren Reaktorunfall.
51°45'47" N 6°19'44" O	Schneller Brüter von **Kalkar**, für 3,6 Mrd. € erbaut und nie in Betrieb gegangen. Heute befindet sich der Freizeitpark Wunderland Kalkar auf dem Gelände des ehemaligen Kernkraftwerks.
50°59'36" N 6°40'05" O	Braunkohlekraftwerk **Niederaußem** mit insgesamt 3627 MW, erbaut zwischen 1963 und 2003. Mit 27,3 Mio. t CO_2 war es 2015 das Kraftwerk mit den zweithöchsten CO_2-Emissionen in Deutschland.
51°50'00" N 14°27'30" O	Braunkohlekraftwerk **Jänschwalde** mit 6 Blöcken mit je 500 MW, erbaut zwischen 1976 und 1989. Mit einem Ausstoß von 23,7 Mio. t CO_2 pro Jahr ist es das Kraftwerk mit den dritthöchsten CO_2-Emissionen.
51°04'30" N 6°27'00" O	Braukohletagebau **Garzweiler II**. Bis zum Jahr 2045 sollen auf einer Fläche von 48 km² rund 1,3 Mrd. t Braunkohle gefördert werden. Dazu müssen 12 Ortschaften mit 7600 Einwohnern umgesiedelt werden.
57°02'29" N 111°42'07" W	**Athabasca-Ölsand-Tagebau** in der kanadischen Provinz Alberta bei Forth McMurray. Das Öl wird mit Hilfe von Wasserdampf gewonnen. Der Wasserbedarf in der Region beträgt dafür 435 Milliarden Liter pro Jahr.

A.2 Geografische Koordinaten von Energieanlagen

Photovoltaikanlagen

	48°08'08" N 11°41'55" O	2,7-MW-Aufdach-PV-Anlage auf der neuen **Messe München** mit 21 900 PV-Modulen, errichtet im Jahr 1997, erweitert 2002 und 2004.
	39°49'55" N 4°17'55" W	1-MW-Freiflächen-PV-Anlage in **Toledo** (Spanien) mit 7 936 PV-Modulen, errichtet im Jahr 1994.
	52°31'29" N 13°22'05" O	Dachintegrierte PV-Anlage auf dem **Berliner Hauptbahnhof**. 780 Photovoltaikmodule liefern eine Leistung von 189 kW_p.
	50°00'13" N 9°55'13" O	Solarfeld **Erlasee** (Bayern) mit 1464 zweiachsig nachgeführten PV-Modulen mit einer Gesamtleistung von 11,4 MW, errichtet im Jahr 2006.
	51°55'41" N 14°24'13" O	Solarpark **Lieberose** (Brandenburg) mit rund 700 000 PV-Modulen und einer Gesamtleistung von 52,79 MW, errichtet im Jahr 2009.
	51°34'13" N 13°44'35" O	Solarpark **Finsterwalde** (Brandenburg) mit einer Gesamtleistung von 80,7 MW, errichtet in den Jahren 2010 und 2011.
	32°58'20" N 113°29'27" W	Solarpark **Agua Caliente** (Arizona, USA) mit einer Leistung von 247 MW im Jahr 2012 soll auf 397 MW im Jahr 2014 erweitert werden.

Solarthermische Anlagen und Kraftwerke

	54°51'07" N 10°30'23" O	Solarthermische Fernwärmeanlage **Marstal** (Dänemark). 17 000 m² an Solarkollektoren versorgen 1450 Häuser mit Wärme.
	37°05'42" N 2°21'40" W	Europäisches Testzentrum **Plataforma Solar de Almería** (Spanien) mit Solarturm- und Parabolrinnen-Testfeldern.
	42°29'41" N 2°01'45" O	Solarschmelzofen in **Odeillo** (Frankreich), im Jahr 1970 fertiggestellt, 63 Heliostaten mit einer Gesamtfläche von 2835 m² erreichen bei einer 20 000-fachen Konzentration Temperaturen von fast 4000 °C.
	34°51'43" N 116°49'41" W	Solarthermische Kraftwerke bei **Daggett** (Kalifornien, USA). SEGS I mit 13,8 MW aus dem Jahr 1985 und SEGS II mit 30 MW aus dem Jahr 1986 sowie 10-MW-Solarturm-Versuchskraftwerk Solar Two von 1998.
	35°00'58" N 117°33'40" W	Solarthermische Kraftwerke bei **Kramer Junction** (Kalifornien, USA). SEGS III bis SEGS VII mit je 30 MW aus den Jahren 1987 bis 1989.
	35°01'56" N 117°20'50" W	Solarthermische Rinnenkraftwerke bei **Harper Lake** (Kalifornien, USA). SEGS VIII und SEGS IX mit je 80 MW aus den Jahren 1990 und 1991.
	35°48'00" N 114°58'35" W	Solarthermisches Rinnenkraftwerk **Nevada Solar One** (Nevada, USA) mit einer Leistung von 64 MW, Inbetriebnahme 2007.
	37°13'03" N 3°03'41" W	Solarthermische Rinnenkraftwerke **Andasol 1 bis 3** (Spanien) mit einer Leistung von je 50 MW, Inbetriebnahme 2008 bis 2011.
	37°26'30" N 6°15'20" W	Plataforma **Solúcar** (Spanien) mit den Solarturmkraftwerken PS10 und PS20 mit 11 und 20 MW und drei Rinnenkraftwerken mit je 50 MW.

Anhang

Windparks

	55°41'32" N 12°40'14" O	Offshore Windpark **Middelgrunden** (Dänemark) mit 20 Windkraftanlagen zu je 2 MW, errichtet im Jahr 2001.
	29°10'17" N 32°37'41" O	Windpark **Zafarana** (Ägypten) umfasste 2011 rund 700 Windkraftanlagen mit einer Gesamtleitung von rund 550 MW.
	32°13'48" N 100°02'50" W	Windpark **Horse Hollow** Wind Energy Centre in der Nähe von Abilene, Texas (USA). 421 Windkraftanlagen liefern 735 MW, errichtet 2006.
	52°38'10" N 13°25'47" O	Berlin ist Schlusslicht bei der Windkraftnutzung in Deutschland. Eine Windkraftanlage befindet sich in **Berlin Pankow**, errichtet 2008.

Wasserkraftwerke

	25°24'27" S 54°35'19" W	Wasserkraftwerk **Itaipú** (Brasilien/Paraguay). 20 Turbinen liefern eine Leistung von 14 GW. Die Staumauer ist 7760 m lang und 196 m hoch.
	30°49'10" N 111°00'00" O	**Dreischluchtenkraftwerk** in China, erbaut zwischen 1993 und 2006. 26 Turbinen liefern eine Leistung von 18 200 MW.
	36°00'58" N 114°44'16" W	**Hoover Dam** (Nevada-Arizona, USA), erbaut von 1931 bis 1935, Höhe der Staumauer 221 m, 17 Turbinen mit einer Leistung von 2074 MW.
	47°33'22" N 8°02'56" O	Laufwasserkraftwerk **Laufenburg** am Rhein, Fertigstellung 1914, elektrische Leistung 106 MW.
	47°34'12" N 7°48'46" O	Laufwasserkraftwerk **Rheinfelden** am Rhein. Erstes Flusskraftwerk Europas aus dem Jahr 1899. Das Kraftwerk wurde jüngst modernisiert und erweitert.
	50°30'34" N 11°01'16" O	Pumpspeicherkraftwerk **Goldisthal** in Thüringen. Das Oberbecken fasst 12 Millionen m³ Wasser. Die Kraftwerksleistung beträgt 1060 MW.
	48°37'08" N 2°01'11" W	Gezeitenkraftwerk **Rance** (Saint-Malo, Frankreich), Fertigstellung 1966. 24 Turbinen liefern 240 MW.

Sämtliche Standorte stehen für die Leserinnen und Leser dieses Buches auch als Download zur Verfügung. Nach dem Download können Sie die folgende Datei direkt von Google Earth aus öffnen.

- www.volker-quaschning.de/downloads/EE-und-Klimaschutz.kmz

A.3 Weiterführende Informationen im Internet

■ www.erneuerbare-energien.de	Aktuelle Informationen des Bundesministeriums für Umwelt zu regenerativen Energien
■ www.energiefoerderung.info	Übersicht zur Förderung von Energiesparmaßnahmen und regenerativen Energieanlagen
■ www.solarfoerderung.de	Interaktiver Förderberater für Solaranlagen
■ www.solarserver.de	Umfangreiche Informationen zur Solarthermie und zur Photovoltaik
■ www.bsw-solar.de	Informationen des Bundesverbands Solarwirtschaft zur Solarthermie und zur Photovoltaik
■ www.sfv.de	Informationen des Solarenergie-Fördervereins Deutschland (SFV) e.V.
■ www.wind-energie.de	Aktuelle Informationen des Bundesverbands WindEnergie e.V. zur Windkraft
■ www.dpev.de	Informationen des Deutschen Energieholz- und Pellet-Verband mit Preisinformationen zu Pellets
■ www.carmen-ev.de	Informationen des CARMEN e.V. zu nachwachsenden Rohstoffen
■ www.bio-energie.de	Informationen der Fachagentur Nachwachsende Rohstoffe e.V. zur Bioenergie
■ www.waermepumpe.de	Informationen des Bundesverbandes Wärme-Pumpe e.V. zu Wärmepumpen
■ www.iwr.de	Internationales Wirtschaftsforum Regenerative Energien
■ www.energienetz.de	Informationen des Bundes der Energieverbraucher
■ www.uba.de	Umwelt-Informationen des Umweltbundesamts
■ www.bine.info	Fachinformationen des BINE Informationsdienstes zu erneuerbaren Energien
■ www.sonnenseite.com	Aktuelle Informationen von Franz Alt zu Umwelt- und Klimaschutz und regenerativen Energien
■ www.volker-quaschning.de	Informationen des Autors zu regenerativen Energien und Klimaschutz
■ www.youtube.com/c/VolkerQuaschning	YouTube-Kanal des Autors mit Videos zu erneuerbaren Energien und Klimaschutz

Literatur

[AGEB12] *AG Energiebilanzen e.V.:* Daten und Infografiken. 2012. www.ag-energiebilanzen.de

[Arr96] *Arrhenius, Svante:* On the influence of carbonic acid in the air upon the temperature of the ground. The London, Edinburgh and Dublin Philosophical Magazine and Journal of Science, 5 (1896), S. 237–276

[Bar04] *Bard, J.; Caselitz, P.; Giebhardt, J.; Peter, M.:* Erste Meeresströmungsturbinen-Pilotanlage vor der englischen Küste. In: Tagungsband Kassler Symposium Energie-Systemtechnik 2004

[BGR17] *Bundesanstalt für Geowissenschaften und Rohstoffe BGR (Hrsg.):* Energiestudie 2017. BGR, Hannover 2017. www.bgr.bund.de

[BMWi18] *Bundesministerium für Wirtschaft und Technologie BMWi (Hrsg.):* Energiedaten. BMWi, Berlin 2018. www.bmwi.de

[BMWi19] *Bundesministerium für Wirtschaft und Technologie BMWi (Hrsg.):* Erneuerbare Energien in Zahlen. BMWi, Berlin 2019. www.erneuerbare-energien.de

[BP19] *BP (Hrsg.):* Statistical Review of World Energy. BP, London 2019. www.bp.com

[BSW12] *Bundesverband Solarwirtschaft (Hrsg.):* Fahrplan Solarwärme. BWS, Berlin 2012. www.solarwirtschaft.de

[BSW19] *Bundesverband Solarwirtschaft (Hrsg.):* Statistische Zahlen der deutschen Solarwirtschaft. BSW, Berlin 2019. www.solarwirtschaft.de

[BWE07] *Bundesverband WindEnergie e.V. BWE/DEWI:* Investitions- und Betriebskosten. www.wind-energie.de/de/technik/projekte/kosten

[BWE11] *Bundesverband WindEnergie e.V. BWE/DEWI:* Potenzial der Windenergienutzung an Land. BWE, Berlin 2011

[DEW02] *Deutsches Windenergie-Institut GmbH DEWI:* Studie zur aktuellen Kostensituation 2002 der Windenergienutzung in Deutschland. Wilhelmshaven 2002

[Dre01] *Dreier, Thomas; Wagner, Ulrich:* Perspektiven einer Wasserstoff-Energiewirtschaft. BWK Bd. 53 (2001) Nr. 3, S. 47–54 und Bd. 52 (2000) Nr. 12, S. 41–54

[EEA10]   *European Environment Agency EEA (Hrsg.):* The European Environment – State and Outlook 2010, Understanding Climate Change. EEA, Kopenhagen 2010

[Ene15]   *EnergieAgentur NRW:* Wo im Haushalt bleibt der Strom? Wuppertal 2015. www.energieagentur.nrw.de

[Enq90]   *Enquete-Kommission „Vorsorge zum Schutz der Erdatmosphäre" des 11. Deutschen Bundestages (Hrsg.):* Schutz der Erdatmosphäre. Economica Verlag, Bonn 1990

[EST03]   *European Solar Industry Federation ESTIF (Hrsg.):* Sun in Action II. ESTIF, Brüssel 2003. www.estif.org

[Fic03]   *Fichtner:* Die Wettbewerbsfähigkeit von großen Laufwasserkraftwerken im liberalisierten deutschen Strommarkt. Bericht für das Bundesministerium für Wirtschaft und Arbeit, 2003.

[Fle98]   *Fleming, Kevin; Johnston, Paul; Zwartz, Dan; Yokoyama, Yusuke; Lambeck, Kurt; Chappell, John*: Refining the eustatic sea-level curve since the Last Glacial Maximum using far- and intermediate-field sites. Earth and Planetary Science Letters 163, 1–4 (1998), S. 327–342, doi:10.1016/S0012-821X(98)00198-8

[FNR06]   *Fachagentur Nachwachsende Rohstoffe FNR (Hrsg.):* Biokraftstoffe, eine vergleichende Analyse. Gülzow, FNR, 2006. www.fnr.de

[Fri07]   *Fritsche, Uwe R.; Eberle, Ulrike:* Treibhausgasemissionen durch Erzeugung und Verarbeitung von Lebensmitteln. Öko-Institut Darmstadt, 2007

[Gasc05]   *Gasch, Robert; Twele, Jochen (Hrsg.):* Windkraftanlagen. 4. Auflage. Teubner Verlag, Stuttgart 2005

[Hul12]   *Huld, Thomas; Müller, Richard; Gambardella, Attilio:* A new solar radiation database for estimating PV performance in Europe and Africa. Solar Energy, 86, 2012, S. 1803–1815

[Hüt10]   *Hüttenrauch, Jens; Müller-Syring, Gert:* Zumischung von Wasserstoff zum Erdgas. In: energie wasser-praxis 10/2010, S. 68–71

[iDMC19]   *The Internal Displacement Monitoring Centre, iDMC (Hrsg.):* Global Report on Internal Displacement. iDMC, Genf 2019. www.internal-displacement.org

[IEA18]   *International Energy Agency, IEA (Hrsg.):* Key World Energy Statistics 2018. IEA, Paris 2018. www.iea.org

[IEA19]   *International Energy Agency, IEA (Hrsg.):* Energy Statistics 2019. IEA, Paris 2018. www.iea.org

[IPC05]   *Intergovernmental Panel on Climate Change, IPCC (Hrsg.):* Carbon Dioxide Capture and Storage. Cambridge University Press, New York 2005. www.ipcc.ch

[IPC07]   *Intergovernmental Panel on Climate Change, IPCC (Hrsg.):* Climate Change 2007: The Physical Science Basis. IPCC, Genf 2007. www.ipcc.ch

[IPC18]   *Intergovernmental Panel on Climate Change, IPCC (Hrsg.):* Global Warming of 1.5 °C. IPCC, Genf 2018. www.ipcc.ch

[ISE12]   *Fraunhofer ISE (Hrsg.):* 100 % Erneuerbare Energien für Strom und Wärme in Deutschland. ISE, Freiburg 2012. www.ise.fraunhofer.de

Literatur

[Kal03] *Kaltschmitt, Martin; Merten, Dieter; Fröhlich, Nicole; Nill, Moritz:* Energiegewinnung aus Biomasse. Externe Expertise für das WBGU-Hauptgutachten 2003, www.wbgu.de/wbgu_jg2003_ex04.pdf

[Kem07] *Kemfert, Claudia:* Klimawandel kostet die deutsche Volkswirtschaft Milliarden. In: Wochenbericht des DIW Berlin 11/2007, S.165–169.

[Kle93] *Kleemann, Manfred; Meliß, Michael:* Regenerative Energiequellen. Springer Verlag, Berlin 1993

[Köni99] *König, Wolfgang (Hrsg.):* Propyläen Technikgeschichte. Propyläen Verlag, Berlin 1999

[LBEG12] *Landesamt für Bergbau, Energie und Geologie LBEG Niedersachsen (Verf.):* Untertage-Gasspeicher in Deutschland. In Erdöl Erdgas Kohle 128. Jg. 2012, Heft 11, S. 412–423

[LBEG18] *Landesamt für Bergbau, Energie und Geologie LBEG Niedersachsen (Verf.):* Untertage-Gasspeicher in Deutschland. In Erdöl Erdgas Kohle 134. Jg. 2018, Heft 11, S. 410–417

[Lok07] *Lokale Agenda-Gruppe 21 Energie/Umwelt in Lahr (Hrsg.):* Leistungsfähigkeit von Elektrowärmepumpen. Zwischenbericht. Lahr, 2007

[Mar13] *Marcott, Shaun A.; Shakun, Jeremy D.; Clark, Peter U.; Mix, Alan C.:* A Reconstruction of Regional and Global Temperature for the Past 11,300 Years. Science 339, 1198 (2013), DOI: 10.1126/science.122802

[Men98] *Mener, Gerhard:* War die Energiewende zu Beginn des 20. Jahrhunderts möglich? In Sonnenenergie Heft 5/1998, S. 40–43

[NASA19] *NASA:* NASA Global Climate Change, 2019. http://cdiac.ornl.gov

[NOAA13] *National Climatic Data Center NOAA:* State of the Climate, Asheville 2013. www.ncdc.noaa.gov/sotc/

[Qua12] *Quaschning, Volker:* Energieaufwand zur Herstellung regenerativer Energieanlagen. www.volker-quaschning.de/datserv/kev

[Qua13] *Quaschning, Volker:* Regenerative Energiesysteme. 8. Auflage. Hanser Verlag München 2013

[Qua16] *Quaschning, Volker:* Sektorkopplung durch die Energiewende. Studie. HTW Berlin 2016

[Rah99] *Rahmstorf, Stefan:* Die Welt fährt Achterbahn. In: Süddeutsche Zeitung 3./4. Juli 1999

[Rah04] *Rahmstorf, Stefan.; Neu, Urs:* Klimawandel und CO_2: haben die „Skeptiker" recht? Potsdam-Institut für Klimafolgenforschung, Potsdam 2004. www.pik-potsdam.de

[Sch02] *Schellschmidt, R.; Hurter, S.; Förster, A.; Huenges, E.:* Germany. In: Hurter, S. und Haenel, R. (Hrsg.): Atlas of Geothermal Resources in Europe. Office for Official Publications of the EU, Luxemburg 2002

[Sha12]	*Shakun, Jeremy D.; Clark, Peter U.; He, Feng; Marcott, Shaun A.; Mix, Alan C.; Liu, Zhengyu; Otto-Bliesner, Bette; Schmittner, Andreas; Bard, Edouard*: Global Warming Preceded by Increasing Carbon Dioxide Concentrations During the Last Deglaciation. Nature 484, S. 49–55 (2012)
[SHC19]	*IEA Solar Heating and Cooling Programme SHC (Hrsg.):* Solar Heating Worldwide 2019. IEA SHC, Gleisdorf 2019. www.iea-shc.org
[Sur07]	*Šúri, M.; Huld, T.A.; Dunlop, E.D.; Ossenbrink, H.A:* Potential of solar electricity generation in the European Union member states and candidate countries. Solar Energy, 81, 2007, S. 1295–1305. http://re.jrc.ec.europa.eu/pvgis/
[UBA07]	*Umweltbundesamt (Hrsg.):* Stromsparen ist wichtig für den Klimaschutz. Umweltbundesamt, Berlin 2007
[UBA19]	*Umweltbundesamt (Hrsg.):* Übersicht zur Entwicklung der energiebedingten Emissionen und Brennstoffeinsätze in Deutschland 1990–2017. Umweltbundesamt, Dessau 2019
[UBA19b]	*Umweltbundesamt (Hrsg.):* Gesellschaftliche Kosten von Umweltbelastungen. Umweltbundesamt, Dessau 2019, www.umweltbundesamt.de/daten/umwelt-wirtschaft/gesellschaftliche-kosten-von-umweltbelastungen
[UNF19]	*United Nations Framework Convention on Climate Change UNFCCC (Hrsg.):* National greenhouse gas inventory data for the period 1990–2016. UNFCCC, Doha 2019, www.unfccc.de
[Vat06]	*Vattenfall Europe AG (Hrsg.):* Klimaschutz durch Innovation – Das CO_2-freie Kraftwerk von Vattenfall. Vattenfall, Berlin 2006
[Wen13]	*Weniger, Johannes; Quaschning, Volker:* Begrenzung der Einspeiseleistung von netzgekoppelten Photovoltaiksystemen mit Batteriespeichern. 28. Symposium Photovoltaische Solarenergie. Bad Staffelstein, 6. –8. März 2013

Register

A

Ablasshandel 92
Absorber 169, 206
    Beschichtung 174
    Schwimmbad 172
    selektiv 174
Absorptionswärmepumpe 290
Adsorptionswärmepumpe 290
alkalische Elektrolyse 335
Archimedes 201
arktische Eisbedeckung 46
Atombombe 23
Atomkraft 22, 104
Atomkraftwerk 24
Auftriebsprinzip 228
Aufwindkraftwerk 209
Auslegung
    Holzpelletslagerraum 322
    Photovoltaik 150
    Scheitholzkessel 320
    solare Heizungsunterstützung 190
    solare Trinkwassererwärmung 188
    Solarkraftwerke 212
    Solarthermieanlagen 187
    Wärmepumpe 291
    Wasserkraftwerke 264
    Windkraft 241
Ausrichtung Solaranlage 154
Autarkie 147, 157
Autobahn 117

B

BAFA 194, 324
Bahn 84
Barrel 19
Batterie 142, 148, 230
Batteriekapazität 152
Be- und Entlüftung 82
Beaufort-Windskala 226
Berechnung
    Batteriekapazität 152
    Größe des Erdwärmekollektors 291
    Holzpelletslagerraumgröße 322
    Kollektorgröße 189
    Kollektorwirkungsgrad 171
    Leistung des Windes 225
    Leistungszahl der Wärmepumpe 287
    Photovoltaikanlagenertrag 155
    Photovoltaikleistung 152
    PV-Leistung für Inselnetzsysteme 151
    Scheitholzkesselleistung 320
    Solarkraftwerksertrag 213
    Speichergröße 189
    Wasserkraftwerksleistung 265
    Windkraftjahresertrag 241
Betz'scher Leistungsbeiwert 227
BHKW 106
Biodiesel 315
Bioethanol 316
Biogas 319
Biogasanlage 319
Biomasse 113, 300
    Entstehung 301
    Heizungen 304
    Heizwerke 312
    Kraftwerke 312
    Märkte 328
    Nutzung in Deutschland 329
    Ökologie 325
    Ökonomie 323
    Potenziale 303
    Treibstoffe 314, 327
Bioöl 315
Biotreibstoffe 314, 327
Blockheizkraftwerke 106

Bohrturm 275
Bohrung
    Tiefengeothermie 274
    Wärmepumpe 293
Braunkohlekraftwerk Jänschwalde 99
Braunkohletagebau 100
Brennstoffzelle 341
Brennstoffzellenstacks 343
Bruttoinlandsprodukt 107
BtL-Kraftstoffe 318
Bypassdioden 139

C

C4-Pflanzen 303
Clean Development Mechanism 93
COP 287

D

Dämmung 81
Dampfreformierung 335
direkt-normale Bestrahlungsstärke 213
Dish-Stirling-Kraftwerk 208
DNI 213
Dreiliterhaus 80, 349
Dünnschicht-Photovoltaikmodul 139

E

EEG 94
EE-Gas 332
Eigentümer erneuerbarer Energien 128
Eigenverbrauch 147, 157
Eisbedeckung 46
Eiszeit 43
Elektrizitätsversorgung 119
Elektroauto 117
Elektroherd 73
Elektrolyse 335
Emissionshandel 93
Endenergie 30, 72
Endenergieverbrauch 74
    Verkehr 84
Energie 14, 29, 72
Energiekonzerne 97, 127
Energiepolitik 127
Energiereserven 39
Energiesparen 71
Energiesparlampen 76, 92
Energiespartipps 78, 85
Energiewende 96
EnEV 80
Erdgas 20, 324
Erdgasspeicher 21, 339
Erdkern 272
Erdöl 17, 36, 324

Erdölbarrel 19
Erdölpreise 41
Erdölreserven 38
Erdwärmekollektor 291
Erneuerbare-Energien-Gesetz 94
    Biomassekraftwerke 325
    geothermische Kraftwerke 281
    Wasserkraft 267

F

FCKW 56, 57, 296
Fenster 81
Festmeter 306
Fischtreppe 267
FKW 56, 58, 70, 296
Flachkollektor 173
Flatcon-Technologie 211
Flüssigwasserstoff 338
fossile Energieträger 16
fossile Stromerzeugung 127
Fotovoltaik siehe Photovoltaik
Fracking 37
Francis-Turbine 256
Fresnelkollektor 201
Fridays for Future 375
Fukushima 24

G

Gasherd 73
Geothermie 271
    HDR-Kraftwerk 279
    Heizwerk 276
    Kraftwerk 277
    Märkte 283
    Ökologie 282
    Ökonomie 281
    Wärmepumpe 285
geothermischer Tiefengradient 273
Gezeitenkraftwerke 262
globale Zirkulation 223
Goldisthal 261
Golfstrom 59, 63
Greta Thunberg 375
Grönlandeis 59, 61
grüner Strom 73
GuD-Kraftwerke 106, 205

H

Hadley-Zelle 223
Halbleiter 132
Harrisburg 24
Häufigkeitsverteilung 242
Haushaltsstrompreise 125
HDR 275

Heizkosteneinsparungen 79
Heizwert von Holz 308
Helios 365
Herstellung
    Biodiesel 316
    Bioethanol 316
    BtL-Kraftstoffe 318
    RME 316
    Solarzellen 136
HFKW 296
Hohlspiegel 201
Holz 304
Holzbriketts 305
Holzfeuchte 307
Holzpellets 305
    Heizung 310, 321
    Norm 306
    Preise 324
Holzständerbauweise 81
Hot Dry Rock 275, 279
Hurrikan Katrina 48
Hybridkraftwerk 370

I

IPCC 59

J

Jahresarbeitszahl 114, 287
Jahresdauerlinie 265
Joint Implementation 92

K

Kalina-Prozess 278
Kalkar 24
Kältemaschine 289
Kältemittel 288, 296
Kamin, Kaminofen 309
Kammersysteme 262
Kaplan-Turbine 255
Karbonatschmelzen-Brennstoffzelle 343
Kavernenspeicher 340
Kernenergie 22, 105
Kernenergieausstieg 105
Kernfusion 26
KfW-40-Haus 80
KfW-60-Haus 80
Kleinwindkraftanlagen 234
Klimaschutz 63, 69
Klimaveränderungen 43
Klimawandel 59
Knallgasreaktion 331
Kohlendioxid 51, 56, 103, 335
    Abtrennung 103
    Bilanz 87
    Konzentration 52, 53
    Sequestrierung 102
Kohlendioxidemissionen
    Deutschland 67
    Heizung 88
    Kraftwerk Jänschwalde 100
    Kraftwerk Neurath 101
    Länder der Erde 52
    Nahrungsmittel 89
    Papierverbrauch 90
    Spritverbrauch 85
    Verkehr 84
    Wasserstoffherstellung 345
kohlendioxidfreie Kraftwerke 103
Kollektor 169, 172, 201
Kollektorgröße 189
Kollektorwirkungsgrad 171
Kombikraftwerk 121
Kompressionswärmepumpe 288
kontrollierte Be- und Entlüftung 82
konventionelle Vorkommen 35
Konzentration von Solarstrahlung 200
Konzentrator 201
Konzentratorzellen 211
konzentrierende Photovoltaik 210
Kraftstoffertrag je Hektar 327
Kraft-Wärme-Kopplung 106
Kraftwerk
    Atom 24, 104
    Aufwind 209
    Biomasse 312
    Blockheiz 106
    Braunkohle 99
    Dish-Stirling 208
    Geothermie 277
    Gezeiten 262
    HDR 279
    Jänschwalde 99
    kohlendioxidfreies 103
    Kombi 121
    konzentrierende Photovoltaik 210
    Laufwasser 257
    Meeresströmung 263
    Neurath 100
    ORC 277
    Parabolrinnen 202
    Photovoltaik 140
    Pumpspeicher 260
    SEGS 204
    Solarturm 206
    Speicherwasser 259
    Wellen 262
    Wind 221
Kurzschlussstrom 135
Kværner-Verfahren 335
KWK 106

Kyoto-Protokoll 68

L

Lachgas 56
Laufwasserkraftwerke 257
Leerlaufspannung 135
Leistung 14
Leistungsbeiwert 227
Leistungszahl 287
Leitungen 123
LH2 338
Linienkonzentrator 201
Lithosphäre 273
Luftkollektor 174
Luftreceiver 206

M

Manhattan-Projekt 23
Märkte
    Biomasse 328
    Geothermie 283
    Photovoltaik 164
    Solarkraftwerke 217
    Solarthermieanlagen 195
    Wärmepumpe 298
    Wasserkraft 268
    Wasserstoff 346
    Windkraft 247
Maximum Power Point 135
Meeresspiegelanstieg 45, 59, 60
Meeresströmungskraftwerke 263
Mehrwertsteuer 162
Methan 56, 332
    Speicherung 338
Methanisierung 336
Modulpreisentwicklung 166
monokristallines Silizium 137
Moon-Speech 376
MPP 135

N

Naturkatastrophen 48
Neigungsgewinne 154
Netze 123
Netzparität 161
nicht-konventionelle Vorkommen 35, 36
Niedrigenergiehaus 80
Nullemissionsfabrik 355
Nullheizkostenhaus 353
Nutzenergie 30, 72

O

offener Kamin 308
Offshore-Windkraft 237
Ökologie
    Biomasse 325
    Geothermie 282
    Photovoltaik 163
    Solarkraftwerke 216
    Solarthermieanlagen 194
    Wärmepumpe 296
    Wasserkraft 267
    Wasserstoffherstellung 345
    Windkraft 246
Ökonomie
    Biomasse 323
    geothermische Anlagen 281
    Photovoltaik 158
    Solarkraftwerke 215
    Solarthermieanlagen 193
    Wärmepumpe 294
    Wasserkraft 266
    Wasserstoff 344
    Windkraft 243
Ölkrise 18
Ölparität 161
Ölpreise 41, 324
Ölsande 36
OPEC 18, 40
ORC-Kraftwerk 277
Orkan Kyrill 48
Oxidation, partielle 335
oxidkeramische Brennstoffzelle 343
oxygene Photosynthese 301
Ozon 57
    Ozonloch 57, 58
    Ozonschicht 57

P

Parabolrinnenkraftwerk 202
partielle Oxidation 335
Passatwind 223
Passivhaus 80
Pelton-Turbine 256
PEM-Brennstoffzelle 342
Performance Ratio 155
petrothermale Geothermie 279
Photosynthese 301
Photovoltaik 130
    Autarkiegrad 147, 157
    Dünnschichtmodul 139
    Eigenverbrauchsanteil 147, 157
    Energiewende 119
    Funktionsweise 131
    Heizungsunterstützung 150
    Inselnetzanlagen 140
    Konzentratorzellen 211
    Märkte 164

Modul 138
  Modulpreisentwicklung 166
  Netzanschluss 146
  netzgekoppelte Anlagen 143
  netzgekoppeltes Batteriesystem 148
  Ökologie 163
  Ökonomie 158
  optimale Ausrichtung 154
  Wirkungsgrad 134
Planung
  Biomasseheizung 323
  geothermische Anlagen 280
  Photovoltaik 150
  Photovoltaikanlage 158, 163
  Scheitholzkessel 320
  solare Heizungsunterstützung 190
  solare Trinkwassererwärmung 188
  Solarkraftwerke 212
  Solarthermieanlagen 187
  Wärmepumpe 291, 294
  Wasserkraftwerke 264
  Windkraft 241
Plugin-Hybridfahrzeug 358
Plusenergiehaus-Siedlung 351
Plusenergie-Solarhaus 350
polykristalline Solarzellen 137
Porenspeicher 339
Power-to-Gas-Technologie 114, 332
PR 155
Primärenergie 30, 72
Primärenergiebedarf
  Biomasseanteil 328
  Energieträger 31
  Entwicklung weltweit 26
  Pro-Kopf 29, 107
Pro-Kopf-Primärenergiebedarf 29, 107
Pumpspeicherkraftwerke 260
Punktkonzentrator 202
PV *siehe* Photovoltaik
PVC 172

R

Rapsöl-Methylester 316
Raummeter 306
Receiver 206
Reduktionsziele 63
regenerative Stromversorgung 118, 120, 121
regenerative Wärmeversorgung 113
regenerativer Stromimport 220
regeneratives Energieangebot 109
Reserven 35
Ressourcen 35
Rinnenkraftwerk 202
RME 316
Rohöleinheit 379

Rohr-Turbine 255
Rotorblatt 228
Rundholz 305

S

Scheitholz 305
Scheitholzkessel 309, 320
schneller Brutreaktor 25
Schüttraummeter 306
Schwerkraftsystem 178
Schwimmbadabsorber 172
Schwimmbaderwärmung 186
Schwimmersysteme 262
Scientists for Future 375
Segelschifffahrt 363
SEGS-Kraftwerke 204
Sektorkopplung 112, 118
selektive Beschichtung 174
selektiver Absorber 174
Silizium 136
SoDa-Energie 32
solar beheiztes Mehrfamilienhaus 352
Solar Impulse 366
Solarabsorber 169
Solarauto 359
solare Chemie 211
solare Deckungsrate 188, 191
solare Direktverdampfung 205
solare Heizungsunterstützung 181, 190
solare Nahwärmeversorgung 184
solare Schwimmbaderwärmung 186
solare Strahlungsenergie
  Deutschland 153
  Welt 212
solare Trinkwassererwärmung 180, 188
solares Kühlen 184
Solarfähre 364
Solarflugzeug 365
Solargas 332
Solarkocher 187
Solarkollektor 169, 172
Solarkraftwerke 199
  Aufwindkraftwerke 209
  Dish-Stirling-Kraftwerk 208
  konzentrierende Photovoltaik 210
  Märkte 217
  Ökologie 216
  Ökonomie 215
  Parabolrinnenkraftwerk 202
  Photovoltaik 143
  Planung 212
  Solarturmkraftwerk 206
Solarküche 367
Solarmobil 358
Solarstrahlungsarten 213

Solarstromimport 220
Solarthermieanlagen 168, 202
  Auslegung 187
  Heizungsunterstützung 181
  Kraftwerke 199
  Märkte 195
  Ökologie 194
  Ökonomie 193
  Planung 187
  Trinkwassererwärmung 180
Solarturmkraftwerk 206
Solarzelle
  Aufbau 133
  Funktionsweise 131
  Herstellung 136
  Wirkungsgrad 134
Sonnenaktivität 50
Sonnenenergie 109
Sonnenofen 200, 211
Sonnenschiff 354
Speicher
  Batterie 142, 148, 230
  Erdgas 123, 339
  Heizwasser 150, 181
  Holzpellets 321
  Kavernen 340
  Methan 338
  Parabolrinnenkraftwerk 203
  Poren 339
  Pufferspeicher 320
  Pumpspeicher 260
  Speicherwasser 259
  Trinkwasser 150, 180, 181, 189
  Wasserstoff 337
  zentraler Wärmespeicher 184
Speichergröße 189
Speicherwasserkraftwerke 259
Stadtgas 332
Standardtestbedingungen 135
Standby-Verluste 75
STC 135
Steinkohleeinheit 379
Stirling-Motor 208
Stratosphäre 57
Stromerzeugung 127
Stromerzeugungskosten
  Photovoltaik 160
  Windkraft 245
Stromexport 127
Stromimport 220
Strompreise 125
Strömungsverlauf, Windkraftanlage 227
Stromverbrauch 77
Stromversorgung 118, 120, 123

T

tektonische Platten 273
Temperaturänderung 45, 54, 59
Thermosiphonanlage 179
Tiefenbohrung 274
Tiefengeothermie *siehe* Geothermie
Tiefengradient 273
Tiefentemperaturen 274
Transport 83
Treibhauseffekt 50
Treibhausgase 58
Treibhauspotenziale
  Kältemittel 296
  Treibhausgase 56
Trinkwassererwärmung 180, 188
Tschernobyl 24
Turbine
  Bulb 255
  Francis 256
  Kaplan 255
  Ossberger 257
  Pelton 256
  Rohr 255
Turmkraftwerk 206

U

Übertragungsnetz 123
Umsatzsteuer 162
Untertagespeicher 339
Uranvorkommen 39
U-Wert 82

V

Vakuumdämmstoffe 81
Vakuum-Flachkollektor 176
Vakuum-Röhrenkollektor 175
Vakuumverglasungen 81
Verkehr 115
Verkehrssektor 83, 115
Verteilnetz 123
volumetrischer Receiver 206

W

Wafer 137
Wärmepumpe 114, 285
  Absorption 290
  Adsorption 290
  Funktionsprinzip 288
  Kältemittel 288
  Kompression 288
  Leistungszahl 287
  Märkte 298
  Ökologie 296
  Ökonomie 294

Wärmequellen 286
Wärmequellen für Wärmepumpen 286
Wärmerohr 176
Wärmestrahlung 174
Wärmetauscher 176
Wärmeverluste 81
Wärmeversorgung 112, 113
Warmzeit 43
Wasserkochen 73
Wasserkraft 251
    Gezeitenkraftwerke 262
    Laufwasserkraftwerke 257
    Märkte 268
    Meeresströmungskraftwerke 263
    Ökologie 267
    Ökonomie 266
    Pumpspeicherkraftwerke 260
    Speicherwasserkraftwerke 259
    Turbinen 254
    Wellenkraftwerke 262
Wasserkreislauf der Erde 252
Wasserstoff 333
    Ökologie 345
    Ökonomie 344
    Speicherung 337
Wasserturbinen 254
Wellenkraftwerke 262
Weltbevölkerung 108
Widerstandsprinzip 227
Wind 223
Windgas 332
Windgeschwindigkeit 224, 242
Windgeschwindigkeitsrekorde 226

Wind-Inselsystem 230
Windkraft 221
    Anlagenaufbau 232
    Auftriebsprinzip 228
    Auslegung 241
    Energiewende 119
    Märkte 247
    netzgekoppelte Anlagen 231
    Offshore 237
    Ökologie 246
    Ökonomie 243
    Planung 241
    Windlader 229
Windlader 229
Windpark 236
Wirkungsgrad
    Biomassekraftwerk 313
    Biomassewachstum 302
    Brennstoffzelle 343
    Dampfturbinenprozess 205
    Kamine und Kaminöfen 308
    Kollektor 171
    Methanisierung 337
    offener Kamin 308
    ORC-Kraftwerk 278
    Photovoltaik 134
    Scheitholzkessel 309
World Solar Challenge 359

Z

Zugdrachen 363

Das Elektroauto – Fahrzeug der Zukunft!

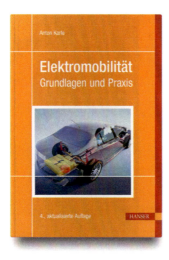

Karle
**Elektromobilität
Grundlagen und Praxis**
4., aktualisierte Auflage
240 Seiten
€ 34,99. ISBN 978-3-446-46078-2

Auch einzeln als E-Book erhältlich

Alles zur Elektromobilität in einem Buch – technische Grundlagen und aktuelle Hintergründe – ansprechend und übersichtlich aufbereitet:
Für alle, die einen fundierten Einblick in die zukunftsträchtige Technologie der E-Mobilität suchen.

Das Lehrbuch vermittelt die physikalischen und ingenieurtechnischen Grundlagen von Elektromobilen im Vergleich zu Fahrzeugen mit Verbrennungsmotoren. Für Kernaussagen werden Berechnungsgrundlagen und Simulationen erarbeitet. Der Einfluss von gesetzlichen Vorgaben und die Verzahnung zur Energiewende werden diskutiert. Die sachliche Gesamtbetrachtung zeigt, unter welchen Randbedingungen E-Fahrzeuge Sinn machen und wie die künftige Entwicklung inklusive der Chancen und Risiken aussehen wird.

Mehr Informationen finden Sie unter www.hanser-fachbuch.de

Der Energiewende auf die Sprünge helfen

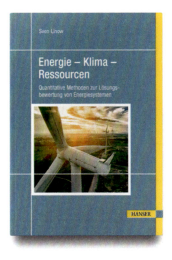

Linow
Energie – Klima – Ressourcen
Quantitative Methoden zur Lösungsbewertung von Energiesystemen
524 Seiten
€ 29,99. ISBN 978-3-446-46270-0

Auch einzeln als E-Book erhältlich

Die Herausforderungen der nächsten Ingenieursgeneration heißen Energiewende, Klimawandel und nachhaltiger Ressourceneinsatz. Dieses Lehrbuch möchte dem angehenden Ingenieur eine systematische, evidenzbasierte Bewertung von Optionen der zukünftigen Energieversorgung ermöglichen.

Um dieses Ziel zu erreichen, wird die ganze Bandbreite des erforderlichen Wissens aufgefächert:

- vergleichende Darstellung fossiler und erneuerbarer Technologien
- Methoden und Kennzahlen zur Analyse technischer Lösungen hinsichtlich Leistung, gesellschaftlichen Nutzens und Umweltauswirkungen
- viele Beispiele zur Darstellung von wissenschaftlich belastbaren Entscheidungs- und Anpassungsprozessen zu Energiefragen

Mehr Informationen finden Sie unter **www.hanser-fachbuch.de**

Das Standardwerk zu Erneuerbaren Energien

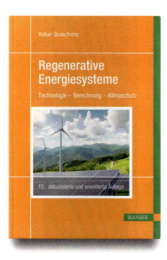

Quaschning
Regenerative Energiesysteme
Technologie – Berechnung – Klimaschutz
10., aktualisierte und erweiterte Auflage
468 Seiten. Komplett in Farbe
€ 39,90. ISBN 978-3-446-46113-0

Auch einzeln als E-Book erhältlich

Dieses Standardwerk behandelt die volle Bandbreite der regenerativen Energiesysteme – von Solarthermie und Photovoltaik über Wind- und Wasserkraft bis hin zu Geothermie und Nutzung der Biomasse. Es richtet sich an Studierende der Elektro-, Energie- und Umwelttechnik sowie Ingenieure in Forschung und Industrie.

Das Buch geht auf Entwicklungen wie die Power-to-Gas-Technologie sowie nötige Technologiepfade für eine erfolgreiche vollständige Energiewende ein. Die 10. Auflage beinhaltet die Anforderungen zur Umsetzung der Beschlüsse des Pariser Klimaschutzabkommens und eine Bewertung der deutschen Kohleausstiegspläne. Berücksichtigt werden auch aktuelle Entwicklungen bei Batteriespeichern in der Photovoltaik sowie bei Speicherformen in Wasserkraftwerken.

Mehr Informationen finden Sie unter www.hanser-fachbuch.de

Energiespeicher für die Energiewende

Schmiegel
Energiespeicher für die Energiewende
Auslegung und Betrieb von Speichersystemen
270 Seiten
€ 28,–. ISBN 978-3-446-45653-2

Auch einzeln als E-Book erhältlich

- Systematisches Grundlagenwerk zu Speichersystemen und ihrem Design
- Einfacher Einstieg in eine Zukunftstechnologie
- Erklärt Komponenten, Speichertechnologien und Konzeption
- Hilft bei Entwicklungs- und Investitionsentscheidungen
- Mit zahlreichen Beispielen, Übungsaufgaben und Illustrationen

Mehr Informationen finden Sie unter **www.hanser-fachbuch.de**

Let the sun shine!

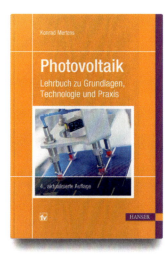

Mertens
Photovoltaik
Lehrbuch zu Grundlagen, Technologie und Praxis
4., aktualisierte Auflage
383 Seiten. Komplett in Farbe
€ 32,–. ISBN 978-3-446-44863-6

Auch einzeln als E-Book erhältlich

- Das einzige umfassende Lehrbuch zum Thema
- Aus dem Inhalt: Wie funktionieren Solarzellen? Welche Technologien und Konzepte gibt es? Wie plant man eine komplette Photovoltaikanlage?
- Mit vielen Beispielen, Übungsaufgaben und Checklisten
- Im Internet: Zusatzsoftware, Aufgaben und Lösungen
- Neu in dieser Auflage: Das dynamische Thema Speicher, Vorstellung einer neuen Messmethode (Dunkelkennlinien-Ermittlung), Datenaktualisierungen

Mehr Informationen finden Sie unter www.hanser-fachbuch.de